普通高等教育教材

工程力学

张洪伟　张九菊　主编
汪道兵　席军　副主编

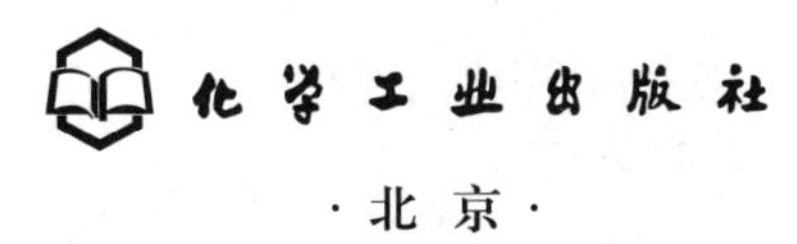

·北京·

内容简介

本书将理论力学和材料力学的基本内容有机地融合为一个整体，主要内容包括：静力学基本公理和物体的受力分析，平面力系，空间力系，材料力学的基本知识，轴向拉伸与压缩、剪切与挤压，扭转，梁的弯曲，应力状态与强度理论，组合变形，压杆稳定，等等。

本书以理论知识适度为原则，简化推导过程，注重理论联系实际，引入较多工程实例，突出应用性，使学生在较短时间内掌握静力学基本的理论知识，熟悉构件的强度、刚度、稳定性问题，为后续专业课的学习打好基础。结合本科层次学生的特点，将工程力学知识和 ANSYS 应用相结合，以 ANSYS 软件应用为中心，借助于 ANSYS19.0 软件平台，结合工程力学知识点，在每章节通过实例讲解 ANSYS 具体工程应用方法及实现；系统讲解软件操作步骤，有限元模拟过程及相关注意事项；所述实例基于 GUI 方式，由浅入深详细讲解每一步操作过程，帮助学生积累实际操作经验，加深学生对于力学知识的理解和掌握，为后续复杂工程问题的力学建模及有限元分析提供基础。

本书可作为高等院校机械类专业以及近机械类专业“工程力学”课程的配套教材使用，也可供有关工程技术人员参考。

图书在版编目（CIP）数据

工程力学 / 张洪伟，张九菊主编 ；汪道兵，席军副主编. -- 北京 ：化学工业出版社，2025. 3. --（普通高等教育教材）. -- ISBN 978-7-122-47238-0

Ⅰ. TB12

中国国家版本馆 CIP 数据核字第 20255NZ048 号

责任编辑：张海丽　　文字编辑：张　琳
责任校对：边　涛　　装帧设计：韩　飞

出版发行：化学工业出版社
（北京市东城区青年湖南街 13 号　邮政编码 100011）
印　　装：北京云浩印刷有限责任公司
787mm×1092mm　1/16　印张 15½　字数 374 千字
2025 年 4 月北京第 1 版第 1 次印刷

购书咨询：010-64518888　　售后服务：010-64518899
网　　址：http://www.cip.com.cn
凡购买本书，如有缺损质量问题，本社销售中心负责调换。

定　　价：49.00 元

前 言

在“中国制造 2025”国家战略及“新工科”建设背景下，智能制造成为机械工程学科发展的重要方向，也对机械工程人才的培养提出了新的要求。“工程力学”是一门理论性、系统性较强的专业基础课，是后续其他各门力学课程和相关专业课程的基础，在许多工程技术领域中有着广泛的应用。

本书在编写过程中，以强化培养学生工程实践和创新能力为主线，增强学生工程力学相关的能力训练，重视培养学生的力学建模、计算分析及实践应用能力。具体体现在：

（1）强化课程思政引领，挖掘工程力学课程本质和内涵，将思政内容和课程主线编织在一起，培养学生正确的价值取向，勇于探索、追求创新的科学态度，精益求精的大国工匠精神，以及科技报国的家国情怀等。

（2）理论结合实际。采用“引入工程案例—发现工程问题—知识学习及力学建模—解决工程问题”的思路，以工程案例为载体，突出基础性、整体性和系统性学习，强调工程思维，每章均有案例导入，在例题中尽可能体现其工程背景，提升学生应用工程力学知识解决实际问题的能力。

（3）注重与现代数值计算方法相结合。强化数字化思维的培养和训练，引入有限元数值仿真分析等高阶拓展内容，培养学生的数字化分析能力；将材料力学中的关键难点问题，通过工程软件模拟的方式，给学生予以展示，激发学生的兴趣和动力；引导学生对于复杂工程问题的数值计算方法形成一定认识和理解，帮助学生解决一些更复杂的真实问题，提升解决复杂问题的综合能力和高级思维。

（4）精心设计思考题和习题，便于学生复习、巩固相关的内容，从基本理论、工程问题解析、数值模拟技术等多个方面进行力学建模及工程能力的培养。

本书由张洪伟、张九菊任主编，负责全书文稿及图表的整理统筹。参加编写工作的有：张洪伟（负责第 1 章～第 4 章的书稿，软件应用及配套视频），张九菊（负责第 5 章～第 8 章的书稿，第 1 章～第 10 章的电子课件、思考题、习题及拓展阅读等），汪道兵（负责第 9 章、绪论的书稿），席军（负责第 10 章、附录的书稿）。

本书配有课件、演示视频、习题参考答案等，读者可扫描封面或书中的二维码查看相关资源，高校教师可登录“化工教育”网站，下载课件、参考答案等资源。

本书在编写过程中，得到了北京石油化工学院教务处、机械工程学院等各级领导的关心和支持，机械基础教学与实验中心的很多老师提出了很多意见和建议，在此一并表示衷心的感谢。

本书在编写过程中参考、借鉴了许多院校的优秀教材，这些教材使我们受益匪浅，在此对相关作者表示衷心感谢。限于编者的学识和水平，书中定有不足之处，恳请广大读者给予批评指正。

编者

2024 年 9 月

本书配套资源

目　录

绪论 1

工程力学的研究对象及力学模型……2

工程力学的研究内容及任务……2

工程力学的研究方法……3

第 1 章　静力学基本公理和物体的受力分析 4

1.1　静力学的基本公理……5

1.2　约束与约束力……6

1.2.1　约束与约束力的概念……6

1.2.2　约束的基本类型及其约束力……6

1.3　物体的受力分析及受力图……8

1.4　本章小结……10

思考题……10

习题……10

软件应用……11

拓展阅读……12

第 2 章　平面力系 13

2.1　平面汇交力系……14

2.1.1 平面汇交力系合成的几何法…………14
2.1.2 平面汇交力系平衡的几何条件…………15
2.1.3 平面汇交力系合成的解析法…………15
2.1.4 平面汇交力系的平衡方程…………16
2.2 平面力对点的矩与平面力偶…………16
2.2.1 平面力对点的矩（力矩）…………16
2.2.2 平面力偶…………17
2.3 平面一般力系的简化…………18
2.3.1 力的平移定理…………18
2.3.2 平面一般力系向作用面内一点的简化…………19
2.3.3 平面一般力系的简化结果分析…………20
2.4 平面一般力系的平衡条件…………21
2.5 物体系统的平衡…………21
2.5.1 物体系统的概念…………21
2.5.2 静定与超静定问题…………21
2.5.3 物体系统的平衡求解…………22
2.6 考虑摩擦时物体的平衡…………23
2.6.1 滑动摩擦…………23
2.6.2 考虑摩擦时物体的平衡问题求解…………25
2.7 本章小结…………27
思考题…………27
习题…………27
软件应用…………30
拓展阅读…………34

第3章 空间力系 36

3.1 力在空间直角坐标轴上的投影…………37
3.1.1 直接（一次）投影法…………37
3.1.2 间接（二次）投影法…………37
3.2 空间力对点的矩和对轴的矩…………38
3.2.1 力对点的矩…………38

3.2.2 力对轴的矩…………………………………………39
3.2.3 力对点的矩与力对轴的矩的关系……………………40
3.3 空间力偶系…………………………………………40
3.3.1 力偶矩矢…………………………………………40
3.3.2 空间力偶系的合成与平衡条件……………………41
3.4 空间一般力系的平衡条件……………………………42
3.4.1 空间一般力系的简化………………………………42
3.4.2 空间一般力系的平衡方程…………………………42
3.5 本章小结……………………………………………44
思考题…………………………………………………44
习题……………………………………………………44
软件应用………………………………………………46
拓展阅读………………………………………………51

第 4 章 材料力学的基本知识 53

4.1 变形固体的基本假设…………………………………54
4.2 内力、截面法与应力…………………………………55
4.2.1 内力的概念…………………………………………55
4.2.2 截面法………………………………………………55
4.2.3 杆件的内力分量……………………………………56
4.2.4 应力…………………………………………………56
4.3 应变…………………………………………………57
4.4 杆件变形的基本形式…………………………………58
4.5 本章小结……………………………………………60
思考题…………………………………………………60
软件应用………………………………………………60
拓展阅读………………………………………………62

第 5 章 轴向拉伸与压缩、剪切与挤压 63

5.1 轴向拉伸与压缩时横截面上的内力……………………65

5.1.1 直杆轴向拉伸和压缩时的内力 ······65
5.1.2 轴力图······66
5.2 直杆轴向拉伸或压缩时横截面上的应力······67
5.3 直杆轴向拉伸与压缩时斜截面上的应力······68
5.4 拉伸与压缩变形······69
5.4.1 轴向拉（压）杆的纵向变形······69
5.4.2 轴向拉（压）杆的横向变形······70
5.5 材料在拉伸与压缩时的力学性能 ······71
5.5.1 低碳钢拉伸时的力学性能······72
5.5.2 铸铁拉伸时的力学性能 ······74
5.5.3 其他材料拉伸时的力学性能······74
5.5.4 材料压缩时的力学性能 ······75
5.6 轴向拉伸与压缩时的强度计算······76
5.7 应力集中的概念······78
5.8 剪切与挤压的实用计算 ······79
5.8.1 工程中的连接件······79
5.8.2 剪切实用计算 ······80
5.8.3 挤压实用计算 ······80
5.9 本章小结······84
思考题 ······84
习题······84
软件应用······87
拓展阅读······92

第 6 章 扭转 94

6.1 外力偶矩和扭矩的计算 ······95
6.2 圆轴扭转时的切应力与强度计算 ······97
6.2.1 圆轴扭转时横截面上的切应力 ······97
6.2.2 极惯性矩及抗扭截面系数 ······99
6.2.3 圆轴扭转强度条件 ······100
6.3 圆轴扭转的变形和刚度条件 ······100

6.3.1 圆轴扭转时的变形 …… 100
6.3.2 圆轴扭转时的刚度计算 …… 100
6.4 本章小结 …… 101
思考题 …… 102
习题 …… 102
软件应用 …… 104
拓展阅读 …… 110

第 7 章 梁的弯曲 111

7.1 平面弯曲概念 …… 113
7.2 平面弯曲梁的力学模型 …… 113
7.2.1 梁的简化 …… 113
7.2.2 载荷的简化 …… 114
7.2.3 支座的简化 …… 114
7.2.4 静定梁的基本力学模型 …… 114
7.3 梁的内力——剪力和弯矩 …… 115
7.4 剪力方程和弯矩方程、剪力图和弯矩图 …… 116
7.4.1 剪力方程和弯矩方程 …… 116
7.4.2 剪力图和弯矩图 …… 117
7.5 梁弯曲时的正应力和强度条件 …… 120
7.5.1 平面假设与变形的几何关系 …… 120
7.5.2 物理方程与应力分布 …… 122
7.5.3 静力学平衡方程 …… 122
7.5.4 弯曲正应力公式适用范围的讨论 …… 124
7.5.5 弯曲正应力的强度条件 …… 124
7.6 提高梁抗弯强度的措施 …… 126
7.6.1 合理布置梁的支座和载荷 …… 126
7.6.2 合理选择梁的截面 …… 127
7.6.3 采用变截面梁 …… 128
7.7 梁的变形与刚度计算 …… 129
7.7.1 挠度与转角 …… 129

7.7.2 用叠加法求梁的变形……131
7.7.3 梁的刚度计算……132
7.8 本章小结……134
思考题……134
习题……134
软件应用……138
拓展阅读……145

第 8 章 应力状态与强度理论 146

8.1 应力状态概述……147
8.2 二向应力状态……149
8.2.1 解析法……149
8.2.2 应力圆……153
8.3 三向应力状态……155
8.4 广义胡克定律与应变能密度概念……157
8.4.1 广义胡克定律……157
8.4.2 应变能密度概念……159
8.5 常用的强度理论……160
8.5.1 材料的强度失效形式……160
8.5.2 强度理论……160
8.5.3 强度条件及选用要求……162
8.6 本章小结……163
思考题……163
习题……164
软件应用……165
拓展阅读……171

第 9 章 组合变形 172

9.1 组合变形概述……173
9.1.1 组合变形的概念……173

9.1.2 工程中常见的组合变形 173
9.1.3 组合变形的计算方法 174
9.2 拉伸（压缩）与弯曲组合变形 174
9.3 弯曲与扭转的组合变形 176
9.4 本章小结 179
思考题 179
习题 179
软件应用 182
拓展阅读 188

第 10 章 压杆稳定 190

10.1 压杆稳定性的概念 191
10.2 细长压杆的临界压力 192
10.3 压杆的临界应力及临界应力总图 195
10.3.1 细长压杆的临界应力 195
10.3.2 临界应力总图 196
10.4 压杆的稳定性计算 198
10.4.1 安全系数法 199
10.4.2 折减系数法 199
10.5 提高压杆稳定性的措施 201
10.5.1 选择合理的截面形状 202
10.5.2 改变压杆的约束条件或增加中间支座 202
10.5.3 合理选择材料 203
10.5.4 改善结构的形式 203
10.6 本章小结 203
思考题 203
习题 204
软件应用 206
拓展阅读 211

参考文献 212

附录 213

附录Ⅰ 平面图形的几何性质……213
附录Ⅱ 常用截面平面图形的几何性质……218
附录Ⅲ 型钢表……220

绪论

力学是研究物体机械运动规律的科学。

所谓**机械运动**，即**力学运动**，是指物体在空间的位置随时间的变化。它是物质的运动形式中最简单的一种。

所谓**力，是指物体相互之间的机械作用，这种作用的效应是使物体改变运动状态**，或者产生变形。其中，前一种效应称为力的**外效应**（或**运动效应**），而后一种效应称为力的**内效应**（或**变形效应**）。

作用于同一物体的一群力称为**力系**。若二力系分别作用于同一物体而效应相同，则称此二力系互为**等效力系**。若一个力和一个力系等效，则称该力为此力系的**合力**，而此力系中的每一个力都是合力的**分力**。

实践证明，力对物体的作用效应取决于三个要素：①力的大小；②力的方向；③力的作用点。力的大小反映了物体间相互机械作用的强度。为了度量力的大小，必须选定力的单位，国际单位制中力的单位是 N（牛顿）或 kN（千牛）。

力的三要素可以用一个带箭头的线段表示，线段的长度按照一定的比例表示力的大小；线段的方位和箭头的指向表示力的方向；线段的始端或末端表示力的作用点。线段所在的直线称为**力的作用线**。

按照外力的作用方式，可分为表面力与体积力。作用在构件表面的外力，称为**表面力**。例如，作用在容器内壁的气体或液体压力是表面力，两物体间的接触压力也是表面力。作用在构件各质点上的外力，称为**体积力**。例如，构件的重力为体积力。

按照表面力在构件表面的分布情况，又可分为分布力与集中力。连续分布在构件表面某一范围的力，称为**分布力**。如果分布力的作用面积远小于构件的表面面积，或沿杆件轴线的分布范围远小于杆件长度，可将分布力一点处的力，称为**集中力**。

工程力学的研究对象及力学模型

工程力学是机械、土木、建筑等专业的一门理论性较强的重要技术基础课。自然界以及工程技术过程都包含机械运动。工程力学研究自然界以及各种工程中机械运动的最普遍、最基本的规律，以指导人们认识自然界，正确从事工程技术工作。工程力学为工程技术人员提供重要的理论依据和技术支持。

工程力学是研究工程中力学的基本概念和基本理论的学科。它的研究对象不是完整的机器或建筑物，而是简单的工程构件。所谓**构件**，是指组成机械和工程结构的零部件。工程力学研究构件最普遍、最基本的受力、变形、破坏以及运动规律，为工科专业的后续课程，如机械原理、机械设计等技术基础课和一些专业课的学习打下必要的基础。

工程中涉及机械运动的物体有时十分复杂，在研究物体的机械运动时，必须忽略一些次要因素的影响，对其进行合理的简化，抽象出力学模型。

当所研究物体的运动范围远远超过其本身的几何尺寸时，物体的形状和大小对运动的影响很小，这时可将其抽象为只有重量而没有体积的**质点**。由若干质点组成的系统称为**质点系**。**刚体**是指在力的作用下，其内部任意两点之间的距离始终保持不变的物体，刚体是理想化的力学模型。在外力的作用下，构件的尺寸和形状会发生变化，称为**变形**，该构件为**变形体**。

实际物体在力的作用下都将发生变形，若受力后变形极小，或者虽有变形但对整体运动的影响微乎其微，则可以略去这种变形，将物体简化为刚体。同时需要强调，当研究作用在物体上的力所产生的变形，以及由变形而在物体内部产生的相互作用力时，即使变形很小，也不能将物体简化为刚体，而应是变形体。

工程力学的研究内容及任务

工程力学是一门研究物体机械运动和构件承载能力的科学。工程力学基础内容涵盖了理论力学和材料力学两部分。

（1）理论力学

理论力学研究宏观物体机械运动的规律，通常分为静力学、运动学、动力学三部分。

限于学时及内容的要求，本教材只介绍静力学部分，刚体静力学是研究物体平衡规律的科学。**平衡**是指物体相对于惯性参考系处于静止或匀速直线运动的状态。它是物体机械运动的一种特殊形式。

理论力学以公理和牛顿定律为基础，通过数学演绎，推导出了各种普遍定理和结论。

（2）材料力学

材料力学研究材料的基本力学性能和构件的承载能力，合理解决构件设计过程中安全和经济的矛盾。

材料力学要解决的实际问题可以划分为三大类：强度问题、刚度问题、稳定性问题。

① 强度问题。研究构件和结构抵抗破坏的能力，即结构在使用寿命期限内，在荷载作用下不允许破坏。例如，起吊重物时，吊车梁可能会弯曲断裂，在设计时就要保证它在荷载作用下、正常工作情况时不会发生破坏。

② 刚度问题。研究构件和结构抵抗变形的能力，即结构在使用寿命期限内，在荷载作用下产生的变形不允许超过某一额定值。例如，吊车梁在荷载等因素作用下，虽然满足强度要求，不致破坏，但若梁的变形过大，超出所规定的范围，也会影响正常工作和使用。

③ 稳定性问题。研究结构保持原有平衡状态的能力，即结构在使用寿命期限内，在荷载作用下原有平衡状态不允许改变。例如，房屋承重的柱子过细、过高，就可能由柱子的失稳导致整个房屋的突然倒塌。

工程力学的任务是通过研究结构的静力学平衡规律、强度、刚度、稳定性等，在保证结构既安全可靠又经济节约的前提下，为构件选择合适的材料、合理的截面形状和尺寸提供计算理论与计算方法。

工程力学的研究方法

工程力学的研究方法有理论分析、试验分析和计算机分析三种。

理论分析是以基本概念和定理为基础，经过严密的数学推演，得出问题的解析，它是广泛使用的一种方法。

结构的强度、刚度和稳定性问题都与所选材料的力学性能有关。材料的力学性能是材料在力的作用下，抵抗变形和破坏等表现出来的性能，它必须通过材料的试验才能测定；另外，对于现有理论还不能解决的某些复杂的工程力学问题，有时要依靠试验分析才能得以解决，因此，试验分析在工程力学中占有重要地位。

随着计算机的出现和飞速发展，工程力学的计算手段发生了根本性变化，使许多过去无法解决的问题，如几十层高层建筑的结构计算，现在仅需要几个小时便能得到全部结果。不仅如此，在理论分析中，可以利用计算机得到难以导出的公式；在试验分析中，计算机可以整理数据、绘制试验曲线、选用最优参数等。计算机分析已成为一种独特的研究方法，其地位将越来越重要。

在工程力学领域中有限元分析方法已经得到日益广泛的应用，这使工程力学在解决工程实际问题中发挥更大的作用，并促进工程力学研究方法的更新。本书结合大量工程案例使用ANSYS 进行有限元分析，让读者能够更直观地理解本书介绍的理论知识。

第1章

静力学基本公理和物体的受力分析

本章思维导图

- 第1章 静力学基本公理和物体的受力分析
  - 静力学基本公理
    - 公理1 力的平行四边形法则
    - 公理2 二力平衡条件
    - 公理3 加减平衡力系原理
      - 推论1 力的可传性
      - 推论2 三力平衡汇交定理
    - 公理4 作用和反作用定律
    - 公理5 刚化原理
  - 约束与约束力
    - 概念
    - 约束的基本类型及其约束力
      - 柔索约束
      - 光滑接触面约束
      - 光滑铰链约束
        - 中间铰链约束
        - 固定铰链约束
        - 活动铰链约束
      - 固定端约束
  - 物体的受力分析
    - 选哪一个物体作为研究对象
    - 研究对象上受到哪些力的作用
      - 主动力有哪些
      - 约束力有哪些

本章学习目标

1. 熟练掌握静力学公理及其应用范围。
2. 熟练掌握几种常见的约束力及其画法。
3. 掌握物体系统及单个物体的受力分析方法和步骤，正确画出受力图。

本章案例引入

静力学的任务是研究物体在力系作用下的平衡问题。实际工程中，构件受力时的变形，大多数情形下都比较小，忽略这种变形对构件的受力分析不会产生什么影响。因此，在工程静力分析中，将构件简化为刚体进行平衡受力分析。如图 1-1（a）所示，研究塔式起重机平衡时重物重量与配重之间的关系时，可以将塔式起重机整体视为刚体，重物重量和配重受力分析如图 1-1（b）所示。

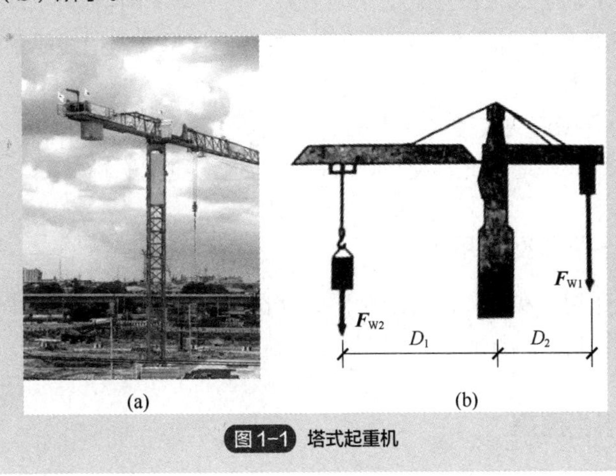

图1-1 塔式起重机

1.1 静力学的基本公理

（1）公理1：力的平行四边形法则

作用于物体上同一点的两个力，可以合成为一个合力。合力的作用点仍在该点，合力的大小和方向由这两个力为邻边构成的平行四边形的对角线确定，如图 1-2（a）所示。

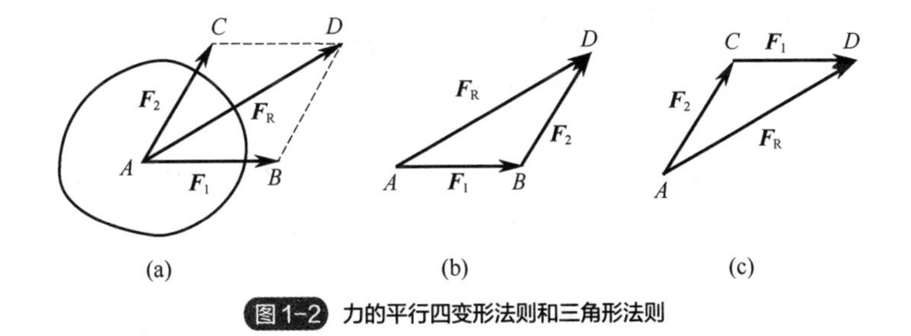

图1-2 力的平行四变形法则和三角形法则

矢量关系式为

$$\boldsymbol{F}_{\mathrm{R}} = \boldsymbol{F}_1 + \boldsymbol{F}_2 \tag{1-1}$$

亦可通过三角形法则，求两汇交力合力的大小和方向（即合力矢），如图 1-2（b）、（c）所示。

（2）公理 2：二力平衡条件

作用在同一刚体上的两个力，使刚体保持平衡的必要和充分条件是：这两个力大小相等、方向相反，且作用在同一条直线上。

只在两个力作用下平衡的构件，称为**二力构件**。在静力学中所指物体都是刚体，其形状对计算结果没有影响，因此不论其形状如何，一般均简称为**二力杆**。

（3）公理 3：加减平衡力系原理

在任一原有力系上加上或减去任意的平衡力系，与原力系对刚体的作用效果等效。

① **推论 1：力的可传性**。作用于刚体上某点的力，可沿其作用线移到刚体内的任意一点，且并不改变该力对刚体的作用。

② **推论 2：三力平衡汇交定理**。刚体在三个力作用下平衡，若其中两个力的作用线交于一点，则第三个力的作用线必通过此汇交点，且三个力位于同一平面内。

（4）公理 4：作用和反作用定律

两个物体之间的作用力和反作用力总是同时存在，两力大小相等、方向相反，沿同一直线，分别作用在两个相互作用的物体上。

（5）公理 5：刚化原理

变形体在某一力系作用下处于平衡，如将此变形体刚化为刚体，其平衡状态保持不变。

1.2 约束与约束力

1.2.1 约束与约束力的概念

物体可以分为两类：一类为位移不受限制的物体，称为**自由体**，例如空中飞行的飞机、火箭、导弹等；另一类是位移受限制的物体，称为**非自由体**或**受约束体**，如轨道上行驶的火车、被电线吊着的灯、斜面上放置的滑块等。

限制非自由体位移的周围物体称为**约束**，约束作用在被约束物体上限制其位移的力称为**约束力**，也可称为**约束反力**或**支反力**，约束力属于被动力。显然，约束力的方向总与该约束所限制的物体位移相反，约束力的作用点位于约束与被约束物体的相互接触处。

1.2.2 约束的基本类型及其约束力

（1）柔索约束

由柔软的绳索、链条或胶带等构成的约束。这类约束只能承受拉力，而不能抵抗压力和弯曲。柔索约束的特点是只能限制物体沿着柔索中心线伸长方向的运动，因此，柔索的约束力方向一定是沿着柔索中心线而远离物体的，其作用点在柔索与物体的连接处。吊车（图 1-3）横梁的受力分析如图1-4所示。

图1-3 吊车实例

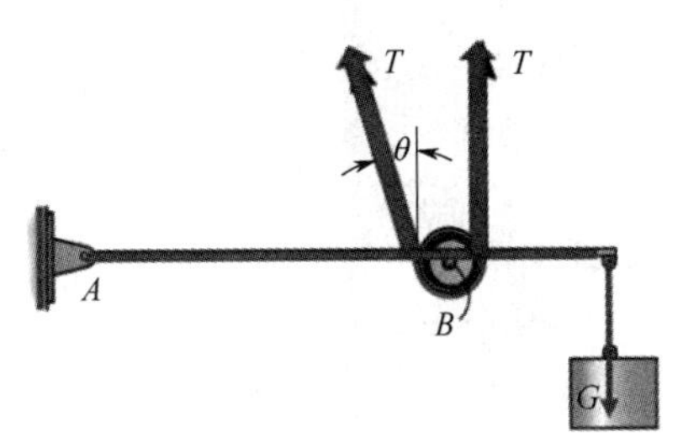

图1-4 吊车横梁受力分析

（2）光滑接触面约束

当物体与约束相互接触，接触面非常光滑时，它们之间的摩擦力可以忽略不计，这种光滑的曲面（图1-5）或平面（图1-6）对物体的约束，称为**光滑接触面约束**。这类约束不能限制物体沿约束表面切线的位移，只能阻碍物体沿接触面法线并向约束内部的位移。因此，光滑接触面对物体的约束力，作用在接触点处，方向沿接触面的公法线，并指向被约束的物体。

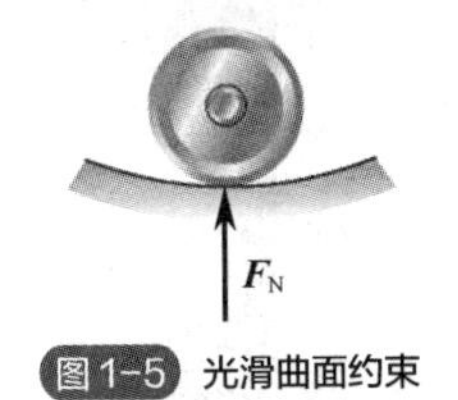

图1-5 光滑曲面约束

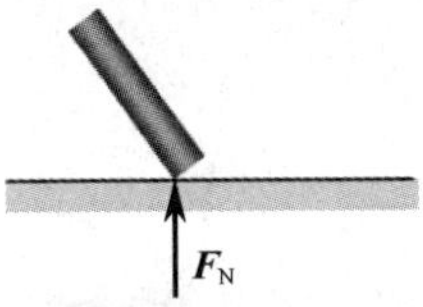

F_N

图1-6 光滑平面约束

（3）光滑铰链约束

这类约束有中间铰链、固定铰链和活动铰链等。

① 中间铰链。如图1-7所示，用销钉将两个活动构件连接起来，销钉只限制构件销孔端的相对移动，不限制构件绕销轴的相对转动。

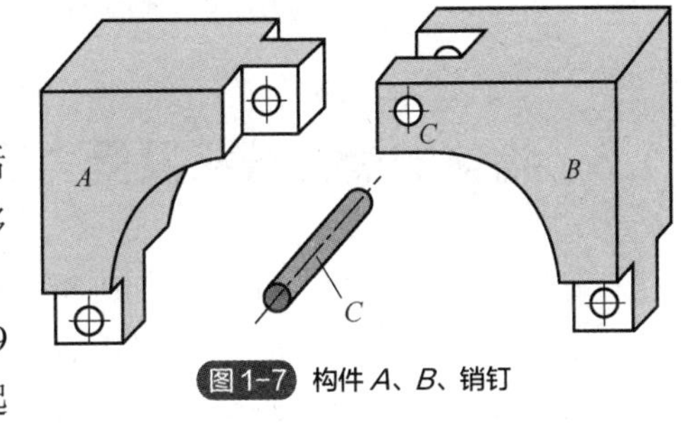

图1-7 构件*A*、*B*、销钉

② 固定铰链（固定铰支座）。如图1-8、图1-9所示，用销钉将物体与固定机架或支承面等连接起来，销钉只限制构件销孔端的相对移动，不限制构件绕销轴的相对转动。

图1-8 固定铰支座

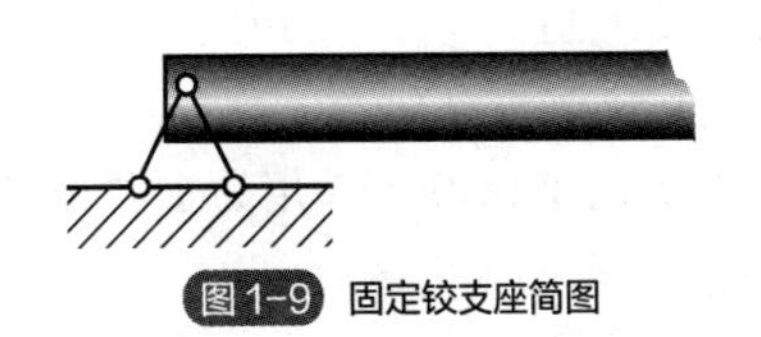

图1-9 固定铰支座简图

③ 活动铰链（可动铰支座）。在铰链支座的底部安装一排滚轮，可使支座沿固定支承面滚动，这是工程中常见的可动铰支座，如图 1-10、图 1-11 所示。

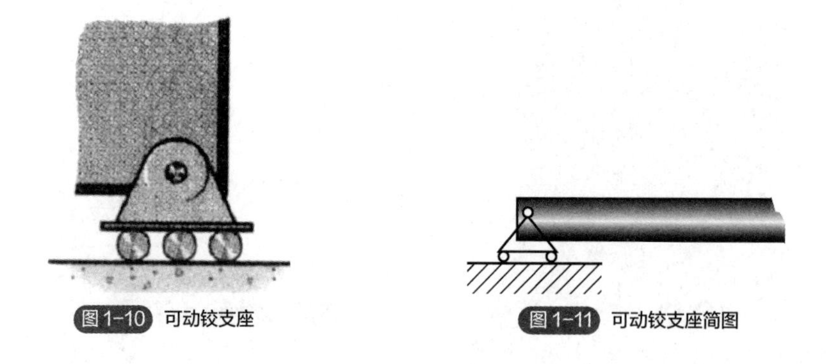

图1-10 可动铰支座　　图1-11 可动铰支座简图

（4）固定端约束

将构件的一端插入一固定物体中，连接处具有较大的刚性，被约束的物体在该处被完全固定，既不允许相对移动也不可转动，这样的约束称为**固定端约束**。例如马路上的电线杆子底座（图 1-12），其受到的约束如图 1-13 所示。

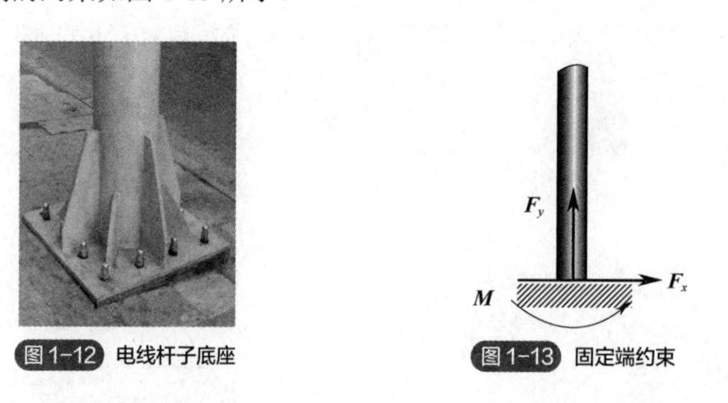

图1-12 电线杆子底座　　图1-13 固定端约束

1.3 物体的受力分析及受力图

解决静力学问题时，首先要明确研究对象，选择合适的物体作为研究对象，研究对象可以是一个物体，也可以是几个物体的组合或整个系统。工程中的结构与机构十分复杂，为了清楚地表达出某个物体的受力情况，必须将它从相联系的周围物体中分离出来，称为取分离体。分离的过程就是解除约束的过程，在解除约束的地方用相应的约束力来代替约束的作用。在分离体上画上物体的全部主动力和约束力，此图称为研究对象的受力图。整个过程就是对所研究的对象进行受力分析。

画出受力图的步骤一般为：

① 确定研究对象，取分离体。

② 在分离体上画出全部主动力。

③ 在分离体上画出全部约束力。

【例 1-1】如图 1-14 所示，用力 $\boldsymbol{F}$ 拉碾子，碾子重 $\boldsymbol{W}$，由于受到阶梯的阻挡静止不动，如不计摩擦，画出碾子的受力图。

解：取碾子为研究对象，并将其单独画出。

受力分析：作用于碾子的主动力有拉力 $\boldsymbol{F}$ 和重力 $\boldsymbol{W}$；碾子在阶梯处受到约束，同时受到地面的约束。不计摩擦时，该两处都是光滑接触面约束，约束反力都应沿着接触点的公法线指向被约束物体。画出主动力 $\boldsymbol{F}$ 和 $\boldsymbol{W}$，以及约束反力 $\boldsymbol{N}$ 和 $\boldsymbol{F}_{\mathrm{N}}$，如图 1-15 所示。

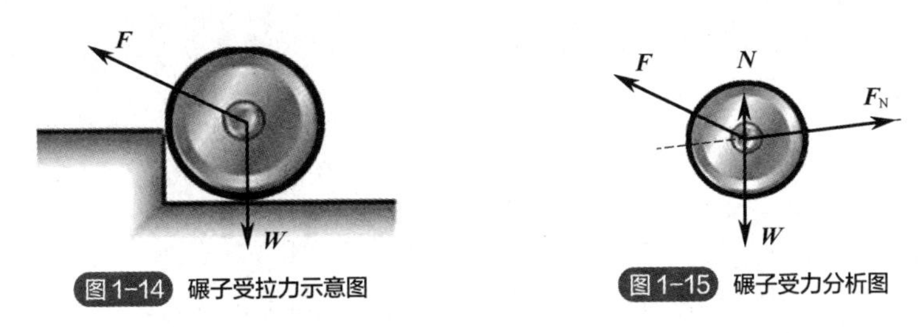

图1-14 碾子受拉力示意图　　图1-15 碾子受力分析图

【例 1-2】 如图 1-16 所示三铰拱桥，由左、右两拱铰接而成。不计自重和摩擦，在拱 AC 上作用有载荷 $\boldsymbol{F}$。试分别画出拱 AC 和 BC 的受力图。

解：① 先分析拱 BC 受力。由于拱 BC 自重不计，且只有 B、C 两处受到铰链约束，因此拱 BC 为二力构件。在铰链中心 B、C 处分别受 $\boldsymbol{F}_B$ 和 $\boldsymbol{F}_C$ 两力的作用，这两个力的方向如图 1-17 所示。

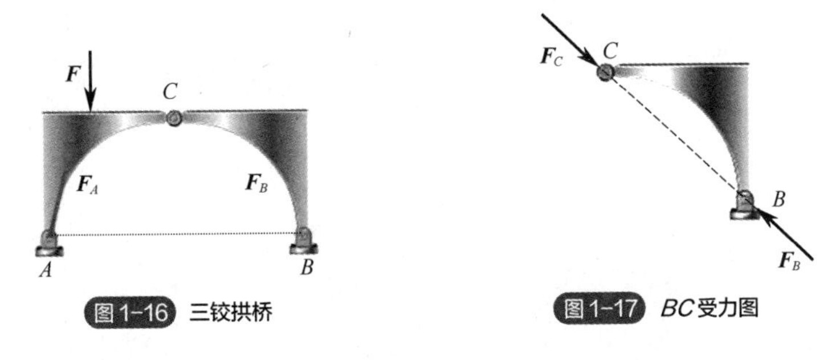

图1-16 三铰拱桥　　图1-17 BC受力图

② 取拱 AC 为研究对象。由于自重不计，因此主动力只有载荷 $\boldsymbol{F}$。拱 AC 在铰链 C 处受有拱 BC 给它的反作用力 $\boldsymbol{F}_C'$ 的作用，AC 与 BC 两部分在 C 处有相互作用的力，成对地作用在系统内。系统内各物体之间相互作用的力称为**内力**，内力是成对出现的，对系统的作用效应相互抵消，因此在受力图上一般不画出。受力图上只画出系统以外的物体对系统的作用力，称这种力为**外力**。拱在 A 处受有固定铰支座给它的约束力 $\boldsymbol{F}_A$ 的作用，由于方向未定，可用两个未知的正交分力 $\boldsymbol{F}_{AX}$ 和 $\boldsymbol{F}_{AY}$ 代替。

由于拱 AC 在 $\boldsymbol{F}$、$\boldsymbol{F}_C'$ 及 $\boldsymbol{F}_A$ 三个力作用下平衡，故可根据三力平衡汇交定理，确定铰链 A 处约束力 $\boldsymbol{F}_A$ 的方向。点 D 为力 $\boldsymbol{F}$ 和 $\boldsymbol{F}_C'$ 作用线的交点，当拱 AC 平衡时，约束力 $\boldsymbol{F}_A$ 的作用线必通过点 D，得到拱 AC 的受力图如图 1-18 所示，三铰拱桥整体受力图如图 1-19 所示。

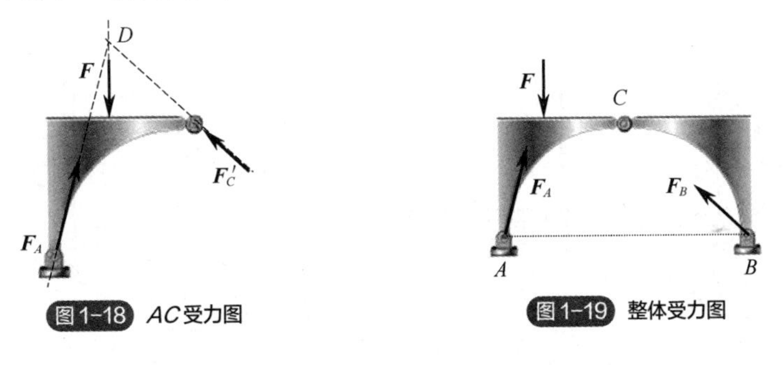

图1-18 AC受力图　　图1-19 整体受力图

1.4 本章小结

本章要点如下：

① 静力学的五个基本公理及其内容。

② 常见的约束、约束力的概念及其画法。

③ 物体的受力分析、受力图。

思考题

1-1 二力杆与杆件形状有关吗？凡不计自重的刚性杆都是二力杆吗？

1-2 说明下列式子的意义与区别：

① $F_1=F_2$；② $\boldsymbol{F}_1=\boldsymbol{F}_2$；③ 力 $\boldsymbol{F}_1$ 等效于力 $\boldsymbol{F}_2$。

1-3 试区分 $\boldsymbol{F}_R=\boldsymbol{F}_1+\boldsymbol{F}_2$ 和 $F_R=F_1+F_2$ 两个等式代表的意义。

1-4 二力平衡公理与作用力和反作用力定律都是说二力等值、反向、共线，二者有什么区别？

习题

1-1 画出图 1-20 中各构件的受力图。所有接触处均为光滑接触，没有画出重力的构件自重不计。

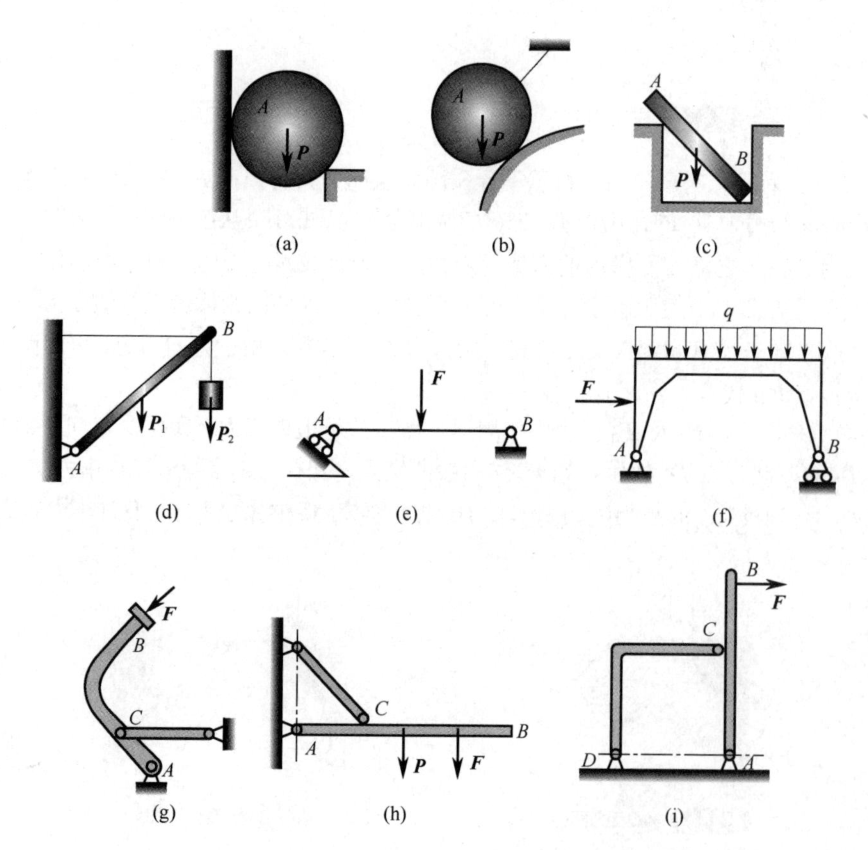

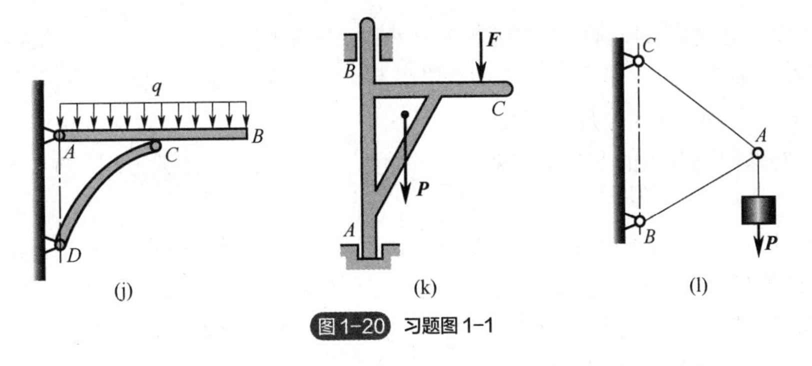

图1-20 习题图1-1

1-2 画出图1-21中每个标注字符的物体的受力图，图中未画重力的各物体的自重不计，所有接触处均为光滑接触。

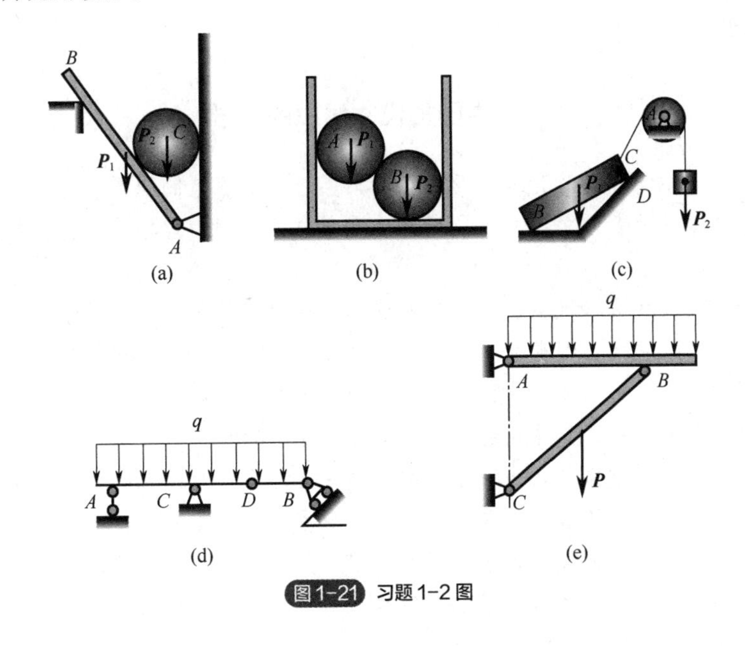

图1-21 习题1-2图

软件应用

有限元方法及ANSYS软件

现代科学技术的发展，对工程机械结构和产品功能提出了越来越高的要求，结构趋向复杂、服役环境日益恶劣，而且要求长寿命、高可靠性，这向工程师和科学研究人员提出了更高的挑战。

有限元方法（finite element method，FEM）是计算力学和工程科学领域里最为有效的数值计算方法之一，给工程、科学乃至人类社会带来急剧的革命性的变化。有限元方法是基于变分法而发展起来的求解数学物理问题的一种数值计算方法，起源于固体力学，然后迅速扩展到流体力学、传热学、电磁学等其他物理领域，从简单的静力分析发展到动力分析、非线性分析、多物理场耦合分析等复杂计算。有限元方法的应用日益广泛，已经渗入各个工程领域的重要环节，成为驱动产品创新、工程研发及科学研究的重要引擎。其基本思想如下：

① 将连续系统分割成有限个互不重叠的子域或单元（离散化或网格划分）。

② 在每个单元内，选择简单近似函数来分片逼近未知的求解函数，即选择某些合适的节点作为求解函数的插值点，将微分方程中的变量改写成由各变量或其导数的节点值与所选用的插值函数组成的线性表达式（分片近似）。

③ 基于与原问题等效的变分原理或加权残值法，建立总体有限元方程，进行求解（整体分析）。

ANSYS 软件是美国 ANSYS 公司研发的大型通用有限元分析（FEA）软件，是世界范围内增长最快的计算机辅助工程（CAE）软件，它为工程仿真分析人员提供了强大的前处理、分析计算以及后处理模块。作为全球知名的工业仿真软件，ANSYS 为全球用户提供包括结构、流体、电磁、传热等多个领域、多个学科的仿真产品。

拓展阅读

中国古代文明中的力学

中国古代文明中的力学源远流长，早在先秦时期就有着深厚的积累和理论。中国古代力学理论在科学史上有着举足轻重的地位，与欧洲古代数学、物理、哲学等理论一样，是人类智慧的结晶。

在中国古代，力学主要涉及天文学、建筑学和机械工程等方面，是科学技术取得的成就之一。早在公元前 3 世纪的战国时期，就有著名的“兵家之学”。兵家是中国古代战争学派的总称，其理论中包括了很多力学的基本概念，比如势、动、张力、力规律等。其中，《孙子兵法》是中国兵器战争著作的代表之一，集中论述了兵器对力学理论的贡献。

汉代时期，伟大的科学家张衡发明了世界上第一台浑天仪，此时的力学首次以物理学形态呈现。丝绸之路的开辟让中国古代力学学派坚持自身优势，借鉴外来科技，自身科技得到了长足的发展。唐代张载和宋代苏颂等著名学者为中国古代力学理论的发展作出了重要贡献。

中国的古代力学理论对于古代建筑的发展也有着极大作用。长城、颐和园、兵马俑等古代建筑群中，不仅有着完美的建筑构造和技术实现，更有着严密的力学原理和物理学知识的应用。其中一些概念，如杠杆原理、重心平衡等理论，到今天仍对建筑各个领域有着巨大的影响。

总之，中国古代文明中的力学理论和实践成就不容小觑。在中国长达几千年的文明史中，人们总是通过不断实践改善，促使科学技术不断迈向更高的顶峰。中国古代力学成就在其中有着一席之地，对于我们了解古代文化和认识科技发展史发挥着举足轻重的作用。

第 2 章

平面力系

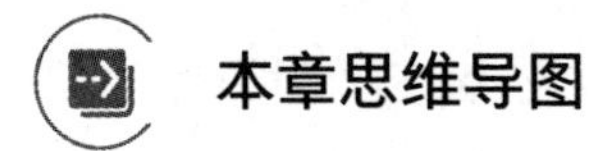

本章思维导图

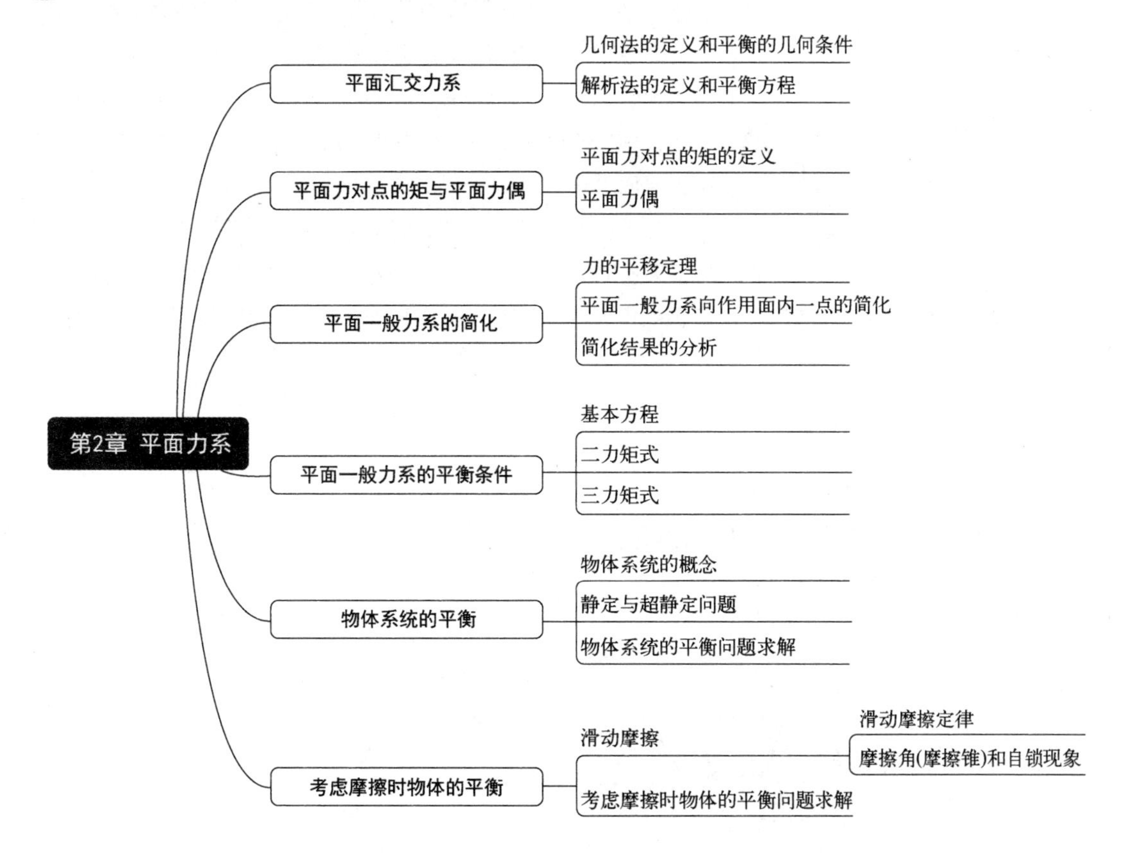

本章学习目标

1. 了解平面汇交力系合成的几何法、平衡的几何条件。
2. 掌握平面汇交力系合成的解析法，重点掌握平面汇交力系的平衡方程。
3. 掌握平面力对点的矩的定义，平面力偶的定义、性质。
4. 掌握力的平移定理、平面一般力系向作用面内任意点简化的结果，并掌握 4 种简化结果的含义。
5. 能够熟练应用平面一般力系的平衡条件。
6. 了解物体系统的概念，了解物体的静定和超静定问题。
7. 掌握物体系统的平衡问题，能够正确分析物体系统。
8. 了解滑动摩擦的定义、公式，摩擦角、摩擦锥的定义，自锁现象的应用。

本章案例引入

图 2-1 简易升降混凝土吊筒装置

若各力作用线在同一平面内，称为**平面力系**。在平面力系中，各力的作用线均汇交于一点的力系，称为**平面汇交力系**；各力的作用线都相互平行的力系，称为**平面平行力系**；各力的作用线既不汇交于一点又不相互平行的力系，称为**平面一般力系**；由各力构成多个力偶的力系又称为**平面力偶系**。

图 2-1 所示为简易升降混凝土吊筒装置，在已知混凝土重量时，如何分析吊钩位置处的约束力？让我们带着问题来学习本章内容，从而正确分析这个问题。

2.1 平面汇交力系

2.1.1 平面汇交力系合成的几何法

设一刚体受到平面汇交力系 $\boldsymbol{F}_1$，$\boldsymbol{F}_2$，$\boldsymbol{F}_3$，$\boldsymbol{F}_4$ 的作用，各力作用线汇交于点 A，如图 2-2 所示。

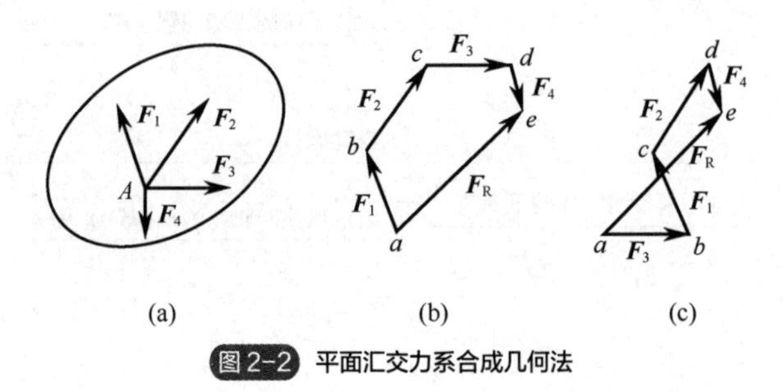

图 2-2 平面汇交力系合成几何法

根据力的平行四边形法则，可逐步两两合成各力，最后求得一个通过汇交点 A 的合力。也可以任取一点 a，将各力的矢量依次相连，组成一个不封闭的**力多边形** $abcde$，连接起点 a 和终点 e 即得合力矢 $\boldsymbol{F}_\mathrm{R}$。而根据矢量相加的交换律，可变换各分力矢作图顺序，得到形状不同的力多边形，但其合力矢始终不变。

因此平面汇交力系可简化为一合力，其等于各分力的矢量和，作用线通过汇交点。如果平面汇交力系包含 n 个力，用 $\boldsymbol{F}_\mathrm{R}$ 表示它们的合力矢，则有：

$$\boldsymbol{F}_\mathrm{R}=\boldsymbol{F}_1+\boldsymbol{F}_2+\cdots+\boldsymbol{F}_n=\sum\boldsymbol{F}_i \tag{2-1}$$

合力 $\boldsymbol{F}_\mathrm{R}$ 对刚体的作用效果与原力系对刚体的作用效果等效。如果一力与某一力系等效，则此力称为该力系的**合力**。

2.1.2　平面汇交力系平衡的几何条件

在平衡的情形下，力多边形中最后一个力的终点与第一个力的起点重合，即该力系的合力等于零，此时的力多边形称为自行封闭的力多边形。如图 2-3 所示，平面汇交力系平衡的必要与充分条件也可以描述为该力系形成的**力多边形自行封闭**，这就是平面汇交力系平衡的几何条件。

2.1.3　平面汇交力系合成的解析法

在平面直角坐标系中，如图 2-4 所示，设力 $\boldsymbol{F}$ 与 x、y 轴正向的夹角分别为 α、β，$\boldsymbol{F}$ 在 x 轴和 y 轴上的投影 F_x、F_y 分别为

$$\begin{cases}F_x=F\cos\alpha\\F_y=F\cos\beta\end{cases} \tag{2-2}$$

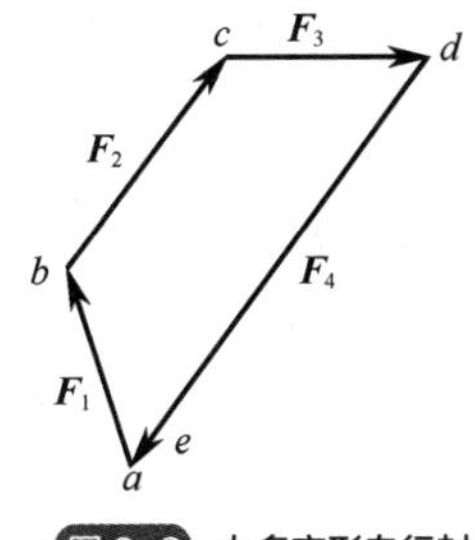

图 2-3　力多变形自行封闭

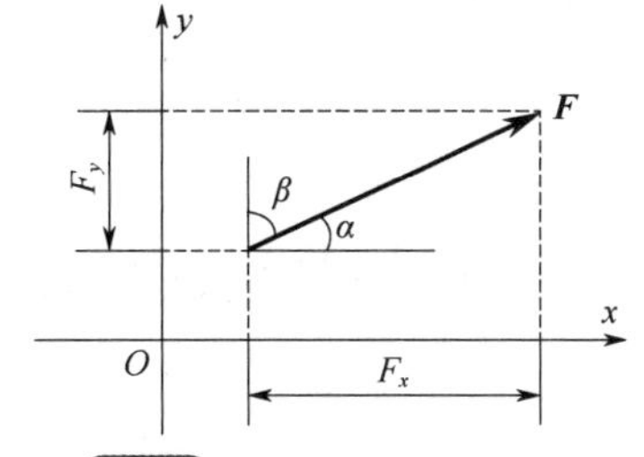

图 2-4　力 F 在直角坐标系中分解

合力投影定理：合力在任一轴上的投影等于各分力在同一轴上投影的代数和。对于由 n 个力组成的平面汇交力系则有：

$$\begin{cases}F_{\mathrm{R}x}=F_{1x}+F_{2x}+\cdots+F_{nx}=\sum F_{ix}\\F_{\mathrm{R}y}=F_{1y}+F_{2y}+\cdots+F_{ny}=\sum F_{iy}\end{cases} \tag{2-3}$$

式中，$F_{\mathrm{R}x}$ 和 $F_{\mathrm{R}y}$ 为 $\boldsymbol{F}_\mathrm{R}$ 在 x 轴和 y 轴上的投影大小。建立直角坐标系 Oxy，如图所 2-5 所示，此平面汇交力系的合力 $\boldsymbol{F}_\mathrm{R}$ 的解析表达式可写为

$$\boldsymbol{F}_\mathrm{R}=\boldsymbol{F}_{\mathrm{R}x}+\boldsymbol{F}_{\mathrm{R}y}=\sum F_{ix}\boldsymbol{i}+\sum F_{iy}\boldsymbol{j} \tag{2-4}$$

合力矢的大小和方向余弦分别为

$$F_\mathrm{R}=\sqrt{F_{\mathrm{R}x}^2+F_{\mathrm{R}y}^2}=\sqrt{(\sum F_{ix})^2+(\sum F_{iy})^2} \tag{2-5}$$

$$\cos(\boldsymbol{F}_{R},\boldsymbol{i})=\frac{F_{Rx}}{F_{R}}=\frac{\sum F_{ix}}{F_{R}} \tag{2-6}$$

$$\cos(\boldsymbol{F}_{R},\boldsymbol{j})=\frac{F_{Ry}}{F_{R}}=\frac{\sum F_{iy}}{F_{R}} \tag{2-7}$$

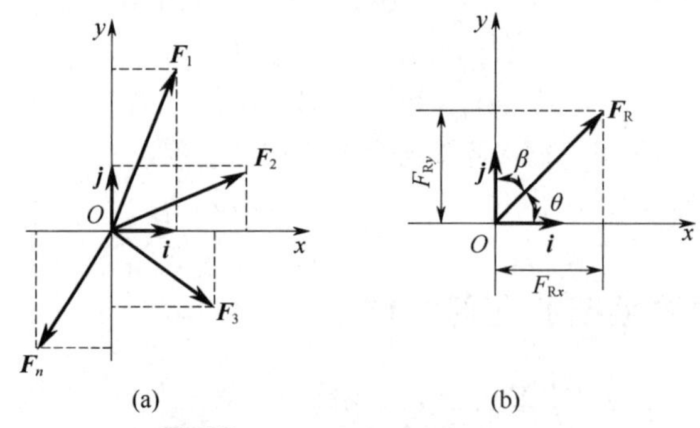

图 2-5 n 个力在坐标轴上投影并合成

2.1.4 平面汇交力系的平衡方程

由于平面汇交力系平衡的必要与充分条件是该力系的合力 F_R 等于零，即：

$$F_{R}=\sqrt{(\sum F_{ix})^{2}+(\sum F_{iy})^{2}}=0 \tag{2-8}$$

欲使上式成立，必须同时满足：

$$\begin{cases}\sum F_{ix}=0\\ \sum F_{iy}=0\end{cases} \tag{2-9}$$

于是，平面汇交力系平衡的必要与充分条件是：各力在两个坐标轴上投影的代数和分别等于零。上式称为平面汇交力系的平衡方程，由这两个独立的平衡方程可以求解出两个未知量。

2.2 平面力对点的矩与平面力偶

2.2.1 平面力对点的矩（力矩）

刚体在力的作用下会产生移动效应或转动效应，移动效应可以用力矢来度量，转动效应不仅与力矢有关，还与转动中心到力矢的距离有关。力对刚体的转动效应可用力对点的矩来度量，即力矩是度量力对刚体转动效应的物理量，如图 2-6 所示，该物理量称为力 $\boldsymbol{F}$ 对 O 点之矩，简称**力矩**。O 点称为矩心，矩心 O 到力 $\boldsymbol{F}$ 作用线的垂直距离 d 称为**力臂**。

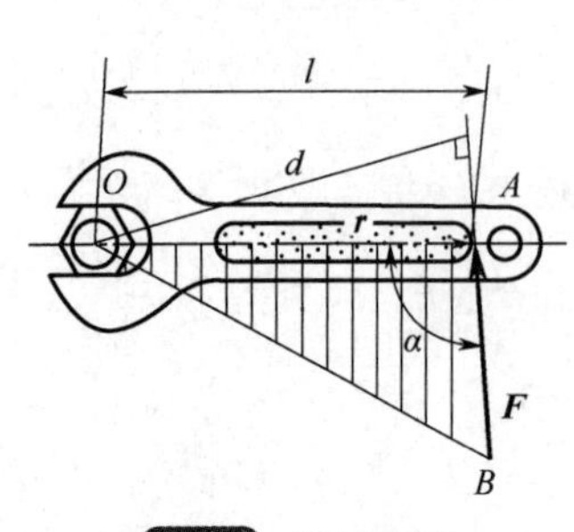

图 2-6 力对点之矩

力 $\boldsymbol{F}$ 对 O 点之矩表示为：$M_O(\boldsymbol{F})=\pm Fd$ 。

式中“±”规定：逆时针为正，顺时针为负。

为了和后面空间力对点的矩对应，以 $\boldsymbol{r}$ 表示由点 O 到 A 的矢径，平面力 $\boldsymbol{F}$ 对点 O 的矩，由矢量积(矢积)定义，可以表示为 $\boldsymbol{r}\times\boldsymbol{F}$ 。此矢积的模就是力矩的大小 Fd；此矢积的方向即力矩的转向，符合矢量叉乘的右手法则。

应当注意，一般来说，同一个力对不同点产生的力矩是不同的，因此不指明矩心而求力矩是没有任何意义的，所以在表示力矩时必须指明矩心。

力矩的性质1：力 $\boldsymbol{F}$ 对 O 点之矩不仅取决于力 $\boldsymbol{F}$ 的大小，同时还与矩心的位置即力臂有关。

力矩的性质2：力 $\boldsymbol{F}$ 对于任一点之矩，不因力沿其作用线的移动而改变。

力矩的性质3：当力的大小等于零，或力的作用线通过矩心时，力矩等于零。

显然一对平衡力对于同一点之矩的代数和等于零。

若力 $\boldsymbol{F}_{\mathrm{R}}$ 是平面汇交力系 $\boldsymbol{F}_1$、$\boldsymbol{F}_2$、…、$\boldsymbol{F}_n$ 的合力，由于力 $\boldsymbol{F}_{\mathrm{R}}$ 与该力系等效，所以合力 $\boldsymbol{F}_{\mathrm{R}}$ 对一点 O 之矩等于平面汇交力系 $\boldsymbol{F}_1$、$\boldsymbol{F}_2$、…、$\boldsymbol{F}_n$ 对同一点之矩的代数和，即

$$M_O(\boldsymbol{F}_{\mathrm{R}}) = M_O(\boldsymbol{F}_1) + M_O(\boldsymbol{F}_2) + \cdots + M_O(\boldsymbol{F}_n) = \sum M_O(\boldsymbol{F}_i) \tag{2-10}$$

上式称为**合力矩定理**。

当力矩的力臂不易求出时，常将力分解为两个容易确定力臂的分力（通常是正交分解），然后应用合力矩定理就可计算出力矩值。

2.2.2 平面力偶

作用在同一物体上，大小相等、方向相反、作用线互相平行且不共线的两个力组成的特殊力系，称为**力偶**。力偶是和力一样是静力学的一个基本要素。

力偶对物体产生转动效应。其转动效应的强弱用力偶矩度量。力偶矩用 $\boldsymbol{M}$ 或 $\boldsymbol{M}(\boldsymbol{F},\boldsymbol{F}')$ 表示，力偶矩的单位是 $\mathrm{N \cdot m}$。

$$M(\boldsymbol{F},\boldsymbol{F}') = \pm Fd \tag{2-11}$$

式中，d 为两个力之间的垂直距离，称为力偶臂。

力偶矩的大小、转向和作用面，称为**力偶的三要素**。规定平面力偶若使物体逆时针转动，则力偶矩为正，反之为负。

力偶性质为：

① 力偶无合力，力偶在任何坐标轴上的投影等于零，不能用一个力来等效代换，也不能用一个力与之平衡，即力偶只能与力偶平衡。

② 力偶对其作用面内任一点之矩恒等于力偶矩，与矩心位置无关。

③ 力偶可以在其作用平面内任意移动或转动，而不改变力偶对刚体的作用效应。

④ 在保持力偶转向和力偶矩大小不变的前提下，可以同时改变力偶中力的大小和力偶臂的长度，而不改变力偶对刚体的作用效应。

若一物体受到作用在同一平面内多个力偶的作用时，这些力偶组成**平面力偶系**。由前述力偶的性质，力偶对物体只产生转动效应，且转动效应的大小完全取决于力偶矩的大小和转向。可以证明，平面力偶系对物体的转动效应的大小等于各力偶转动效应的总和，即平面力偶系总可以合成为一个合力偶，其合力偶矩等于各分力偶矩的代数和，即

$$M_{\mathrm{R}} = M_1 + M_2 + \cdots + M_n = \sum M_i \tag{2-12}$$

若物体平衡，平面力偶系的合力偶矩必定为零。因此，平面力偶系平衡的充要条件是：力偶系中各分力偶矩的代数和等于零，即

$$\sum M_i = 0 \tag{2-13}$$

平面力偶系只有一个独立的平衡方程，一个研究对象可以求解一个未知量。

【例 2-1】某化工厂一座塔设备（图 2-7）上设置的吊柱如图 2-8 所示，常用来起吊顶盖。吊柱由支承板 A 和支承板 B 共同支承，并可以绕轴在其中转动，尺寸如图 2-8（a）所示（单位为 mm）。若已知被起吊的顶盖重为 1600N，试求：起吊顶盖时，吊柱在 A、B 两支承处受到的约束反力是多少？

解：选取吊柱为研究对象，画其结构简图，如图 2-8（b）所示。支承板 A 对吊柱的作用可简化为径向轴承，它只能阻止吊柱沿水平方向的移动，故该处只有一个水平方向的反力 $\boldsymbol{F}_{Ax}$，方向未知；支承板 B（托架）可以简化为向心推力轴承，它能阻止吊柱沿垂直向下和水平两个方向的移动，所以该处有一个垂直向上的反力 $\boldsymbol{F}_{By}$、一个水平反力 $\boldsymbol{F}_{Bx}$，$\boldsymbol{F}_{Bx}$ 的方向也未知。首先将这两个约束解除，以约束反力替代其作用效果，则分离体吊柱的受力图就可以表示成图 2-8（c）所示的情形（即力学模型）。

图 2-7 塔设备实物图

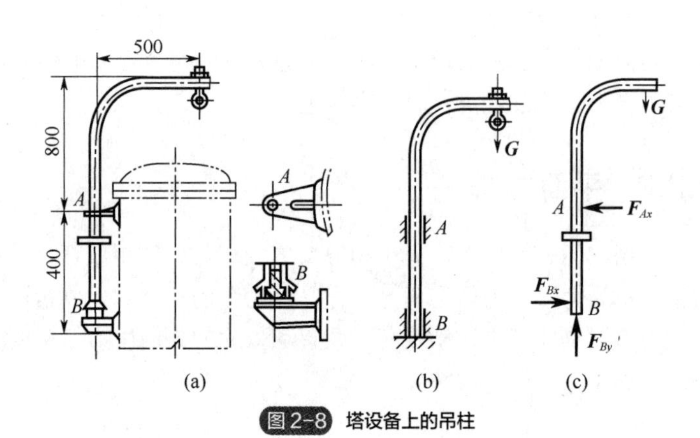

图 2-8 塔设备上的吊柱

作用在吊柱上的力共有四个，其中 $\boldsymbol{G}$ 和 $\boldsymbol{F}_{By}$ 是两个垂直的平行力，$\boldsymbol{F}_{Ax}$ 和 $\boldsymbol{F}_{Bx}$ 是两个水平的平行力。由于吊柱处于平衡状态，所以力偶（$\boldsymbol{G}$，$\boldsymbol{F}_{By}$）和力偶（$\boldsymbol{F}_{Ax}$，$\boldsymbol{F}_{Bx}$）必然是互相平衡的两个力偶。由力偶（$\boldsymbol{G}$，$\boldsymbol{F}_{By}$）可知，$\boldsymbol{F}_{By}$ 的大小为

$$F_{By}=G=1600\text{（N）}$$

由于力偶（$\boldsymbol{F}_{Ax}$，$\boldsymbol{F}_{Bx}$）与力偶（$\boldsymbol{G}$，$\boldsymbol{F}_{By}$）平衡，它们的力偶矩之代数和必为零，故

$$-G\times 500+F_{Ax}\times 400=0$$

可得：

$$F_{Ax}=\frac{1600\times 500}{400}=2000\text{（N）}$$

$$F_{Bx}=F_{Ax}=2000\text{（N）}$$

因为力偶（$\boldsymbol{F}_{Ax}$，$\boldsymbol{F}_{Bx}$）的转向是逆时针的，故 $\boldsymbol{F}_{Ax}$ 的指向应该水平向左，$\boldsymbol{F}_{Bx}$ 的指向应该水平向右。

2.3 平面一般力系的简化

2.3.1 力的平移定理

作用在刚体上点 A 处的力 $\boldsymbol{F}$，可以平移到刚体内任意点 O，但必须同时附加一个力偶，其

力偶矩等于原来的力 $\boldsymbol{F}$ 对新作用点 O 的矩。

力的平移定理表明了力对绕力作用线外的中心转动的物体有两种作用：一是平移力的作用；二是附加力偶对物体产生的旋转作用。如图 2-9 所示。

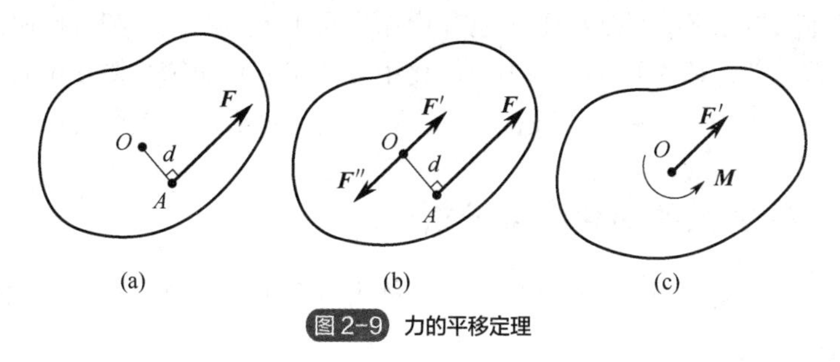

图 2-9　力的平移定理

2.3.2　平面一般力系向作用面内一点的简化

平面一般力系向平面内一点简化的基本思路为：应用力的平移定理，将平面一般力系分解成两个基本力系——平面汇交力系和平面力偶系，并根据这两个力系的简化结果，得到平面一般力系的简化结果。

设在刚体上作用一平面力系 $\boldsymbol{F}_1$、$\boldsymbol{F}_2$、…、$\boldsymbol{F}_n$，如图 2-10 所示。在平面内任选一点 O，称为**简化中心**。根据力的平移定理，将各力平移到 O 点，于是得到一个作用于 O 点的平面汇交力系 $\boldsymbol{F}_1'$、$\boldsymbol{F}_2'$、…、$\boldsymbol{F}_n'$，一个附加的平面力偶系 $\boldsymbol{M}_1$、$\boldsymbol{M}_2$、…、$\boldsymbol{M}_n$，它们的力偶矩分别为：$M_1 = M_O(\boldsymbol{F}_1)$、$M_2 = M_O(\boldsymbol{F}_2)$、…、$M_n = M_O(\boldsymbol{F}_n)$。这样，原力系与作用于简化中心 O 点的平面汇交力系和附加的平面力偶系是等效的。

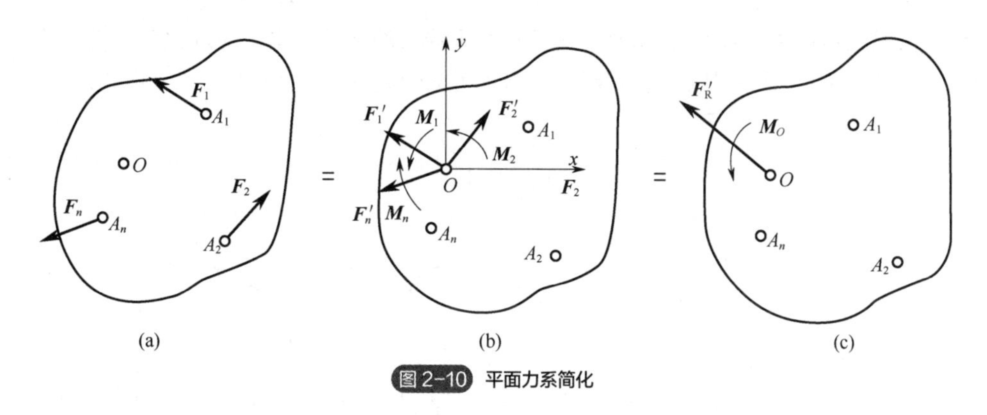

图 2-10　平面力系简化

将平面汇交力系 $\boldsymbol{F}_1'$、$\boldsymbol{F}_2'$、…、$\boldsymbol{F}_n'$ 合成为作用于简化中心 O 点的一个力 $\boldsymbol{F}_\mathrm{R}'$，则

$$\boldsymbol{F}_\mathrm{R}' = \boldsymbol{F}_1' + \boldsymbol{F}_2' + \cdots + \boldsymbol{F}_n' = \boldsymbol{F}_1 + \boldsymbol{F}_2 + \cdots + \boldsymbol{F}_n = \sum \boldsymbol{F} \tag{2-14}$$

即力系 $\boldsymbol{F}_\mathrm{R}'$ 等于原力系中各力的矢量和，称为原力系的**主矢**。而附加力偶系 $\boldsymbol{M}_1$、$\boldsymbol{M}_2$、…、$\boldsymbol{M}_n$ 可合成为一个力偶，合力偶矩等于各附加力偶矩的代数和。故

$$M_O = M_1 + M_2 + \cdots + M_n = M_O(\boldsymbol{F}_1) + M_O(\boldsymbol{F}_2) + \cdots + M_O(\boldsymbol{F}_n) = \sum M_O(\boldsymbol{F}) \tag{2-15}$$

即合力偶矩 $\boldsymbol{M}_O$ 大小等于原来各力对简化中心 O 点之矩的代数和，称为原力系对于简化中心的**主矩**。

可见，在一般情况下，平面一般力系向作用面内任选一点 O 简化，一般可得一个力和一个

力偶，这个力等于该力系的**主矢**，作用于简化中心 O；这个力偶的矩等于该力系对于 O 点的**主矩**。

$$\begin{cases} \boldsymbol{F}_{\mathrm{R}}' = \sum \boldsymbol{F} \\ M_O = \sum M_O(\boldsymbol{F}) \end{cases} \tag{2-16}$$

应该注意，主矢等于各力的矢量和，它是由原力系中各力的大小和方向决定的，所以，它与简化中心的位置无关。而主矩等于各力对简化中心之矩的代数和，简化中心选择不同时，各力对简化中心的矩也不同，所以在一般情况下主矩与简化中心的位置有关。

2.3.3 平面一般力系的简化结果分析

平面一般力系向作用面内一点简化的结果一般为一个主矢 $\boldsymbol{F}_{\mathrm{R}}'$ 和一个主矩 $\boldsymbol{M}_O$，进一步分析可能出现以下四种情况：

(1) $F_{\mathrm{R}}' = 0$，$M_O \neq 0$

说明该力系无主矢，而最终简化为一个力偶，其力偶矩就等于力系的主矩，此时主矩与简化中心无关。

(2) $F_{\mathrm{R}}' \neq 0$，$M_O = 0$

说明原力系的简化结果是一个力，而且这个力的作用线恰好通过简化中心，此时 $\boldsymbol{F}_{\mathrm{R}}'$ 就是原力系的合力。

(3) $F_{\mathrm{R}}' \neq 0$，$M_O \neq 0$

这种情况还可以进一步简化，如图 2-11 所示，根据力的平移定理的逆过程，可以把 $\boldsymbol{F}_{\mathrm{R}}'$ 和 $\boldsymbol{M}_O$ 合成为一个合力 $\boldsymbol{F}_{\mathrm{R}}$，简化中心 O 到合力 $\boldsymbol{F}_{\mathrm{R}}$ 的作用线距离为

$$d = \left|\frac{M_O}{F_{\mathrm{R}}}\right| = \left|\frac{M_O}{F_{\mathrm{R}}'}\right| \tag{2-17}$$

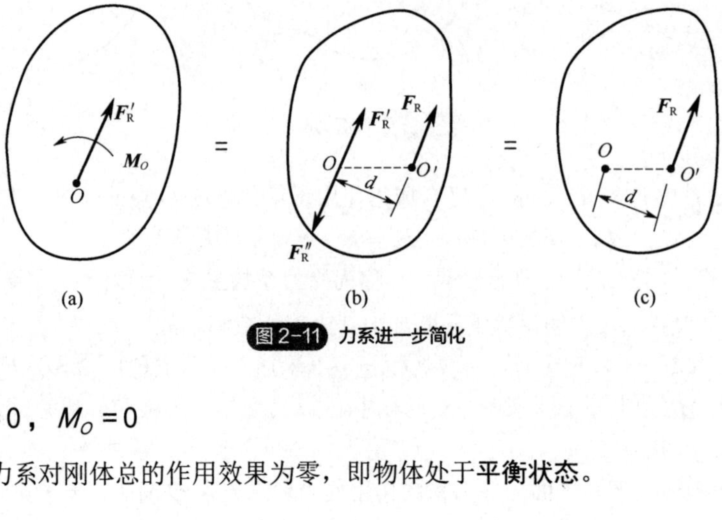

F_{R}' M_O O = F_{R}' F_{R} O O' d F_{R}'' = F_{R} O O' d

(a) (b) (c)

图 2-11 力系进一步简化

(4) $F_{\mathrm{R}}' = 0$，$M_O = 0$

这表明该力系对刚体总的作用效果为零，即物体处于**平衡状态**。

2.4　平面一般力系的平衡条件

平面一般力系平衡的必要与充分条件：力系的主矢和对任意点的主矩均等于零，$F_R'=0$、$M_O=0$，即

$$\begin{cases}\sum F_{ix}=0\\ \sum F_{iy}=0\\ \sum M_O(\boldsymbol{F}_i)=0\end{cases} \tag{2-18}$$

于是得到平面一般力系平衡的解析条件：平面一般力系中各力向力系所在平面的两个坐标轴投影的代数和为零，各力对任意点的矩代数和为零。

除了以上形式外还有另外两种形式的方程，即

$$\begin{cases}\sum M_A(\boldsymbol{F}_i)=0\\ \sum M_B(\boldsymbol{F}_i)=0\\ \sum F_{ix}=0\end{cases} \tag{2-19}$$

上式为二力矩式，其中 x 轴不得垂直于 A、B 两点的连线。

$$\begin{cases}M_A(\boldsymbol{F}_i)=0\\ M_B(\boldsymbol{F}_i)=0\\ M_C(\boldsymbol{F}_i)=0\end{cases} \tag{2-20}$$

上式为三力矩式，其中 A、B、C 三点不得共线。

2.5　物体系统的平衡

2.5.1　物体系统的概念

工程中的机构和结构通常是由两个或两个以上物体通过一定的约束组成的系统，称为**物体系统**，如组合构架、杆件结构、多铰拱架等。在研究物体系统的平衡问题时，不仅要知道系统以外的物体对于该系统的作用，还要分析系统内各物体之间的相互作用。由于内力总是成对出现的，当取整个系统为研究对象时，内力可以不予考虑；但当求系统的内力时，就需要取系统中与所求内力有关联的一个或多个物体为研究对象，这时所求内力对于新研究对象而言已变成外力，在平衡方程中就会出现。

2.5.2　静定与超静定问题

当物体系统平衡时，组成该系统的每一个物体都处于平衡状态，因此对于每一个受平面一般力系作用的物体，均可以列出三个平衡方程。如物体系统由 n 个物体组成，则共有 $3n$ 个独立方程。如系统中有的物体受平面汇交力系或平面平行力系作用时，所有未知量都能由静力学的平衡方程求出，这样的问题称为**静定问题**。在工程实际中，有时为了提高结构的刚度和坚固性，常常增加多余的约束，因而使这些结构的未知量的数目多于平衡方程的数目，未知量就不能全部由平衡方程求出，这样的问题称为**超静定问题**。对于超静定问题，必须考虑物体因受力作用

而产生的变形，添加补充方程后，才能使方程的数目等于未知量的数目。未知量数目与平衡方程数目的差值称为**超静定次数**。

如图 2-12 所示，重物分别用两根和三根绳子悬挂，均受平面汇交力系作用，可列两个平衡方程。在图（a）中，有两个未知约束力，故是静定的；而在图（b）中，有三个未知约束力，因此是超静定的，是一次超静定。

如图 2-13 所示，轴分别由轴承支承，均受平面平行力系作用，可列两个平衡方程。图（a）中有两个未知约束力，故为静定；而在图（b）中有三个未知约束力，因此为超静定。

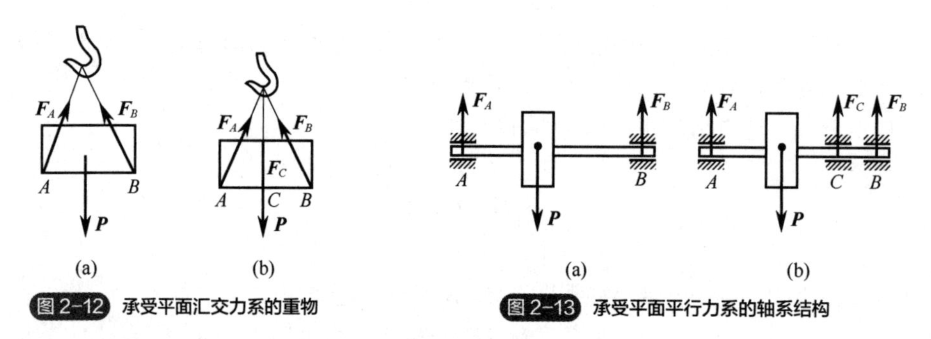

图 2-12 承受平面汇交力系的重物

图 2-13 承受平面平行力系的轴系结构

如图 2-14 所示，物体系统受到平面一般力系作用，可列 3 个平衡方程。图（a）中有 3 个未知约束力，因此是静定的；而在图（b）中有 4 个未知约束力，因此是超静定的。

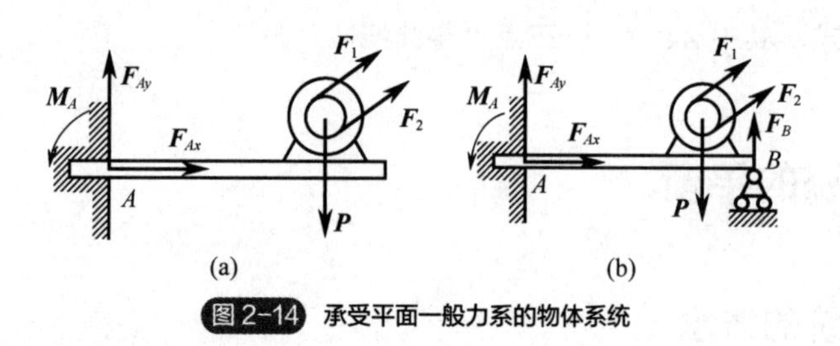

图 2-14 承受平面一般力系的物体系统

2.5.3 物体系统的平衡求解

在求解静定物体系统的平衡问题时，可以选单个物体为研究对象，列出平衡方程求解；也可选取整个系统为研究对象，列出平衡方程。整体系统的方程因不含内力，式中未知量较少。在选择研究对象和列平衡方程时，应尽可能避免联立求解方程。

【例 2-2】 水平梁由 AB、BC 两部分组成，A 处为固定端约束，B 处为铰链连接，C 端为滚动铰支座，已知：F=10kN，q=20kN/m，M=10kN·m。几何尺寸如图 2-15（a）所示，试求 A、C 处约束力。

解：① 选梁 BC 为研究对象，作用在它上面的主动力有：力偶 $\boldsymbol{M}$ 和均布载荷 q，约束力在 B 处的两个垂直分力 $\boldsymbol{F}_{Bx}$、$\boldsymbol{F}_{By}$，C 处的法向力 $\boldsymbol{F}_{NC}$，如图 2-15（b）所示。列平衡方程：

$$\sum M_B(\boldsymbol{F})=0\text{ ，}\quad 6F_{NC}+M-3q\left(3+\frac{3}{2}\right)=0$$

解得：$F_{NC}=43.33\text{kN}$ 。

② 选整体为研究对象，作用在它上的主动力有：集中力 $\boldsymbol{F}$、力偶 $\boldsymbol{M}$ 和均布载荷 q，约束力在固定端 A 的两个垂直分力 $\boldsymbol{F}_{Ax}$、$\boldsymbol{F}_{Ay}$ 和力偶矩 $\boldsymbol{M}_A$，以及 C 处的法向力 $\boldsymbol{F}_{NC}$，如图 2-15（c）所

示。列平衡方程：

$$\sum M_A(\boldsymbol{F})=0，\quad M_A-2F+10F_{NC}+M-3q\left(7+\frac{3}{2}\right)=0$$

$$\sum F_x=0，\quad F_{Ax}=0$$

$$\sum F_y=0，\quad F_{Ay}-F-3q+F_{NC}=0$$

由以上三式解得 A 端的约束力为：$F_{Ax}=0$，$F_{Ay}=26.67\text{kN}$，$M_A=86.7\ \text{kN}\cdot\text{m}$。

方向如图 2-15（c）所示。

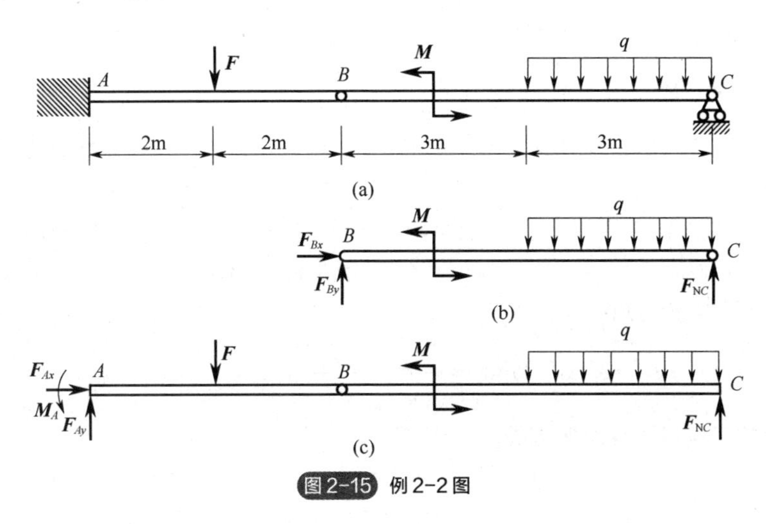

图 2-15 例 2-2 图

2.6 考虑摩擦时物体的平衡

摩擦是一种普遍存在于机械运动中的自然现象。在实际机械与结构中，完全光滑的表面并不存在，两物体接触面之间一般都存在摩擦。在一些问题中，如重力坝的抗滑稳定、闸门的启闭及带传动等，摩擦是重要的甚至是决定性的因素，就必须考虑。研究摩擦的目的就是要充分利用其有利的一面，克服其不利的一面。

2.6.1 滑动摩擦

（1）滑动摩擦定律

滑动摩擦力是指当两物体接触处有相对滑动或相对滑动趋势时，在接触面间产生的彼此相互阻碍滑动的力，简称为**摩擦力**。

物体间仅有相对滑动趋势而仍保持静止，这时的滑动摩擦力称为**静摩擦力** F_s，其大小由平衡条件确定，方向与物体相对滑动趋势相反。

临界时的静摩擦力称为**最大静摩擦力**，用 $\boldsymbol{F}_{smax}$ 表示，其大小由库仑摩擦定律确定，即

$$F_{smax}=f_sF_N \tag{2-21a}$$

式中，F_N 为接触点处的法向约束力；f_s 是无量纲的比例常数，称为**静摩擦因数**。

当物体间已产生相对滑动时的摩擦力称为**动滑动摩擦力**，方向与相对滑动的方向相反，记

为 $\boldsymbol{F}$，其大小为

$$F = fF_{\mathrm{N}} \tag{2-21b}$$

式中，f 称为**动摩擦因数**。

表 2-1 列出了常用材料的静摩擦因数值，以供参考。

表 2-1　几种常用材料的静摩擦因数

材料	钢对钢	钢对铸铁	软钢对铸铁	青铜对青铜	铸铁对青铜
静摩擦因数	0.15	0.2～0.3	0.2	0.15～0.20	0.28

（2）摩擦角（摩擦锥）和自锁现象

当考虑滑动摩擦力时，物体受到的接触面的约束力包括法向约束力 $\boldsymbol{F}_{\mathrm{N}}$ 和静摩擦力 $\boldsymbol{F}_{\mathrm{s}}$，它们的合力为 $\boldsymbol{F}_{\mathrm{R}}$。

$\boldsymbol{F}_{\mathrm{R}}$ 与接触面公法线的夹角为 φ，如图 2-16（a）所示，显然夹角 φ 随静摩擦力的变化而变化，当静摩擦力达到最大值时，夹角也达到最大值 φ_{s}，称为**临界摩擦角**，简称**摩擦角**，如图 2-16（b）所示。由图 2-16 可知：

$$\tan\varphi_{\mathrm{s}} = \frac{F_{\mathrm{smax}}}{F_{\mathrm{N}}} = \frac{f_{\mathrm{s}}F_{\mathrm{N}}}{F_{\mathrm{N}}} = f_{\mathrm{s}} \tag{2-22}$$

即**摩擦角的正切等于静摩擦因数**。

摩擦角也表示合力 $\boldsymbol{F}_{\mathrm{R}}$ 能够偏离接触面公法线的范围。如果物体与支承面的摩擦因数在各方向都相同，则这个范围在空间就形成一个锥体，称为**摩擦锥**，如图 2-17 所示。

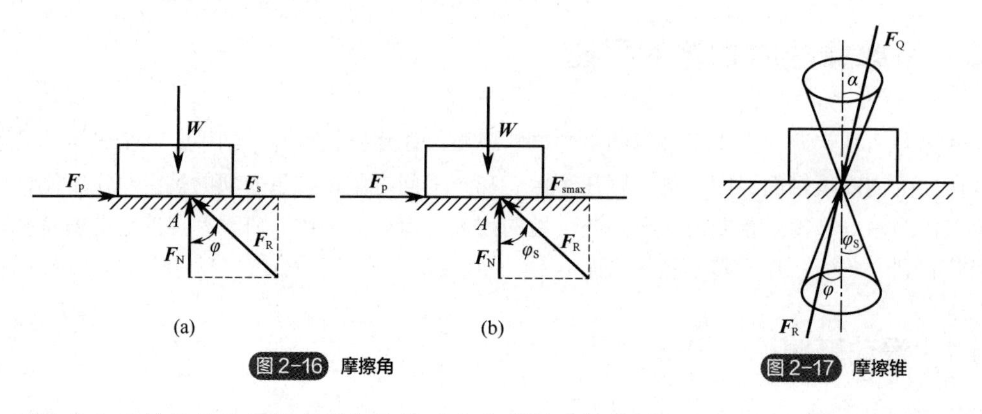

图 2-16　摩擦角　　图 2-17　摩擦锥

摩擦角和摩擦锥从几何角度形象地说明考虑摩擦时物体的平衡状态，即物体的平衡范围可表示为

$$0 \leqslant \varphi \leqslant \varphi_{\mathrm{s}} \tag{2-23}$$

主动力的合力 $\boldsymbol{F}_{\mathrm{Q}}$ 的作用线在摩擦锥的范围内，则约束面必产生一个与之等值、反向且共线的力 $\boldsymbol{F}_{\mathrm{R}}$ 与之平衡。无论怎样增加 $\boldsymbol{F}_{\mathrm{Q}}$ 的大小，物体总能保持平衡而不移动，这种现象称为**自锁**。工程上常用自锁原理设计一些机构和夹具，如螺旋千斤顶、螺钉等。

反之，若主动力的合力 $\boldsymbol{F}_{\mathrm{Q}}$ 的作用线在摩擦锥的范围外，则无论这个合力多么小，物体也不能保持静止。

2.6.2 考虑摩擦时物体的平衡问题求解

考虑摩擦时的平衡问题，与不考虑摩擦时的平衡问题有着共同特点，即物体平衡时应满足平衡条件。

但是，这类平衡问题的分析过程也有其特点：首先，受力分析时必须考虑摩擦力，而且要注意摩擦力的方向与相对滑动趋势的方向相反；其次，在滑动之前，即处于静止状态时，摩擦力不是一个定值，而是在一定的范围内取值。

【例 2-3】如图 2-18（a）所示，用绳拉重 G=500N 的物体，物体与地面的静摩擦因数 f_s=0.2，绳与水平面间的夹角 $\alpha=30°$，试求：①当物体处于平衡，且拉力 F_T=100N 时，摩擦力 $\boldsymbol{F}_f$ 的大小；②欲使物体产生滑动，求拉力 $\boldsymbol{F}_T$ 的最小值 F_{Tmin}。

解：① 对物体做受力分析，它受拉力 $\boldsymbol{F}_T$、重力 $\boldsymbol{G}$、法向约束力 $\boldsymbol{F}_N$ 和滑动摩擦力 $\boldsymbol{F}_f$ 作用。由于在主动力作用下，物体相对地面有向右滑动的趋势，所以 $\boldsymbol{F}_f$ 应向左，受力如图 2-18（b）所示。

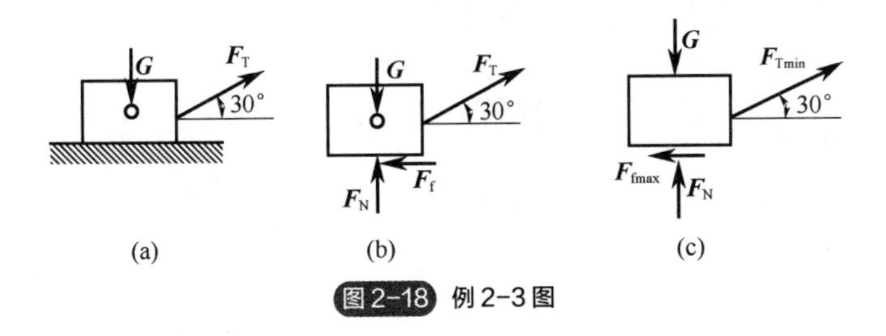

图 2-18 例 2-3 图

以水平方向为 x 轴，铅垂方向为 y 轴，若不考虑物体的尺寸，则组成一个平面汇交力系。列出平衡方程，有

$$\sum F_x=0\text{，}\quad F_T\cos\alpha-F_f=0$$

$$F_f=F_T\cos\alpha=100\times0.867\text{N}=86.7\text{N}$$

② 为求拉动此物体所需的最小拉力 $\boldsymbol{F}_{Tmin}$，则需考虑物体处于将要滑动但未滑动的临界状态，这时的静滑动摩擦力达到最大值。受力分析和前面类似，只需将 $\boldsymbol{F}_f$ 改为 $\boldsymbol{F}_{fmax}$ 即可。受力如图 2-18（c）所示，列出平衡方程，有

$$\sum F_x=0\text{，}\quad F_{Tmin}\cos\alpha-F_{fmax}=0$$

$$\sum F_y=0\text{，}\quad F_{Tmin}\sin\alpha-G+F_N=0$$

$$F_{fmax}=f_sF_N$$

联立求解得

$$F_{Tmin}=\frac{f_sG}{\cos\alpha+f_s\sin\alpha}=\frac{0.2\times500}{\cos30°+0.2\sin30°}\text{N}=103\text{N}$$

【例 2-4】图 2-19 所示为小型起重机的制动器，简图如图 2-20（a）所示。已知制动器摩擦块（制动块）C 与滑轮表面间的静摩擦因数为 f_s，作用在滑轮上力偶的力偶矩为 $\boldsymbol{M}$，A 和 O 分别是铰链支座和轴承。滑轮半径为 r，求制动滑轮所必需的最小力 $\boldsymbol{F}_{min}$。

解：当滑轮刚刚能停止转动时，力 $\boldsymbol{F}$ 的值最小，而制动块与滑轮之间的滑动摩擦力将达到最大值。以滑轮为研究对象。受力分析后，有法向反力 $\boldsymbol{F}_N$、外力偶 $\boldsymbol{M}$、摩擦力 $\boldsymbol{F}_{fmax}$ 及轴承 O 处的约束反力 $\boldsymbol{F}_{Ox}$、$\boldsymbol{F}_{Oy}$，受力图如图 2-20（b）所示。列出力矩平衡方程，有

$$\sum M_O(\boldsymbol{F})=0，\quad M-F_{\text{fmax}}r=0$$

图 2-19 小型起重机的制动器

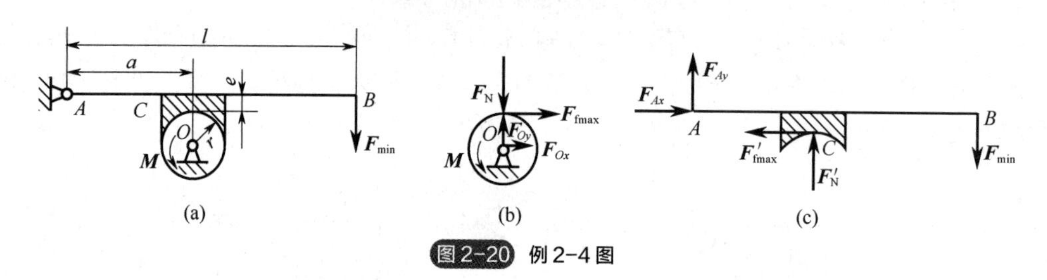

图 2-20 例 2-4 图

由此解得 $$F_{\text{fmax}}=M/r。$$

又因为 $F_{\text{fmax}}=f_sF_N$，故 $F_N=M/(f_sr)$。

再以制动杆 AB 和制动块 C 为研究对象，画出受力图如图 2-20（c）所示，列力矩平衡方程，有

$$\sum M_A(\boldsymbol{F})=0，\quad F'_Na-F'_{\text{fmax}}e-F_{\min}l=0$$

由于 $F'_{\text{fmax}}=f_sF'_N$ 和 $F_N=F'_N$，联立求解可得

$$F_{\min}=\frac{M(a-f_se)}{f_srl}$$

【例 2-5】如图 2-21（a）所示为凸轮机构。已知推杆与滑道间的摩擦因数为 f_s，滑道宽度为 b，问 a 为多大，推杆才不致被卡住。设凸轮与推杆接触处的摩擦忽略不计。

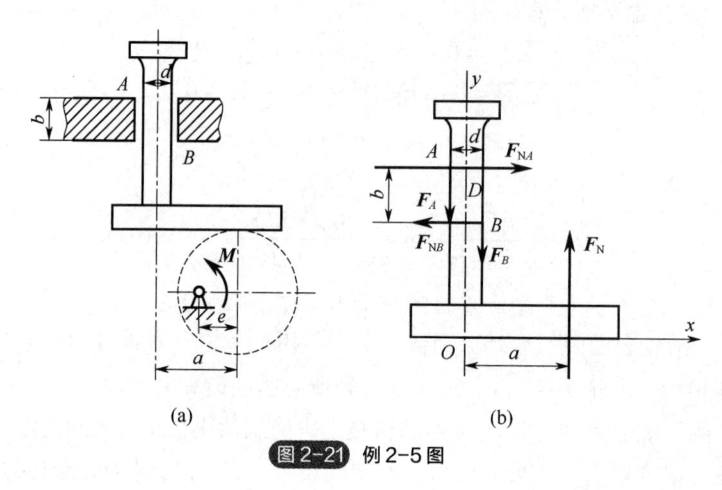

图 2-21 例 2-5 图

解：受力分析如图 2-21（b）所示，推杆除受凸轮推力 $\boldsymbol{F}_N$ 作用外，在 A、B 处还受法向反

力 $\boldsymbol{F}_{NA}$、$\boldsymbol{F}_{NB}$ 作用。由于推杆有向上滑动趋势，摩擦力 $\boldsymbol{F}_A$、$\boldsymbol{F}_B$ 的方向向下。

列出平衡方程，有

$$\sum F_x = 0\text{，}\quad F_{NA} - F_{NB} = 0$$

$$\sum F_y = 0\text{，}\quad -F_A - F_B + F_N = 0$$

$$\sum M_D(\boldsymbol{F}) = 0\text{，}\quad F_N a - F_{NB} b - F_B \frac{d}{2} + F_A \frac{d}{2} = 0$$

考虑平衡的临界情况，摩擦力达到最大值。根据静摩擦定律可写出

$$F_A = f_s F_{NA}$$

$$F_B = f_s F_{NB}$$

联立以上各式求得

$$a = \frac{b}{2f_s}$$

要保证机构不发生自锁现象，必须使 $a < b/(2f_s)$。

2.7 本章小结

本书配套资源

本章要点如下：

① 平面汇交力系合成的几何法、平衡的几何条件，平面汇交力系合成的解析法、平衡方程。

② 平面力对点的矩的定义；平面力偶。

③ 力的平移定理，平面一般力系向作用面内一点的简化及简化结果的 4 种情况讨论。

④ 平面一般力系的平衡条件。

⑤ 物体系统的平衡问题、静定与超静定问题。

⑥ 考虑摩擦时物体的平衡问题举例。

思考题

2-1 同一个力在两个互相平行的轴上的投影是否相等？若两个力在同一轴上的投影相等，这两个力是否一定相等？

2-2 用手拔钉子拔不出来，为什么用钉锤一下子就能拔出来？手握钢丝钳，为什么不用很大的握紧力就能把铁丝剪断？

2-3 为什么力偶不能用力与之平衡？

2-4 平面一般力系的合力与其主矢的关系是怎样的？在什么情况下其主矢等于合力？

习题

2-1 铆接薄板在孔心 A、B 和 C 处受 3 个力作用，如图 2-22 所示。F_1=100N，沿铅垂方向；F_3=50N，沿水平方向，并通过点 A；F_2=50N，力的作用线也通过点 A。求此力系的合力。

2-2 如图 2-23 所示，固定在墙壁上的圆环受 3 条绳索的拉力作用，力 $\boldsymbol{F}_1$ 沿水平方向，力

$\boldsymbol{F}_3$沿铅垂方向，力$\boldsymbol{F}_2$与水平线成40°角。3个力的大小分别为F_1=2000N，F_2=2500N，F_3=1500N。求3个力的合力。

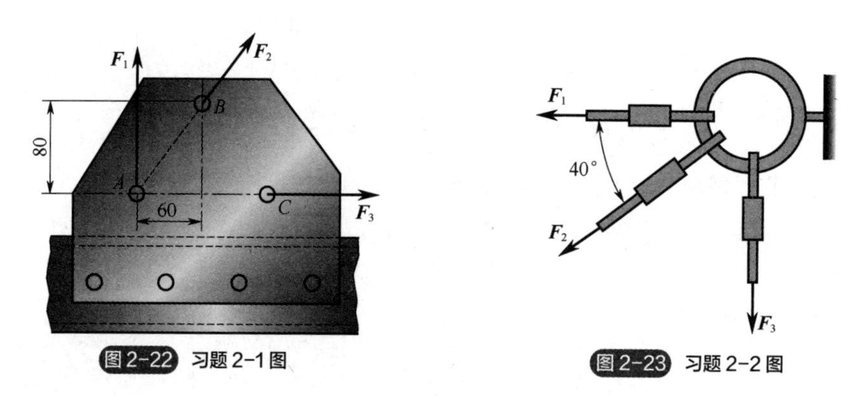

图2-22 习题2-1图　　图2-23 习题2-2图

2-3　物体重P=20kN，用绳子挂在支架的滑轮B上，绳子的另一端接在绞车D上，如图2-24所示。转动绞车，物体便能升起。设滑轮的大小、杆AB与CB自重及摩擦略去不计，A，B，C三处均为铰链连接。当物体处于平衡状态时，求拉杆AB和支杆CB所受的力。

2-4　图2-25中，已知F_1=150N，F_2=200N，F_3=300N，F=200N。求力系向点O简化的结果；并求力系合力的大小及其与原点O的距离d。

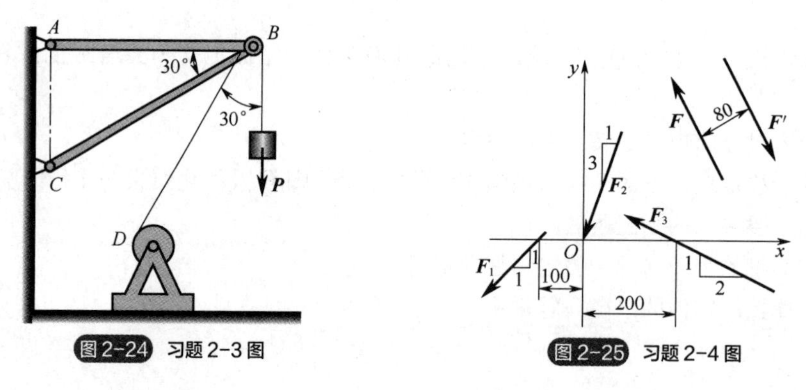

图2-24 习题2-3图　　图2-25 习题2-4图

2-5　如图2-26所示，钢架的点B作用一水平力$\boldsymbol{F}$，钢架重量不计。求支座A，D的约束力。

2-6　如图2-27所示，钢架上有作用力$\boldsymbol{F}$。试分别计算力$\boldsymbol{F}$对点A和B的力矩。

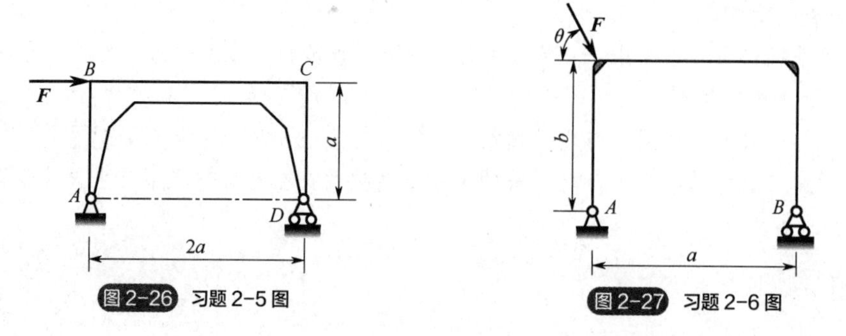

图2-26 习题2-5图　　图2-27 习题2-6图

2-7　图2-28所示结构中，各构件自重不计。在构件AB上作用一力偶矩为$\boldsymbol{M}$的力偶，求支座A和C的约束力。

2-8 图 2-29 所示平面一般力系中 $F_1 = 40\sqrt{2}$N，F_2=80N，F_3=40N，F_4=110N，M=2000N·m，图中尺寸的单位为 mm。求：①力系向点 O 简化的结果；②力系合力的大小、方向及合力作用线方程。

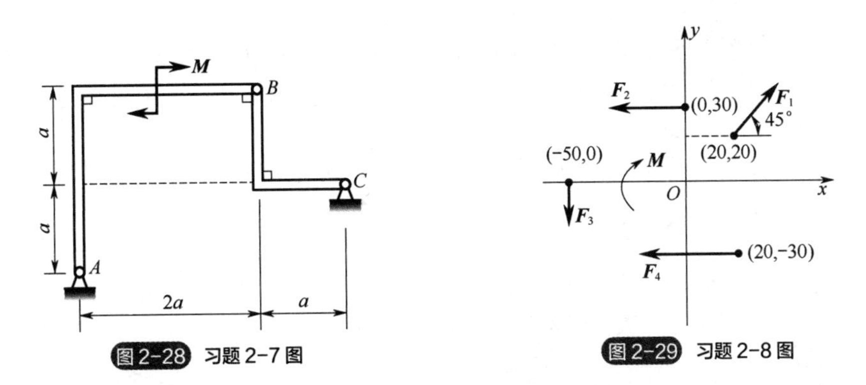

图2-28 习题2-7图

图2-29 习题2-8图

2-9 无重水平梁的支承和载荷如图 2-30（a）、（b）所示。已知力 $\boldsymbol{F}$、力偶矩为 $\boldsymbol{M}$ 的力偶和均匀载荷 q，求支座 A 和 B 处的约束力。

2-10 水平梁 AB 由铰链 A 和 BC 所支承，如图 2-31 所示。在梁上 D 处用销安装半径为 r=0.1m 的滑轮。有一跨过滑轮的绳子，其一端水平系于墙上，另一端悬挂有重为 P=1800N 的重物。如 AD=0.2m，BD=0.4m，φ=45°，且不计梁、杆、滑轮和绳的重力，求铰链 A 和杆 BC 对梁的约束力。

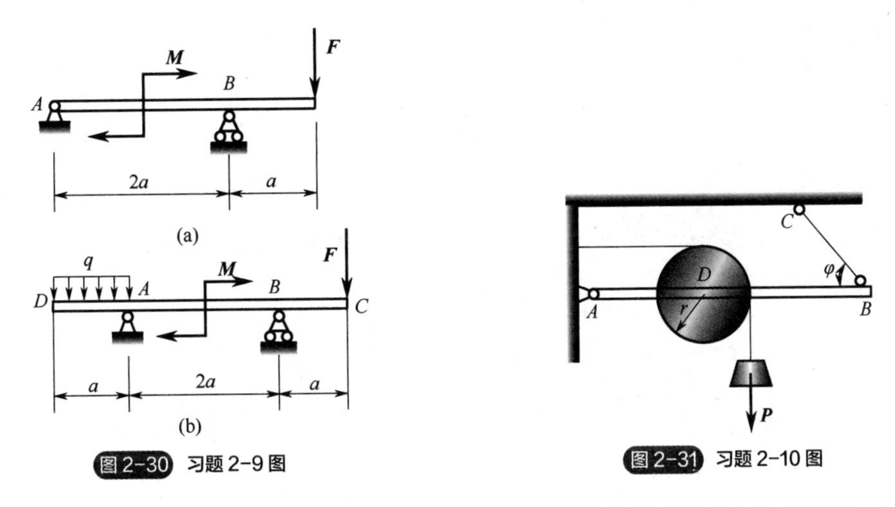

图2-30 习题2-9图

图2-31 习题2-10图

2-11 由 AC 和 CD 构成的组合梁通过铰链 C 连接，它的支承和受力如图 2-32 所示。已知 q=10kN/m，M=40kN·m，不计梁的自重。求支座 A，B，D 的约束力和铰链 C 受力。

2-12 如图 2-33 所示，已知一质量 G=100N 的物块放在水平面上，物块与水平面间的摩擦

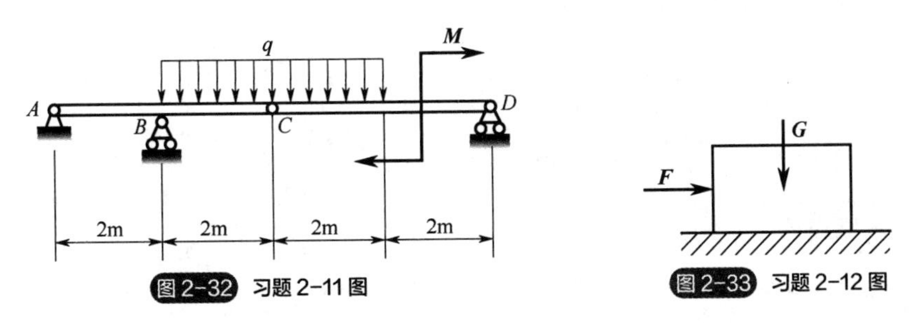

图2-32 习题2-11图

图2-33 习题2-12图

因数 $f_s = 0.3$，当作用在物块上的水平推力 $\boldsymbol{F}$ 的大小分别为 10N、20N、40N 时，试分析这三种情形下物块是否平衡？摩擦力分别等于多少？

2-13　已知物块重 G=100N，斜面的倾角 $\alpha = 30°$，如图 2-34 所示，物块与斜面间的摩擦因数 $f_s = 0.38$，求使物块沿斜面向上运动的最小力 $\boldsymbol{F}$。

2-14　梯子 AB 靠在墙上，其重为 P=200N，如图 2-35 所示，梯长为 l，与水平面夹角 $\theta = 60°$，与接触面间的静摩擦因数均为 0.25。今有一重 650N 的人沿梯上爬，求人所能达到的最高点 C 到点 A 的距离 s。

2-15　如图 2-36 所示，水平力 F=80N 作用在重为 300N 的板条箱上，设箱与斜面间动摩擦因数为 0.3，静摩擦因数为 0.2，试确定作用在箱上的法向力和摩擦力。

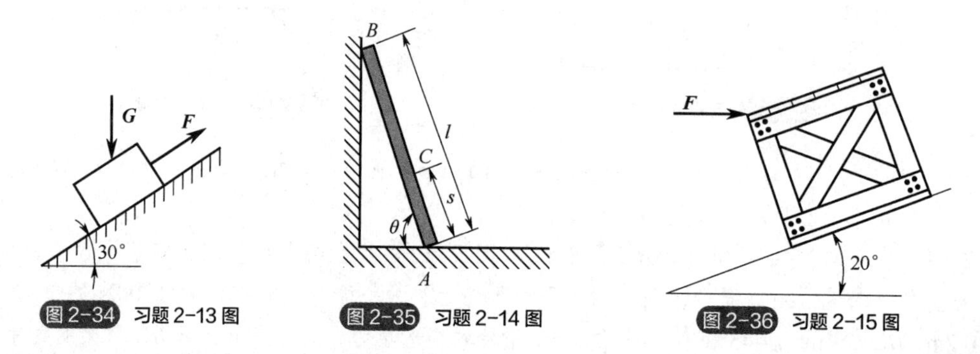

图 2-34　习题 2-13 图　　图 2-35　习题 2-14 图　　图 2-36　习题 2-15 图

软件应用

演示视频

平面力系分析

（1）问题描述

无重水平梁的支承和载荷如图 2-37 所示。已知 a=1m，F=100N，力偶矩 $M = 10\text{N}\cdot\text{m}$。求支座 A 和 B 处的约束力。

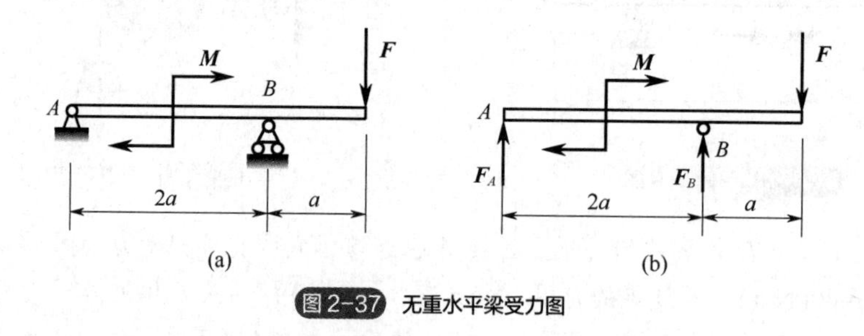

图 2-37　无重水平梁受力图

理论求解过程：对于梁 AB，坐标及受力如图 2-37（b）所示。

$$\sum M_A = 0，\quad F_B \times 2a - M - F \times 3a = 0，\quad F_B = \frac{1}{2}\left(3F + \frac{M}{a}\right) = 155(\text{N})$$

$$\sum F_y = 0，\quad F_A + F_B - F = 0，\quad F_A = F - F_B = -\frac{1}{2}\left(F + \frac{M}{a}\right) = -55(\text{N})$$

（2）技术路线

此问题属于结构分析范畴，借助 ANSYS Mechanical APDL 模块，通过软件界面操作方式实现。选用刚性梁，两端铰支。

（3）主要操作步骤

① 修改工作名。点击菜单 Utility Menu>File>Change Jobname。弹出如图 2-38 所示的对话框，在文本框中输入工作名“rigidbeam”，单击“OK”按钮。

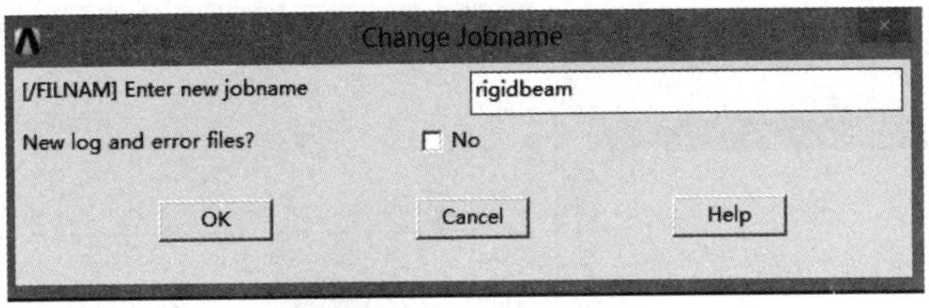

图 2-38　改变工作名称对话框

② 建立几何模型。

a.生成线段的关键点。点击 Main Menu>Preprocessor>Modeling>Create>Keypoints>In Active CS，弹出对话框后，如图 2-39 所示，在 NPT 域输入关键点（keypoint）编号 1，在 X，Y，Z Location in active CS 域输入坐标（0，0，0），单击 Apply 按钮。然后依次创建关键点 2（1，0，0）、关键点 3（2，0，0）、关键点 4（3，0，0）。

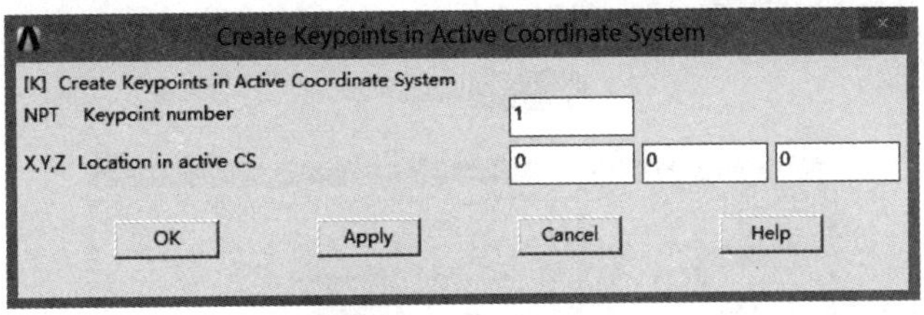

图 2-39　生成线段关键点

b.接关键点生成直线段。点击 Main Menu>Preprocessor>Modeling>Create>Lines>Lines>Straight line，弹出拾取对话框后，如图 2-40 所示，用鼠标选取 1、2 两个关键点，单击 Apply 按钮，生成线段 1。再依次选取 2、3 与 3、4 分别连线成线段 2 与线段 3，单击“OK”按钮。创建完成的几何模型如图 2-41 所示。

③ 建立有限元模型。

a. 选择单元。点击菜单：Main Menu>Preprocessor>Element Type>Add/Edit/Delete。

弹出如图 2-42（a）所示的对话框，单击“Add”按钮；弹出如图 2-42（b）所示的对话框，在左侧列表框中选择“Constraint”，在右侧列表框中选择“Nonlinear MPC 184”，点击“OK”按钮；弹出如图 2-42（c）所示的 MPC184 element type options 对话框，右侧选择 Rigid Beam，点击“OK”按钮。

b. 网格划分。由于是刚体，所以可以仅分成一段。点击 Main Menu>Preprocessor>Meshing>MeshTool 菜单，如图 2-43 所示，单击 Lines 中的 Set 按钮，拾取建立的线。弹出线单元尺寸设置对话框，设置单元尺寸大小为 1。单击 MeshTool 的 Mesh 按钮。网格划分完毕，

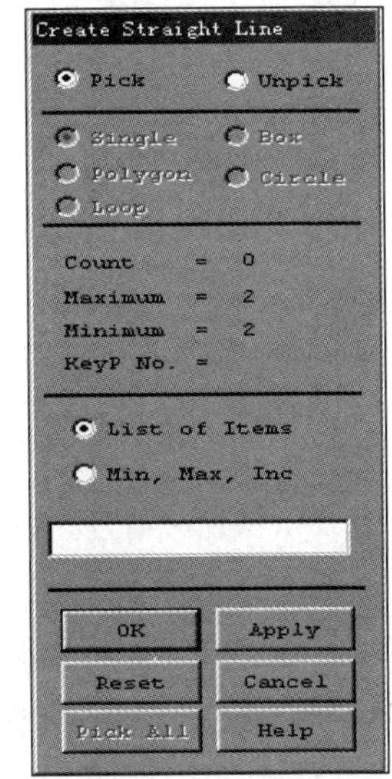

图 2-40　关键点生成直线

单击 OK 按钮。

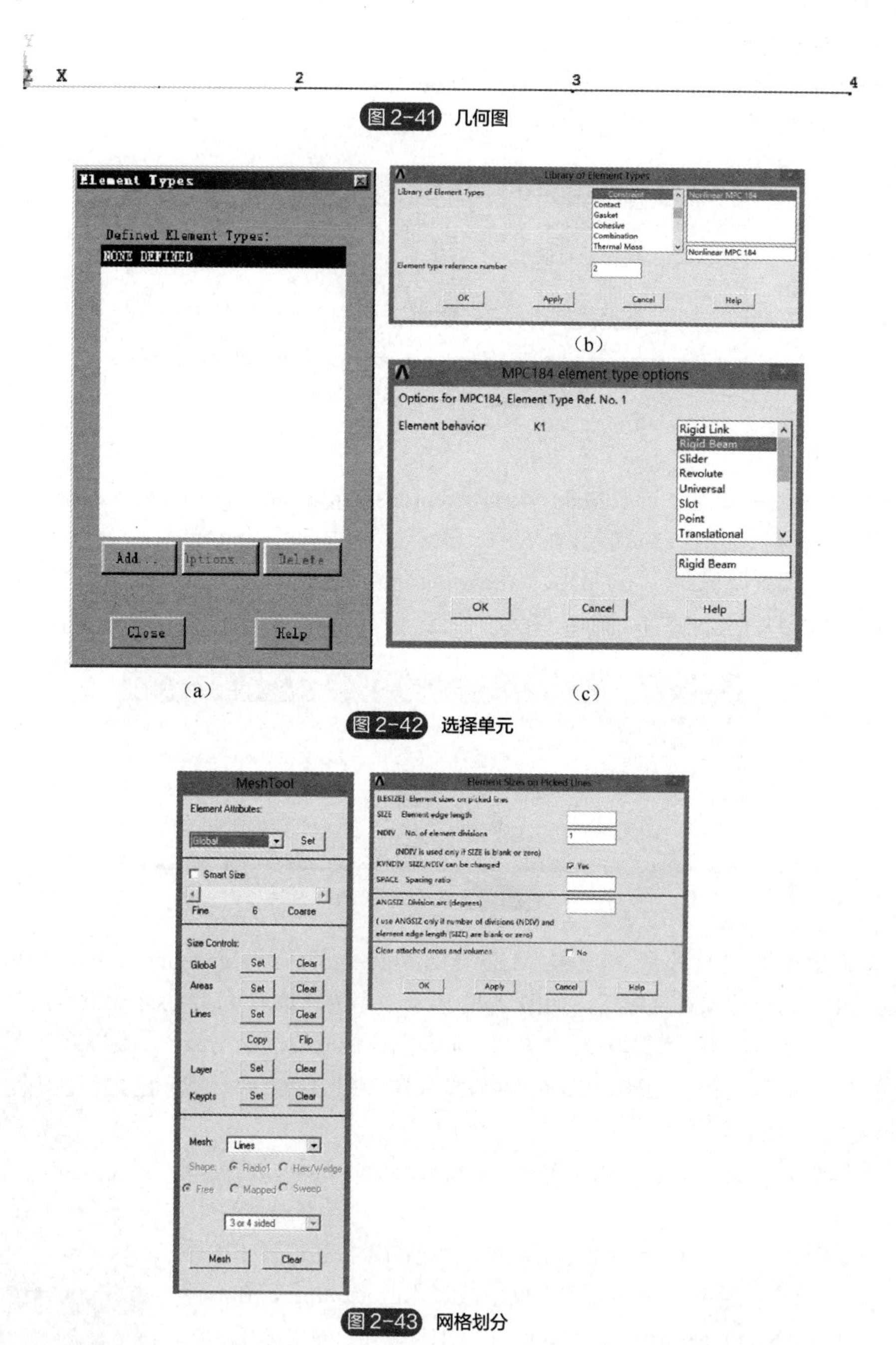

图 2-41 几何图

（a）（b）（c）

图 2-42 选择单元

图 2-43 网格划分

④ 施加载荷及约束。

a.施加边界条件。点击 Main Menu>Solution>Define Loads>Apply>Structural>Displacement>On Keypoints，拾取梁的左端点（关键点 1），设置约束，只保留 ROTZ 自由度，其余自由度进行约束，点击“OK”按钮。再选择最右边关键点 3，设置约束，只保留 UX 及 ROTZ 两个自由度，点击“OK”按钮，如图 2-44 所示。

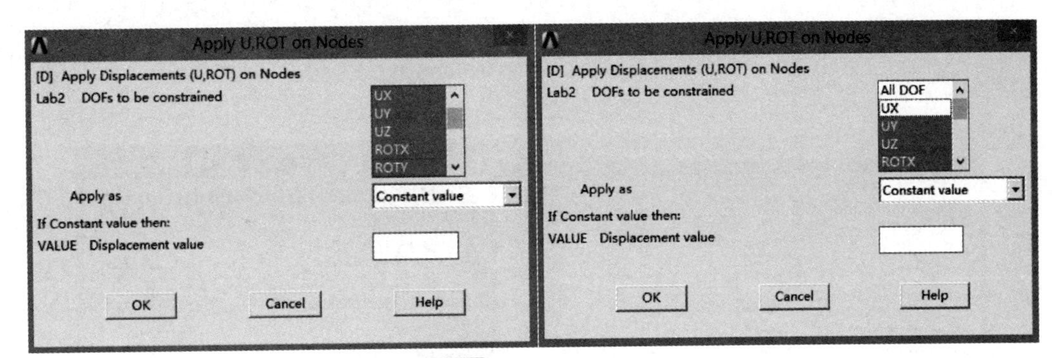

图 2-44　施加简支边界条件

b.定义集中力和力矩。点击 Main Menu>Solution>Define Loads>Apply>Structural>Force>On Keypoints，弹出选择界面，选择关键点 4，点击“OK”按钮。弹出下一个界面，将 Lab 选择为 FY，在 VALUE 中输入数值−100，选择关键点 2，点击“OK”按钮。弹出下一个界面，将 Lab 选择为 MZ，在 VALUE 中输入数值−10，如图 2-45 所示。加载完成结果如图 2-46 所示。

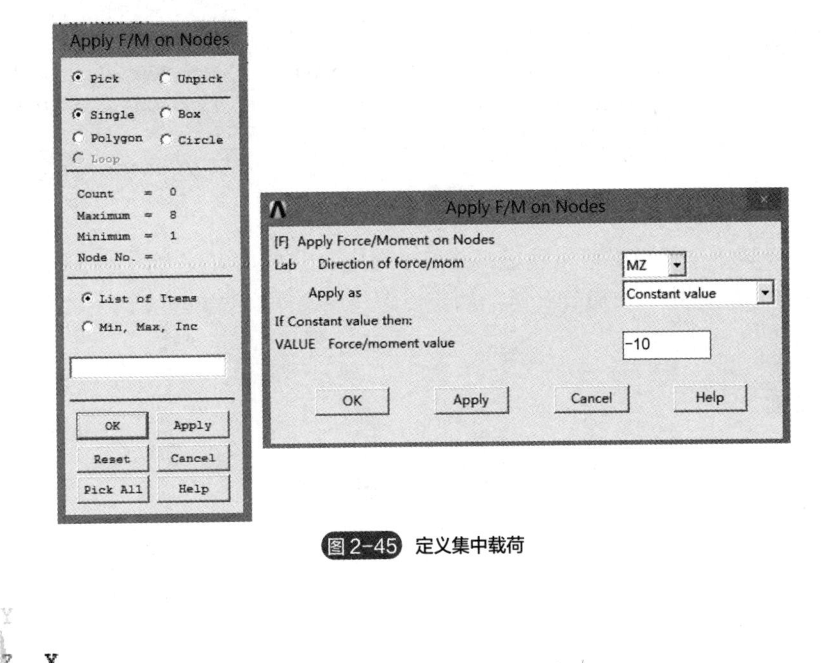

图 2-45　定义集中载荷

图 2-46　加载效果图

⑤ 求解。点击 Main Menu>Solution>Solve>Current LS，弹出如图 2-47 所示的/STATUS Command 及 Solve Current Load Step 对话框，浏览 /STATUS Command 中出现的信息，然后关闭此窗口。单击“OK”按钮（开始求解），关闭由于单元形状检查而出现的警告信息。求解结束后，关闭信息窗口。

（4）结果和讨论

① 查看约束反力结果。单击 Main Menu>General Postproc>List Results>Reaction Solution，

弹出如图 2-48（a）所示的对话框，选择 All struc forc F，单击“OK”按钮，弹出如图 2-48（b）所示的结果。

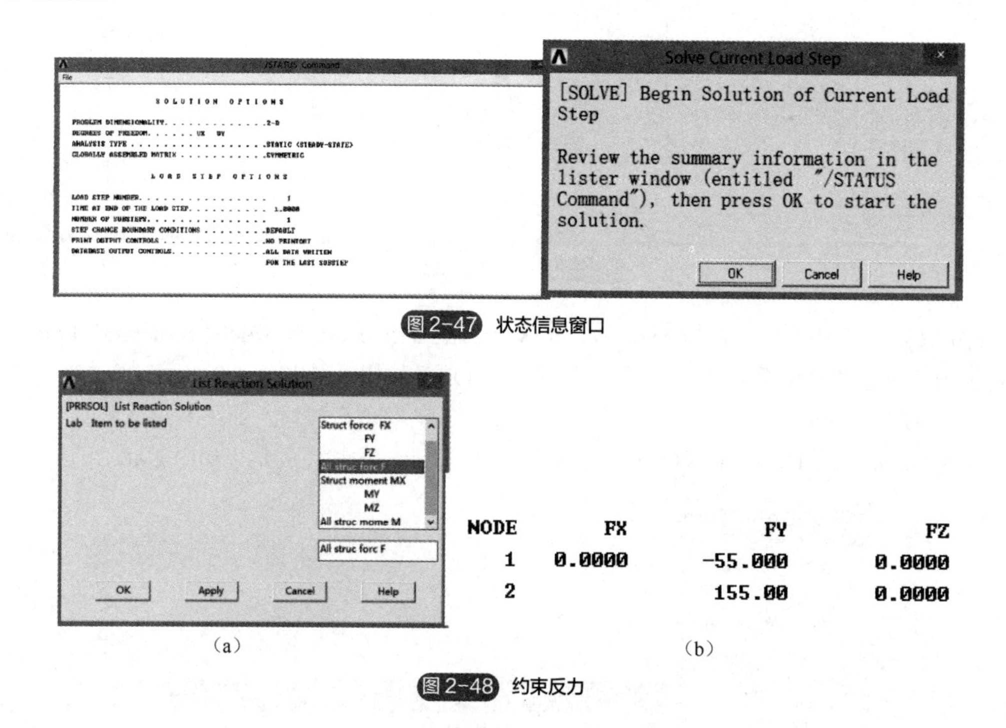

图 2-47 状态信息窗口

（a） （b）

图 2-48 约束反力

② 讨论。从以上分析结果可以看出，节点 1 对应 A 点的约束反力，为−55N，节点 2 对应 B 点的约束反力，为 155N，有限元计算的约束反力与理论计算结果一致。

拓展阅读

近代力学的发展

20 世纪上半叶，物理学发生巨大变化。狭义相对论、广义相对论以及量子力学的相继建立，冲击了经典物理学。前两个世纪中以力学模型来解释一切物理现象的观点（即唯力学论，旧译机械论）不得不退出历史舞台。经典力学的适用范围被明确为宏观物体的远低于光速的机械运动，力学进一步从物理学分离出来成为独立的学科。

这半个多世纪中，力学的主要推动力来自以航空事业为代表的近代工程技术。1903 年莱特兄弟飞行成功，飞机很快成为交通工具。1957 年人造地球卫星发射成功，标志着航天事业的开端。力学解决了飞机、航天器等各种飞行器的空气动力学性能问题、推进器的叶栅动力学问题、飞行稳定性和操纵性问题，以及结构和材料强度等问题。在航空和航天事业的发展过程中，人们清楚地看到力学研究对于工业的先导作用。超声速飞行和航天飞行器返回地面关键问题，都是仰仗力学研究才得到解决。1945 年第一次核爆炸成功，标志着核技术时代的开始。力学解决了对猛烈炸药爆轰的精密控制、材料在高压下的冲击绝热性能、强爆炸波的传播、反应堆的热应力等问题。此外，新型材料的出现，如混凝土在建筑中的应用、合成橡胶和塑料的制成，向力学提出了新的课题。

力学实验规模日益扩大，有些实验研究已不是少数人所能完成的，如做流体力学实验用的风洞、激波管、水洞、水池，做动态强度试验用的振动台、离心机、轻气炮等，需要复杂的机器设备和精密的控制测量仪表，有的还需要巨大的能源，因而需要多种技术人员协同工作。

在力学内部，一个重要的特点是19世纪中叶开始的理论研究和应用研究脱节的倾向开始发生变化。19世纪中叶，侧重理论研究的水动力学和弹性力学往往应用较深奥的数学而不是很关心工程师们的实际运用，侧重应用研究的水力学和材料力学常用经验的或半经验的公式而不大关心力学现象的内在机理。而到了1904年，在德国哥廷根大学数学教授F.克莱因（Felix Klein）的倡导下成立了应用力学研究所，力求把当时称为“数学理论”的水动力学和弹性力学应用于工程实际。一个典型的例子就是L.普朗特为解决飞行阻力这一实际问题而提出了边界层理论，此后哥廷根应用力学学派的影响遍及世界各国。

近代力学的代表人物有德国学者路德维希·普朗特（Ludwig Prandtl）、美籍匈牙利学者西奥多·冯·卡门（Theodore von Kármán）、英国学者杰弗里·泰勒（Geoffrey Ingram Taylor）、苏联学者Л.И.谢多夫和中国学者钱学森，他们善于从错综复杂的自然现象、科学实验结果和工程技术实践中抓住事物的本质，提炼成力学模型，采用合理的数学工具，从而掌握自然现象的规律，进而提出解决工程技术问题的方案，最后再和观察结果反复校核直到接近实际为止。他们这一套工作方法逐渐成为应用力学的特殊风格。

第3章

空间力系

本章思维导图

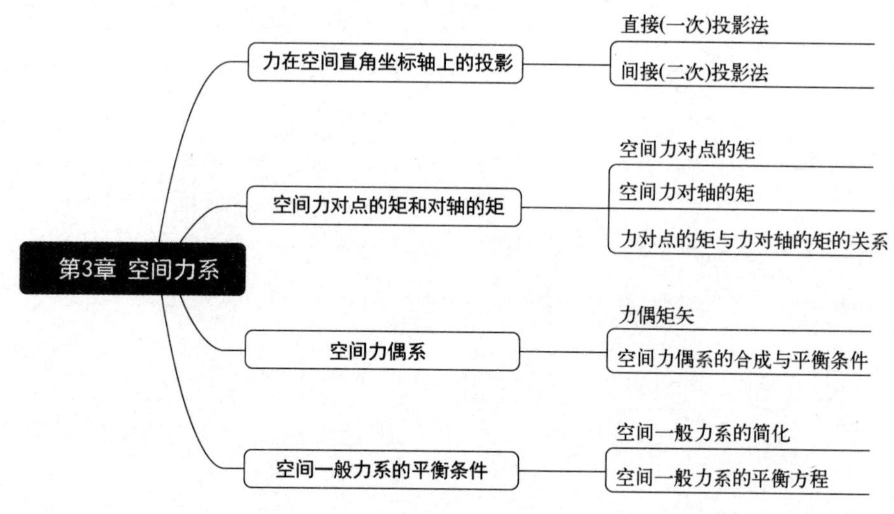

本章学习目标

1. 了解力在空间直角坐标轴上的投影及其计算方法。

2. 掌握空间力对点的矩的概念以及三要素，掌握空间力对轴的矩的概念，理解力对点的矩和力对轴的矩的关系。

3. 了解空间力偶矩矢的概念，能够列出空间力偶系的平衡方程。

4. 掌握空间一般力系简化的结果，能够熟练列出空间一般力系的平衡方程。

本章案例引入

在工程中，经常会遇到物体受空间力系作用的情况。根据力系中各力作用线的关系，空间力系又有多种形式：各力的作用线汇交于一点的力系称为**空间汇交力系**，如图 3-1（a）所示的作用于节点 D 上的力系；各力的作用线彼此平行的力系称为**空间平行力系**，如图 3-1（b）所示的三轮起重机所受的力系；各力的作用线在空间任意分布的力系称为**空间一般力系**，如图 3-1（c）所示的轮轴所受的力系。

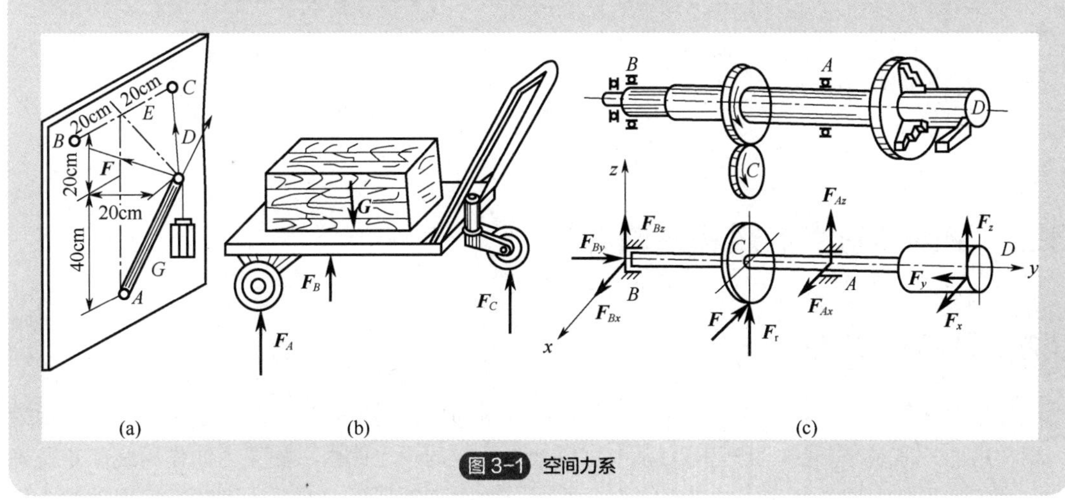

图 3-1　空间力系

3.1　力在空间直角坐标轴上的投影

研究空间力系的合成与平衡问题，应首先掌握力在空间直角坐标轴上投影的计算。根据给定的力的方位，力在空间直角坐标轴上可以有两种投影法：**直接（一次）投影法**和**间接（二次）投影法**。

3.1.1　直接（一次）投影法

有一空间力 $\boldsymbol{F}$，取空间直角坐标系如图 3-2 所示。以 $\boldsymbol{F}$ 为对角线，作一正六面体，由图可知，如已知力 $\boldsymbol{F}$ 与 x、y、z 轴间的夹角分别为 α、β、γ，则力 $\boldsymbol{F}$ 在坐标轴上的投影为：

$$F_x = F\cos\alpha \qquad F_y = F\cos\beta \qquad F_z = F\cos\gamma$$

力在轴上的投影是代数量，符号规定为：从投影的起点到终点的方向与相应坐标轴正向一致的取正号，反之，取负号。

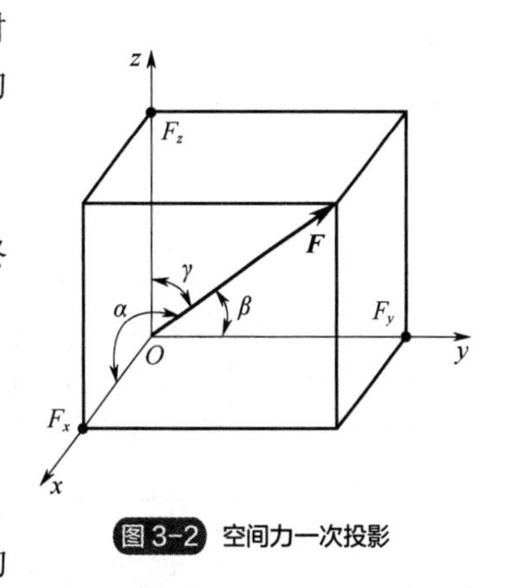

图 3-2　空间力一次投影

3.1.2　间接（二次）投影法

当力与坐标轴的夹角不是全部已知时，可采用二次投影法，设已知力 $\boldsymbol{F}$ 与 z 轴的夹角为 γ，$\boldsymbol{F}$ 与 z 轴所形成的平面与 x 轴的

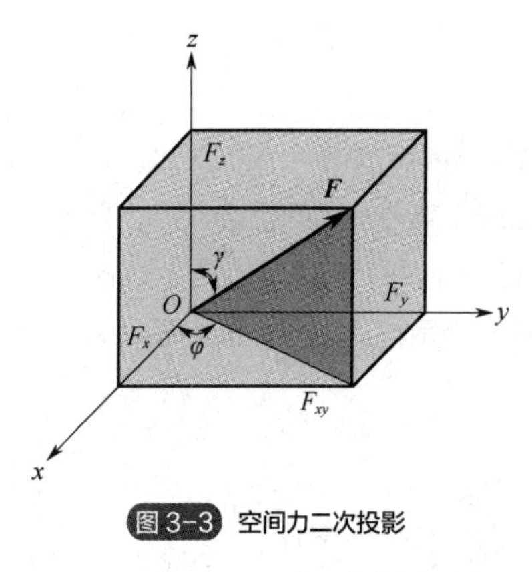

图 3-3 空间力二次投影

夹角为φ，如图 3-3 所示。可以将力 $\boldsymbol{F}$ 先投影到坐标平面 xOy 上，得到 F_{xy}，然后把这个力再投影到 x、y 轴上，则力 $\boldsymbol{F}$ 在三个轴上的投影分别为：

$$F_x = F\sin\gamma\cos\varphi$$
$$F_y = F\sin\gamma\sin\varphi$$
$$F_z = F\cos\gamma$$

反之，若已知力 $\boldsymbol{F}$ 在三个坐标轴上的投影 F_x、F_y、F_z，也可以求出该力的大小和方向，即

$$F = \sqrt{F_x^2 + F_y^2 + F_z^2}$$

$$\cos\alpha = \frac{F_x}{F} \qquad \cos\beta = \frac{F_y}{F} \qquad \cos\gamma = \frac{F_z}{F}$$

3.2 空间力对点的矩和对轴的矩

3.2.1 力对点的矩

在平面问题中，力系中各个力和矩心都在同一平面内，力的作用线和矩心确定的平面称为力矩作用面，其是唯一的。而空间力系中，各个力不在同一平面内，如果力的作用线和矩心确定的力矩作用面不同，其作用效果也将完全不同。如图 3-4 所示，在正六面体上作用着大小相等的两个力 $\boldsymbol{F}_1$ 和 $\boldsymbol{F}_2$，若取点 O 为矩心，显然两个力分别使正六面体绕点 O 的转动是不同的。因此引入空间力对点的矩的概念，以度量力使物体在空间绕一点的转动效应，这种转动效应由下列三个要素决定：

① 力矩的大小，即力和力臂的乘积。

② 力矩作用面的方位。

③ 力矩在其作用面内的转向。

如图 3-5 所示，设力 $\boldsymbol{F}$ 作用点 A 相对矩心 O 的位置矢径为 $\boldsymbol{r}$，力 $\boldsymbol{F}$ 对点 O 的矩记为 $\boldsymbol{M}_O(\boldsymbol{F})$，可用矢径 $\boldsymbol{r}$ 和力 $\boldsymbol{F}$ 的矢积来表示，即

$$\boldsymbol{M}_O(\boldsymbol{F}) = \boldsymbol{r} \times \boldsymbol{F}$$

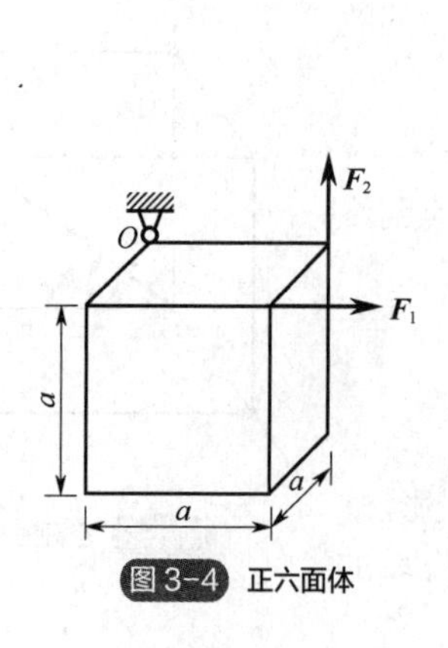

图 3-4 正六面体

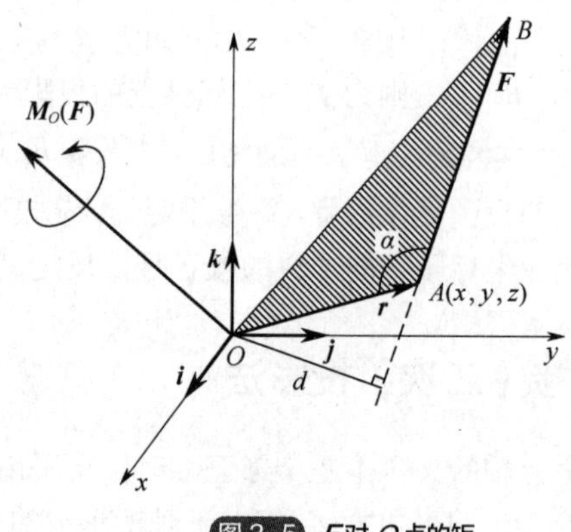

图 3-5 $\boldsymbol{F}$ 对 O 点的矩

其大小为力矩的模，即

$$|\boldsymbol{M}_O(\boldsymbol{F})| = |\boldsymbol{r} \times \boldsymbol{F}| = Fr\sin\alpha = Fd$$

力矩作用面的方位用其法线表示，按照右手螺旋法则确定，大拇指所指的方向即为力矩矢量的方向。

在图 3-5 中以矩心点 O 为原点建立空间直角坐标系 $Oxyz$，设力作用点 A 的坐标为 $A(x,y,z)$，力在三个坐标轴上的投影为 F_x、F_y、F_z，则矢径 $\boldsymbol{r}$ 和力 $\boldsymbol{F}$ 可分别写为：

$$\boldsymbol{r} = x\boldsymbol{i} + y\boldsymbol{j} + z\boldsymbol{k}$$

$$\boldsymbol{F} = F_x\boldsymbol{i} + F_y\boldsymbol{j} + F_z\boldsymbol{k}$$

代入 $\boldsymbol{M}_O(\boldsymbol{F}) = \boldsymbol{r} \times \boldsymbol{F}$ 得

$$\boldsymbol{M}_O(\boldsymbol{F}) = \boldsymbol{r} \times \boldsymbol{F} = \begin{vmatrix} \boldsymbol{i} & \boldsymbol{j} & \boldsymbol{k} \\ x & y & z \\ F_x & F_y & F_z \end{vmatrix} = (yF_z - zF_y)\boldsymbol{i} + (zF_x - xF_z)\boldsymbol{j} + (xF_y - yF_x)\boldsymbol{k}$$

令：

$$[\boldsymbol{M}_O(\boldsymbol{F})]_x = yF_z - zF_y，\ [\boldsymbol{M}_O(\boldsymbol{F})]_y = zF_x - xF_z，\ [\boldsymbol{M}_O(\boldsymbol{F})]_z = xF_y - yF_x$$

其中，$[\boldsymbol{M}_O(\boldsymbol{F})]_x$，$[\boldsymbol{M}_O(\boldsymbol{F})]_y$，$[\boldsymbol{M}_O(\boldsymbol{F})]_z$ 分别表示空间中力对点的矩在三个坐标轴上的投影。

3.2.2 力对轴的矩

平面图中可分析平面内力对一点的矩，以度量力使物体在平面内绕一点的转动效应。而空间中力对轴产生的矩，使物体在空间绕通过点 O 且与该平面垂直的轴转动，如图 3-6 所示。以如图 3-7 所示的开门为例，力 $\boldsymbol{F}$ 作用于点 A，过点 A 垂直于 z 轴的 Oxy 面，力 $\boldsymbol{F}$ 的作用线不在 Oxy 平面内。为讨论力 $\boldsymbol{F}$ 对 z 轴的力矩，可将力 $\boldsymbol{F}$ 分解为两个力：分力 $\boldsymbol{F}_z$，平行于 z 轴；分力 $\boldsymbol{F}_{xy}$，在 Oxy 面内。

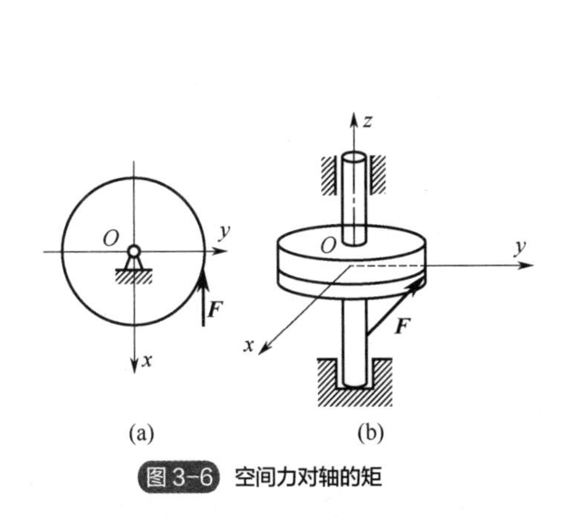

图 3-6 空间力对轴的矩

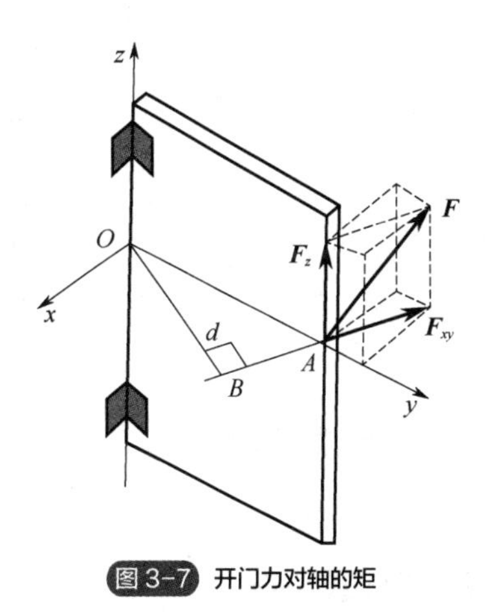

图 3-7 开门力对轴的矩

由经验可知，力 $\boldsymbol{F}_z$ 不能使门绕 z 轴转动，使门转动的是分力 $\boldsymbol{F}_{xy}$，它对 z 轴的矩，实际上就是它在 Oxy 平面内对点 O 的矩。因此空间中力对轴的矩等于力在垂直于该轴的平面上的分力对轴与平面交点的矩，即

$$M_z(\boldsymbol{F}) = M_O(\boldsymbol{F}_{xy}) = \pm F_{xy}d$$

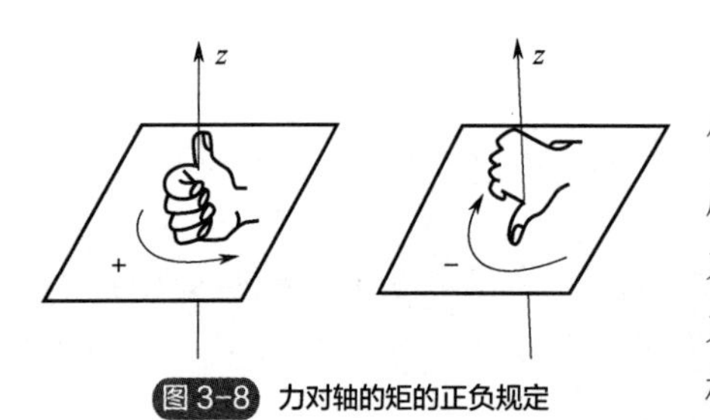

图 3-8 力对轴的矩的正负规定

式中正负号规定如下：从 z 轴正向往负向看，力 $\boldsymbol{F}_{xy}$ 使物体绕 z 轴逆时针方向转动时力矩为正，反之为负。用右手法则来判定力矩的正负：以四指的弯曲方向表示力 $\boldsymbol{F}_{xy}$ 绕 z 轴转动方向，则大拇指指向与 z 轴正向一致时力矩为正，反之为负，如图 3-8 所示。当力与轴平行或相交时，力对轴的矩为零。

3.2.3 力对点的矩与力对轴的矩的关系

力对轴的矩可用解析式表示。设力 $\boldsymbol{F}$ 在三个坐标轴上的分力分别为 $\boldsymbol{F}_x$、$\boldsymbol{F}_y$、$\boldsymbol{F}_z$。力作用点为 $A(x,y,z)$,如图 3-9 所示。根据合力矩定理得：

$$M_z(\boldsymbol{F}) = M_O(\boldsymbol{F}_{xy}) = M_O(\boldsymbol{F}_x) + M_O(\boldsymbol{F}_y)$$

即

$$M_z(\boldsymbol{F}) = xF_y - yF_x$$

同理可得力对 x、y 轴的矩，把三式合写为

$$\begin{cases} M_x(\boldsymbol{F}) = yF_z - zF_y \\ M_y(\boldsymbol{F}) = zF_x - xF_z \\ M_z(\boldsymbol{F}) = xF_y - yF_x \end{cases} \tag{3-1}$$

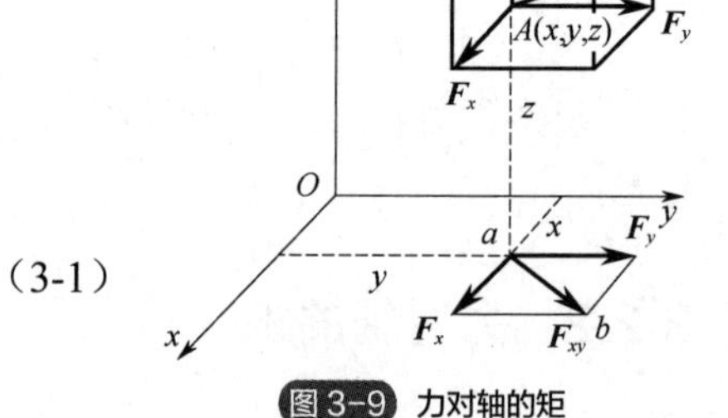

图 3-9 力对轴的矩

以上三式为力对轴之矩的解析式。

由空间力对点的矩矢量解析式可知，单位矢量 $\boldsymbol{i}$、$\boldsymbol{j}$、$\boldsymbol{k}$ 前面的三个系数，分别表示力对点的矩矢 $\boldsymbol{M}_O(\boldsymbol{F})$ 在三个坐标轴上的投影，即

$$\begin{cases} [\boldsymbol{M}_O(\boldsymbol{F})]_x = yF_z - zF_y \\ [\boldsymbol{M}_O(\boldsymbol{F})]_y = zF_x - xF_z \\ [\boldsymbol{M}_O(\boldsymbol{F})]_z = xF_y - yF_x \end{cases} \tag{3-2}$$

比较式（3-1）与式（3-2）可得

$$\begin{cases} [\boldsymbol{M}_O(\boldsymbol{F})]_x = M_x(\boldsymbol{F}) \\ [\boldsymbol{M}_O(\boldsymbol{F})]_y = M_y(\boldsymbol{F}) \\ [\boldsymbol{M}_O(\boldsymbol{F})]_z = M_z(\boldsymbol{F}) \end{cases}$$

上式表明：空间力对点的矩矢在通过该点的某轴上的投影，等于力对该轴的矩。

3.3 空间力偶系

3.3.1 力偶矩矢

空间力偶矩是矢量，称为**力偶矩矢量**，简称**力偶矩矢**，记为 $\boldsymbol{M}(\boldsymbol{F},\boldsymbol{F}')$ 或 $\boldsymbol{M}$。力偶矩矢是力偶中的两个力对空间某点之矩的矢量和。设有力偶 $(\boldsymbol{F},\boldsymbol{F}')$，$\boldsymbol{F} = -\boldsymbol{F}'$，力偶臂为 d，如图 3-10 所示，力偶对空间任一点 O 之矩 $\boldsymbol{M}_O(\boldsymbol{F},\boldsymbol{F}')$，计算如下。

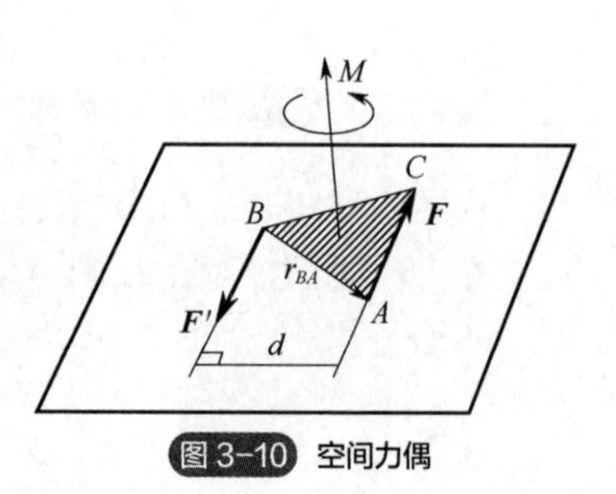

图 3-10 空间力偶

$$\boldsymbol{M}_O(\boldsymbol{F},\boldsymbol{F}')=\boldsymbol{M}_O(\boldsymbol{F})+\boldsymbol{M}_O(\boldsymbol{F}')=r_A\times\boldsymbol{F}+r_B\times\boldsymbol{F}'=r_A\times\boldsymbol{F}-r_B\times\boldsymbol{F}=(r_A-r_B)\times\boldsymbol{F}=r_{AB}\times\boldsymbol{F}=\boldsymbol{M}$$

分析这一结果，可得出如下结论。

① 力偶矩矢 $\boldsymbol{M}$ 与矩心的选择无关，因而是一个自由矢量。

② 力偶矩矢 $\boldsymbol{M}$ 的大小为 $M=r_{AB}F\sin\alpha$，方向为力偶作用面的法线方向，指向由右手螺旋法则（右手法则）确定。因此，决定力偶矩矢的三要素为：力偶矩的大小、力偶作用面及力偶的转向。

③ 因为力偶矩矢是自由矢量，所以在保持这一矢量的大小和方向不变的条件下，力偶在其作用面内或在相互平行的平面之间任意移动，或任意转动力的方向，或同时改变力和力偶臂的大小，都不影响其对刚体的作用效果。

3.3.2　空间力偶系的合成与平衡条件

空间力偶是矢量，服从矢量的运算法则。设有任意一个空间分布的力偶构成的力偶系，根据力偶的等效性可先将各力偶移至任意的指定位置，并按照平行四边形法则逐次合成，最后将得到一个合力偶。合力偶矩矢等于各分力偶矩矢的矢量和，即：

$$\boldsymbol{M}=\boldsymbol{M}_1+\boldsymbol{M}_2+\cdots+\boldsymbol{M}_n=\sum\boldsymbol{M}_i$$

合力偶矩矢的解析表达式为

$$\boldsymbol{M}=M_x\boldsymbol{i}+M_y\boldsymbol{j}+M_z\boldsymbol{k}$$

结合以上两式，可得

$$\begin{cases}M_x=M_{1x}+M_{2x}+\cdots+M_{nx}=\sum M_{ix}\\M_y=M_{1y}+M_{2y}+\cdots+M_{ny}=\sum M_{iy}\\M_z=M_{1z}+M_{2z}+\cdots+M_{nz}=\sum M_{iz}\end{cases}$$

即合力偶矩矢在某坐标轴上的投影等于各分力偶矩矢在同一坐标轴上的投影的代数和。由此可求得合力偶矩的大小和方向，即

$$M=\sqrt{M_x^2+M_y^2+M_z^2}$$

$$\cos(\boldsymbol{M},\boldsymbol{i})=\frac{M_x}{M}\text{，}\quad\cos(\boldsymbol{M},\boldsymbol{j})=\frac{M_y}{M}\text{，}\quad\cos(\boldsymbol{M},\boldsymbol{k})=\frac{M_z}{M}$$

因为空间力偶系可以简化为一个合力偶，所以空间力偶系平衡的充分和必要条件是：该力偶系的合力偶矩等于零，亦即该力偶系所有力偶矩矢的矢量和等于零向量，即

$$\sum\boldsymbol{M}=\boldsymbol{0}$$

欲使上式成立，必须同时满足

$$\sum M_x=0\text{，}\quad\sum M_y=0\text{，}\quad\sum M_z=0$$

上式为空间力偶系的平衡方程，即空间力偶系平衡的充分和必要条件是：该力偶系所有力偶矩矢在三个坐标轴上投影的代数和分别等于零。

每个空间力偶系有三个平衡方程，可求解三个未知量。

3.4 空间一般力系的平衡条件

3.4.1 空间一般力系的简化

空间一般力系 $\boldsymbol{F}_1$，$\boldsymbol{F}_2$，…，$\boldsymbol{F}_n$ 与平面一般力系的简化方法一样，在物体内任取一点 O 作为简化中心，由力的平移定理可知，将图 3-11（a）中各力平移到 O 点时，都必须同时附加一个相应的力偶，其力偶矩矢等于各力对简化中心 O 之矩，如图 3-11（b）所示，这样就可以得到一个作用于简化中心 O 点的空间汇交力系和一个附加的空间力偶系。

将作用于简化中心 O 点的空间汇交力系和空间力偶系分别合成，便可以得到一个作用于简化中心 O 点的主矢 $\boldsymbol{F}'_{\mathrm{R}}$ 和一个主矩 $\boldsymbol{M}_O$，如图 3-11（c）所示。

主矢 $\boldsymbol{F}'_{\mathrm{R}}$ 的大小为

$$F'_{\mathrm{R}}=\sum_{i=1}^{n}F_i=\sqrt{(\sum F_x)^2+(\sum F_y)^2+(\sum F_z)^2}$$

主矢 $\boldsymbol{F}'_{\mathrm{R}}$ 是原力系中各力的矢量和，因此与简化中心的选取无关。

主矩 $\boldsymbol{M}_O$ 为

$$\boldsymbol{M}_O=\sum_{i=1}^{n}\boldsymbol{M}_O(\boldsymbol{F}_i)$$

主矩 $\boldsymbol{M}_O$ 等于原力系中各力对简化中心 O 之矩的矢量和，可见主矩 $\boldsymbol{M}_O$ 一般与简化中心的选取有关。

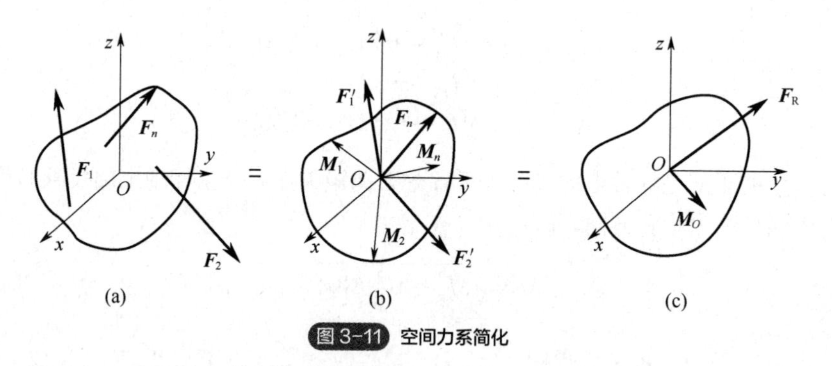

图 3-11 空间力系简化

3.4.2 空间一般力系的平衡方程

在空间受力作用的物体可能有以下几种运动情况，如图 3-12 所示，即沿 x、y、z 轴方向的移动和绕 x、y、z 轴的转动。

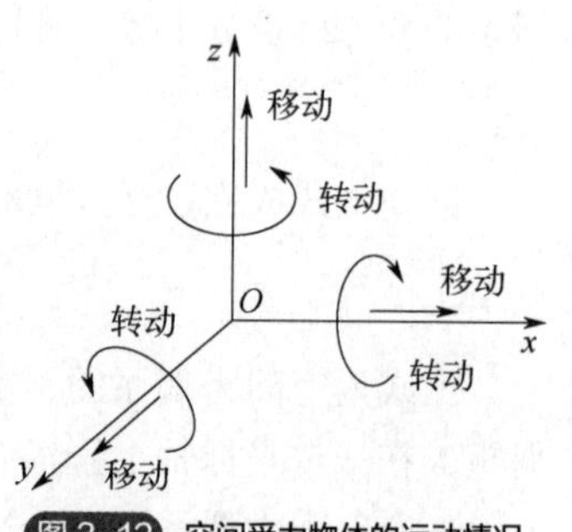

图 3-12 空间受力物体的运动情况

物体在空间一般力系（以下简称空间力系，此处也指空间任意力系）中平衡的充要条件是既不能沿 x、y、z 三轴方向移动，也不能绕 x、y、z 三轴转动。若物体沿 x 轴方向不能移动，则此空间力系各力在 x 轴上投影的代数和为零，即 $\sum F_x=0$；同理，如物体沿 y、z 轴方向不能移动，则力系中各力在 y、z 轴上投影的代数和也必为零，即 $\sum F_y=0$，$\sum F_z=0$。若物体不能绕 x 轴转动，则空间力系中各力对 x 轴之矩的代数和为零，即 $\sum M_x(\boldsymbol{F})=0$；同理，若物体不能绕 y、z 轴转动，则空间力系中各力对 y、z 轴之矩的代数和也必为零，即 $\sum M_y(\boldsymbol{F})=0$，$\sum M_z(\boldsymbol{F})=0$。由此得到空间一般力系的平衡方程为

$$\begin{cases}\sum F_x=0\\ \sum F_y=0\\ \sum F_z=0\\ \sum M_x(\boldsymbol{F})=0\\ \sum M_y(\boldsymbol{F})=0\\ \sum M_z(\boldsymbol{F})=0\end{cases}$$

于是得到如下结论：空间一般力系平衡的充分必要条件是各力在三个坐标轴中每个轴上的投影的代数和等于零，以及这些力对于每一个坐标轴的力矩的代数和也等于零。

上式中包含 6 个方程式，由于它们是空间力系平衡的充要条件，当 6 个方程式都能满足，则物体必处于平衡，因此如果再加写更多的方程式，都不是独立的。空间力系只有 6 个独立的平衡方程，可求解 6 个未知量。前 3 个方程式称为投影方程式，后 3 个方程式称为力矩方程式。

空间汇交力系和空间平行力系是空间一般力系的特殊情况，由空间一般力系的平衡方程可以推导出以下方程。

（1）空间汇交力系的平衡方程

由于空间汇交力系对汇交点的主矩恒为零，故其平衡方程为

$$\begin{cases}\sum F_x=0\\ \sum F_y=0\\ \sum F_z=0\end{cases}$$

（2）空间平行力系的平衡方程

假设该力系的各力平行于 z 轴，则平衡方程为

$$\begin{cases}\sum M_x(\boldsymbol{F})=0\\ \sum M_y(\boldsymbol{F})=0\\ \sum F_z=0\end{cases}$$

需要指出的是，空间汇交力系、空间平行力系都只有三个独立的平衡方程，故只能解三个未知量。

【例 3-1】三轮推车如图 3-13（a）所示。已知 $AH=BH=0.5\text{m}$，$CH=1.5\text{m}$，$EH=0.3\text{m}$，$ED=0.5\text{m}$，所载重物的质量 $G=1.5\text{kN}$，作用在 D 点，推车的自重忽略不计。试求 A、B、C 三轮所受的压力。

解：① 受力分析。取小车为研究对象，小车受已知载荷 $\boldsymbol{G}$ 和未知的 A、B、C 三轮的约束反力 $\boldsymbol{F}_{\text{N}A}$、$\boldsymbol{F}_{\text{N}B}$、$\boldsymbol{F}_{\text{NC}}$ 作用，这些力构成一空间平行力系，受力如图 3-13（b）所示。

② 建立坐标系，如图 3-13（b）。

③ 列平衡方程式求解：

$\sum M_x=0$，$F_{\text{NC}}\times HC-G\times ED=0$

$$F_{\text{NC}}=G\times\frac{ED}{HC}=1.5\times\frac{0.5}{1.5}=0.5(\text{kN})$$

$\sum M_y=0$，$G\times EB-F_{\text{NC}}\times HB-F_{\text{N}A}\times AB=0$

$$F_{NA}=\frac{G\times EB-F_{NC}\times HB}{AB}=\frac{1.5\times 0.8-0.5\times 0.5}{1}=0.95(\text{kN})$$

$\sum F_z=0$， $F_{NA}+F_{NB}+F_{NC}-G=0$

$$F_{NB}=G-F_{NA}-F_{NC}=1.5-0.95-0.5=0.05(\text{kN})$$

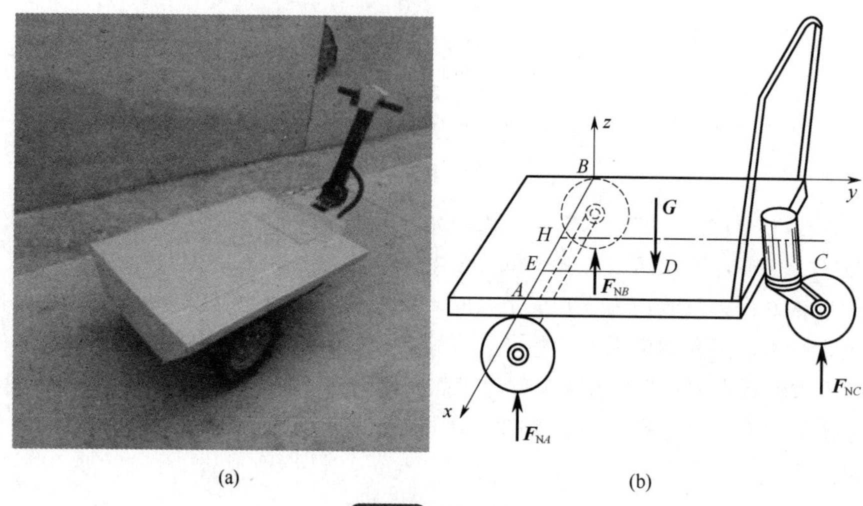

图 3-13 三轮推车

3.5 本章小结

本章要点如下：

① 力在空间直角坐标轴上的投影。

② 空间力对点的矩、空间力对轴的矩及两者之间的关系。

③ 力偶矩矢的概念、空间力偶系的合成与平衡条件。

④ 空间一般力系的简化、平衡方程。

思考题

3-1 设一个力 $\boldsymbol{F}$，并选取 x 轴，问力 $\boldsymbol{F}$ 与 x 轴在何种情况下 $F_x=0$， $M_x(\boldsymbol{F})=0$？在何种情况下，$F_x\neq 0$，$M_x(\boldsymbol{F})=0$？

3-2 空间力系中的力矩和平面力系中的力矩有什么不同之处？

3-3 若空间力系向一点简化的主矢不为零，该力系简化的最终结果是一个合力吗？

3-4 若有以下两种空间力系：各力的作用线平行于某一固定平面；各力的作用线分别汇交于两个固定点。试分析这两种力系各有几个平衡方程。

习题

3-1 力系中，F_1=100N，F_2=300N，F_3=200N，各力作用线的位置如图 3-14 所示。试将力

系向原点 O 简化。

3-2 一平行力系由五个力组成，力的大小和作用线的位置如图 3-15 所示。图中小正方格的边长为 10mm，求平行力系的合力。

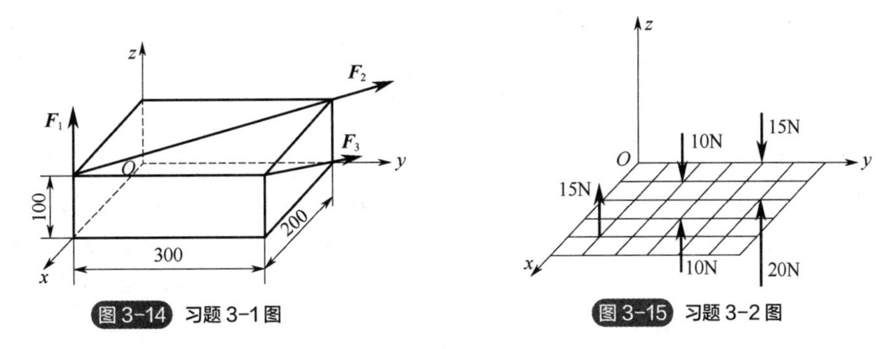

图3-14 习题3-1图　　图3-15 习题3-2图

3-3 求图 3-16 所示的力 F=1000N 对于 z 轴的力矩 $\boldsymbol{M}_z$。

3-4 水平圆盘的半径为 r，外缘 C 处作用有已知力 $\boldsymbol{F}$。力 $\boldsymbol{F}$ 位于铅垂平面内，且与 C 处圆盘切线夹角为 60°，其他尺寸如图 3-17 所示。求力 $\boldsymbol{F}$ 对 x、y、z 轴之矩。

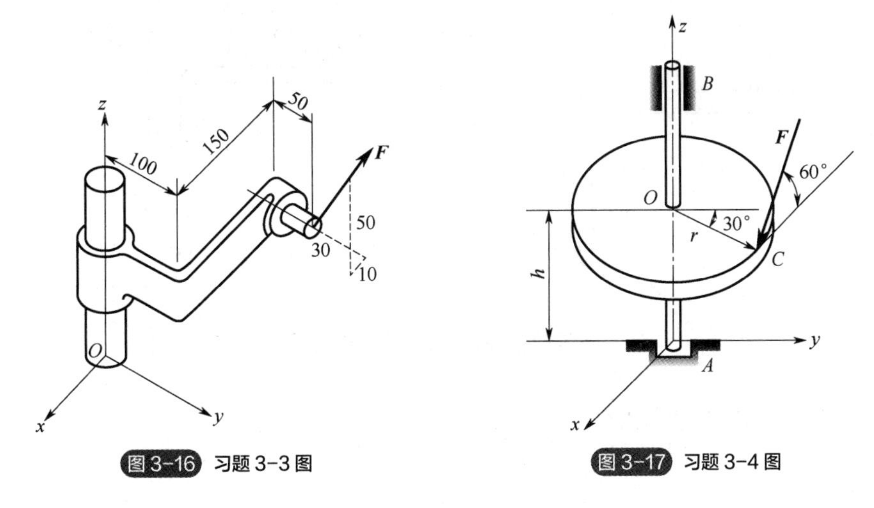

图3-16 习题3-3图　　图3-17 习题3-4图

3-5 轴 AB 与铅垂线成 β 角度，并与铅垂面 zAB 成 θ 角，如图 3-18 所示。如在点 D 作用铅垂向下的力 $\boldsymbol{F}$，求此力对轴 AB 的矩。

3-6 空间构架由三根无重直杆组成，在 D 端用球铰链连接，如图 3-19 所示，A、B、C 端

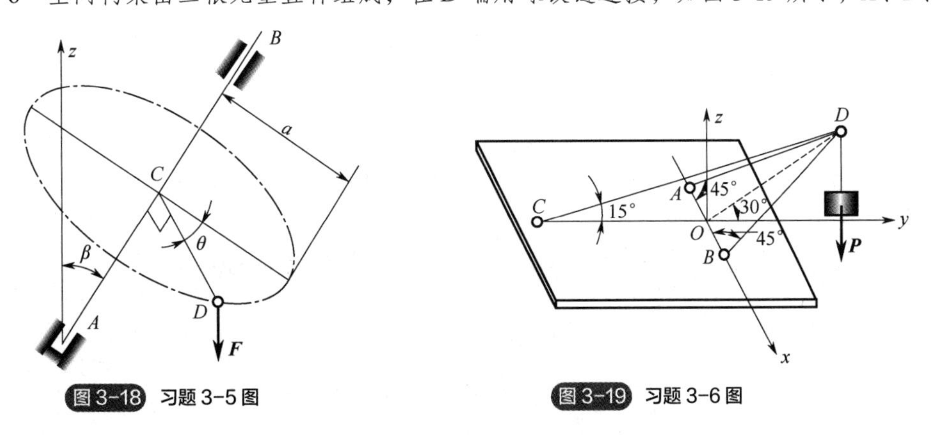

图3-18 习题3-5图　　图3-19 习题3-6图

则用球铰链固定在水平地板上。如果挂在 D 端的物体重 P=10kN，求球链 A、B、C 的约束力。

软件应用

演示视频

空间力系分析

（1）问题描述

无重曲杆 $ABCD$ 有两个直角，且平面 ABC 与平面 BCD 垂直。杆的 D 端为球铰支座，A 端受轴承支持，如图 3-20（a）所示。在曲杆的 AB、BC 和 CD 上作用三个力偶，力偶所在平面分别垂直于 AB、BC 和 CD 三线段。已知力偶矩 $M_2=300\ \text{N·m}$ 和 $M_3=150\ \text{N·m}$，a=3，b=2，c=1，求使曲杆处于平衡的力偶矩 $\boldsymbol{M}_1$ 和支座约束力。

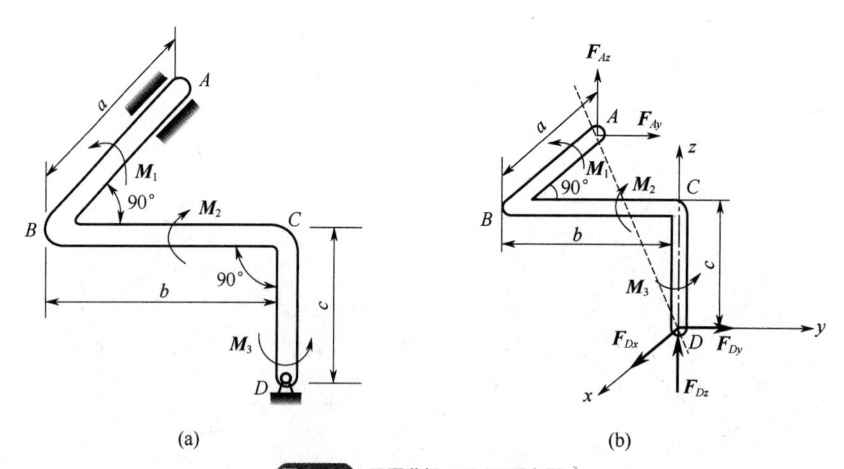

图3-20 无重曲杆 *ABCD* 受力图

理论求解过程：取曲杆为研究对象，受力及坐标如图 3-20（b）所示。

$$\sum F_x=0,\quad F_{Dx}=0 \tag{1}$$

$$\sum F_y=0,\quad F_{Ay}+F_{Dy}=0 \tag{2}$$

$$\sum F_z=0,\quad F_{Az}+F_{Dz}=0 \tag{3}$$

$$\sum M_x=0,\quad M_1-F_{Ay}c-F_{Az}b=0 \tag{4}$$

$$\sum M_y=0,\quad F_{Az}a-M_2=0 \tag{5}$$

$$\sum M_z=0,\quad M_3-F_{Ay}a=0 \tag{6}$$

由式（5）、式（6）解得

$$F_{Az}=\frac{M_2}{a}=100(\text{N}),\quad F_{Ay}=\frac{M_3}{a}=50(\text{N})$$

代入式（2）、式（3），得

$$F_{Dy}=-\frac{M_3}{a}=-50(\text{N}),\quad F_{Dz}=-\frac{M_2}{a}=-100(\text{N})$$

再代入式（4）得

$$M_1=\frac{c}{a}M_3+\frac{b}{a}M_2=250\ (\text{N·m})$$

（2）技术路线

此问题属于结构分析范畴，借助 ANSYS Mechanical APDL 模块，通过软件界面操作方式实现。选用刚性梁，两端铰支。

（3）主要操作步骤

① 修改工作名。点击菜单 Utility Menu>File>Change Jobname。弹出如图 3-21 所示的对话框，在文本框中输入工作名“rigid _kongjian”，单击“OK”按钮。

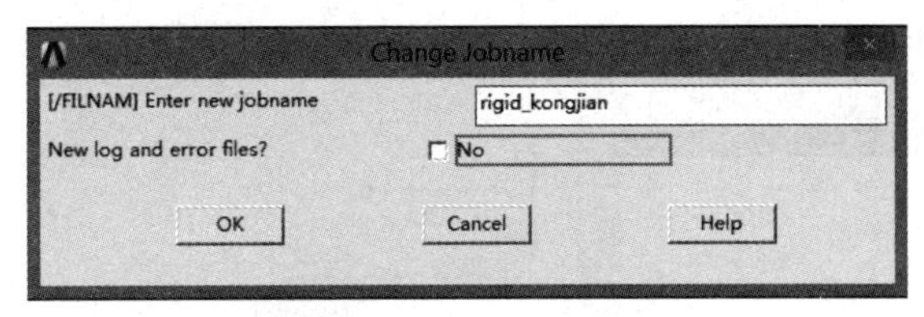

图 3-21 改变工作名称对话框

② 建立几何模型。

a.生成线段的关键点。点击 Main Menu >Preprocessor >Modeling >Create >Keypoints >IN Active CS，弹出对话框后，见图 3-22，在 NPT 域输入关键点（keypoint）编号 1，在 X，Y，Z Location in active CS 域输入坐标（0，0，0），单击 Apply 按钮。然后依次创建关键点 2（0，0，3）、关键点 3（2，0，3）、关键点 4（2，−1，3）。

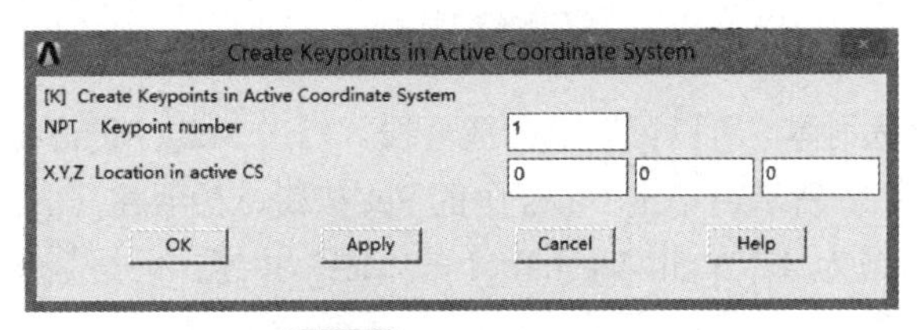

图 3-22 生成线段关键点

b.接关键点生成直线段。点击 Main Menu >Preprocessor >Modeling >Create >Lines>Lines > Straight line，弹出拾取对话框后，如图 3-23 所示，用鼠标选取 1、2 两个关键点，单击 Apply 按钮，生成线段 1。再依次选取 2、3 与 3、4 分别连线成线段 2 与线段 3，单击“OK”按钮。创建完成的几何模型如图 3-24 所示。

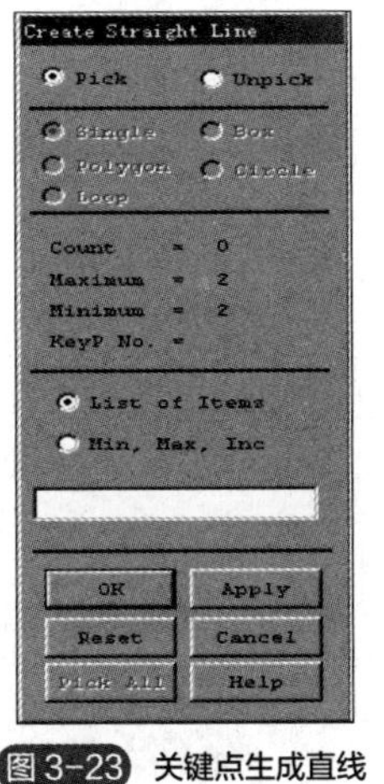

图 3-23 关键点生成直线

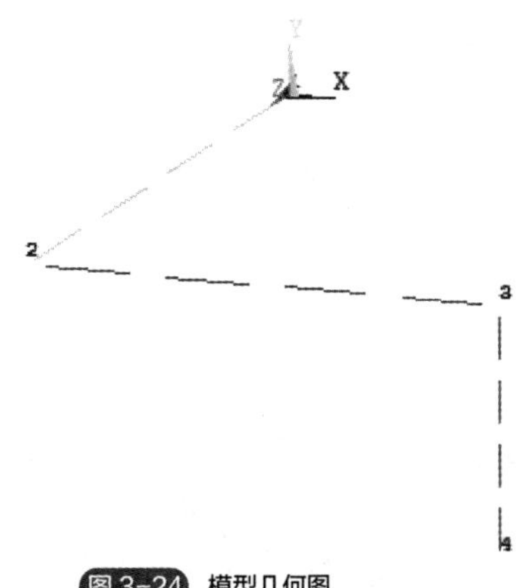

图 3-24 模型几何图

③ 建立有限元模型。

a. 选择单元。点击菜单：Main Menu>Preprocessor>Element Type> Add/Edit/Delete。

弹出如图 3-25（a）所示的对话框，单击“Add”按钮；弹出如图 3-25（b）所示的对话框，在左侧列表框中选择“Constraint”，在右侧列表框中选择“Nonlinear MPC 184”，点击“OK”按钮返回。点击图 3-25（a）的“Options”，弹出图 3-25（c），在列表中选择 Rigid Beam，并点击“OK”按钮。

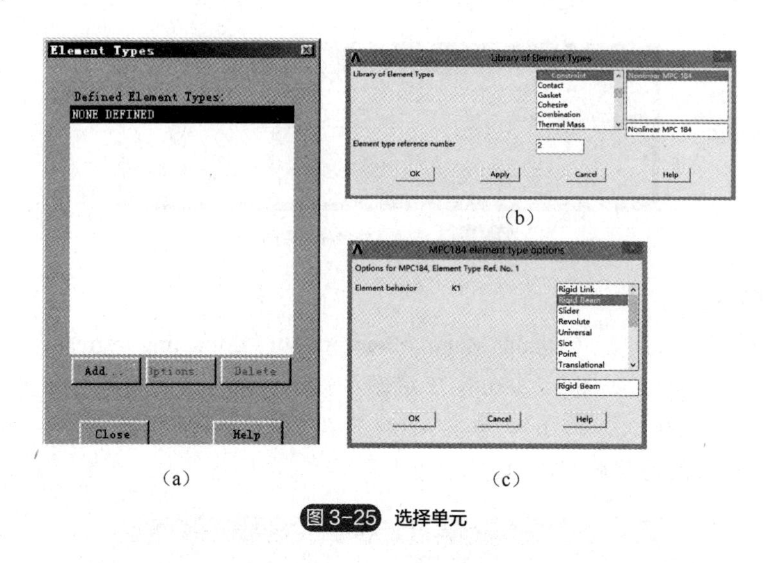

（a）　　（b）　　（c）

图 3-25 选择单元

b.网格划分。由于是刚体，所以可以仅分成一段。点击 Main Menu>Preprocessor> Meshing> MeshTool 菜单，如图 3-26 所示，单击 Lines 中的 Set 按钮，拾取建立的线。弹出线单元尺寸设置对话框，设置单元份数为 4。单击 MeshTool 的 Mesh 按钮。网格划分完毕，单击“OK”按钮，网格划分结果图如图 3-27 所示。

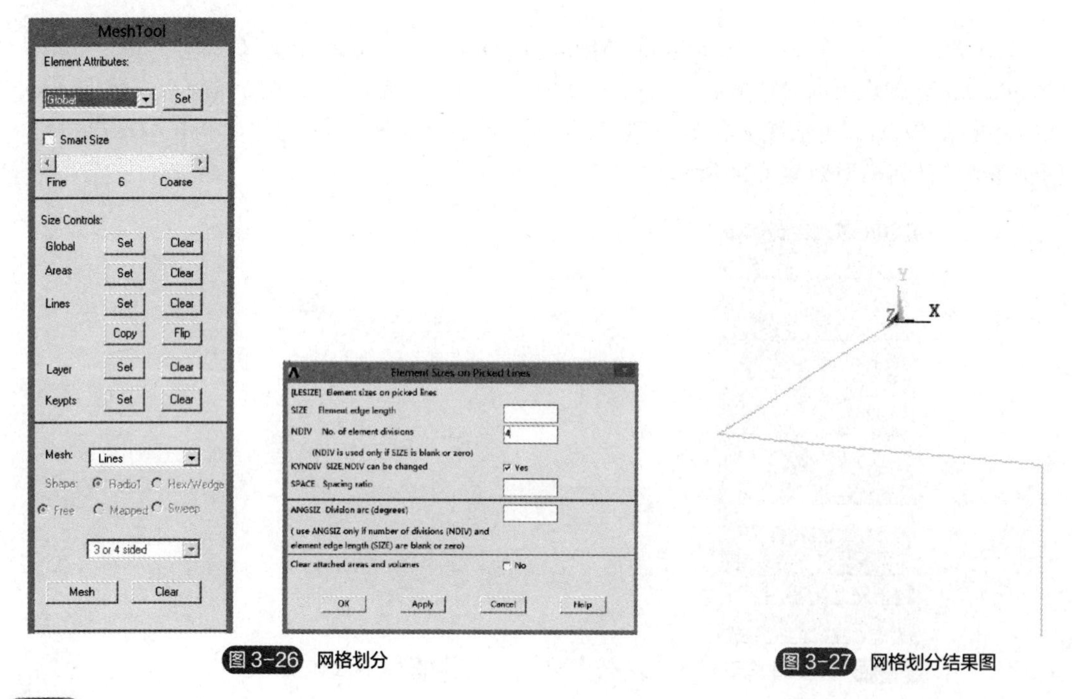

图 3-26 网格划分

图 3-27 网格划分结果图

④ 施加载荷及约束。

a. 施加边界条件。点击 Main Menu>Solution>Define Loads>Apply>Structural>Displacement>On Nodes，拾取梁的节点 1，设置约束，只保留 UX、UY，其余自由度进行约束，点击 OK。再选择节点 4，设置约束，只约束 ROTZ 一个自由度，点击“OK”按钮。再选择节点 10，约束 UX、UY、UZ 三个平动自由度，点击 OK，如图 3-28 所示。

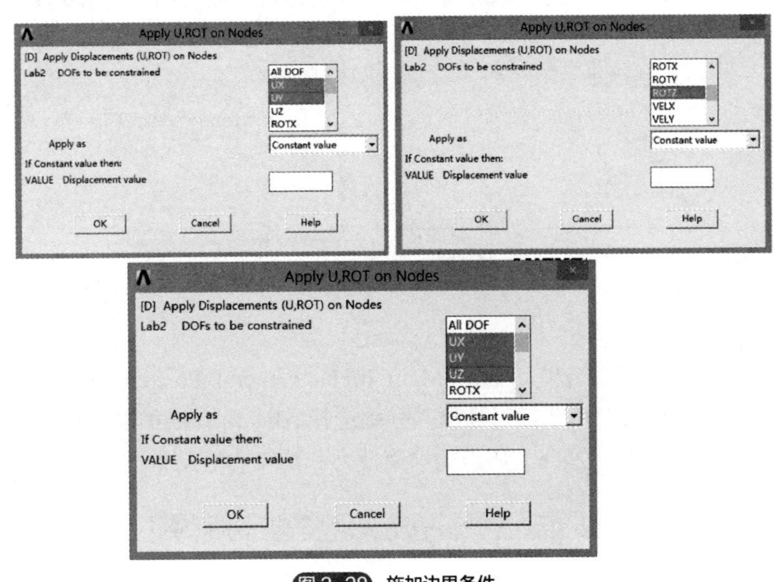

图 3-28 施加边界条件

b. 定义力矩。点击 Main Menu>Solution>Define Loads>Apply>Structural>Force>On Nodes，弹出选择界面，选择节点 8，点击 OK 按钮。弹出下一个界面，将 Lab 选择为 MX，在 VALUE 中输入数值-300。选择节点 10，将 Lab 选择为 MY，在 VALUE 中输入数值 150，点击“OK”按钮，如图 3-29 所示。加载完成结果如图 3-30 所示。

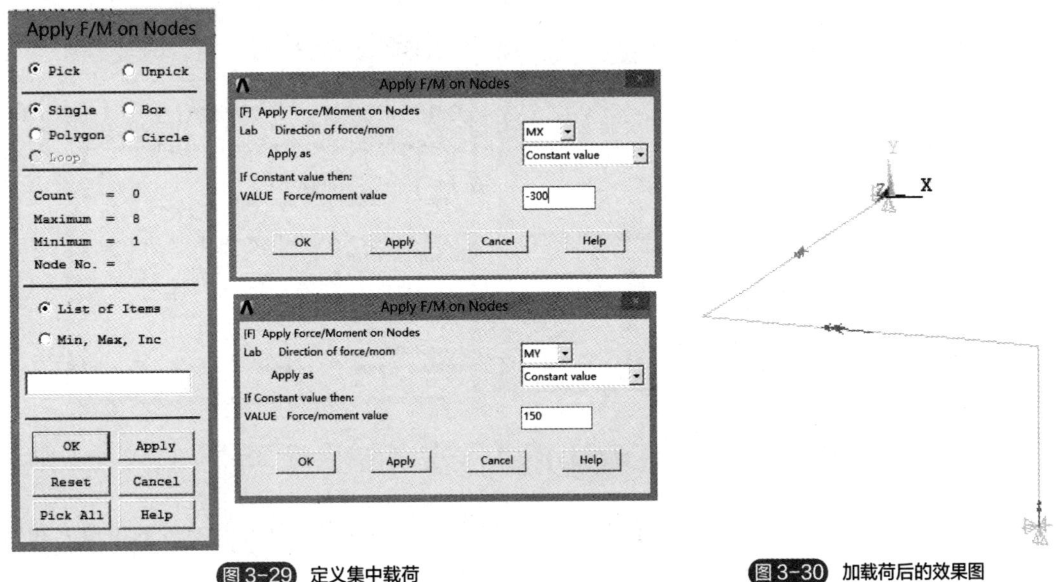

图 3-29 定义集中载荷

图 3-30 加载荷后的效果图

⑤ 求解。点击 Main Menu>Solution>Solve>Current LS，弹出如图 3-31 所示的/STATUS Command 及 Solve Current Load Step 对话框，浏览/STATUS Command 中出现的信息，然后关闭此窗口。单击“OK”按钮（开始求解），关闭由于单元形状检查而出现的警告信息。求解结束后，关闭信息窗口。

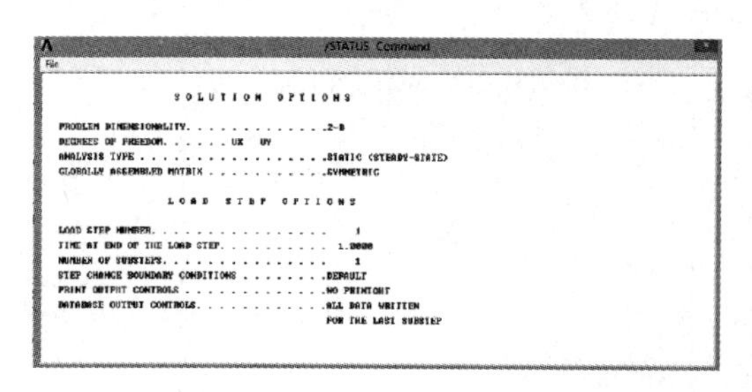

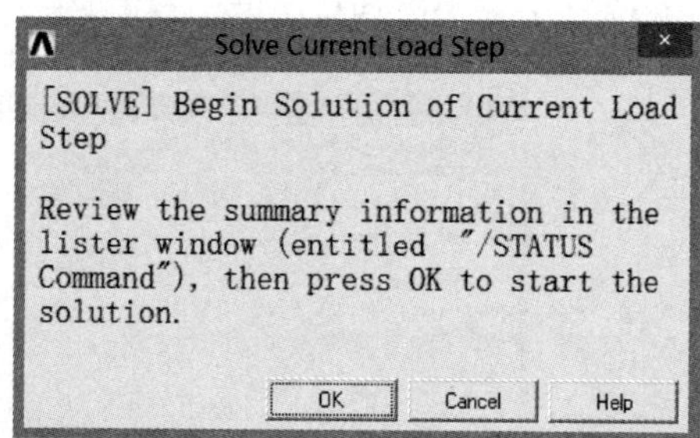

图 3-31 状态信息窗口

（4）结果和讨论

① 查看约束反力和力矩结果。单击 Main Menu>General Postproc>List Results>Reaction Solution，弹出如图 3-32（a）所示的对话框，分别选择 All struc forc F 和 All struc mome M，单击“OK”按钮。弹出如图 3-32（b）所示的约束反力和约束力矩结果图片。

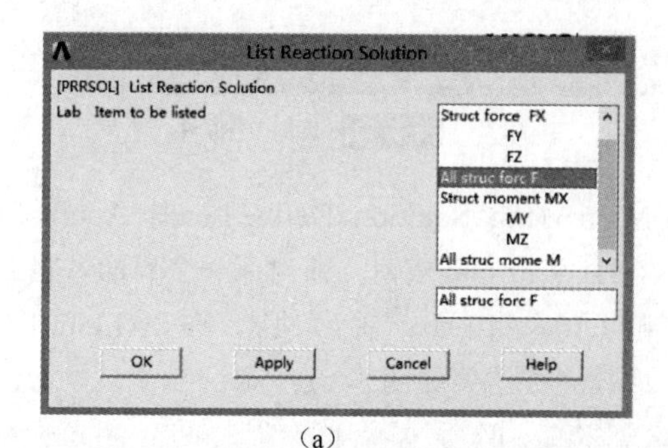

（a）

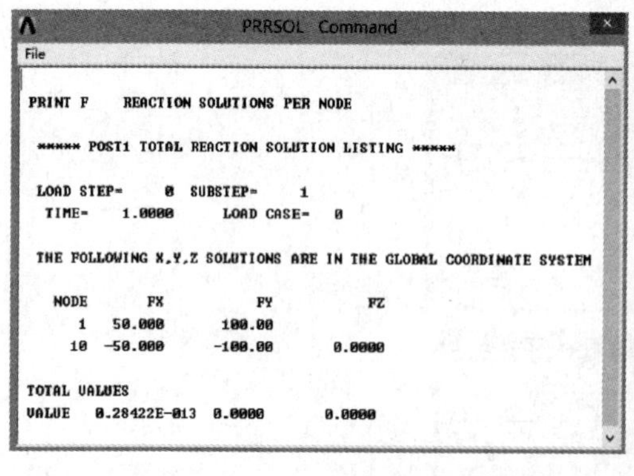

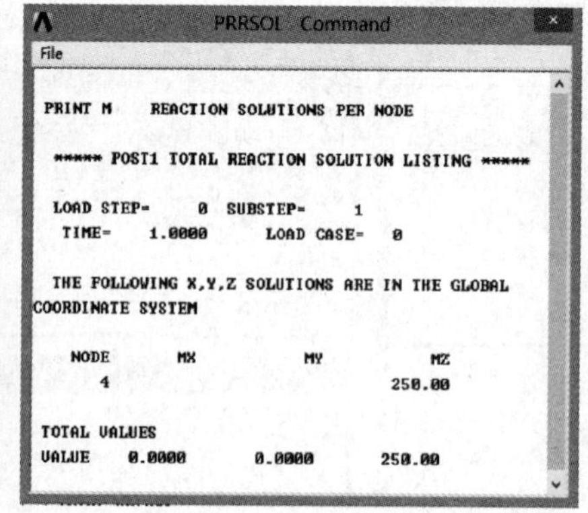

（b）

图 3-32 约束反力和力矩

② 讨论。从以上分析可以看出，有限元计算的约束反力和力矩与理论计算的约束反力和力矩结果一致。

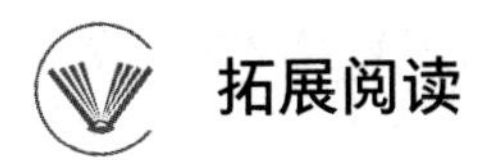

拓展阅读

现代力学的发展

20 世纪 60 年代以来，力学进入新的时代——现代力学时代。由于电子计算机的飞跃发展和广泛应用，由于基础科学和技术科学各学科间相互渗透和综合倾向的出现，以及宏观和微观相结合的研究途径的开拓，力学出现了崭新的面貌。

电子计算机自 1946 年问世以后，计算速度、存储容量和运算能力不断提高，过去力学工作中大量复杂、困难而使人不敢问津的问题，因此有了解决的门路。计算机改变了力学的面貌，也改变了力学家的思想方法。有限差分方法很早被用于强爆炸冲击波计算，还随之出现了人工黏性、激波装配等克服间断性困难的办法。1963 年 J.E.弗罗姆和 F.H.哈洛成功地计算了长方形柱体的绕流问题，给出柱体尾流涡街的形成和随时间的演变过程，并以“流体力学中的计算机实验”为题作了介绍，这一事件被看作计算流体力学兴起的标志。弹塑性动力学问题也用差分法作了有效的计算。在计算的实践中还创立了很多新概念，从运用传统的拉格朗日方法和欧拉方法等算法，发展到在差分格子里讨论质量、动量和能量的输运和均衡，建立了所谓的离散力学。最令人鼓舞和惊叹的还是有限元法的兴起。有限元法发源于结构力学，一个连续体结构经离散化为杆件（有限元）的组合后，计算机可以轻巧地对这种复杂杆件系统作出计算。有限元法一出现就显示出无比的优越性，它迅速地占领了整个弹性静力学。经过一段关于有限元法的数学基础和收敛性问题的深入讨论之后，力学家们认清了有限元法和变分原理的关系。力学家们自觉地以各种变分原理为基础建立了不同形式的杆元、板元、壳元、夹层板元、三维应力元、半无限元、奇异元、杂交元等，发挥了有限元法的巨大威力。随后它又冲出弹性静力学的范围，被广泛应用于弹性动力学、瞬态分析、塑性力学、流场分析，并向传热学、电磁场等非力学领域渗透，显示出了极为光辉的前途。

孤立子和混沌现象的发现是计算机给力学以深刻影响的两个突出的例子。非线性波的研究在水波、气体和等离子体中的冲击波和弹塑性波等领域中受到重视。混沌和有关的奇怪吸引子理论的一些结果冲击了数学、物理学的许多分支。例如湍流问题是流体力学中长期存在的难题，分岔和混沌模型结合在实验中发现的拟序结构，使这个难题的解决似乎有了新的希望。

计算机惊人的运算能力和对介质的力学性能不甚清楚之间的矛盾，推动了对材料本构关系的深入研究。计算机又使力学实验方法现代化，实验数据的采集整理可以借助微型计算机自动实现，计算机甚至可部分地代替某些常规实验。

航天工程开辟了人们的视野，现代力学已远远超过牛顿时代的水平再度向天文学渗透。人们用磁流体力学研究太阳风在地球磁场中形成的冲击波，用流体力学结合恒星动力学研究密度波，以解释旋涡星系的螺旋结构，以至用相对论流体力学来研究星系的演化。现代力学向地球科学渗透，在板块动力学、构造应力场、地震预报以及用反演法阐明震源机制、地层结构和地质材料性质方面进行新的探索，并推动岩石力学的研究。在工程技术方面，如能源开发、环境保护、材料科学、海洋工程、安全防护等综合技术都提出了多种多样的力学新课题。因此现代力学必须和别的学科相结合，发展边缘学科解决这些问题。在机器人控制和卫星姿态控制研究中的多刚体系统动力学问题就需要用由力学和控制反馈理论相结合的方法进行研究。

几千年来人类对物质机械运动，即力学规律的认识，经历了由浅入深、由表及里的过程。

科学的发展总的说来既有综合又有分支，但在特定的阶段可能有所侧重。自然科学最早是统一的无所不包的自然哲学，后来物理学从其中分出来，力学又从物理学中分出来，后来力学出现分支学科，再派生出新的分支学科，与此同时还出现综合的倾向。有一种观点认为，当代自然科学的总趋势是由交叉学科、边缘学科发展成为综合性更强的科学。如果真是这样，力学未来的面目也许与今天有很大不同。然而有一点是肯定的，即人们对物质世界的认识总是在原先积累的基础上进一步深化。无数相对真理的总和，就是绝对真理。

第 4 章

材料力学的基本知识

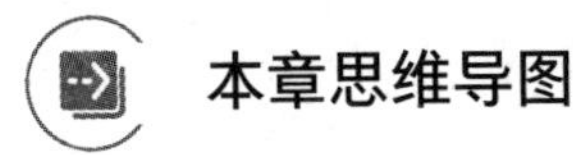

本章思维导图

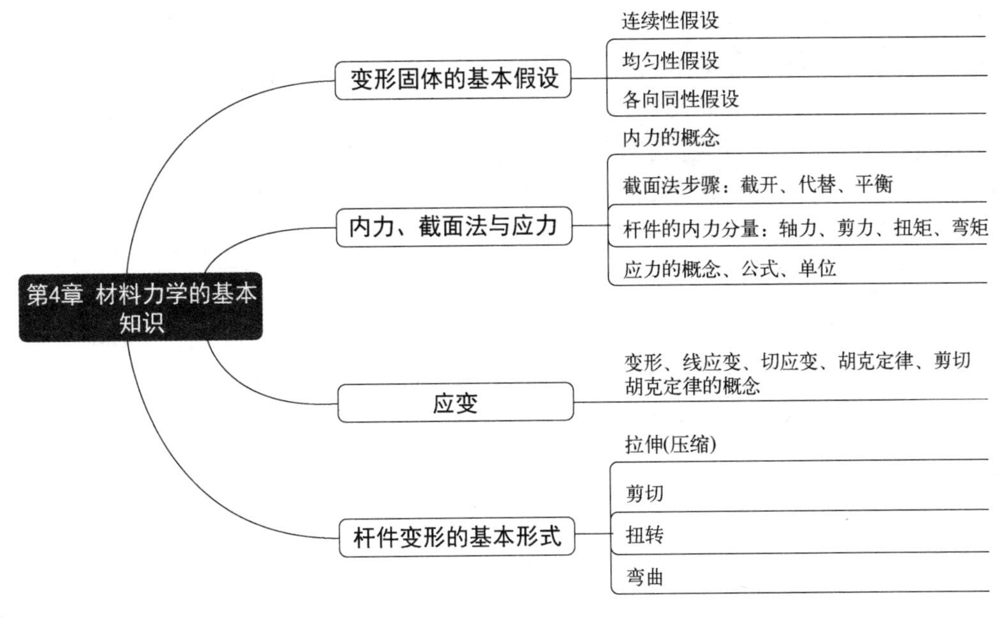

本章学习目标

1. 了解变形固体的三种基本假设。

2. 掌握变形固体内力的概念，初步了解截面法使用的方法，重点掌握应力的概念及计算公式。

3. 了解杆件变形的基本形式，能够列举实际生活中的基本变形实例。

本章案例引入

在工程实际中，材料力学广泛应用于各个工程领域中，如飞机、火车、汽车、船舶、挖掘机、拖拉机、塔架、海洋平台、桥梁等，工程结构或机械的各单个组成部分为构件。正常工作状态下，构件都要直接或间接受到相邻构件传递的载荷的作用，如桥梁中的横梁（如图 4-1 所示）承受自身重力或其他物体的作用，会产生一定形状和尺寸的变化。在外力作用下，构件具有抵抗破坏的能力，但载荷过大，构件就会断裂。

图 4-1 桥梁中的横梁

4.1 变形固体的基本假设

材料的物质结构和性质是非常复杂的。为了便于理论分析，只保留材料的主要特征，忽略其次要属性，因此，对变形固体做出如下基本假设。

（1）连续性假设

连续性假设认为组成固体的物质不留空隙地充满了固体的体积。实际上，组成固体的粒子之间存在着空隙而并不连续，但这种空隙的大小与构件的尺寸相比极其微小，可以不计，因此可以认为固体在整个体积内是连续的。

（2）均匀性假设

均匀性假设认为固体内到处有相同的力学性能。也就是说从固体内任意一点处取出的体积单元，其力学性能都能代表固体的力学性能。根据这个假设，就可以取出固体的任意一小部分来分析研究，然后把分析的结果用于整个固体。

（3）各向同性假设

此假设认为无论沿哪个方向，固体的力学性能都是相同的。以金属单晶粒来说，沿不同的方向，力学性能并不一样。但金属构件包含数量众多的晶粒，且又杂乱无章地排列，这样，沿各个方向的力学性能就能接近相同了。具有这种属性的材料称为各向同性材料，如钢、铜、玻璃及塑料等。

4.2　内力、截面法与应力

4.2.1　内力的概念

物体在外力作用下将发生变形，同时杆件内部各部分之间将阻碍变形而产生相互作用，这种相互作用力称为**内力**。

由于假设物体是均匀连续的可变形固体，因此在物体内部相邻部分之间相互作用的内力实际上是一个连续分布的内力系，而将分布内力系合成得到的力，简称内力。也就是说，内力是指由外力作用引起的，物体内部相邻部分之间分布内力的合成。

内力随外力的变化而变化，外力增加，内力也增加，当外力达到某一极限值时，构件就会产生破坏。

4.2.2　截面法

内力存在于杆件内部，而且总是以作用力和反作用力的形式同时存在于质点之间。要研究它与外力之间的关系，必须首先将内力暴露出来。为此，在需要计算内力的截面处假想把构件切开，使该截面上的内力像外力一样显示出来。如图 4-2（a）所示截面 m—m 的内力，用平面 m—m 假想把构件切开，分成Ⅰ、Ⅱ两部分，任取一部分作为研究对象，并将Ⅱ对Ⅰ的作用以截面上的内力代替，如图 4-2（b）所示。

由于假设构件材料是均匀连续的，所以内力是在截面上连续分布的力系。这个分布内力系向截面的形心 C 简化得到一个力 $\boldsymbol{F}_{\mathrm{R}}'$（主矢）和一个力偶 $\boldsymbol{M}_C$（主矩），如图 4-2（c）所示。

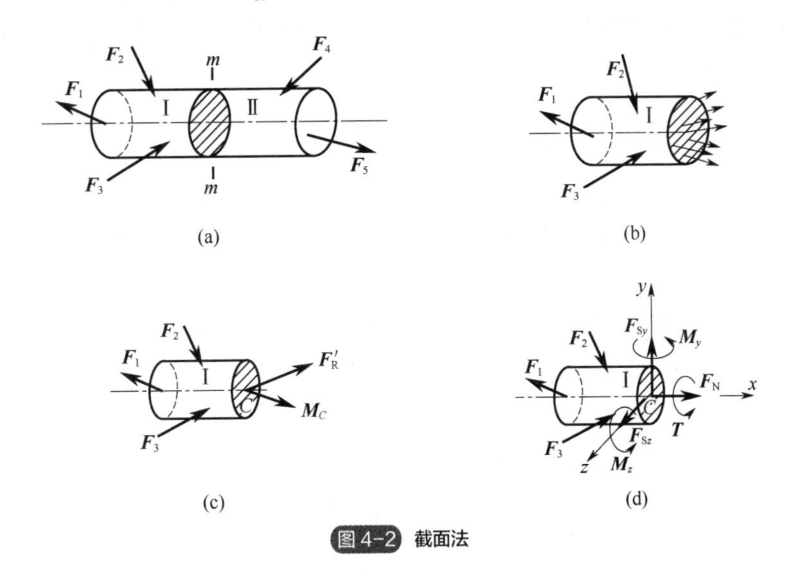

图 4-2　截面法

由于原构件是平衡的，它的任一部分也是平衡的，所以对部分Ⅰ应用静力平衡方程式，就可以求出截面 m—m 上的内力。这样求内力的方法称为**截面法**，是求内力的基本方法。

4.2.3 杆件的内力分量

对于杆件，为方便对其变形的研究，所作截面为杆的横截面，在横截面的形心处建立直角坐标系 $Cxyz$ 并使 x 轴与杆的轴线重合。将横截面上的内力系向该截面形心简化得到的力和力偶向坐标系的三轴进行分解，成为六个内力分量：主矢的三个分量 $\boldsymbol{F}_{\mathrm{N}}$、$\boldsymbol{F}_{\mathrm{S}y}$、$\boldsymbol{F}_{\mathrm{S}z}$，主矩的三个分量 $\boldsymbol{T}$、$\boldsymbol{M}_y$、$\boldsymbol{M}_z$［图 4-2（d）］。其中，$\boldsymbol{F}_{\mathrm{N}}$ 的作用线与杆的轴线重合，称为**轴力**，它使杆产生轴向伸长或缩短的变形。$\boldsymbol{F}_{\mathrm{S}y}$、$\boldsymbol{F}_{\mathrm{S}z}$ 均切于横截面内，称为**剪力**，它们分别使杆的相邻横截面产生沿 y 轴方向和沿 z 轴方向的相对错动。$\boldsymbol{T}$ 为绕 x 轴的力偶，称为**扭矩**，它使杆的横截面产生绕 x 轴的相对转动。$\boldsymbol{M}_y$、$\boldsymbol{M}_z$ 分别为绕 y 轴和 z 轴的力偶，称为**弯矩**，它们分别使杆产生 xz 平面内和 xy 平面内的弯曲变形。

当直杆受简单载荷作用时，上述六个内力分量中某些量可能为零。

4.2.4 应力

截面上的内力是连续分布的。截面面积大的粗杆，内力的集度就小。由此可见，杆件的强度是否足够，与其截面上内力的集度有关。工程上通常称内力分布集度为**应力**，即应力是指作用在单位面积上的内力值。

通常情况下，杆件横截面上的应力不一定是均匀分布的，为了表示横截面上某点 C 处的应力，围绕点 C 取一微元面积为 ΔA，设 $\Delta \boldsymbol{F}$ 是作用在微面积 ΔA 上的内力，如图 4-3（a）所示，$\Delta \boldsymbol{F}$ 的数值与 ΔA 的比值称为作用在 ΔA 面积上的平均应力，用 $\boldsymbol{p}_{\mathrm{m}}$ 表示，即

$$\boldsymbol{p}_{\mathrm{m}} = \frac{\Delta \boldsymbol{F}}{\Delta A} \tag{4-1}$$

当内力在截面上均匀分布时，则点 C 处的应力即为 $\boldsymbol{p}_{\mathrm{m}}$；当内力分布不均匀时，平均应力 $\boldsymbol{p}_{\mathrm{m}}$ 的值将随 ΔA 的变化而变化，它不能确切地反映点 C 处内力的集度。只有当 ΔA 无限地缩小并趋近于零时，$\boldsymbol{p}_{\mathrm{m}}$ 的极限 $\boldsymbol{p}$ 才能代表点 C 处的内力集度，故称 $\boldsymbol{p}$ 为截面上点 C 处的应力。用公式表示为

$$\boldsymbol{p} = \lim_{\Delta A \to 0} \frac{\Delta \boldsymbol{F}}{\Delta A} \tag{4-2}$$

准确地说，应力是单位面积上的内力，它表示内力在某点的集度。知道了截面各点的应力，那么，整个截面上应力的分布状况便可一目了然。

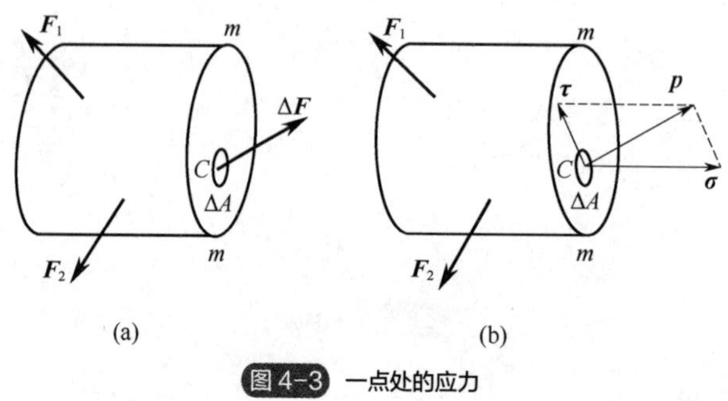

图 4-3 一点处的应力

$\Delta \boldsymbol{F}$ 是矢量，而且不一定与截面垂直。所以 $\boldsymbol{p}$ 是矢量，也不一定与截面垂直。$\boldsymbol{p}$ 可以分解

为垂直于横截面的应力 $\boldsymbol{\sigma}$ 和平行于横截面的应力 $\boldsymbol{\tau}$ 。力学中将 $\boldsymbol{\sigma}$ 称为**正应力**，将 $\boldsymbol{\tau}$ 称为**切应力**，如图 4-3（b）所示。

应力的单位采用国际单位制，为帕斯卡，符号为 Pa，帕斯卡单位较小，还可以用 MPa、GPa 表示，单位换算为 $1\text{MPa}=10^6\text{Pa}$ ，$1\text{GPa}=10^9\text{Pa}$ 。

4.3 应变

构件在外力作用下，其几何形状和尺寸的改变，统称为**变形**。一般地说，构件内各点处的变形是不均匀的。因此，为了研究构件的变形以及截面上的应力分布规律，就必须研究构件内各点处的变形。

围绕构件内 M 点取一微小正六面体（如图 4-4 所示），设其沿 x 轴方向的棱边长为 Δx ，变形后边长为 $\Delta x+\Delta u$ ，Δu 称为 Δx 的**线变形**。

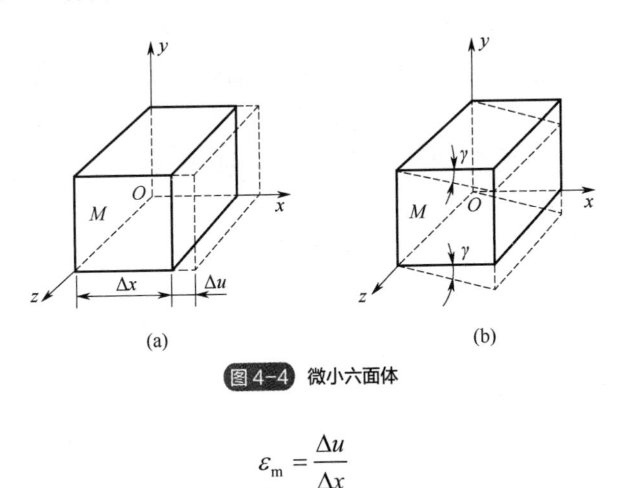

图 4-4 微小六面体

$$\varepsilon_{\mathrm{m}}=\frac{\Delta u}{\Delta x}$$

ε_{m} 称为线段 Δx 的平均线应变，当 Δx 趋近于零时，平均线应变的极限值称为 M 点处沿 x 方向的**线应变**，用 ε_x 表示，即

$$\varepsilon_x=\lim_{\Delta x\to 0}\frac{\Delta u}{\Delta x}=\frac{\mathrm{d}u}{\mathrm{d}x}$$

同样可定义 M 点处沿 y 和 z 方向的线应变 ε_y 和 ε_z 。

当构件变形后，上述正六面体除棱边的长度改变外，原来互相垂直的平面，例如 Oxz 平面与 Oyz 平面间的夹角也可能发生改变，直角的改变量 γ 称为 M 点处的**切应变**。

线应变 ε 和切应变 γ 是度量构件内一点处变形程度的两个基本量，它们都是量纲为 1 的量，γ 的单位是 rad（弧度）。

试验表明，当正应力 $\boldsymbol{\sigma}$ 的大小未超过某一极限值时，正应力 $\boldsymbol{\sigma}$ 的大小与其相应的线应变 ε 成正比。引入比例常数 E，则可得到

$$\sigma=E\varepsilon$$

上式称为**胡克定律**。式中的比例常数 E 称为**弹性模量**。它与材料的力学性能有关，是衡量材料抵抗弹性变形能力的一个指标，对同一材料，弹性模量 E 为常数。E 的数值随材料而异，可由试验测定。弹性模量 E 的单位与应力的单位相同。

试验还表明，当切应力 τ 的大小未超过某一极限值时，切应力 τ 的大小与其相应的切应变 γ 成正比。引入比例常数 G，则可得到

$$\tau = G\gamma$$

上式称为**剪切胡克定律**。式中的比例常数 G 称为**切变模量**，它与材料的力学性能有关。对同一材料，切变模量 G 为常数。G 的单位与应力的单位相同。

4.4 杆件变形的基本形式

材料力学研究对象主要是杆件。杆件在外力作用下可能产生各种各样的变形，但归纳起来有以下四种基本变形。

（1）拉伸（压缩）

在一对大小相等、方向相反、作用线与杆件轴线重合的外力作用下，杆件的长度发生伸长或缩短，这种变形称为**轴向拉伸**或**轴向压缩**。

图 4-5 简易吊车架

如图 4-5 所示，一简易吊车架，在载荷 $\boldsymbol{F}$ 作用下的简图如图 4-6（a）所示。AC 杆受到拉伸载荷作用，如图 4-6（b）所示；而 BC 杆受到压缩载荷作用，如图 4-6（c）所示。起吊重物的钢索、桁架的杆件、液压油缸的活塞等的变形，都属于拉伸或压缩变形。

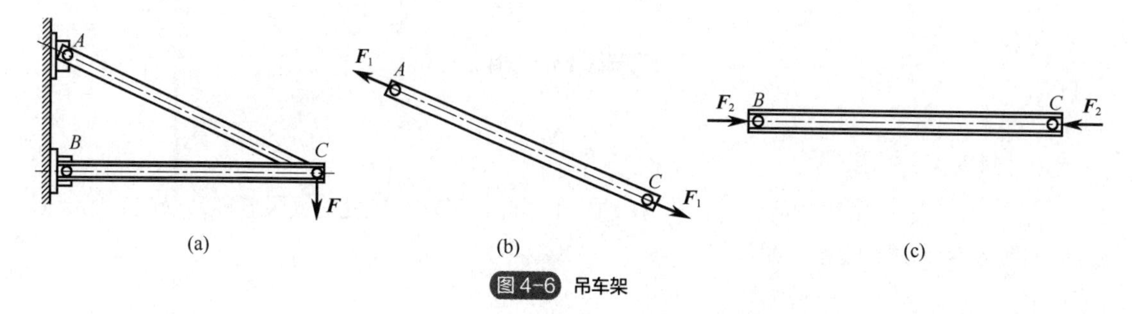

图 4-6 吊车架

（2）剪切

在一对相距很近、大小相同、相互平行、指向相反的横向力作用下，直杆的主要变形是横截面沿外力作用方向发生相对错动，这种变形形式称为**剪切**。

如图 4-7 所示一铆钉连接结构，在力 $\boldsymbol{F}$ 作用下，铆钉即受到剪切作用。机械中常用的连接

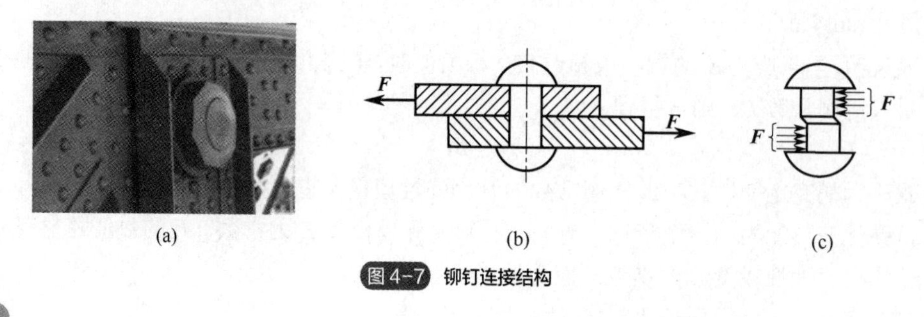

图 4-7 铆钉连接结构

件，如键、铆钉、螺栓等都产生剪切变形。

（3）扭转

在一对转向相反、作用面垂直于直杆轴线的外力偶作用下，直杆的相邻横截面将绕轴线发生相对转动，杆件表面纵向线将变成螺旋线，而轴线仍维持直线，这种变形形式称为**扭转**。

如图 4-8 所示的汽车方向盘，转向轴 AB，在工作时发生扭转变形，如图 4-9（a）所示，表现为杆件的任意两个横截面发生绕轴线的相对转动，如图 4-9（b）所示。汽车的传动轴、电机和水轮机的主轴等，都是受扭杆件。

图 4-8　汽车方向盘

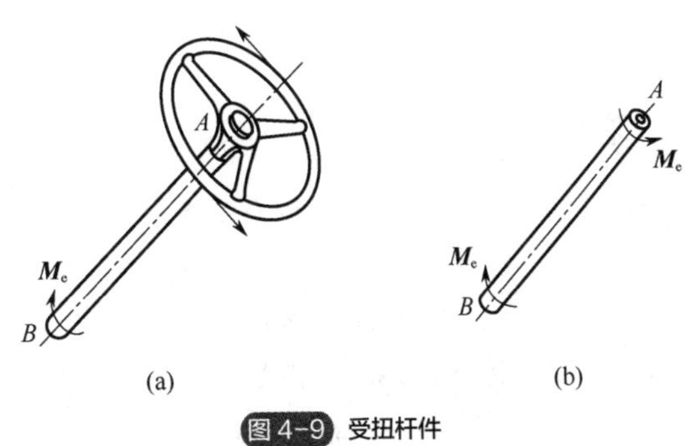

图 4-9　受扭杆件

（4）弯曲

在一对转向相反、作用面在杆件的纵向平面内的外力偶作用下，直杆的相邻横截面将绕垂直于杆轴线的轴发生相对转动，变形后的杆件轴线将弯成曲线，这种变形形式称为**弯曲**。

图 4-10　火车轮轴

如图 4-10 所示为火车轮轴图，火车轮轴的变形即为弯曲变形，表现为杆件轴线由直线变为曲线，如图 4-11 所示。在工程中，受弯是杆件最常遇到的情况之一，桥式起重机的大梁、各种芯轴以及车刀等的变形，都属于弯曲变形。

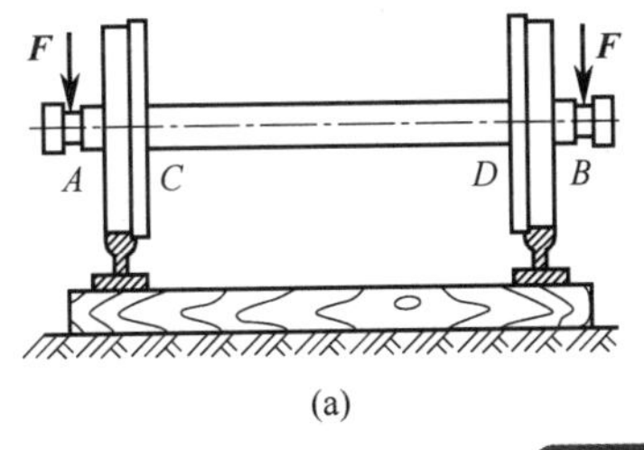

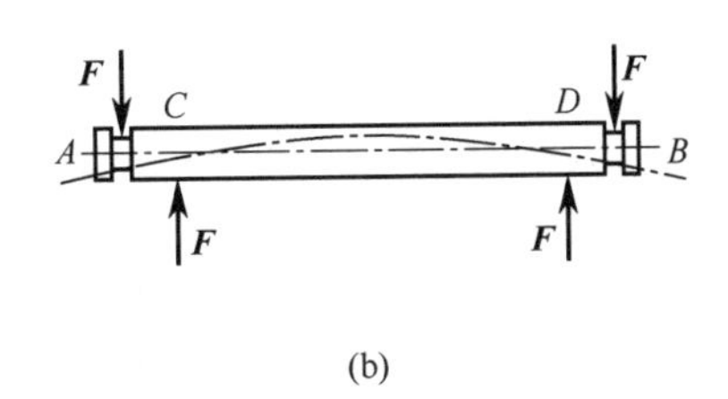

图 4-11　火车轮轴简化图

工程中常用构件在载荷作用下的变形，大多为上述几种基本变形形式的组合，纯属一种基本变形形式的构件较为少见，例如车床主轴工作时发生弯曲、扭转和压缩三种基本变形。若以某一种基本变形形式为主，其他属于次要变形的，则可按该基本变形形式计算。若几种变形形式都非次要变形，则属于组合变形问题。本书后面章节将先分别讨论构件的每一种基本变形，然后再讨论组合变形问题。

4.5 本章小结

本章要点如下：

① 变形固体的基本假设。

② 内力、截面法、应力的概念。

③ 应变、胡克定律的概念。

④ 杆件变形的基本形式。

思考题

4-1 轴向拉伸与压缩的外力与变形有何特点？试列举轴向拉伸与压缩的实例。

4-2 什么是内力？求内力的方法是什么？

4-3 截面法的步骤是什么？

4-4 变形固体的基本假设是什么？

软件应用

有限元分析的基本流程

随着有限元理论基础的日益完善，出现了很多通用和专用的有限元计算软件，其中 ANSYS 大型通用程序应用比较广泛，此处介绍利用 ANSYS 软件开展有限元分析的基本流程。

针对结构静力学分析，利用 ANSYS 软件的一般步骤如下：

① 前处理（Preprocessor）：

创建或读入几何模型（Modeling）；

定义材料属性（Define Material Properities）；

划分网格（节点及单元）（Meshing）。

② 施加载荷并求解（Solution）：

施加载荷，设定约束条件（Define Loads）；

求解（Solve）。

③ 后处理（Postprocessor）：

查看分析结果（Results）；

检验结果（分析是否正确）。

（1）ANSYS 程序的启动

一般对结构、流体、耦合场进行各种有限元仿真和非线性分析等都在 ANSYS Mechanical 模块中完成。通常所用到的机械结构的强度及刚度等静力学求解、模态分析、谐响应分析、谱分析、瞬态动力学分析、屈曲分析、疲劳分析、跌落分析均可在 ANSYS Mechanical 中求解。

显示动力学仿真（通常进行碰撞仿真），用到 LS-DYNA 模块。

启动 ANSYS 有两种方法：

① 直接启动 ANSYS 主程序。在 Windows 系统，启动>程序>ANSYS 19.0>Mechanical APDL 19.0，**注意这种方式进入 ANSYS 主界面，将保持上次使用 ANSYS 时的文件路径、文件名称等设置。**

② 通过产品发射台启动。在 Windows 系统，启动>程序>ANSYS 19.0>ANSYS Product Launcher，启动 ANSYS 配置对话框，配置好后再启动 ANSYS。

（2）总体界面介绍

ANSYS 总体界面如图 4-12 所示，包括以下部分：

① 公共菜单：包含 ANSYS 运行过程中常使用的功能，如：图形、在线帮助、选择、文件管理等。

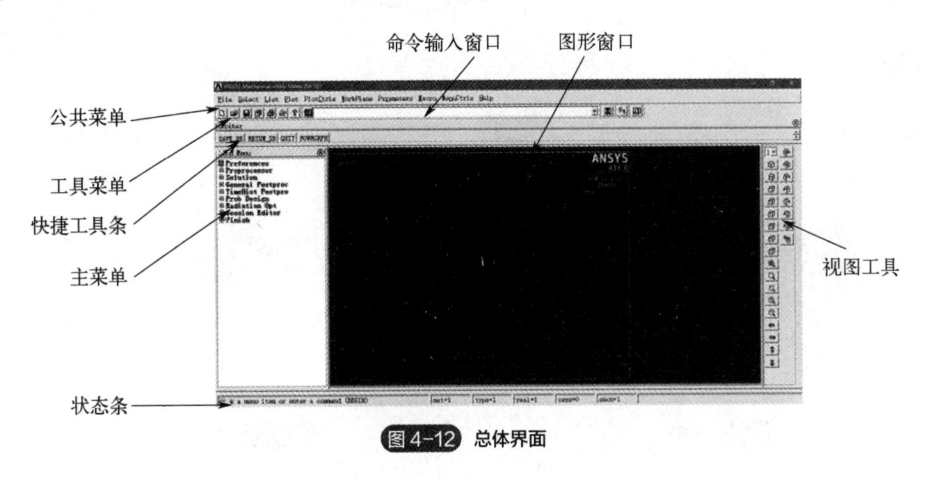

图 4-12　总体界面

② 工具菜单：包含常用的工具图标，图 4-13 中从左至右分别为新建分析、打开 ANSYS 文件、保存分析、平移/缩放/旋转、捕捉工具、生成报告、ANSYS 帮助。

图 4-13　工具菜单

③ 命令输入窗口：大多数 GUI（图形用户界面）功能都能通过输入命令来实现。可通过输入窗口键入命令来实现操作。

④ 主菜单：包括了 ANSYS 进行分析计算的主要工具，例如：建模、施加载荷与约束、求解以及结果的列出与显示等。

⑤ 图形窗口：模型相关的操作都在此显示。

⑥ 状态条：显示当前单元属性设置和当前激活坐标系。

⑦ 视图工具：主要用于对模型进行缩放及平移等操作。

⑧ 快捷工具条：主要实现文件的读取、退出及保存等。

图 4-14 至图 4-21 所示为工程中常见的机械结构用 ANSYS 软件建立的结构模型。

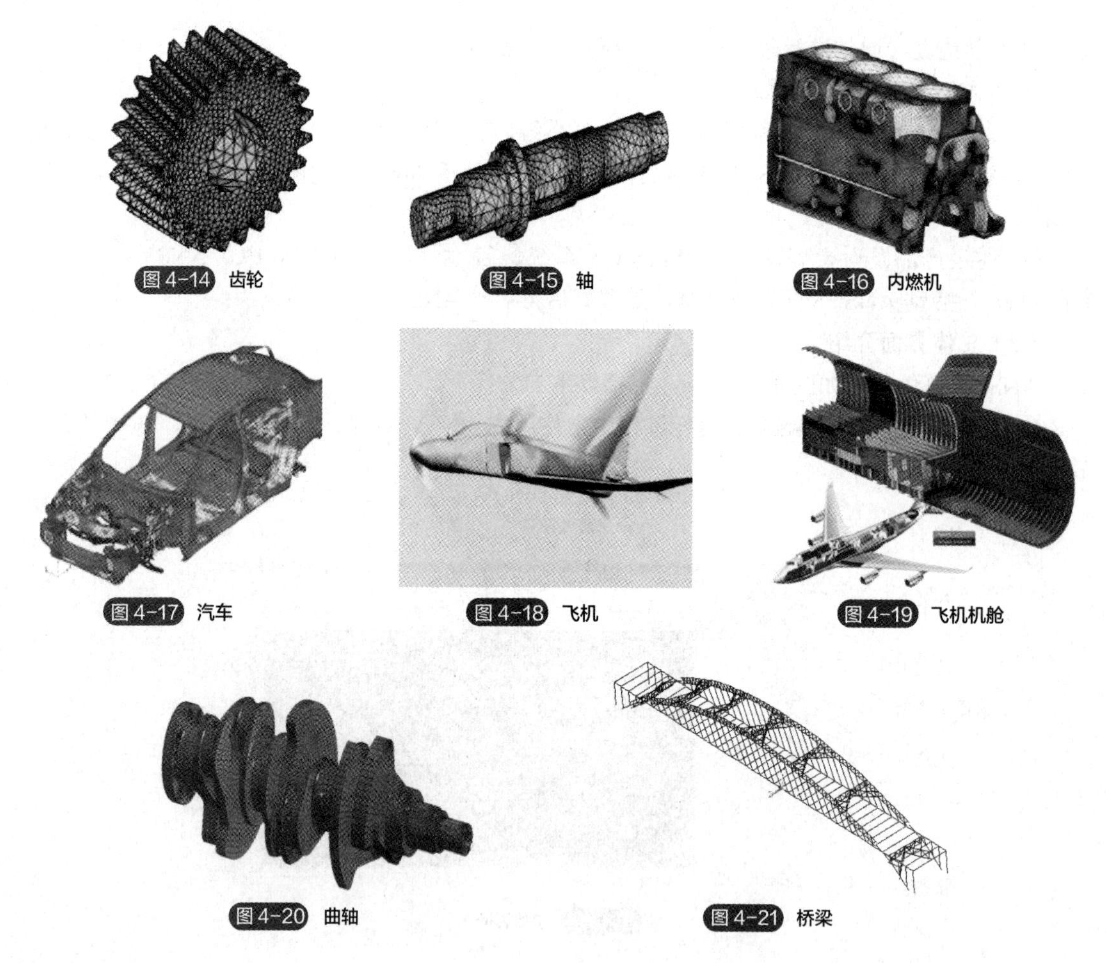

图 4-14 齿轮　图 4-15 轴　图 4-16 内燃机

图 4-17 汽车　图 4-18 飞机　图 4-19 飞机机舱

图 4-20 曲轴　图 4-21 桥梁

拓展阅读

材料力学的发展简况

与其他学科一样，材料力学的产生与发展由生产的发展所推动，同时反过来又对社会生产实践起指导作用。

人类从长期生产、生活实践中不断制造或改造各种工具、房屋等，这就不得不使用各种材料。从最初使用天然材料（如石、竹、木材等）到后来广泛使用铜、铁、水泥、塑料及各种合金等，人类在长期使用过程中逐渐认识了材料的性能，并结合构件的受力特点正确使用材料。

我国是世界文明发达最早的国家之一，勤劳智慧的我国古代劳动人民早就具有了关于合理利用各种材料的力学性能、制造各种器械和建筑物等丰富的力学知识。比如，在房屋建筑方面，根据殷墟遗迹的考古资料和文字记载，大约在三千五百年前，我们的祖先就已经用木结构做骨架来建造房屋，这种构架方法与现代建筑原则上有着相同的地方。又如，立柱截面选用圆形，很多横梁截面选用矩形，在横梁和立柱的接头处容易产生切断破坏，所以古代建筑师又发明了斗拱作为立柱与横梁间的过渡结构，这些都合乎现代材料力学的原理。在公元 1100 年的宋朝，李诫所著的 36 卷《营造法式》中，就总结了我国历代房屋建筑的经验，那是世界上最早的一部比较完整的建筑规范。

第5章

轴向拉伸与压缩、剪切与挤压

本章思维导图

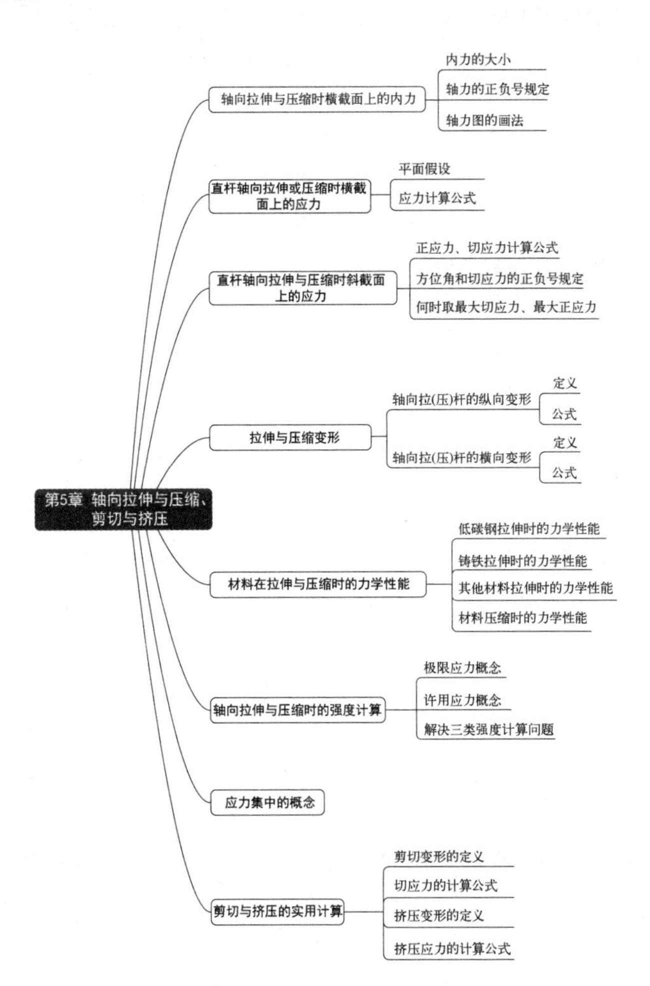

本章学习目标

1. 了解轴向拉伸与压缩的概念，掌握内力、应力的概念。

2. 掌握轴向拉（压）杆的内力、应力及变形计算。

3. 熟悉材料在拉、压时的力学性能，重点掌握低碳钢拉伸时的力学性能，掌握轴向拉（压）杆的强度计算。

4. 了解应力集中的概念。

5. 了解剪切变形，掌握切应力的计算公式。了解挤压变形的定义，掌握挤压应力的计算公式。

本章案例引入

在工程实际中，有很多构件在外力作用下产生轴向拉伸或压缩变形。如图 5-1 所示的悬臂吊车中，杆 *AB* 是承受拉伸的构件，杆 *AC* 是承受压缩的构件。如图 5-2 所示的化工厂常见立式压力容器支座的立柱，如图 5-3 所示的空气压缩机曲柄连杆机构中的连杆，如图 5-4 所示的法兰连接中紧固法兰用的螺栓，如图 5-5 所示的液压千斤顶的顶杆，如图 5-6 所示的液压传动机构中油缸的活塞杆等，都可以看作受轴向拉伸或压缩的直杆。

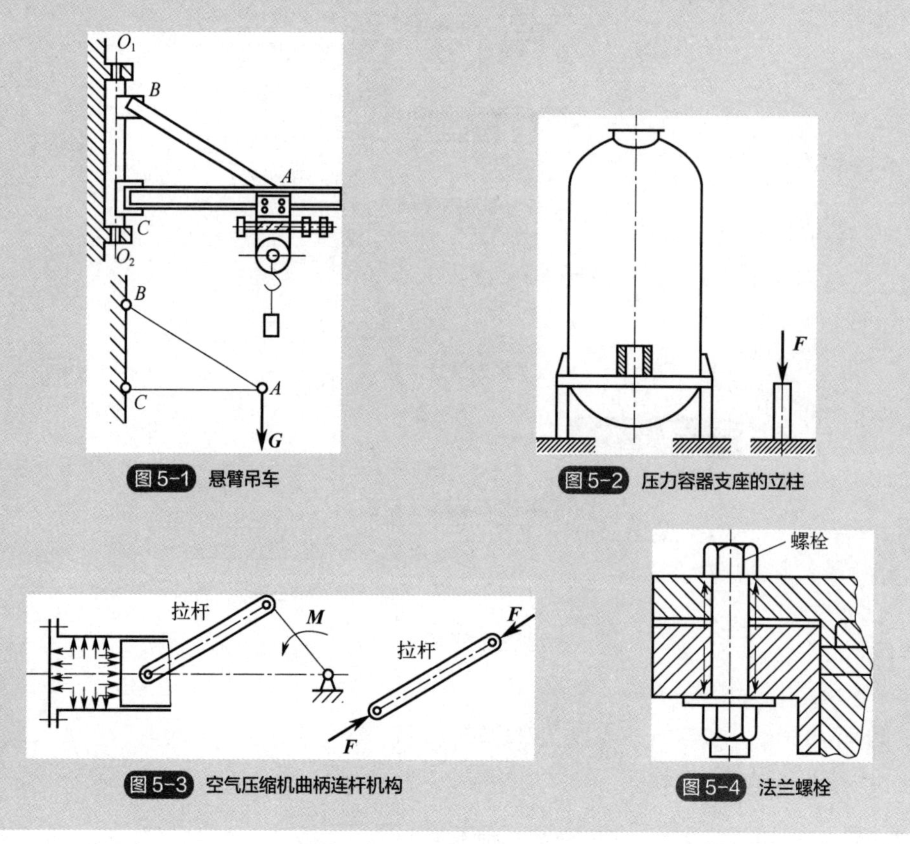

图 5-1 悬臂吊车

图 5-2 压力容器支座的立柱

图 5-3 空气压缩机曲柄连杆机构

图 5-4 法兰螺栓

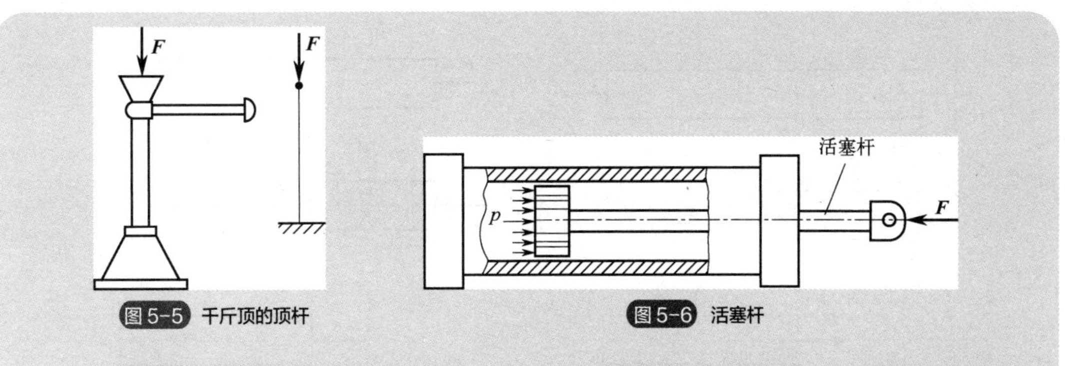

图5-5　千斤顶的顶杆

图5-6　活塞杆

这些受拉伸或受压缩的杆件虽然外形各有差异，加载方式也不尽相同，但它们的共同特点是：作用于杆件上的外力合力的作用线与杆件轴线重合，杆件的变形是沿轴线方向的伸长或缩短。杆件的这种变形形式称为**轴向拉伸**或**轴向压缩**。受轴向拉伸或轴向压缩的杆件都可以简化为如图 5-7 所示的力学模型，以此作为计算简图来进行研究。图中虚轮廓线表示杆件变形后的形状。通常将承受轴向拉伸的杆称为**拉杆**，承受轴向压缩的杆称为**压杆**。

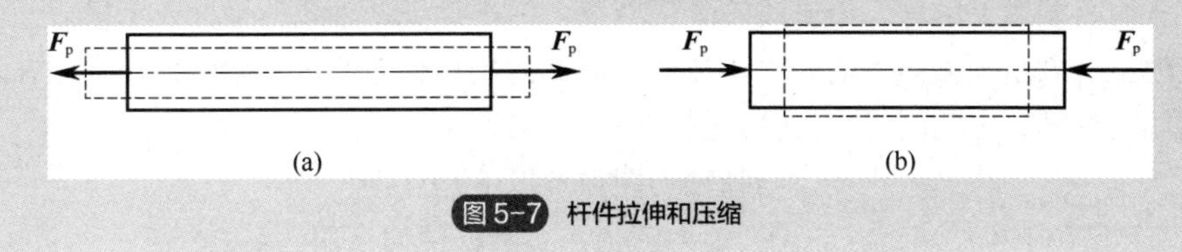

图5-7　杆件拉伸和压缩

5.1　轴向拉伸与压缩时横截面上的内力

5.1.1　直杆轴向拉伸和压缩时的内力

为了研究杆件的内力，可以用截面 m—m 假想地把受力平衡的杆件分成 A、B 两部分，任意地取出一部分作为分离体，如图 5-8 所示。

对 A 部分，根据二力平衡定理，除外力 $\boldsymbol{F}$ 外，在截面 m—m 上必然还有来自 B 部分的作用力 $\boldsymbol{F}_{\mathrm{N}}$，这就是内力。由于外力 $\boldsymbol{F}$ 的作用线与杆轴线相重合，所以 $\boldsymbol{F}_{\mathrm{N}}$ 的作用线也与杆轴线相重合，故称 $\boldsymbol{F}_{\mathrm{N}}$ 为**轴力**。由静力平衡方程

$$\sum F_x = 0 \qquad F_{\mathrm{N}} + (-F) = 0 \tag{5-1}$$

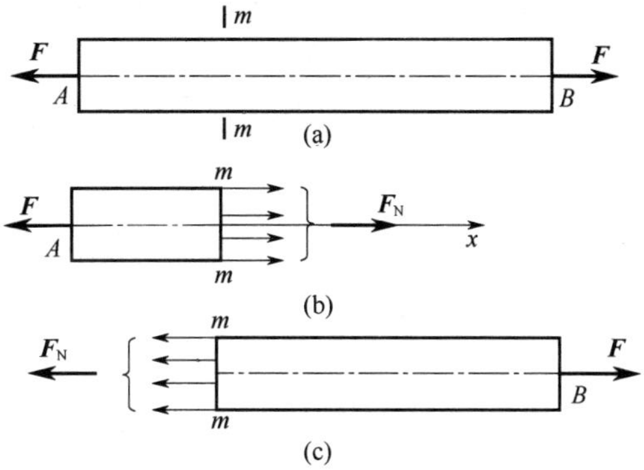

得

$$F_{\mathrm{N}} = F \tag{5-2}$$

图5-8　轴向拉杆横截面上的内力

类似地，如取出 B 部分，分析结果相同，$F_{\mathrm{N}}=F$。

轴力的正负号规定如下：当杆件受拉时，即轴力背离横截面时，取正号，如图 5-9 所示；当杆件受压时，即轴力指向横截面时，取负号，如图 5-10 所示。

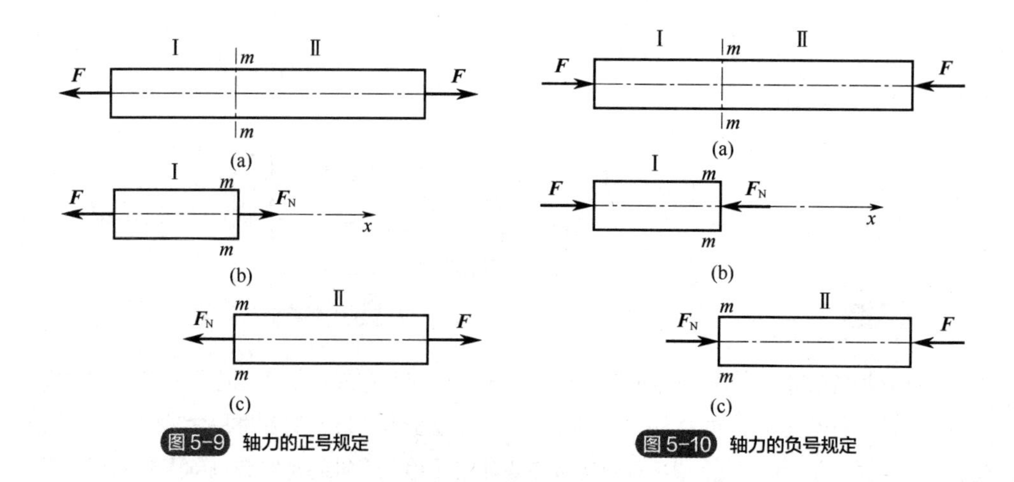

图 5-9 轴力的正号规定　　图 5-10 轴力的负号规定

5.1.2 轴力图

为了表明各截面上的轴力沿轴线的变化情况，用平行于杆轴线的坐标表示横截面的位置，再取垂直的坐标表示横截面上的轴力，按选定的比例尺和轴力的正负把轴力分别画在轴的上下或左右两侧。这样绘出的图线称为**轴力图**，如图 5-11 所示。

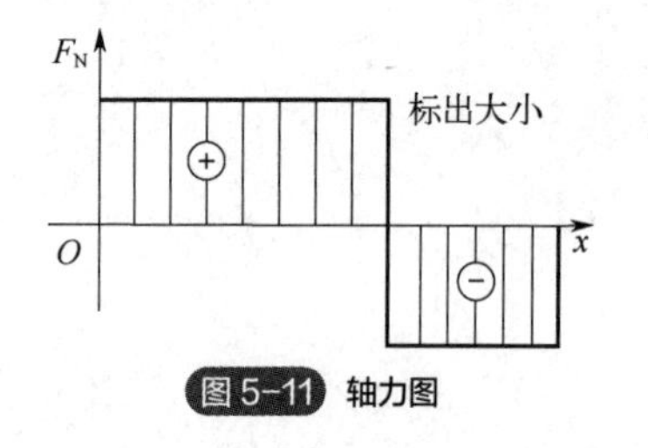

图 5-11 轴力图

绘制轴力图注意以下几点：

① 轴力图画在实际杆件的下面。

② 分段原则：以相邻两个外力的作用点分段。

③ 求轴力大小时取外力较少的一段为研究对象。

④ 正轴力画在 x 轴的上方，负轴力画在 x 轴的下方。

⑤ 图形内部用垂直于 x 轴线的竖线表示。

【例 5-1】 如图 5-12 所示的等直杆，在 B、C、D、E 处分别作用已知外力为 $\boldsymbol{F}_4$、$\boldsymbol{F}_3$、$\boldsymbol{F}_2$、$\boldsymbol{F}_1$，且 F_1=10kN，F_2=20kN，F_3=15kN，F_4=8kN。求作轴力图。

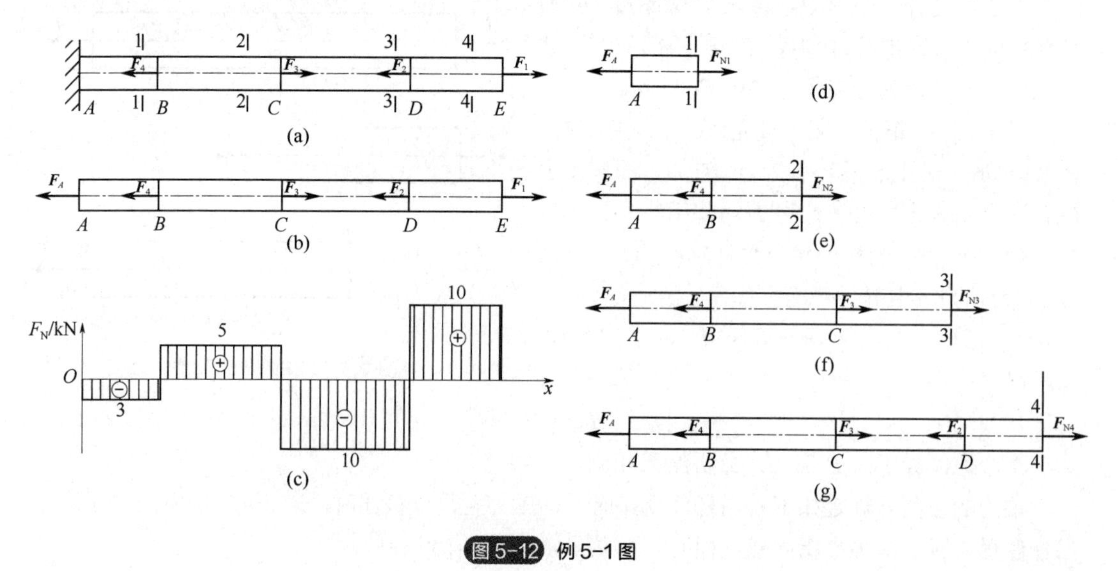

图 5-12 例 5-1 图

解： ① 画杆件的受力图并求固定端的约束反力 $\boldsymbol{F}_A$，由

$$\sum F_{ix}=0: \quad F_1+F_3-F_2-F_4-F_A=0$$

得

$$F_A=F_1+F_3-F_2-F_4=-3\text{ kN}$$

式中，负值表明 $\boldsymbol{F}_A$ 所设方向与真实方向相反。

② 画轴力图，根据分段原则分四段求轴力大小。

AB 段：

$$F_{\text{N1}}=F_A=-3\text{kN}$$

BC 段：$F_{\text{N2}}=F_A+F_4=(-3+8)\text{kN}=5\text{kN}$

CD 段：$F_{\text{N3}}=F_A+F_4-F_3=(-3+8-15)\text{kN}=-10\text{kN}$

DE 段：$F_{\text{N4}}=F_A+F_4-F_3+F_2=(-3+8-15+20)\text{kN}=10\text{kN}$

根据所计算的结果画轴力图，如图 5-12（g）所示。

5.2 直杆轴向拉伸或压缩时横截面上的应力

在用截面法确定了拉（压）杆的内力之后，尚不能确定杆件的强度是否足够。因为用同样材料制成的粗细不同的两根杆，在相同的拉力作用下，两杆的轴力相同，但当拉力逐渐增大时，细杆必然先被拉断。这说明杆的强度不仅与内力有关，还与截面的面积有关。

为了确定拉（压）杆横截面上的应力，必须了解内力在其横截面上的分布规律。由于内力与变形是相关的，因此可由杆件的变形来研究内力分布规律。

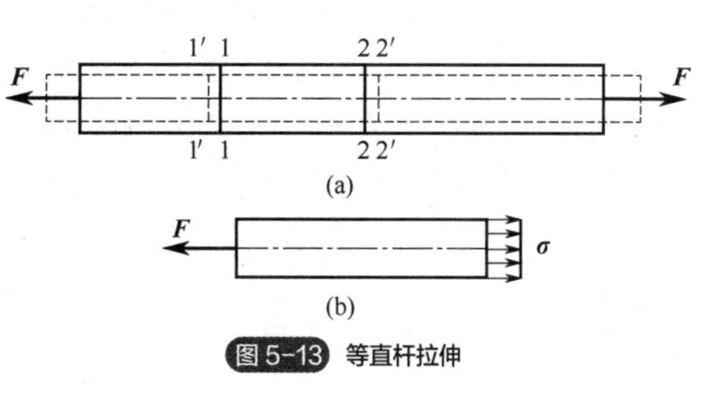

图 5-13 等直杆拉伸

现以等直杆拉伸为例进行试验。如图 5-13 所示，杆上画出两条垂直于杆轴线的横向线 1—1 和 2—2 以代表两个横截面。当杆受到拉力 $\boldsymbol{F}$ 作用而产生轴向拉伸变形时，可以看到 1—1 与 2—2 仍为直线，且垂直于杆件轴线，只是间距增大，分别平移到 $1'-1'$ 与 $2'-2'$ 位置。

由以上试验现象，可以假设：杆件变形前为平面的横截面在变形后仍为平面，且仍然垂直于变形后的轴线，这个假设称为**平面假设**。

进一步设想杆件是由许多纵向纤维组成的。根据平面假设推断：杆件受到轴向拉伸（压缩）时，自杆件表面到内部所有纵向纤维的伸长（缩短）都相同。由此得出以下结论：应力在横截面上是均匀分布的，应力的方向与横截面垂直，即为正应力 $\boldsymbol{\sigma}$，其大小为

$$\sigma=\frac{F_{\text{N}}}{A} \tag{5-3}$$

式中，F_{N} 为横截面上的轴力；A 为横截面面积。正应力的符号与轴力的符号相对应，拉应力为正，压应力为负。

【例 5-2】圆截面杆如图 5-14（a）所示，已知 F_1=400N，F_2=1000N，d=10mm，D=20mm，试求杆各段横截面上的正应力。

解：① 画轴力图，如图 5-14（b）所示。

② 求各段正应力。

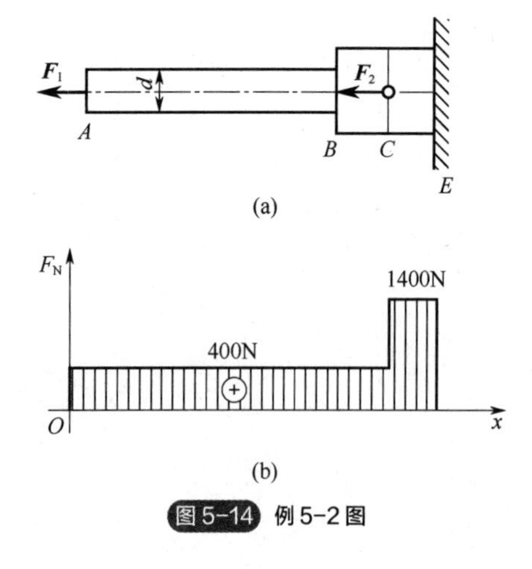

图5-14 例5-2图

由轴力图可知，杆件横截面上的轴力不同，故应力分三段计算：

AB 段：

$$\sigma_1 = \frac{F_{N1}}{A_1} = \frac{400 \times 4}{3.14 \times 10^2}\text{MPa} = 5.1\text{MPa}$$

BC 段：

$$\sigma_2 = \frac{F_{N1}}{A_2} = \frac{400 \times 4}{3.14 \times 20^2}\text{MPa} = 1.3\text{MPa}$$

CE 段：

$$\sigma_3 = \frac{F_{N3}}{A_2} = \frac{(400 + 1000) \times 4}{3.14 \times 20^2}\text{MPa} = 4.5\text{MPa}$$

5.3 直杆轴向拉伸与压缩时斜截面上的应力

前面讨论了轴向拉伸与压缩时直杆横截面上的正应力，它是强度计算的依据。但不同材料的实验表明，拉（压）杆的破坏并不总是沿横截面发生，有时也在斜截面上发生。为此，应进一步讨论斜截面上的应力。

考虑图 5-15（a）所示拉（压）杆，利用截面法，沿任一斜截面 m—m 将杆切开，该截面的方位以其外法线 On 与坐标轴 x 的夹角 α 表示。因为横截面上的应力是均匀分布的，因此可以推断斜截面上的应力 $\boldsymbol{P}_\alpha$ 也均匀分布，且方向与轴向平行。

设斜截面的面积为 A_α，则

$$A_\alpha = \frac{A}{\cos\alpha} \tag{5-4}$$

由平衡条件 $\sum F_x = 0$ 可知

$$P_\alpha A_\alpha - F = 0$$

$$P_\alpha = \frac{F}{A_\alpha} = \frac{F}{A}\cos\alpha = \sigma\cos\alpha \tag{5-5}$$

将 $\boldsymbol{P}_\alpha$ 沿斜截面法向和切向分解，则分别得到斜截面上的正应力和切应力：

$$\sigma_\alpha = P_\alpha\cos\alpha = \sigma\cos^2\alpha \tag{5-6}$$

$$\tau_\alpha = P_\alpha\sin\alpha = \frac{\sigma}{2}\sin 2\alpha \tag{5-7}$$

为了便于应用上述公式，现对**方位角和切应力的正负号作如下规定**：以坐标轴 x 为始边，方位角 α 为逆时针转向为正；将截面外法线 On 沿顺时针方向旋转 90°，与该方向同向的切应力为正。按此规定，如图 5-15（b）所示 α 与 $\boldsymbol{\tau}_\alpha$ 均为正。

由上式可见，当 $\alpha = 0°$ 时，正应力最大，其值为

$$\sigma_{\max} = \sigma$$

即拉（压）杆的最大正应力发生在横截面上，其值为 σ。

当 $\alpha = 45°$ 时，切应力最大，其值为

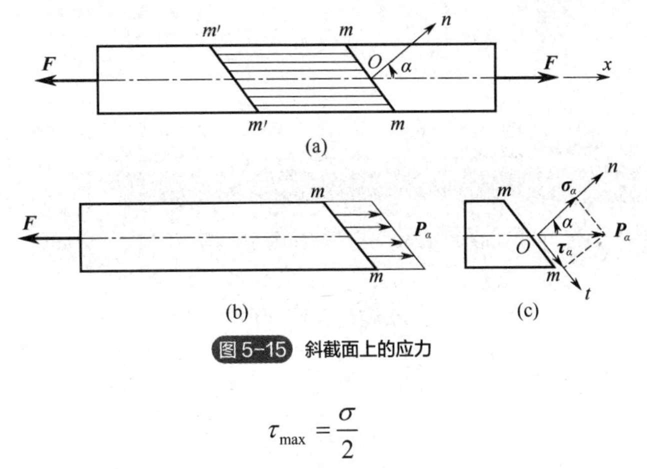

图 5-15　斜截面上的应力

$$\tau_{\max} = \frac{\sigma}{2}$$

即拉（压）杆的最大切应力发生在与杆轴成45°的斜截面上，其值为$\frac{\sigma}{2}$。

5.4　拉伸与压缩变形

5.4.1　轴向拉（压）杆的纵向变形

杆件在轴向外力作用下，其主要的变形特征是沿纵向伸长或缩短。由实验得知，轴向受拉杆在沿纵向伸长的同时，伴随着横向尺寸的缩小；同样，轴向受压杆长度缩短的同时，横截面尺寸有所增大。

如图5-16所示，拉杆的原长为l，在轴向拉力$\boldsymbol{F}$作用下，其长度变为l_1，则杆的轴向伸长为

$$\Delta l = l_1 - l \tag{5-8}$$

式中，Δl为杆沿轴向的总变形量，称为**纵向变形**。

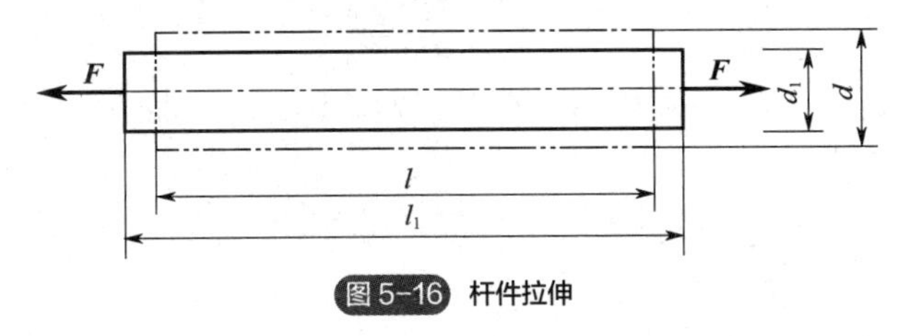

图 5-16　杆件拉伸

由于轴向拉（压）杆各部分有均匀的变形量，可用单位长度的纵向变形来反映其变形程度。试件拉伸试验前后变形对比图如图5-17所示，将每单位长度杆的纵向伸长（或缩短）称为杆的纵向线应变，用ε表示。于是，拉（压）杆的纵向线应变为

$$\varepsilon = \frac{\Delta l}{l} \tag{5-9}$$

拉杆的Δl为正，故拉杆的纵向线应变ε为正值；同样，压杆的Δl为负，则压杆的纵向线应变ε为负值。

大量实验表明，当杆内的应力不超过材料的比例极限时，杆的纵向变形Δl与杆的轴力大小F_N、杆的原长l成正比，与杆横截面面积A成反比，即

$$\Delta l \propto \frac{F_N l}{A} \tag{5-10}$$

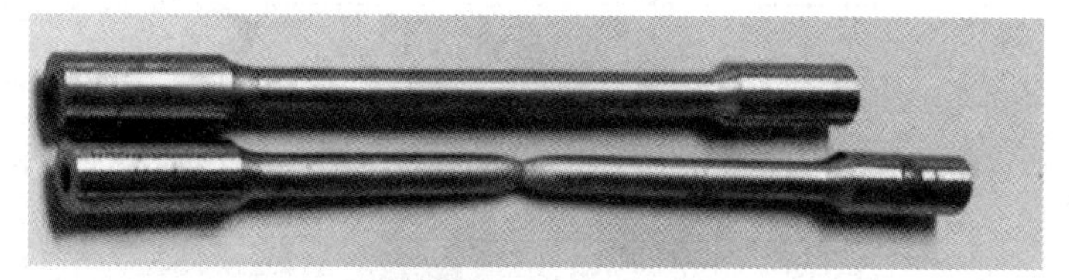

图 5-17 试件拉伸变形

引进弹性模量 E 后，有

$$\Delta l = \frac{F_N l}{EA} \tag{5-11}$$

这一关系式为胡克定律的另一表达式。弹性模量 E 的值可通过实验测定，式中 EA 称为杆的抗拉压刚度，反映了杆件抵抗纵向变形的能力。

因 $\sigma = \frac{F_N}{A}$，$\varepsilon = \frac{\Delta l}{l}$，由上式得胡克定律的另一表达式为

$$\varepsilon = \frac{\sigma}{E} \tag{5-12}$$

5.4.2 轴向拉（压）杆的横向变形

若图 5-16 所示的一直径等于 d 的圆截面杆，受轴向拉力 $\boldsymbol{F}$ 作用后，直径缩小为 d_1，杆横向变形为

$$\Delta d = d_1 - d \tag{5-13}$$

相应的横向线应变为

$$\varepsilon' = \frac{\Delta d}{d} \tag{5-14}$$

受拉杆的 Δd 为负值，则拉杆的横向线应变 ε' 为负；相反，轴向受压杆的横截面尺寸增大，则压杆的横向线应变 ε' 为正。

通过上述分析可知，杆横向线应变 ε' 和杆纵向线应变 ε 的正负号相反。

实验结果表明，当拉（压）杆内的应力不超过材料的某一极限值时，其横向线应变 ε' 与纵向线应变 ε 之比的绝对值为一常数，通常用 ν 表示，即

$$\nu = \left|\frac{\varepsilon'}{\varepsilon}\right| \tag{5-15}$$

式中，ν 称为横向变形系数，是量纲为 1 的量，这一规律是由法国物理学家泊松发现的，故 ν 称为**泊松比**，其数值随材料不同而异，可通过实验测定。

ε' 与 ε 的正负号相反，故

$$\varepsilon' = -\nu\varepsilon \tag{5-16}$$

【例 5-3】变截面杆件 ABC 受力如图 5-18（a）所示，已知 AB 段横截面面积 A_1=800mm^2，BC 段横截面面积 A_2=1200mm^2，材料的弹性模量 E=200GPa，求：①截面 A 的位移；②各杆段

的纵向线应变。

解：（1）作杆的轴力图

杆各段的轴力如图 5-18（b）所示。

AB 段：$F_{N1}=40kN$。

BC 段：$F_{N2}=-80kN$。

（2）求截面 A 的位移

由胡克定律得

$$\Delta l_{AB}=\frac{F_{N1}l_{AB}}{EA_1}=\frac{40\times10^3N\times1m}{200\times10^9Pa\times800\times10^{-6}m^2}=0.25mm$$

$$\Delta l_{BC}=\frac{F_{N2}l_{BC}}{EA_2}=\frac{-80\times10^3N\times1m}{200\times10^9Pa\times1200\times10^{-6}m^2}=-0.33mm$$

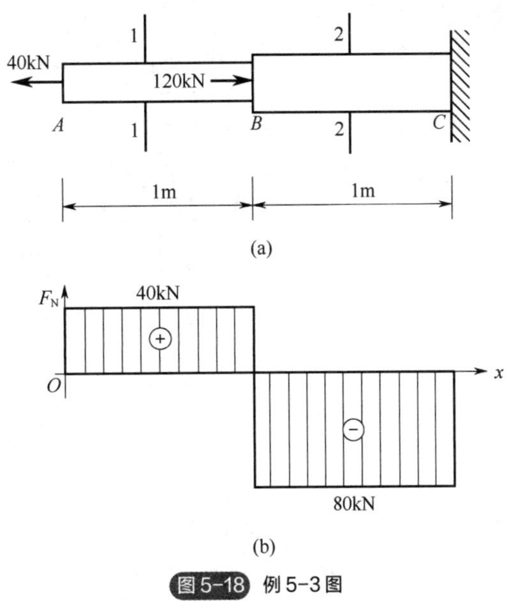

图 5-18 例 5-3 图

位移是相对的，截面 A 相对于截面 C 的位移 Δu_A 为

$$\Delta u_A=\Delta l_{AB}+\Delta L_{BC}=0.25mm-0.33mm=-0.08mm$$

负号表示杆件的总长度缩短，A 截面向右移动 0.08mm。

（3）求各杆段纵向线应变

AB 段：

$$\varepsilon_{AB}=\frac{\Delta l_{AB}}{l_{AB}}=\frac{0.25mm}{1\times10^3mm}=0.25\times10^{-3}$$

BC 段：

$$\varepsilon_{BC}=\frac{\Delta l_{BC}}{l_{BC}}=\frac{-0.33mm}{1\times10^3mm}=-0.33\times10^{-3}$$

5.5 材料在拉伸与压缩时的力学性能

外力在构件中产生的应力称为**工作应力**，工作应力不足以判断构件是否安全可靠。试验表明：当工作应力达到一定值时，材料会遭到破坏，这时的工作应力称为**极限应力或破坏应力**，用 σ_u 表示。因此，分析构件的强度时，除了计算应力外，还应了解材料的力学性能。材料的力学性能称为**机械性质**，是指材料在外力作用下表现的变形、破坏等方面的特征，由试验来测定。在室温下，以缓慢平稳的加载方式进行试验，称为**常温静载试验**，它是测定材料力学性能的基本试验。图 5-19 所示为试验装置示意图，试验在常温静载下进行，试验过程中记录试样所受的载荷和相应的变形，直至试样被拉断或压裂为止。

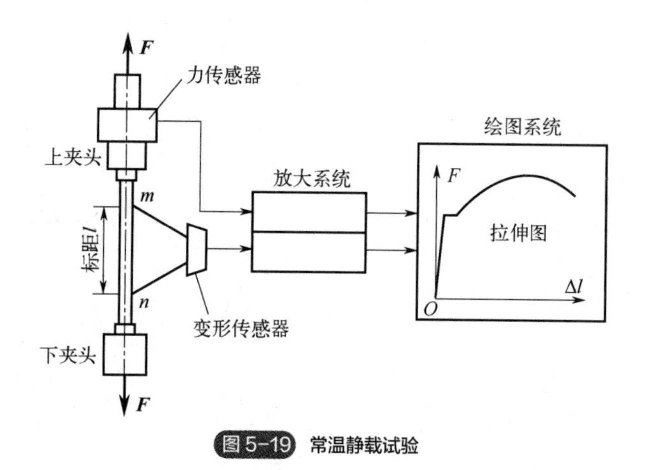

图5-19 常温静载试验

为了便于比较不同材料的试验结果，国家标准对试样的形状、加工精度、加载速度、试验环境等都有统一规定。在试样上取长为 l 的一段作为试验段，l 称为标距。对圆截面试样（图 5-20）来讲，标距 l 与直径 d 有两种比值，即

$$l=10d \text{ 或 } l=5d$$

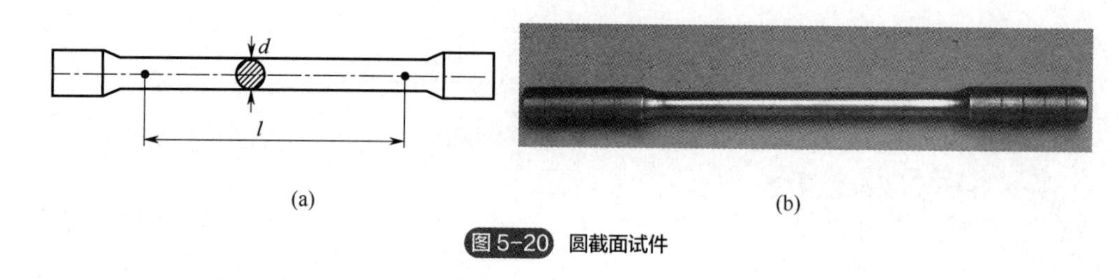

(a) (b)

图5-20 圆截面试件

5.5.1 低碳钢拉伸时的力学性能

将试样装在试验机上，对试样施以缓慢增加的拉力。对应着每一个拉力 F，试样标距 l 有一个伸长量 Δl，表示 F 和 Δl 的关系的曲线，称为拉伸图，如图 5-21（a）所示。由于伸长量 Δl 与试样长度和横截面面积有关，即使同一材料，当其尺寸不同时，拉伸图也不同。为了消除试样尺寸对结果的影响，把拉伸图的纵坐标拉力 F 除以试样横截面的原始面积 A，得出正应力 $\sigma = F/A$；同时把横坐标伸长量 Δl 除以标距的原始长度 l，得到应变 $\varepsilon = \Delta l / l$，由此得到应力和应变的关系曲线，称为应力-应变图或 $\sigma - \varepsilon$ 曲线，如图 5-21（b）所示。

由图看出，低碳钢拉伸时变形发展可分为四个阶段。

（1）弹性阶段（Oa）

在拉伸的初始阶段，σ 与 ε 的关系为直线 Oa，表示在这一阶段内，应力 σ 与应变 ε 成正比，即遵循胡克定律

$$\sigma = E\varepsilon \tag{5-17}$$

式中，弹性模量 E 是直线的斜率，是与材料有关的比例常数，随材料不同而异。a 点对应的应力值 σ_p，称为**比例极限**。

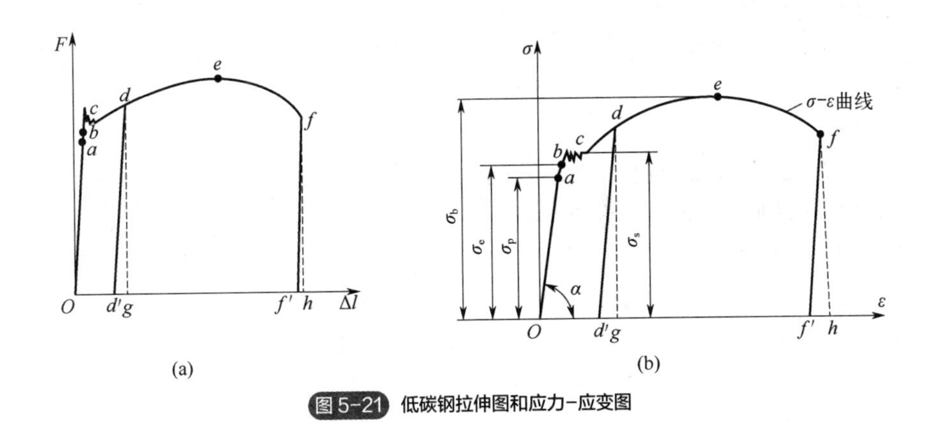

图5-21 低碳钢拉伸图和应力-应变图

超过比例极限后，从 a 点到 b 点，σ 与 ε 之间的关系不再是直线，但解除拉力后变形仍可完全消失，这种变形称为**弹性变形**。b 点所对应的应力 σ_e，称为**弹性极限**。

在应力大于弹性极限后，如再解除拉力，则试样变形的一部分随之消失，即弹性变形消失，但还遗留下一部分不能消失的变形，这种变形称为**塑性变形**或**残余变形**。

(2)屈服阶段(bc)

当应力超过弹性极限后，应变增加很快，但应力仅在一微小范围波动。这种应力基本不变，应变不断增加，从而明显地产生塑性变形的现象称为**屈服**（**流动**）。

在屈服阶段内的最高应力和最低应力分别称为**上屈服极限**和**下屈服极限**。上屈服极限的数值与试样形状、加载速度等因素有关，一般是不稳定的。下屈服极限则有比较稳定的数值，能够反映材料的性能，因此，通常将下屈服极限称为**屈服极限**，用 σ_s 表示。

表面磨光的试样屈服时，表面将出现与轴线大致呈45°倾角的条纹——滑移线，这是由材料晶格发生相对滑移造成的。因为试样被拉伸时，在与杆轴呈45°倾角的斜截面上，剪应力为最大值，所以屈服现象的出现与最大剪应力有关。

材料屈服表现为显著的塑性变形，而零件的塑性变形将影响机器的正常工作，所以屈服极限 σ_s 是衡量材料强度的重要指标。

(3)强化阶段(ce)

经过屈服阶段后，材料又恢复了抵抗变形的能力，要使应变增加，必须增大应力值，$\sigma-\varepsilon$ 曲线表现为上升阶段，这种现象称为材料的强化。在图5-21（b）中，强化阶段的最高点 e 对应的应力 σ_b 是材料所能承受的最大应力，称为**强度极限**或**抗拉强度**。它是衡量材料强度的另一重要指标，在强化阶段中，试样的横向尺寸明显缩小。

(4)颈缩阶段(ef)

在试样的某一局部范围内，横向尺寸突然急剧缩小，形成颈缩现象。试样的横截面面积在颈缩部分迅速缩小，使试样继续伸长所需要的拉力也相应减小。在 $\sigma-\varepsilon$ 曲线中，σ 不断下降，降落到 f 点时，试样被拉断。

材料能经受较大变形而不被破坏的能力，称为材料的塑性。材料的塑性用延伸率和断面收缩率来衡量。

试样长度由原来的 l 变为 l_1，用百分比表示的比值为

$$\delta = \frac{l_1 - l}{l} \times 100\% \quad (5\text{-}18)$$

式中，δ 称为**延伸率**。试样的塑性变形越大，δ 也就越大。低碳钢的延伸率很高，平均值为 20%～30%，这说明低碳钢的塑性很好。

工程上通常按延伸率的大小将材料分成两大类：将 $\delta \geqslant 5\%$ 的材料称为塑性材料，如碳钢、黄铜、铝合金等；而将 $\delta < 5\%$ 的材料称为脆性材料，如灰铸铁、玻璃、陶瓷等。

原始横截面面积为 A 的试样，拉断后颈缩处的最小截面面积变为 A_1，用百分比表示的比值为

$$\psi = \frac{A - A_1}{A} \times 100\% \quad (5\text{-}19)$$

式中，ψ 称为**断面收缩率**。

如图 5-21（b）所示，如果把试样拉到超过屈服极限的 d 点，然后逐渐卸除拉力，应力和应变关系将沿着斜直线 dd' 回到 d' 点，斜直线 dd' 近似地平行于 Oa。这说明在卸载过程中，应力和应变关系按直线规律变化，这就是卸载定律。拉力完全卸除后，$\sigma-\varepsilon$ 曲线中，$d'g$ 表示消失了的弹性变形，而 Od' 表示不再消失的塑性变形。

卸载后，如在短期内再次加载，则应力和应变大致沿卸载时的斜直线 dd' 变化，直到 d 点后，又沿曲线 def 变化。可见在再次加载时，材料的变形直到 d 点以前都是弹性的，过 d 点后，才开始出现塑性变形。由图 5-21（b）中的 $Oabcdef$ 和 $d'def$ 两条曲线可见，在第二次加载时，其比例极限得到了提高，但塑性变形和延伸率却有所降低，这种现象称为**冷作硬化**。冷作硬化现象经退火后可消除。

工程上常用冷作硬化来提高某些材料在弹性范围内的承载能力，如建筑物构件中的钢筋起重机的钢缆绳等，一般都是做预拉处理。

5.5.2 铸铁拉伸时的力学性能

铸铁也是工程上广泛应用的一种材料。其拉伸 $\sigma-\varepsilon$ 曲线如图 5-22 所示，从图中曲线可见，该曲线没有明显的直线部分，应力与应变不成正比关系。工程上通常用割线来近似地代替开始部分的曲线，从而认为材料服从胡克定律。

铸铁拉伸没有明显屈服现象和颈缩现象。铸铁在较小的拉应力下就被拉断，拉断前的应变很小，延伸率也很小。铸铁是典型的脆性材料。

铸铁拉断时的最大应力即为其强度极限，因为其没有屈服现象，强度极限 σ_b 是衡量其强度的唯一指标。铸铁等脆性材料的抗拉强度很低，不宜作为抗拉零件的材料。

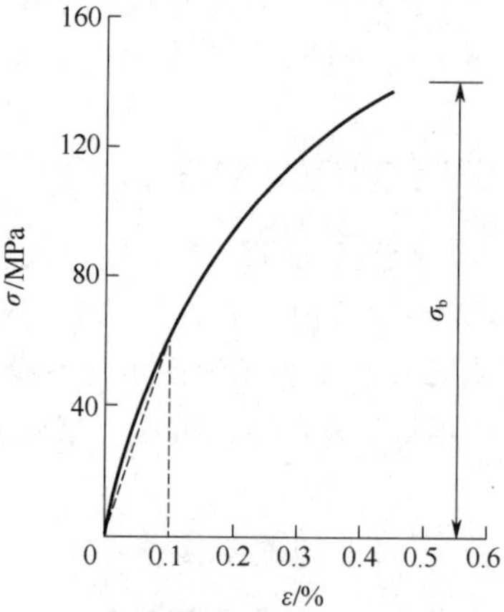

图 5-22 铸铁 $\sigma-\varepsilon$ 图

5.5.3 其他材料拉伸时的力学性能

工程上常用的塑性材料，除低碳钢外，还有中碳钢、高碳钢和合金钢、铝合金、青铜、黄铜等。如图 5-23 所示是几种塑性材料的 $\sigma-\varepsilon$ 曲线。其中有些材料，如 Q345 钢，和低碳钢一样，

有明显的弹性阶段、屈服阶段、强化阶段和颈缩阶段。有些材料，如黄铜 H62，没有屈服阶段，但其他三阶段却很明显。还有些材料，如高碳钢 T10A，没有屈服阶段和颈缩阶段，只有弹性阶段和强化阶段。

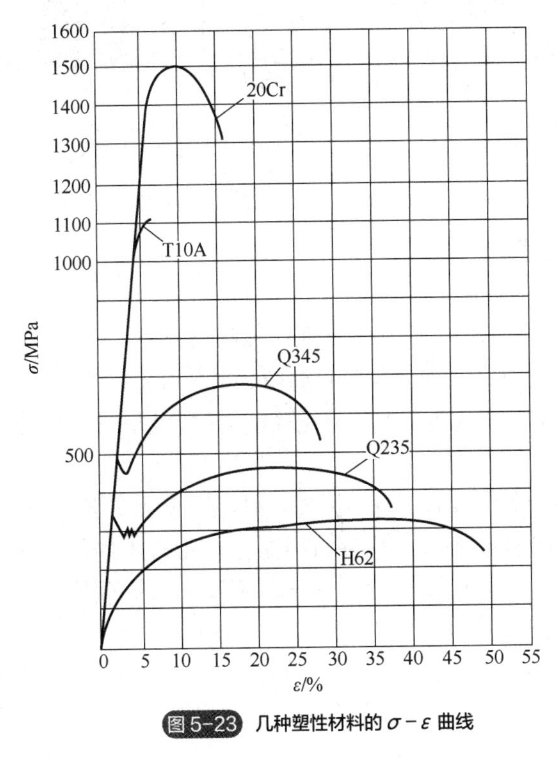

图 5-23 几种塑性材料的 $\sigma-\varepsilon$ 曲线

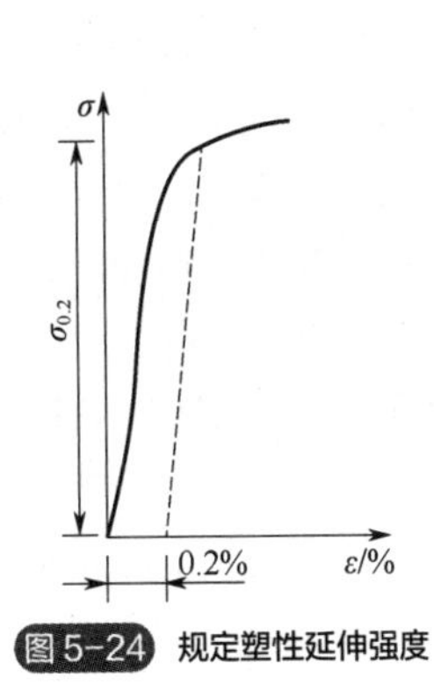

图 5-24 规定塑性延伸强度

对于没有明显的屈服阶段的材料，如图 5-24 所示，常以产生 0.2%的塑性应变时的应力作为屈服指标，称为规定塑性延伸强度，并用 $\sigma_{0.2}$ 表示。

5.5.4 材料压缩时的力学性能

金属的压缩试样一般制成很短的圆柱，以免被压弯。圆柱高度为直径的 1.5～3 倍。如图 5-25 所示为低碳钢压缩时的 $\sigma-\varepsilon$ 曲线，从图中可以看出：在屈服阶段以前与拉伸时相同，σ_p、E、σ_s 都与拉伸时相同。当 σ 达到 σ_s 后，试样出现显著的塑性变形，试样越压越扁，横截面面积不断增大，试样端部由于与压头之间摩擦的原因，横向变形受到阻碍，被压成鼓形；试样抗压能力也继续增大，因而得不到压缩时的强度极限。因此，钢材的力学性质主要是用拉伸试验来确定。

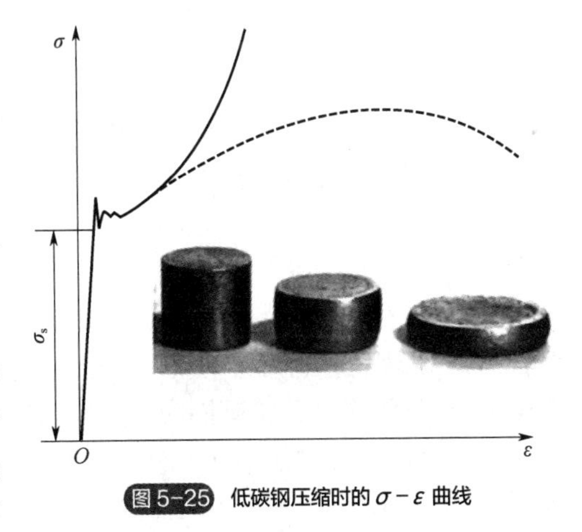

图 5-25 低碳钢压缩时的 $\sigma-\varepsilon$ 曲线

与塑性材料相反，脆性材料在压缩时的力学性能与拉伸时有较大差别。图 5-26 为铸铁压缩时的 $\sigma-\varepsilon$ 曲线，铸铁在压缩时无论是强度极限还是伸长率都比拉伸时大；试样仍然在较小的变形下突然受到破坏，破坏断面的法线与轴线大致呈45°～55°的倾角，说明铸铁的抗剪能力比抗压能力差。

铸铁的抗压强度极限比它的抗拉强度极限高4～5倍。其他脆性材料，如混凝土、石料等，抗压强度也远高于抗拉强度。脆性材料抗拉强度低、塑性差，但抗压能力强，且价格低廉，宜作为抗压构件的材料，广泛应用于铸造机床床身、机座、缸体及轴承座等受压零部件。

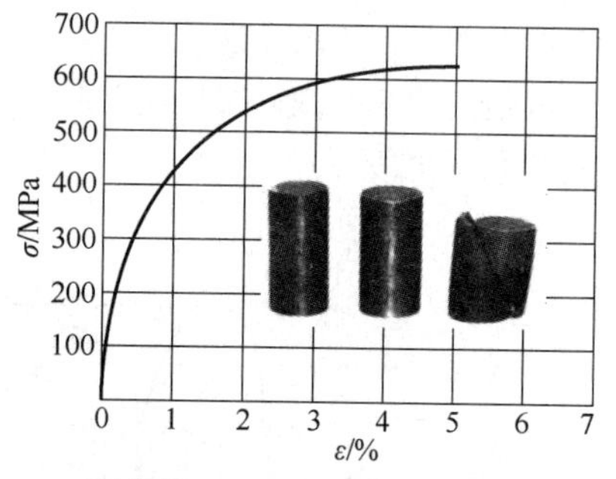

图5-26 铸铁压缩时的$\sigma-\varepsilon$曲线

5.6 轴向拉伸与压缩时的强度计算

由上述材料的拉伸和压缩试验可知：脆性材料的应力达到强度极限σ_b时，会发生断裂；塑性材料的应力达到屈服极限σ_s时，会发生明显的塑性变形。断裂当然是不允许的，但是构件发生较大的变形也是不允许的。由各种原因使结构丧失其正常工作能力的现象，称为**失效**。因此，断裂或出现较大变形都是失效的形式。

使材料丧失正常工作能力的应力称为**极限应力**或**危险应力**，用σ_0表示。由上一节可知：对塑性材料，当构件的应力达到材料的屈服极限时，构件将因塑性变形而不能正常工作，故$\sigma_0=\sigma_s$；对脆性材料，当构件的应力达到强度极限时，构件将因断裂丧失工作能力，故$\sigma_0=\sigma_b$。

构件在载荷作用下的实际应力称为**工作应力**。为了保证构件安全可靠地工作，仅仅使其工作应力不超过材料的极限应力是远远不够的，还必须使构件留有适当的强度储备，即把极限应力除以大于1的系数n后，作为构件工作时允许达到的最大应力值，这个应力值称为**许用应力**，以$[\sigma]$表示，即

$$[\sigma]=\frac{\sigma_0}{n} \tag{5-20}$$

塑性材料的许用应力为

$$[\sigma]=\frac{\sigma_s}{n_s} \quad 或 \quad [\sigma]=\frac{\sigma_{0.2}}{n_s} \tag{5-21}$$

脆性材料的许用应力为

$$[\sigma]=\frac{\sigma_b}{n_t} \quad 或 \quad [\sigma]=\frac{\sigma_b}{n_c} \tag{5-22}$$

式中，n_s为塑性材料的安全系数；n_t、n_c分别为脆性材料在拉伸和压缩时的安全系数。

安全系数的选择取决于载荷估计的准确程度、应力计算的精确程度、材料的均匀程度、构件制造的难易程度以及构件安全的重要程度等因素。正确地选取安全系数，是解决构件的安全与经济矛盾的关键。确定安全系数时，可以考虑以下因素：材质的均匀性、质地好坏，是塑性材料还是脆性材料；实际构件的简化过程和计算方法的精确程度；载荷情况，包括对载荷的估计是否准确，是静载荷还是动载荷；构件的重要性、工作条件等。若安全系数过大，则不仅浪费材料，而且使构件变得笨重；反之，若安全系数过小，则不能保证构件安全工作，甚至会造成事故。各种不同工作条件下构件的安全系数n可从有关工程手册中查到。对于塑性材料，一般来说，取n=1.5～2.0；对于脆性材料，取n=2.0～3.5。

为了保证构件安全可靠地工作，必须使构件的最大工作应力不超过材料的许用应力，即

$$\sigma_{max} = \frac{F_{N,max}}{A} \leqslant [\sigma] \tag{5-23}$$

上式称为轴向拉（压）杆的强度条件。式中，σ_{max} 为杆件横截面上的最大正应力；$F_{N,max}$ 为杆件的最大轴力；A 为横截面面积；$[\sigma]$ 为材料的许用应力。如对截面变化的拉（压）杆件，则需要求出每一段内的正应力，找出最大值，再应用强度条件。

运用这一强度条件可解决三类强度计算问题。

① 强度校核：若已知拉（压）杆的截面尺寸、载荷（轴力）大小以及材料的许用应力，即可用公式验算不等式是否成立，确定强度是否足够。

② 设计截面：若已知载荷和材料的许用应力，则强度条件变成：

$$A \geqslant \frac{F_{N,max}}{[\sigma]} \tag{5-24}$$

由此可确定构件所需要的横截面面积的最小值。

③ 确定承载能力：若已知拉（压）杆的截面尺寸和材料的许用应力，则强度条件变成：

$$F_{N,max} \leqslant A[\sigma] \tag{5-25}$$

由此可确定构件所能承受的最大轴力。

【例 5-4】一悬臂吊车，如图 5-27（a）所示。已知起重小车自重为 G=5kN，起吊重量 F=15kN，拉杆 BC 用 Q235 钢，许用应力$[\sigma]$=170MPa。试选择拉杆直径 d。

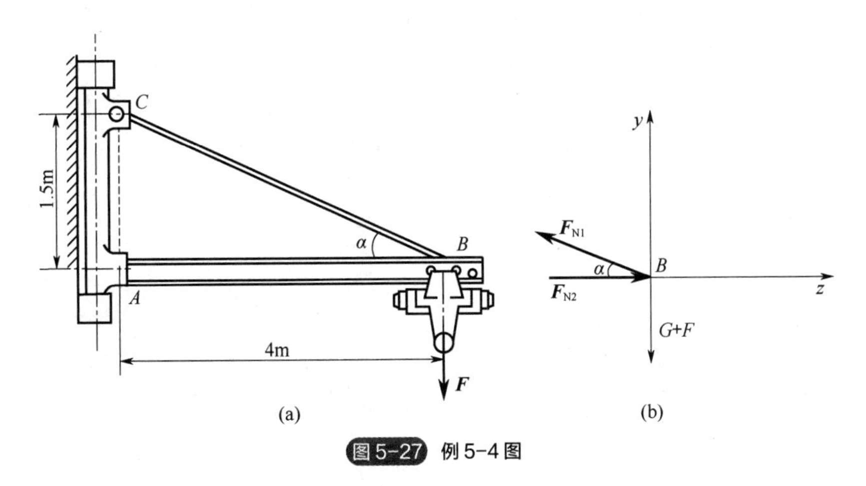

图 5-27　例 5-4 图

解：① 计算拉杆的轴力：当小车运行到 B 点时，BC 杆所受的拉力最大，必须在此情况下求拉杆的轴力。取 B 点为研究对象，其受力图如图 5-27（b）所示。由平衡方程：

$$\sum F_y = 0 \qquad F_{N1}\sin\alpha - (G+F) = 0$$

得

$$F_{N1} = \frac{G+F}{\sin\alpha}$$

在△ABC 中：

$$\sin\alpha = \frac{AC}{BC} = \frac{1.5}{\sqrt{1.5^2+4^2}} = \frac{1.5}{4.27}$$

代入上式得

$$F_{\mathrm{N1}}=\frac{5+15}{\dfrac{1.5}{4.27}}=56.9\mathrm{kN}$$

② 选择截面尺寸：

$$A \geqslant \frac{F_{\mathrm{N1}}}{[\sigma]}=\frac{56900}{170}=334.7\mathrm{mm}^2$$

圆截面面积 $A=\frac{\pi}{4}d^2$，所以拉杆直径为

$$d \geqslant \sqrt{\frac{4A}{\pi}}=\sqrt{\frac{4\times 334.7}{3.14}}=20.7\mathrm{mm}$$

可取 d=21mm。

5.7 应力集中的概念

前面讲了拉（压）杆横截面上正应力是均匀分布的。对于等截面直杆或截面变化缓和的杆件，这个结论是准确的；对于截面尺寸有急剧变化的杆件，例如有开孔、沟槽、肩台和螺纹的构件，在截面突变处，横截面上的应力将不再均匀分布。在孔槽等附近，应力急剧增加，距孔槽相当距离后，应力又趋于均匀。这种在局部区域应力突然增大的现象，称为**应力集中**。例如，等截面平板中间开孔和圆杆切槽后，在受到拉力作用下的应力分布情况如图 5-28 所示。在离孔槽一定距离的截面 2—2 上，应力均匀分布；而在通过孔槽的截面 1—1 上，则有应力集中现象，在孔槽附近小范围内的应力要比其他部位的应力大得多。

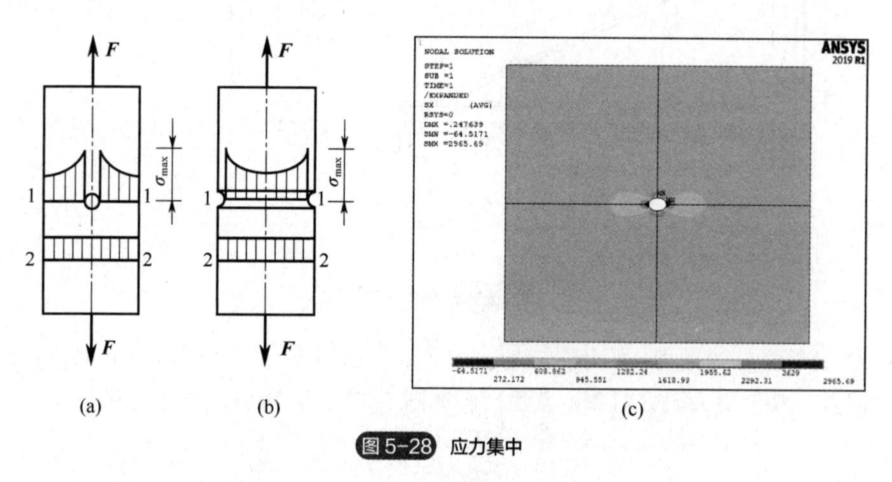

图 5-28 应力集中

应力集中的程度用应力集中因数 K 表示，其定义为

$$K=\frac{\sigma_{\max}}{\sigma_{\mathrm{n}}} \qquad (5\text{-}26)$$

其中，σ_{n} 为名义应力；$\sigma_{\max}$ 为最大局部应力。名义应力是在不考虑应力集中的条件下求得的。

不同材料对应力集中的敏感程度不同，某些情况下要考虑应力集中的影响，某些情况下可

以不考虑应力集中的影响。对于塑性材料，当应力集中处的最大应力达到屈服极限后，仅在局部出现塑性变形，而其他部位材料的变形仍处于弹性范围内，因而限制了局部塑性变形的发展，使最大应力不再升高。因此，这时并不引起整个构件的破坏。只有当载荷继续增加，其他部位的应力逐渐升高，使塑性变形区域扩大到整个截面时，才会使构件破坏，可见屈服现象有缓和应力集中的作用。所以在传统设计中，在静载荷下对中、低强度钢等塑性材料可不考虑应力集中的影响。

脆性材料对应力集中则比较敏感。由于它没有屈服阶段，当局部的最大应力达到抗拉强度时，构件在该处即开始出现裂纹，在裂纹尖端又产生更严重的应力集中，使裂纹迅速扩大而导致构件断裂。因此，对脆性材料和高强度钢等塑性较低的材料，须考虑应力集中的影响。但是对于铸铁，由于其组织极不均匀，缺陷很多，在内部已存在许多引起严重应力集中的因素，在测定其强度极限时，已经反映了这些因素的影响，因此，铸铁内部由构件外形变化而引起的应力集中，就可以不再考虑了。

5.8 剪切与挤压的实用计算

5.8.1 工程中的连接件

工程中许多构件之间的连接常用铆钉、销钉、键等，这些连接件主要承受剪切与挤压力的作用，如图 5-29 所示。

它们的受力和变形特点是：作用在构件两侧面上的外力大小相等、方向相反，作用线相距很近，并将使作用力之间的交界面（图 5-29 中的 m—m、n—n 等截面，通常称为剪切面）发生相对错动，这种变形称为**剪切变形**。

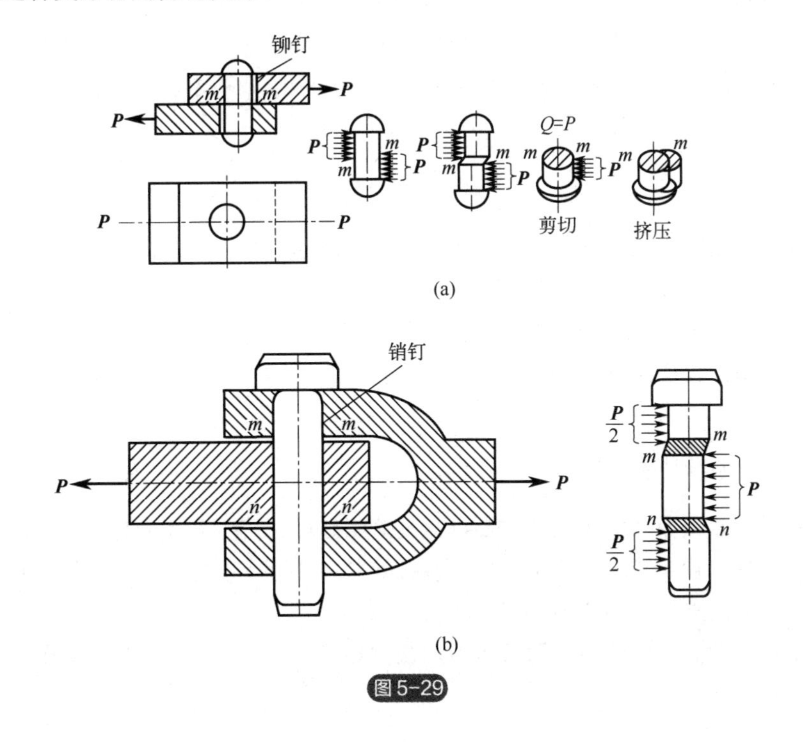

图 5-29

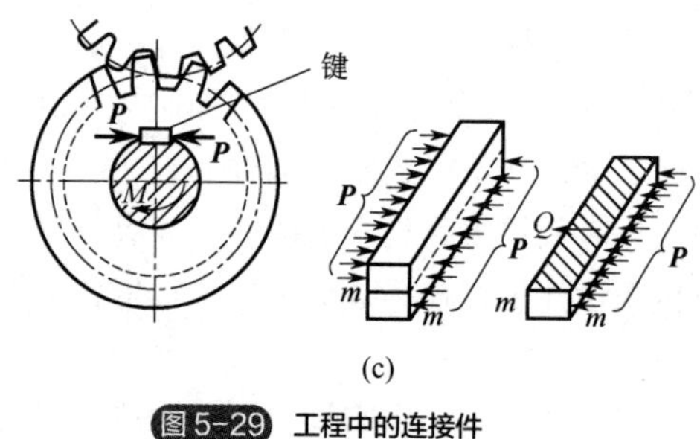

图 5-29 工程中的连接件

此外，在连接件与被连接件的接触面上还存在着由接触压力引起的挤压作用。连接件的受力和变形一般都比较复杂，要精确分析其内力比较困难，因此，在工程中通常采用实用计算方法，其要点为：一方面对连接件的受力和内力分析进行某些简化，从而计算出各部分的“名义应力”；另一方面对连接件进行破坏实验，并采用同样的计算方法，通过破坏载荷确定材料的极限应力。

5.8.2 剪切实用计算

与轴向拉伸或压缩中杆件横截面上的轴力 $\boldsymbol{F}_{\mathrm{N}}$ 与正应力 $\boldsymbol{\sigma}$ 的关系一样，剪力 $\boldsymbol{F}_{\mathrm{S}}$ 同样可看作切应力 $\boldsymbol{\tau}$ 合成的结果。由于剪切变形仅仅发生在很小的范围内，而且外力又只作用在变形部分附近，因而剪切面上切应力的分布情况实际上十分复杂。为了简化计算，工程中通常假设剪切面上各点处的切应力相等，用剪力 F_{S} 除以剪切面面积 A 所得到的切应力平均值 τ 作为**计算切应力**（也称**名义切应力**），即

$$\tau = \frac{F_{\mathrm{s}}}{A} \tag{5-27}$$

在连接件的剪切面上，切应力并非均匀分布，且还有正应力，所以由上式算出的只是一个名义切应力。为了弥补这一缺陷，在用实验方法建立强度条件时，使试样受力尽可能地接近实际连接件的情况，测得试样失效时的极限载荷。然后由极限载荷求出相应的名义极限切应力，除以安全因数 n，得到许用切应力 $[\tau]$，从而建立强度条件：

$$\tau = \frac{F_{\mathrm{s}}}{A} \leqslant [\tau] \tag{5-28}$$

许用切应力的值，可从有关设计资料中查到。一般情况下，材料的许用切应力与许用拉应力之间有下述的经验公式：

对于塑性材料：$[\tau] = (0.6 \sim 0.8)[\sigma]$。

对于脆性材料：$[\tau] = (0.8 \sim 1.0)[\sigma]$。

5.8.3 挤压实用计算

连接件除了可能被剪切破坏之外，还可能被挤压破坏。挤压破坏的特点是：构件互相接触的表面上，因承受了较大的压力作用，相互接触处的局部区域发生显著的塑性变形或被压碎，从而导致连接松动而失效，如图 5-30 所示。

这种作用在接触面上的压力称为**挤压力**，在接触处产生的变形称为**挤压变形**，挤压力的作

用面叫**挤压面**，由挤压力而引起的应力叫作**挤压应力**，以 $\boldsymbol{\sigma}_{bs}$ 表示。在挤压面上，挤压应力的分布情况比较复杂，在实用计算中同样假设挤压应力均匀分布在挤压面上。因此**挤压应力**可按下式计算

$$\sigma_{bs}=\frac{F_{bs}}{A_{bs}} \tag{5-29}$$

式中，A_{bs} 为挤压面的面积；F_{bs} 为挤压力。

挤压面面积 A_{bs} 的计算，要根据接触面的情况而定。销钉、铆钉等连接件，挤压面为半个圆柱面，根据理论分析，挤压应力的分布情况如图 5-31（a）所示，最大应力发生在半圆柱形接触面的中心。如图 5-31（b）中画剖面线的面积去除挤压力，所得应力值与理论分析得到的最大应力值相近。因此，在挤压实用计算中，对于销钉、铆钉等连接件，用直径平面作为挤压面进行计算，$A_{bs}=d\times t$。对图 5-32 所示的平键，其接触面为平面，挤压面面积就是接触面面积，即 $A_{bs}=\frac{h}{2}\times l$。

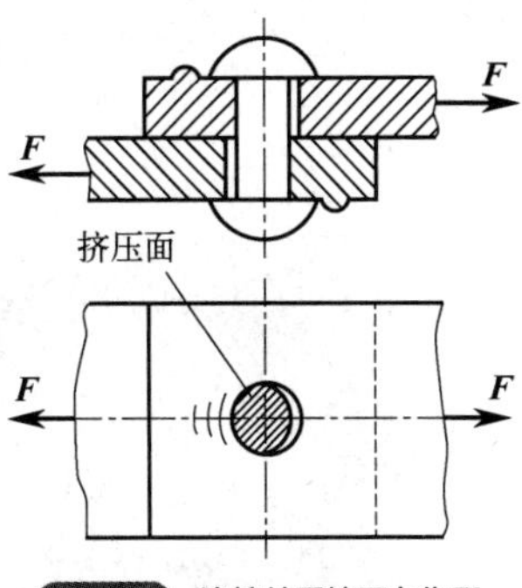

图 5-30 连接件受挤压力作用

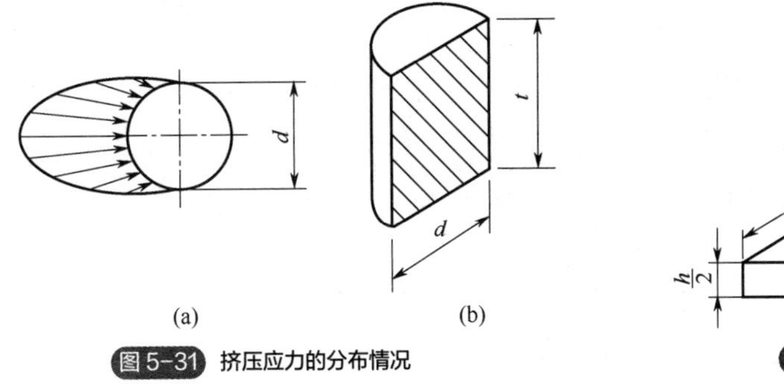

图 5-31 挤压应力的分布情况

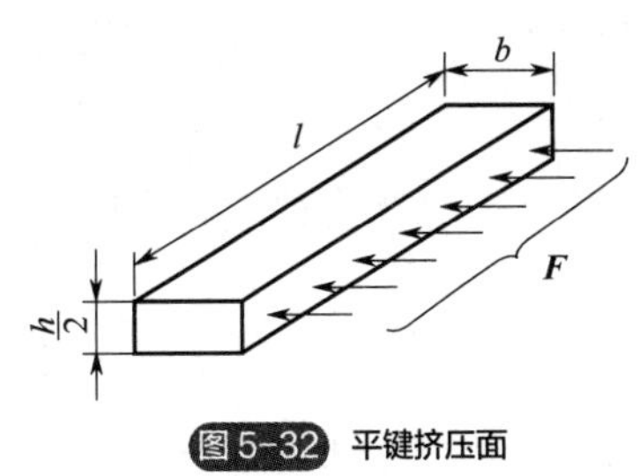

图 5-32 平键挤压面

为保证构件正常工作，相应的挤压强度条件应为

$$\sigma_{bs}=\frac{F_{bs}}{A_{bs}}\leqslant[\sigma_{bs}] \tag{5-30}$$

式中，$[\sigma_{bs}]$ 为材料的许用挤压应力，其值可由有关设计规范查到。根据试验，一般情况下，材料的许用挤压应力和许用拉应力之间有以下的关系：

对于塑性材料：$[\sigma_{bs}]=(1.5\sim2.5)[\sigma]$。

对于脆性材料：$[\sigma_{bs}]=(0.9\sim1.5)[\sigma]$。

【例 5-5】带轮（图 5-33）通过平键与轴相连接，如图 5-34（a）所示，平键与轴都是钢制的。已知轴的直径 d=70mm，平键的尺寸 $b\times h\times l=20\text{mm}\times12\text{mm}\times100\text{mm}$，传递的力偶矩 M=2kN·m；平键的许用切应力 $[\tau]=60\text{MPa}$，许用挤压应力 $[\sigma_{bs}]=100\text{MPa}$。试校核该键的强度。

解：（1）键上挤压力的求解

为计算作用于键上的挤压力 $\boldsymbol{F}_{bs}$，取轴与平键一起作为研究对象。其上作用的外力有：已知传递的力偶矩 $\boldsymbol{M}$ 和带轮对键侧面的挤压力 $\boldsymbol{F}_{bs}$，可以认为 $\boldsymbol{F}_{bs}$ 与轴的圆周相切。由平衡条件 $\sum M_O=0$，得

$$M-F_{bs}\frac{d}{2}=0$$

所以作用于平键上的挤压力 $F_{bs}=2M/d$，平键在力 $\boldsymbol{F}_{bs}$ 的作用下受到剪切和挤压。

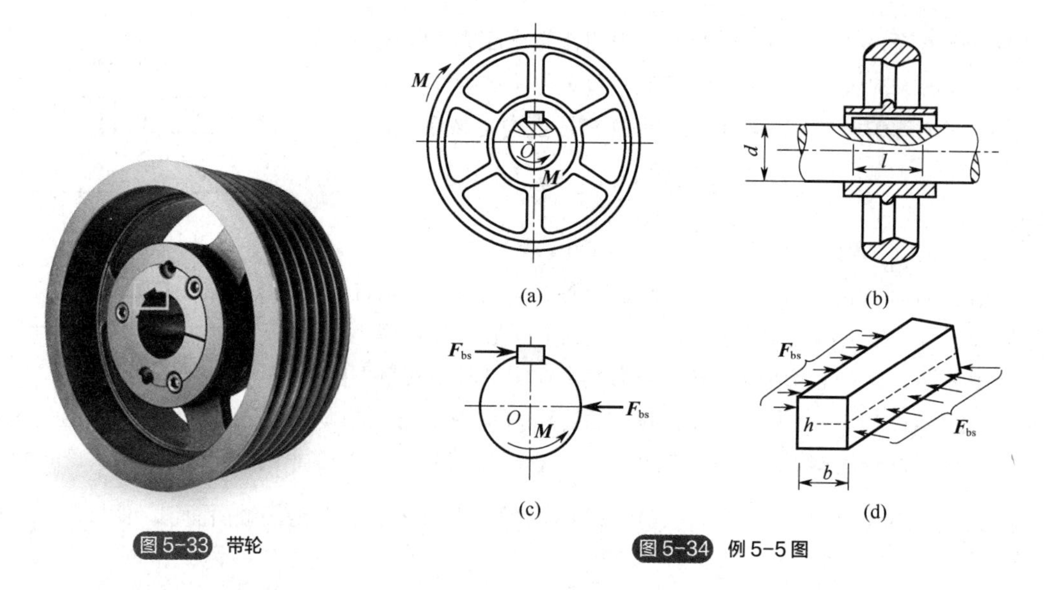

图 5-33 带轮

图 5-34 例 5-5 图

（2）校核键的剪切强度

由截面法，得平键剪切面上的剪力为

$$F_s = F_{bs} = 2M / d$$

平键的剪切面积为 $A = bl$。平键剪切面上的切应力为

$$\tau = \frac{F_s}{A} = \frac{2M}{bld} = \frac{2\times2\times10^6}{20\times100\times70} = 28.57(\text{MPa}) < [\tau]$$

满足剪切强度条件，故平键的剪切强度足够。

（3）校核键的挤压强度

平键的挤压面面积 $A_{bs} = hl/2$，挤压力 $F_{bs} = 2M/d$，则分别代入挤压应力公式，得

图 5-35 电力拖车挂钩

$$\sigma_{bs} = \frac{F_{bs}}{A_{bs}} = \frac{4M}{dhl} = \frac{4\times2\times10^6}{70\times12\times100} = 95.23(\text{MPa}) < [\sigma_{bs}]$$

满足挤压强度条件，所以挤压强度足够。

【例 5-6】如图 5-35 所示为一个电力拖车挂钩，由销钉连接，简化图如图 5-36（a）所示。已知挂钩部分的钢板厚度 t=10mm，销钉的材料为 20 号钢，其许用切应力 $[\tau] = 60\text{MPa}$，许用挤压应力 $[\sigma_{bs}] = 100\text{MPa}$，又知拖车的拖力 F=18kN，试设计销钉的直径 d。

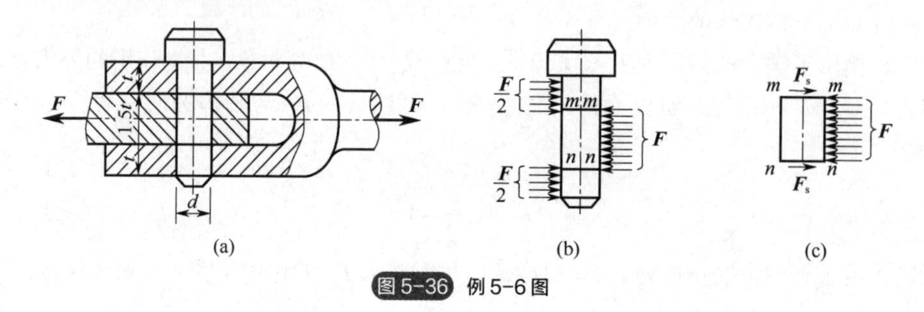

图 5-36 例 5-6 图

解：销钉的受力如图 5-36（b），根据其受力情况可知，销钉的中间部分相对于上、下两部分是沿图示 m—m 和 n—n 两个面向左侧错动的，所以中间部分存在着两个剪切面。具体分析过程如下。

（1）利用销钉的剪切强度求直径

首先计算销钉剪切面上的剪力。利用截面法将销钉沿 m—m 和 n—n 两个剪切面切开，切开后分为三段。根据静力平衡条件，可求得剪切面上的剪力为

$$F_s = \frac{F}{2} = \frac{18}{2} = 9.0\text{kN}$$

再计算此时需要的销钉直径大小。由于销钉的剪切面面积为 $A = \pi d^2/4$，根据剪切强度有

$$\tau = \frac{F_s}{A} = \frac{F_s}{\pi d^2/4} \leqslant [\tau]$$

所以

$$d \geqslant \sqrt{\frac{4F_s}{\pi[\tau]}} = \sqrt{\frac{4\times 9000}{3.14\times 60}} = 13.8\text{mm}$$

（2）利用销钉的挤压强度求直径

需要对销钉中间部分和上下两部分分别考虑；销钉中间部分的挤压力 $F_{bs} = F$；挤压面积 $A_{bs} = 1.5td$。销钉上下部分的挤压力 $F_{bs} = F/2$，挤压面积 $A_{bs} = td$。根据挤压强度条件，销钉中间部分是危险的，需要对这一段进行校核。

$$\sigma_{bs} = \frac{F}{1.5td} \leqslant [\sigma_{bs}]$$

所以

$$d \geqslant \frac{F}{1.5t[\sigma_{bs}]} = \frac{18000}{1.5\times 10\times 100} = 12.0\text{mm}$$

最后，综合考虑剪切和挤压强度的计算结果，并参照设计手册中的标准直径进行圆整处理，选取销钉直径为 14mm。

【例 5-7】如图 5-37 所示螺杆承受拉力 $\boldsymbol{F}$ 作用，已知材料的许用切应力 $[\tau]$ 与许用拉应力 $[\sigma]$ 的关系为 $[\tau] = 0.7[\sigma]$，试按剪切强度公式求解螺杆直径 d 与螺母高度 h 之间的合理比值。

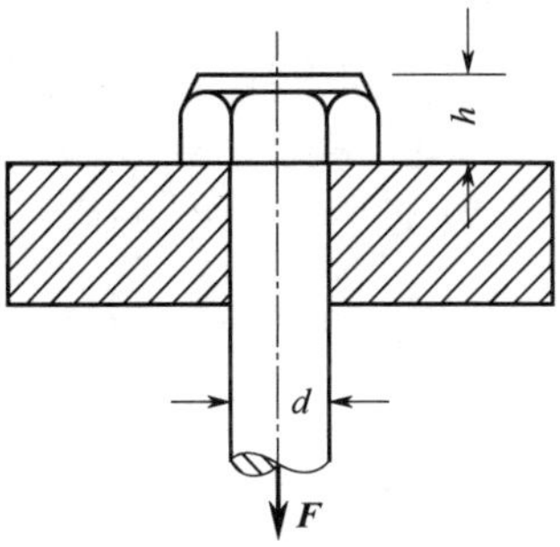

图 5-37　例 5-7 图

解：（1）考虑螺杆对螺母的剪切强度

此时螺杆与螺母之间存在剪力，剪力大小与外力 F 相等，即 $F_s = F$；剪切面的面积 $A = \pi dh$，即螺杆与螺母的接触面积，所以，切应力应该满足

$$\tau = \frac{F_s}{A} = \frac{F}{\pi dh} \leqslant [\tau]$$

（2）考虑螺杆的拉伸强度

螺钉受外力的作用，向下拉伸，内力大小也与外力 F 相等，拉伸面面积即是螺杆的横截面面积，所以有

$$\sigma = \frac{F}{\pi d^2/4} \leqslant [\sigma]$$

（3）求螺杆直径与螺母高度之比

材料的许用切应力$[\tau]$与许用拉应力$[\sigma]$的关系为$[\tau]=0.7[\sigma]$，于是

$$\frac{\tau}{\sigma}=\frac{\dfrac{F}{\pi dh}}{4F/\pi d^2}=\frac{d}{4h}=\frac{[\tau]}{[\sigma]}=0.7$$

所以可求得$\dfrac{d}{h}=2.8$，即螺杆直径d与螺母高度h之间的合理比值应该为2.8。

5.9 本章小结

本书配套资源

本章要点如下：

① 轴向拉压时横截面上的内力。

② 拉压时横截面的应力分析。

③ 直杆轴向拉压时斜截面上的应力。

④ 轴向拉压杆的纵向变形、横向变形。

⑤ 拉伸、压缩时的材料力学性能：低碳钢、铸铁及其他材料拉伸时的力学性能，材料压缩时的力学性能。

⑥ 拉伸、压缩时的强度计算。

⑦ 应力集中的概念。

⑧ 剪切与挤压的实用计算。

思考题

5-1 何谓轴力，轴力的正负号怎样规定？

5-2 受拉或受压直杆横截面上的正应力公式是如何建立的？

5-3 低碳钢在拉伸过程中表现为几个阶段？

5-4 材料的塑性指标如何测量？何谓塑性材料？何谓脆性材料？

5-5 何谓许用应力？何谓强度条件？应用强度条件可以求解哪几类计算问题？

5-6 胡克定律的表达形式是什么？

5-7 何谓应力集中？请举例说明。

5-8 剪切的受力特点与变形特点是什么？

5-9 何谓挤压？挤压与轴向压缩有何区别？

习题

5-1 试求图5-38所示的各杆中1—1和2—2截面的轴力，并作轴力图。

5-2 试求图5-39所示的阶梯状直杆截面1—1、2—2、3—3上的轴力，并作轴力图。若截面A_1=200mm^2，A_2=300mm^2，A_3=400mm^2，试求：各截面上的应力。

5-3 一柱受力如图5-40所示，柱的横截面为边长200mm的正方形，材料可认为符合胡克

定律，其弹性模量 E=10GPa。如不计柱的自重，试求：①轴力图；②各段柱截面上的应力；③各段柱的纵向线应变；④总变形。

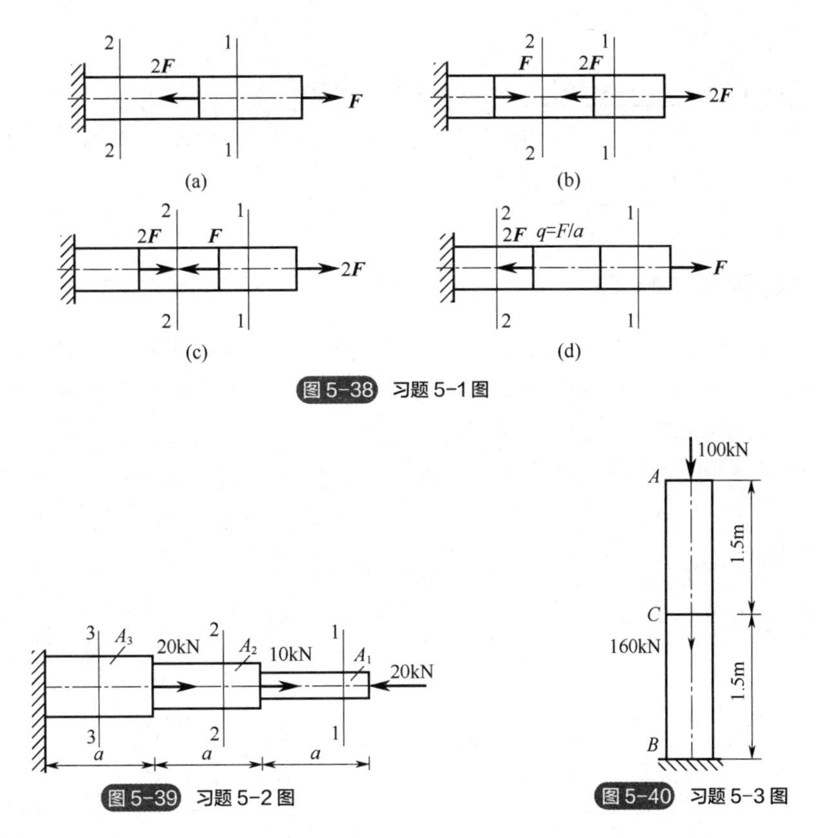

图5-38 习题5-1图

图5-39 习题5-2图

图5-40 习题5-3图

5-4　如图5-41所示结构中，各杆横截面面积均为3000mm^2，力 F 等于200kN，试求各杆横截面上的正应力。

5-5　变截面直杆如图5-42所示。已知 A_1=8cm^2，A_2=4cm^2，E=200GPa，求杆的总伸长量 Δl。

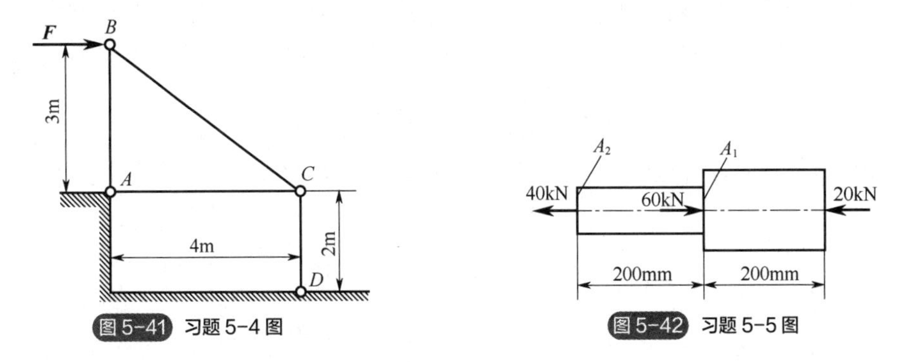

图5-41 习题5-4图

图5-42 习题5-5图

5-6　用钢索起吊一钢管如图5-43所示，已知钢管重 W=10kN，钢索直径 d=40mm，许用应力 $[\sigma]=10\text{MPa}$，试校核钢索的强度。

5-7　如图5-44所示结构中，横杆 AB 为刚性杆，斜杆 CD 为圆杆，其材料的弹性模量 E=200GPa，材料的许用应力 $[\sigma]=160\text{MPa}$。如果 F=15kN，试求 CD 杆的截面尺寸。

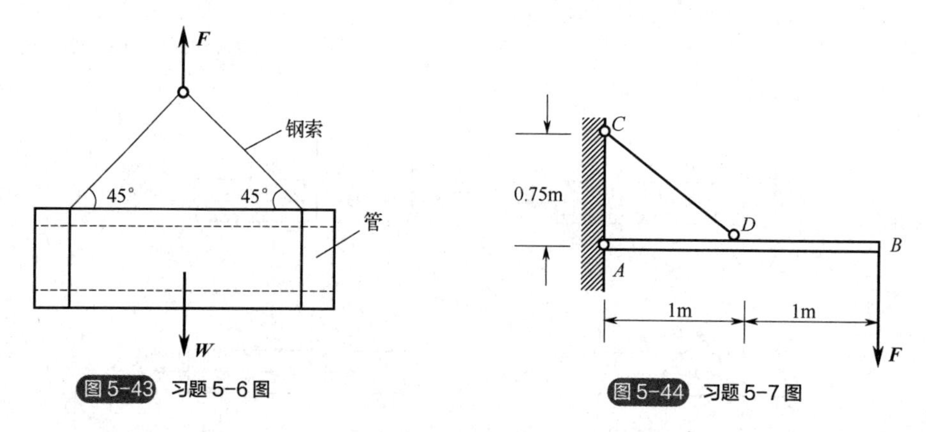

图 5-43　习题 5-6 图

图 5-44　习题 5-7 图

5-8　如图 5-45 所示结构中，AB 杆为 5 号槽钢，许用应力 $[\sigma]_1=160\text{MPa}$；BC 杆为 h=100mm，b=50mm 的矩形截面木杆，许用应力 $[\sigma]_2=8\text{MPa}$，试求：①F=100kN 时，校核该结构的强度；②确定许可荷载 $[F]$ 的值。

5-9　如图 5-46 所示的简易吊车中，BC 为钢杆，AB 为木杆。木杆 AB 的横截面面积 A_1=100cm^2，许用应力 $[\sigma]_1=7\text{MPa}$；钢杆 BC 的横截面面积 A_2=6cm^2，许用应力 $[\sigma]_2=160\text{MPa}$，试求许可吊重 $[F]$。

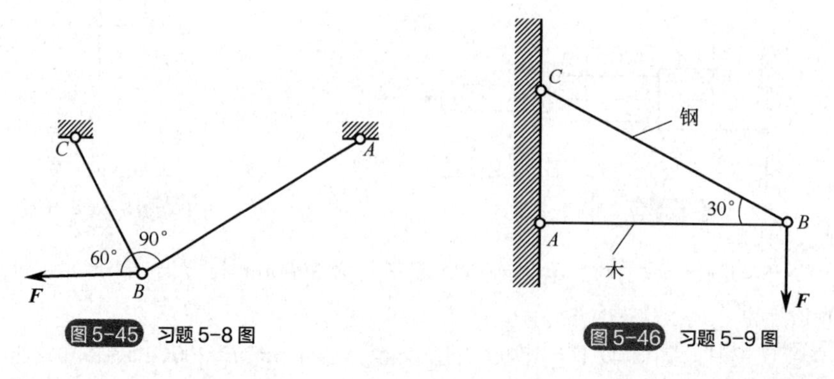

图 5-45　习题 5-8 图

图 5-46　习题 5-9 图

5-10　如图 5-47 所示的两杆所组成的杆系，AB 为钢杆，其横截面面积 A_1=600mm^2，钢的许用应力 $[\sigma]=140\text{MPa}$。BC 为木杆，截面面积 $A_2=30\times10^3\,\text{mm}^2$，其许用压应力 $[\sigma_c]=3.5\text{MPa}$。求最大容许荷载 F。

5-11　如图 5-48 所示，已知 F=80kN，钢板 t_1=8mm，t_2=10mm，$[\sigma]=160\text{MPa}$，$[\sigma_{bs}]=240\text{MPa}$；铆钉 d=20mm，$[\sigma_{bs}]=280\text{MPa}$，$[\tau]=140\text{MPa}$。试校核铆钉连接件的强度。

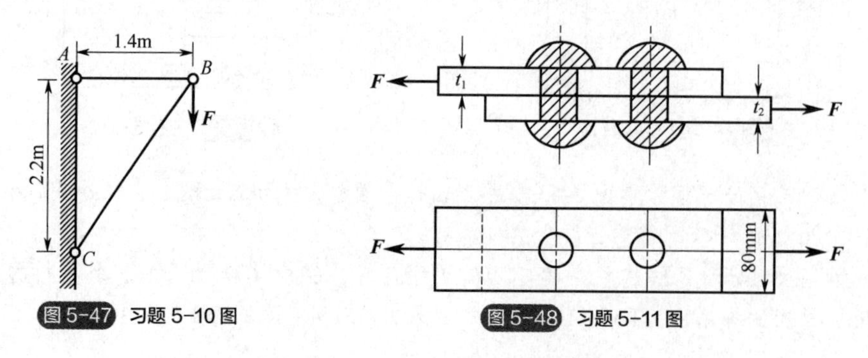

图 5-47　习题 5-10 图

图 5-48　习题 5-11 图

软件应用

演示视频

阶梯状直杆分析

（1）问题描述

如图 5-49 所示，已知阶梯状直杆截面 *B*、*C*、*D* 上的外力，$l_{AB}=l_{BC}=l_{CD}=400\text{mm}$。若截面 A_1= 200mm²，A_2=300mm²，A_3=400mm²，*E*=200GPa，试求：各截面上的应力及 *D* 截面位移。

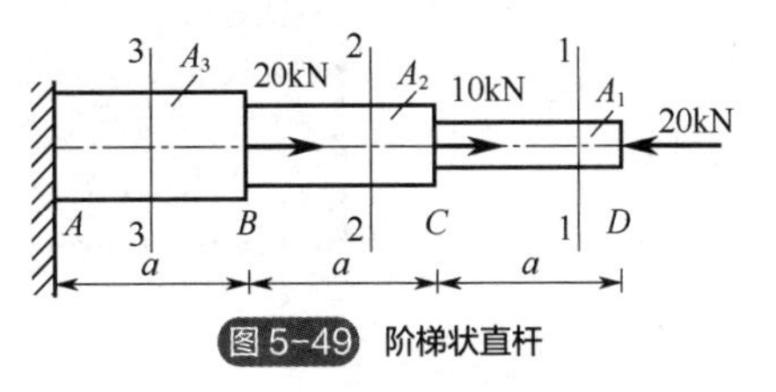

图 5-49 阶梯状直杆

理论分析过程：由截面法分析计算可得阶梯状直杆各段的轴力为：F_{1-1}=−20kN，F_{2-2}=−10kN，F_{3-3}=10kN。

各段的应力为：

$$\sigma_{1-1}=\frac{F_{1-1}}{A_1}=\frac{-20\times10^3}{200}=-100\text{MPa}$$

$$\sigma_{2-2}=\frac{F_{2-2}}{A_2}=\frac{-10\times10^3}{300}=-33.3\text{MPa}$$

$$\sigma_{3-3}=\frac{F_{3-3}}{A_3}=\frac{10\times10^3}{400}=25\text{MPa}$$

$$\Delta l_{AB}=\frac{F_{3-3}l_{AB}}{EA_3}=\frac{10\times400\times10^3}{2\times10^{11}\times400\times10^{-6}}=5\times10^{-2}\text{mm}$$

$$\Delta l_{BC}=\frac{F_{2-2}l_{BC}}{EA_2}=\frac{-10\times400\times10^3}{2\times10^{11}\times300\times10^{-6}}=-6.7\times10^{-2}\text{mm}$$

$$\Delta l_{CD}=\frac{F_{1-1}l_{CD}}{EA_1}=\frac{-20\times400\times10^3}{2\times10^{11}\times200\times10^{-6}}=-20\times10^{-2}\text{mm}$$

$$\Delta l_{AD}=\Delta l_{AB}+\Delta l_{BC}+\Delta l_{CD}=5\times10^{-2}\text{mm}-6.7\times10^{-2}\text{mm}-20\times10^{-2}\text{mm}=-0.217\text{mm}$$

（2）技术路线

此问题属于结构分析范畴，借助 ANSYS Mechanical APDL 模块，通过软件界面操作方式实现。选用杆单元，一端固定。单位制为 mm、t。

（3）主要操作步骤

① 修改工作名。点击菜单 Utility Menu>File>Change Jobname。弹出如图 5-50 所示的对话框，在文本框中输入工作名“jietigan”，单击“OK”按钮。

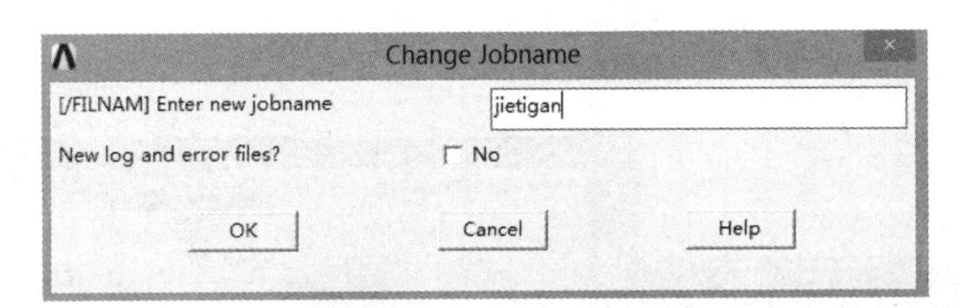

图 5-50 改变工作名称对话框

② 建立几何模型。

a. 生成线段的关键点。点击 Main Menu>Preprocessor>Modeling>Create>Keypoints>IN Active

CS，弹出对话框后，如图5-51所示，在NPT域输入关键点（keypoint）编号1，在X，Y，Z Location in active CS域输入坐标（0，0，0），单击Apply按钮。然后依次创建关键点2（400，0，0）、关键点3（800，0，0）、关键点4（1200，0，0）。

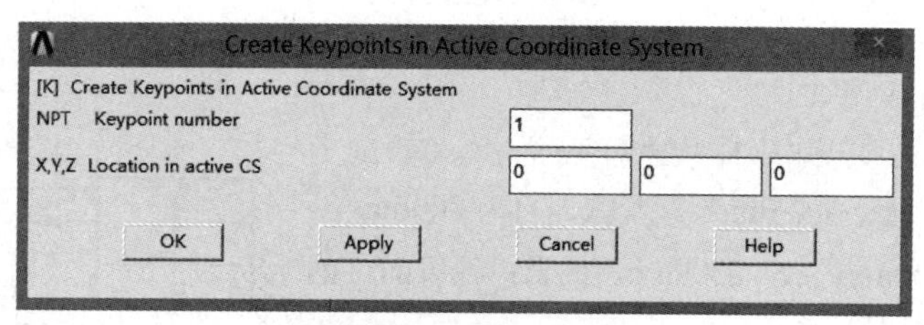

图5-51 生成线段关键点

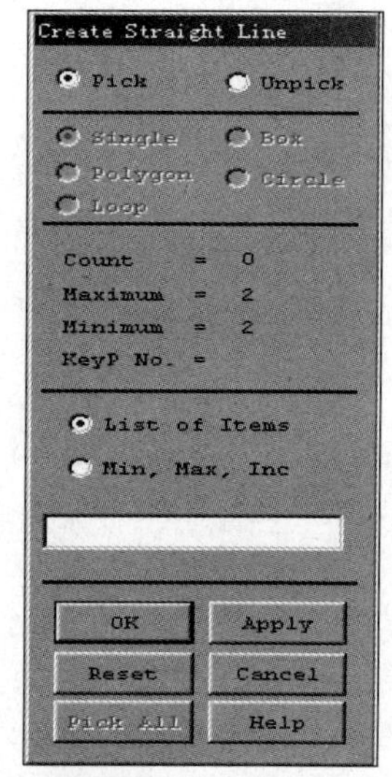

图5-52 关键点生成直线

b. 接关键点生成直线段。点击Main Menu>Preprocessor>Modeling>Create>Lines>Lines>Straight line，弹出拾取对话框后，如图5-52所示，用鼠标选取1、2两个关键点，单击Apply按钮，生成线段1。再依次选取2、3与3、4分别连线成线段2与线段3，单击“OK”按钮。

③ 建立有限元模型。

a. 选择单元。点击菜单：Main Menu>Preprocessor>Element Type>Add/Edit/Delete。

弹出如图5-53（a）所示的对话框，单击“Add”按钮；弹出如图5-53（b）所示的对话框，在左侧列表框中选择“Link”，在右侧列表框中选择“3D finit stn 180”，点击“OK”按钮返回。

b. 设置截面属性。对于杆单元，主要设置横截面积。点击菜单Section>Beam>Common Sections，弹出截面编号对话框，如图5-54（a），设置编号1，点击“OK”按钮，弹出具体参数设置对话框，如图5-54（b）所示。截面命名为1（根据实际自行定义），输入对应的横截面积400，点击“OK”按钮。再依次定义截面2与截面3的横截面积。

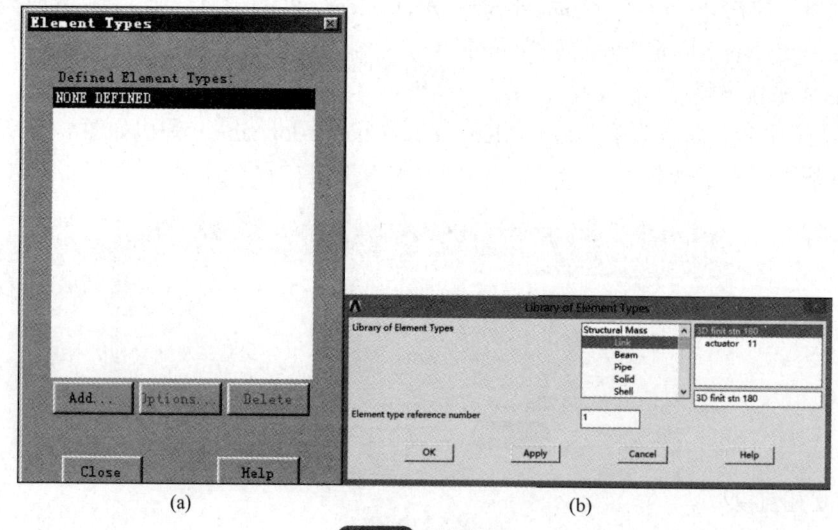

图5-53 选择单元

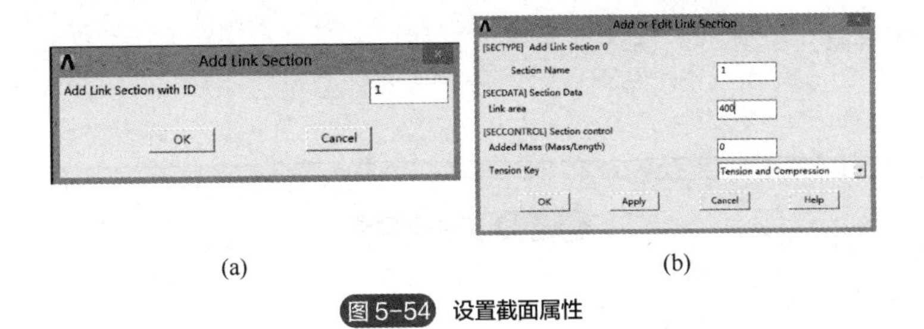

(a) (b)

图 5-54 设置截面属性

c. 确定材料参数。拾取菜单 Main Menu>Preprocessor>Material Props>Material Models。在弹出的“Define Material Model Behavior”界面中双击 Structural>Linear>Elastic>Isotropic。

弹出如图 5-55 所示的对话框，在“EX”和“PRXY”文本框中输入弹性模量 200000 和泊松比 0.3，单击“OK”按钮，然后单击“Close”按钮。

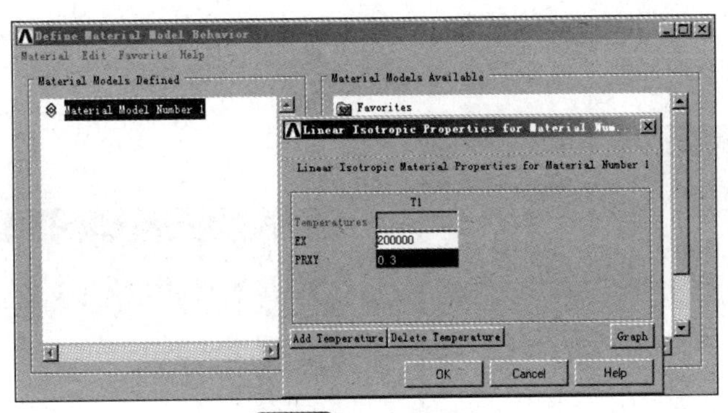

图 5-55 确定材料参数

d. 网格划分。如图 5-56 所示，点击 Lines 中的 Set 按钮，拾取建立的线，弹出线单元尺寸设置对话框，设置单元份数为 4。单击 MeshTool 的 Mesh 按钮。网格划分完毕，单击“OK”按钮。

e. 选择 Utility Menu>PlotCtrls>Style> Size and Shape，如图 5-57 所示在[/ESHAPE]域中选择 On，显示单元截面形状。

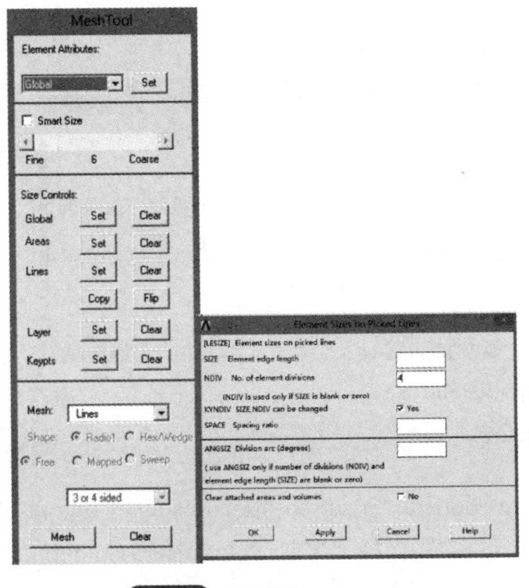

图 5-56 网格划分

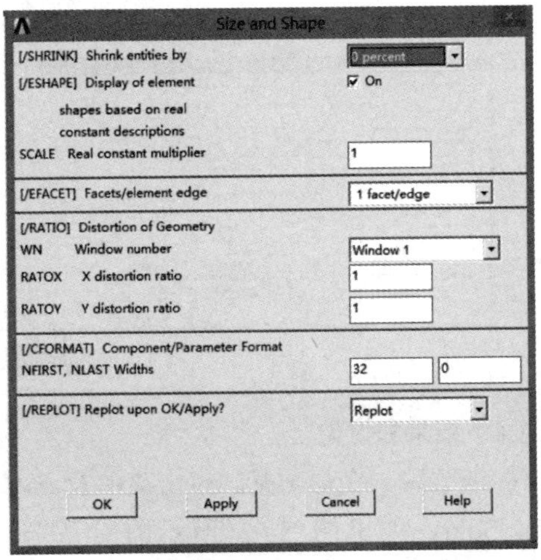

Size and Shape
[/SHRINK] Shrink entities by 0 percent
[/ESHAPE] Display of element shapes based on real constant descriptions On
SCALE Real constant multiplier 1
[/EFACET] Facets/element edge 1 facet/edge
[/RATIO] Distortion of Geometry
WN Window number Window 1
RATOX X distortion ratio 1
RATOY Y distortion ratio 1
[/CFORMAT] Component/Parameter Format
NFIRST, NLAST Widths 32 0
[/REPLOT] Replot upon OK/Apply? Replot
OK Apply Cancel Help

图 5-57 单元尺寸与形状

建立完成的有限元模型如图 5-58 所示。

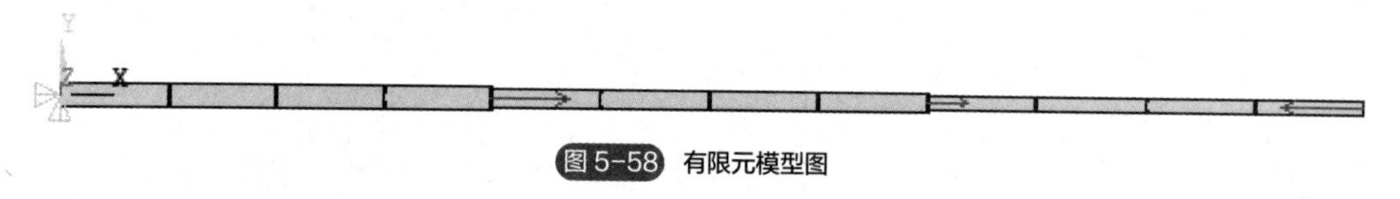

图 5-58 有限元模型图

④ 施加载荷及约束。

a. 施加边界条件。点击 Main Menu>Solution>Define Loads>Apply>Structural>Displacement>On Nodes，拾取杆的左端点，设置约束，约束所有自由度，点击“OK”按钮，如图 5-59 所示。

b. 定义集中载荷。点击 Main Menu>Solution>Define Loads>Apply>Structural>Force>On Keypoints，弹出选择界面，选择 keypoint2，点击“OK”按钮。弹出如图 5-60 所示的对话框，将 Lab 选择为 FX，在 VALUE 中输入数值 20000，点击 Apply 按钮。选择 keypoint3，点击“OK”按钮。在上述界面中，将 Lab 选择为 FX，在 VALUE 中输入数值 10000。选择 keypoint4，点击“OK”按钮。弹出上述界面，将 Lab 选择为 FX，在 VALUE 中输入数值-20000。

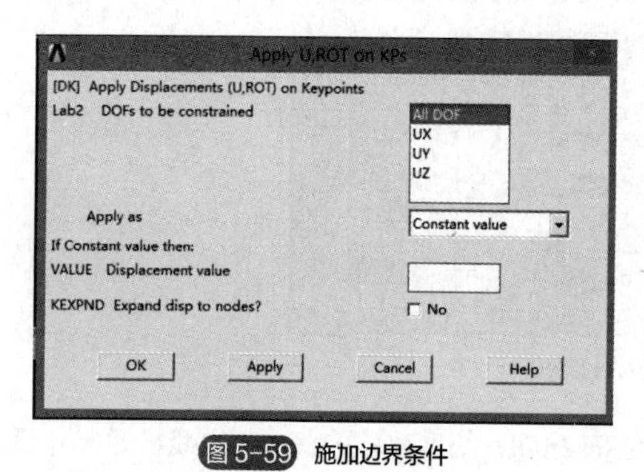

图 5-59 施加边界条件

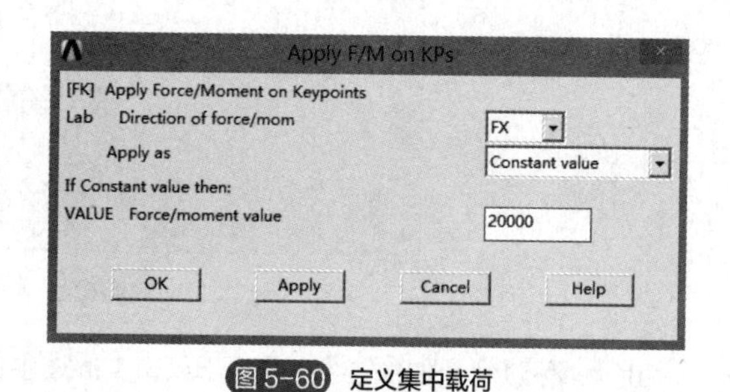

图 5-60 定义集中载荷

⑤ 求解。点击 Main Menu>Solution>Solve>Current LS，弹出如图 5-61 所示的/STATUS Command 及 Solve Current Load Step 对话框，浏览 /STATUS Command 中出现的信息，然后关闭此窗口。单击“OK”按钮（开始求解），关闭由于单元形状检查而出现的警告信息。求解结束后，关闭信息窗口。

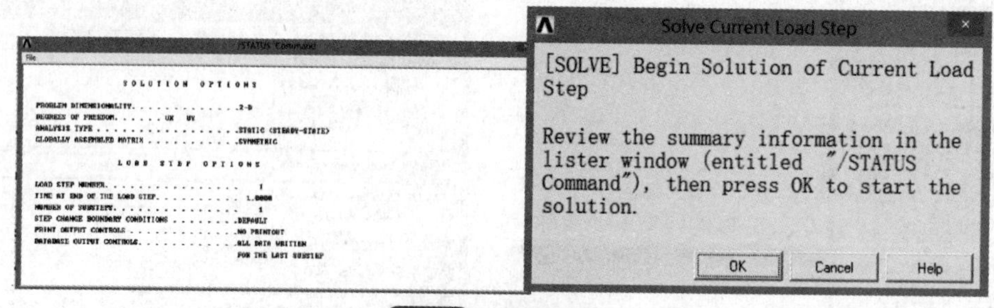

图 5-61 状态信息窗口

（4）结果和讨论

① 查看轴向变形结果。点击菜单 Main Menu>General Postproc>Plot Results>Contour-Plot>Nodal Solu，弹出图 5-62 所示的对话框，在列表中选择 DOF Solution>X-Component of displacement，单击“OK”按钮。*X* 方向变形结果如图 5-63 所示。

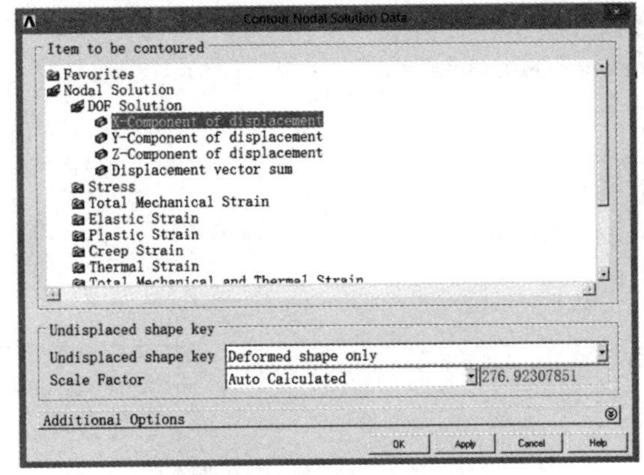

图5-62 查看轴向变形结果对话框

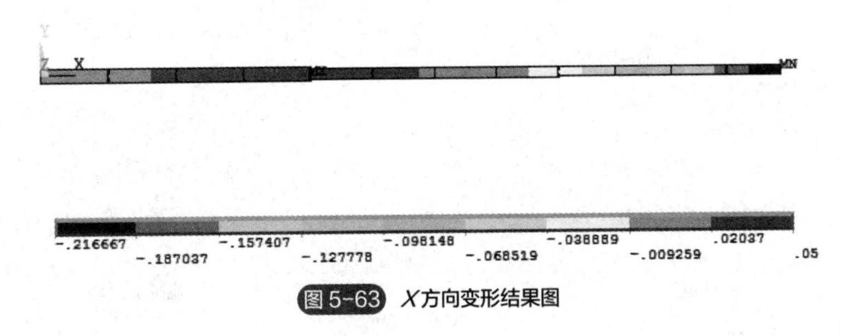

图5-63 X方向变形结果图

② 查看杆件轴向应力。点击菜单 Main Menu>General Postproc>Plot Results>Contour-Plot>Nodal Solu，弹出对话框，在列表中选择 Stress“X-Component”，单击“OK”按钮。X 方向应力结果如图 5-64 所示。

③ 查看杆件内力——轴力。点击 Main Menu>General Postproc>Element Table>Define Table，单击 Add，弹出如图 5-65 所示的对话框。在“Item，Comp Results data item”中下拉选择 By sequence num，右侧选择 SMISC，在右下侧“SMISC,”输入编号 1，点击“OK”按钮，完成轴力的提取。

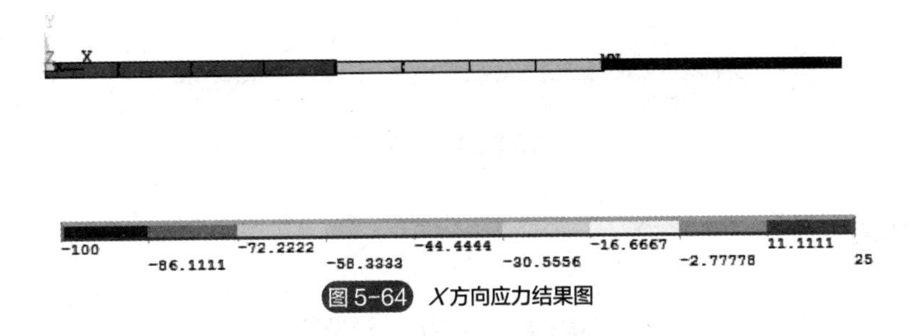

图5-64 X方向应力结果图

④ 绘制轴力图。点击 Main Menu>General Postproc>Plot Results>Contour Plot>Line Elem Res，弹出如图 5-66 所示的对话框。在 LabI 中选择 SMIS1，在 LabJ 中选择 SMIS1，Fact 设置为 1，单击“OK”按钮，绘制的轴力图如图 5-67 所示。

⑤ 讨论。从以上分析可以看出，有限元计算结果中杆件轴向变形 X 方向最大值为 0.217mm，轴向压应力为 100MPa，轴力最大为 10kN，与理论计算结果一致。

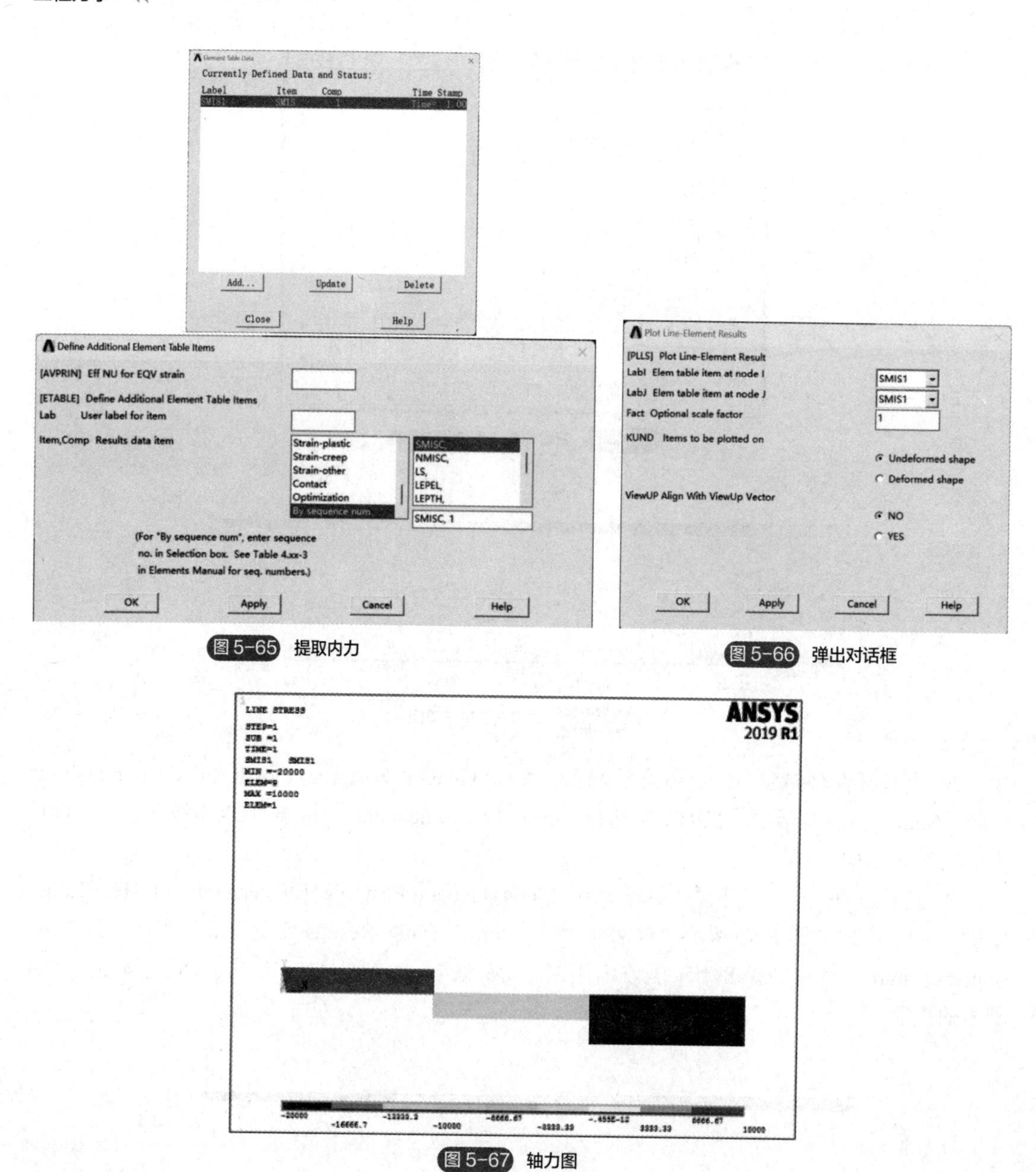

图5-65 提取内力

图5-66 弹出对话框

图5-67 轴力图

拓展阅读

工程力学的发展与展望

工程力学是研究物体在外力作用下运动和变形规律的学科，是工程学的基础课程之一。自从诞生以来，工程力学在不断发展，应用范围也在不断扩大。那么，工程力学的发展与展望是什么呢？

（1）发展

① 数字化和计算机化。计算机技术的发展为工程力学的研究提供了强有力的支持。数字化和计算机化技术的应用使得工程力学可以更加精确、高效地解决复杂的工程问题。比如结构分

析和设计、计算机辅助制造等领域，都得到了很大的发展。

② 新的材料和结构设计。人们对新材料如高分子材料、纳米材料、复合材料等的研究不断深入，结构设计也更加复杂。在这样的背景下，工程力学继续发展，为新材料和新结构的设计和分析提供支持。

③ 理论与实践结合。在工程力学领域，理论的研究和实践的应用紧密结合。理论的研究不仅可以解决现实应用中的实际问题，而且能够寻找难以通过实验得出的现象的规律。

以上三个方面都使得工程力学不断发展，特别是计算机技术的应用，让工程力学有了更好的发展前景。

（2）展望

① 与其他领域的深度融合。随着各行业的发展，工程力学与其他领域的联系也越来越密切，如生物力学、能源力学、航空航天等，今后工程力学在这些领域的应用也将不断加强。工程力学将会有更广泛的应用前景。

② 大数据和智能化。大数据和人工智能等技术的迅速发展，将为工程力学提供更好的应用场景。这些新技术能够处理大量数据，为工程力学的研究提供更精细的数据分析和科学计算。

③ 自动化和无人化。随着自动控制技术和机器人技术的不断发展，未来的工程力学将更好地应用于自动化和无人化工程领域。工程力学将为这些领域提供更丰富的科学理论和技术支撑，包括机器人运动控制系统的设计和控制、机器人力学分析等。

总之，随着新技术和新材料的不断出现和运用，工程力学的应用范围也将不断扩大。我们相信，工程力学在未来的发展过程中，会有更加广阔的应用前景。

第 6 章

扭转

本章思维导图

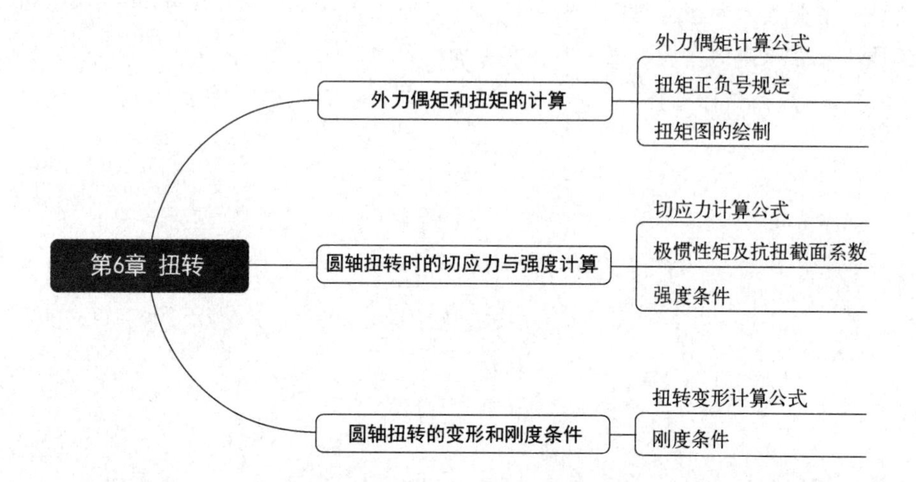

本章学习目标

1. 了解扭转变形的受力特点和变形特点，熟练掌握外力偶矩的计算公式，熟练应用截面法计算圆轴的扭矩并正确画出扭矩图。

2. 熟练掌握圆轴扭转时横截面上的应力分布及计算公式，熟练掌握圆轴扭转的强度条件。

3. 熟练掌握圆轴扭转的变形和刚度条件。

本章案例引入

在工程实际和日常生活中经常遇到承受扭转的构件：如图6-1所示为用旋具拧紧螺杆时螺杆受扭转的情况；如图6-2所示为攻螺纹时丝锥的受力情况，通过铰杆把力偶作用于丝锥的上端，丝锥下端则受到工件的阻抗力偶作用；如图6-3所示为汽车方向盘的操纵杆，产生的变形主要是扭转。

以上实例均说明，在杆件的两端作用两个大小相等、方向相反、作用平面垂直于杆件轴线的力偶矩，致使杆件的任意横截面都发生绕轴线的相对转动，这种变形称为**扭转变形**。在工程上将以承受扭转变形为主的杆件称为**轴**。

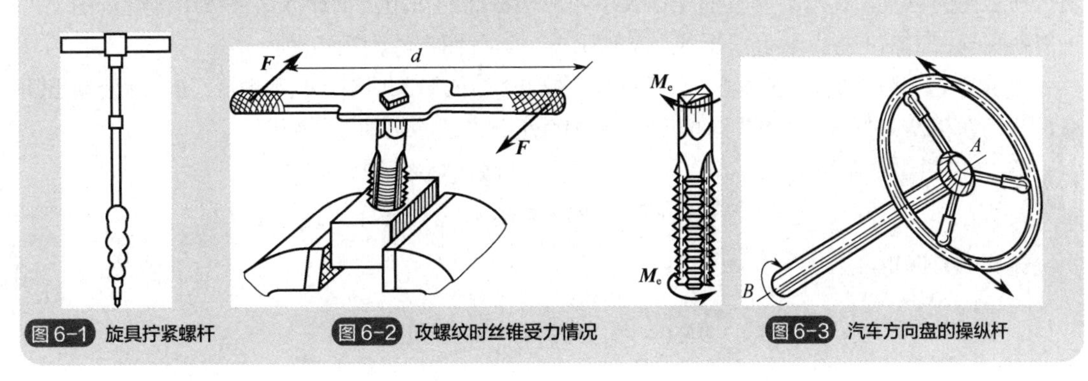

图6-1 旋具拧紧螺杆　图6-2 攻螺纹时丝锥受力情况　图6-3 汽车方向盘的操纵杆

6.1 外力偶矩和扭矩的计算

工程实际中，作用于轴上的外力偶矩，一般不是直接给出的，而是由轴所传递的功率 P 和转速 n，根据式（6-1）计算得出：

$$M_{\mathrm{e}}=9550\frac{P}{n} \tag{6-1}$$

式中　M_{e}——作用在轴上的外力偶矩，单位为N·m；

P——轴传递的功率，单位为kW；

n——轴的转速，单位为r/min。

已知受扭轴外力偶矩，可以利用截面法求任意横截面的内力。图6-4所示为受扭圆轴，设外力偶矩为 $\boldsymbol{M}_{\mathrm{e}}$，求距 A 端为 x 的任意截面 m—m 上的内力。假设在 m—m 截面将轴截开，取左部分为研究对象，由平衡条件 $\sum M_x=0$，得

$$T-M_{\mathrm{e}}=0$$

即

$$T=M_{\mathrm{e}} \tag{6-2}$$

式中，内力偶矩 T 称为**扭矩**。

由式（6-2）可知，任一截面的扭矩大小等于所取段上所有外力偶矩的代数和。同理可取右段为研究对象，求得的扭矩与以左

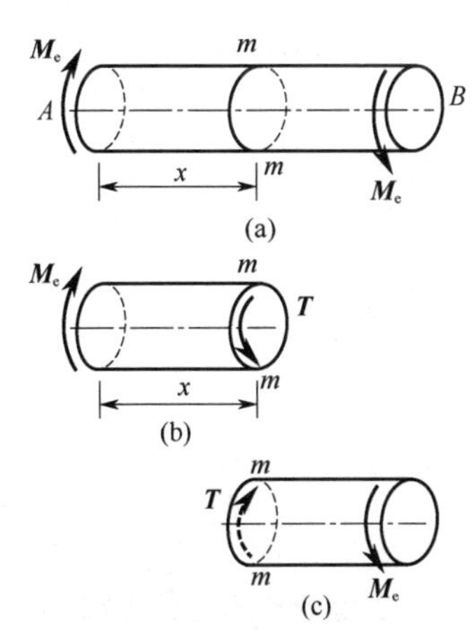

图6-4 扭转圆轴截面的扭矩

段为研究对象求出的扭矩大小相等，方向相反。

为使左段和右段所求出的扭矩的正负号一致，**用右手螺旋法则规定扭矩的正负，四指弯曲方向为扭矩方向，拇指指向与横截面外法线正向一致的扭矩为正，反之为负**，如图 6-5 所示。

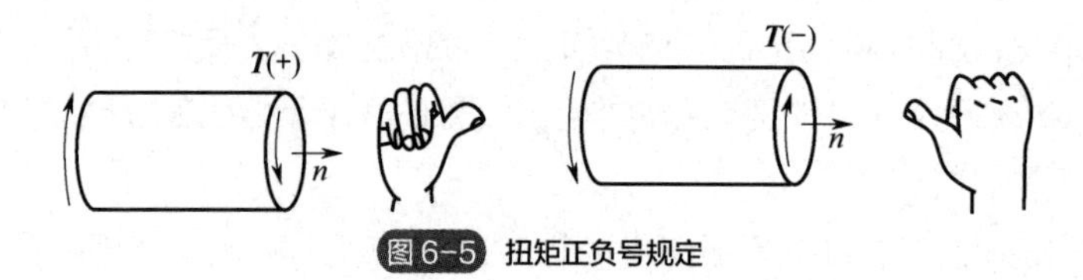

图 6-5 扭矩正负号规定

为了清楚地表示扭矩沿轴线变化的规律，以便于确定危险截面，常用与轴线平行的 x 坐标表示横截面的位置，以与之垂直的坐标表示相应横截面的扭矩，把计算结果按比例绘在图上，正值扭矩画在 x 轴上方，负值扭矩画在 x 轴下方，这种图形称为**扭矩图**。

【例 6-1】某传动轴如图 6-6（a）所示，主动轮 C 处输入功率，从动轮 A、B、D 处输出功率，分别为 2kW、3kW、4kW，轴的转速 n=180r/min，试绘出轴的扭矩图。

解：① 由于轴在稳定运转，总输入功率等于各输出功率之和，于是

$$P_C = P_A + P_B + P_D = 2 + 3 + 4 = 9(\text{kW})$$

计算外力偶矩：

$$M_{eA} = 9550\frac{P_A}{n} = 9550\times\frac{2}{180} = 106.1(\text{N}\cdot\text{m})$$

$$M_{eB} = 9550\frac{P_B}{n} = 9550\times\frac{3}{180} = 159.2(\text{N}\cdot\text{m})$$

$$M_{eC} = 9550\frac{P_C}{n} = 9550\times\frac{9}{180} = 477.5(\text{N}\cdot\text{m})$$

$$M_{eD} = 9550\frac{P_D}{n} = 9550\times\frac{4}{180} = 212.2(\text{N}\cdot\text{m})$$

② 分别作横截面 1—1、2—2、3—3，切出截面某一边的轴段为研究对象，如图 6-6（b）～（d）所示，在截面上分别按正方向假设未知扭矩 $\boldsymbol{T}_1$、$\boldsymbol{T}_2$、$\boldsymbol{T}_3$。由平衡方程 $\sum M_x = 0$ 得出以下方程：

$$T_1 - M_{eA} = 0$$

$$T_2 - M_{eA} - M_{eB} = 0$$

$$T_3 + M_{eD} = 0$$

解得

$$T_1 = M_{eA} = 106.1(\text{N}\cdot\text{m})$$

$$T_2 = M_{eA} + M_{eB} = 106.1 + 159.2 = 265.3(\text{N}\cdot\text{m})$$

$$T_3 = -M_{eD} = -212.2(\text{N}\cdot\text{m})$$

由于假设未知扭矩时均按正方向假设，所以解出的上述代数值的正、负号已与材料力学的规定一致。

③ 取 x 轴与杆轴线平行，按 $\boldsymbol{T}_1$、$\boldsymbol{T}_2$、$\boldsymbol{T}_3$ 的代数值画出图像，即为该轴的扭矩图[图 6-6（e）]。

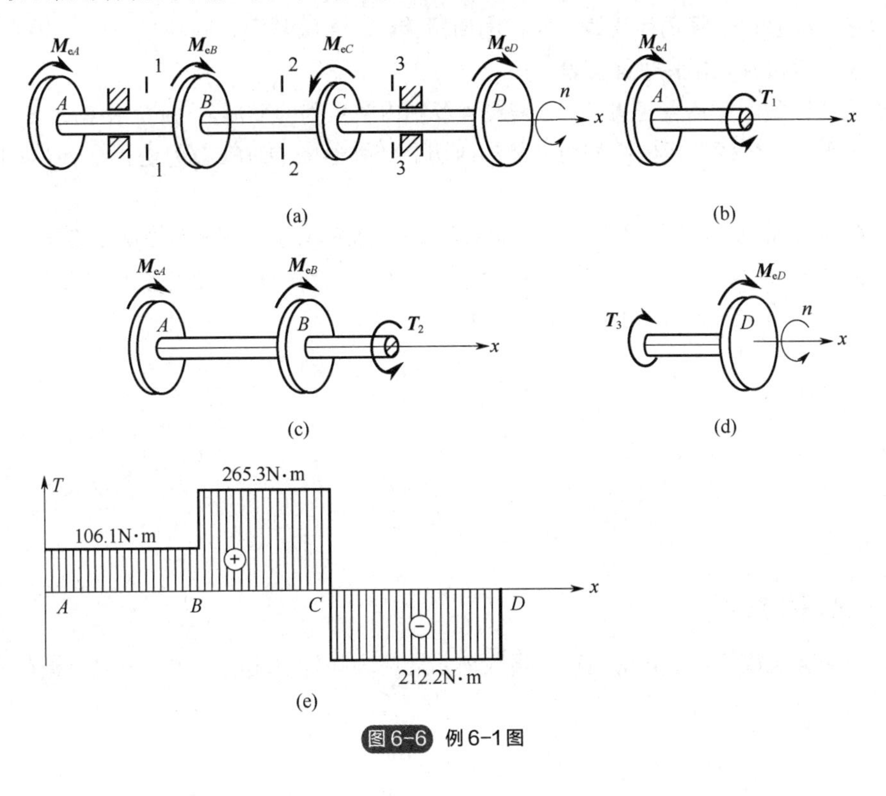

图6-6 例6-1图

6.2 圆轴扭转时的切应力与强度计算

6.2.1 圆轴扭转时横截面上的切应力

工程中最常见的轴为圆截面轴（圆轴），包括实心与空心圆截面轴，本节研究圆轴扭转时横截面上的应力及其分布规律。

(1) 变形几何关系

取一等截面圆轴，并在其表面等间距地画上纵线与圆周线［如图 6-7（a）所示］，然后在轴端施加一对大小相等、方向相反的扭力偶 $\boldsymbol{M}_e$。从试验中观察到：各圆周线的形状不变，仅绕轴线做相对旋转；各纵线仍为直线，但都倾斜了一个角度。

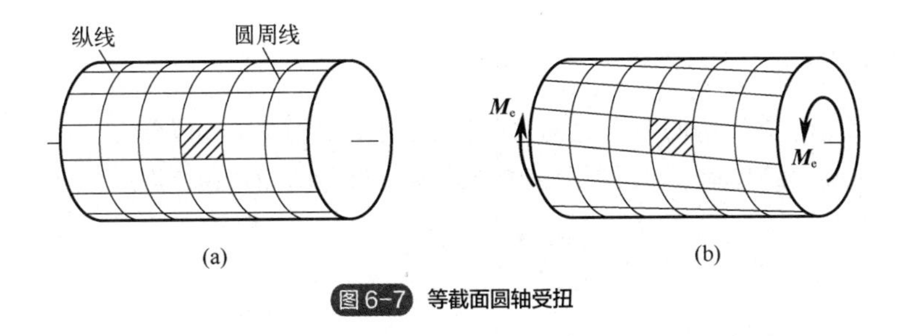

图6-7 等截面圆轴受扭

根据上述现象，对轴内变形作如下假设：**变形后，横截面仍保持平面，其形状、大小与间距均不改变，而且，半径仍为直线**。即，**圆周扭转时，各横截面如同刚性圆片，仅绕轴线做相对旋转，这一假设称为扭转平面假设**。

为了确定横截面上各点处的应力，需要了解轴内各点处的变形。为此，用相距 dx 的两个横截面及夹角无限小的两个径向纵截面，从轴内切取一楔形体 O_1ABCDO_2 进行分析（如图 6-8 所示）。

根据扭转平面假设，楔形体的变形如图 6-8（a）中虚线所示，距轴线为 ρ 处的任一矩形 $abcd$ 变为平行四边形 $abc'd'$，即在垂直于半径的平面内发生剪切变形。设楔形体两端横截面间的相对转角（即扭转角）为 dφ，则矩形 $abcd$ 的切应变为

$$\gamma_\rho \approx \tan\gamma_\rho = \frac{\overline{dd'}}{\overline{ad}} = \frac{\rho \mathrm{d}\varphi}{\mathrm{d}x}$$

由此得

$$\gamma_\rho = \rho\frac{\mathrm{d}\varphi}{\mathrm{d}x}$$

（2）物理关系

由剪切胡克定律可知，在剪切比例极限内，切应力与切应变成正比，所以，横截面上距圆心为 ρ 处的切应力为

$$\tau_\rho = G\rho\frac{\mathrm{d}\varphi}{\mathrm{d}x}$$

其方向垂直于该点处的半径。

上式表明：扭转切应力沿截面径向发生线性变化。实心与空心圆轴的扭转切应力分布如图 6-9 所示。

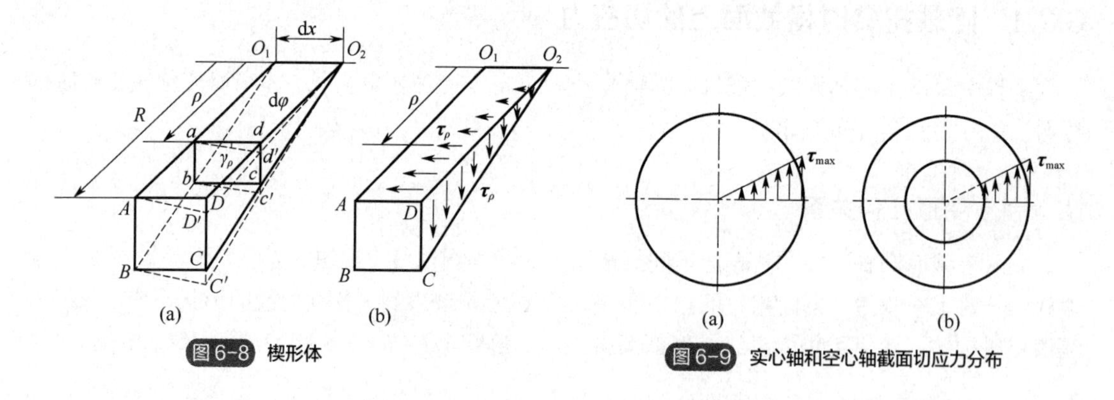

图 6-8 楔形体

图 6-9 实心轴和空心轴截面切应力分布

（3）静力学关系

如图 6-10 所示，在距圆心为 ρ 处的微面积 dA 上，作用有剪切力 $\tau_\rho \mathrm{d}A$，它对圆心 O 的力矩为 $\rho\tau_\rho \mathrm{d}A$。在整个横截面上，所有微力矩之和等于该截面的扭矩，即

$$\int_A \rho\tau_\rho \mathrm{d}A = T$$

将 τ_ρ 表达式代入上式得

$$G\frac{\mathrm{d}\varphi}{\mathrm{d}x}\int_A \rho^2 \mathrm{d}A = T$$

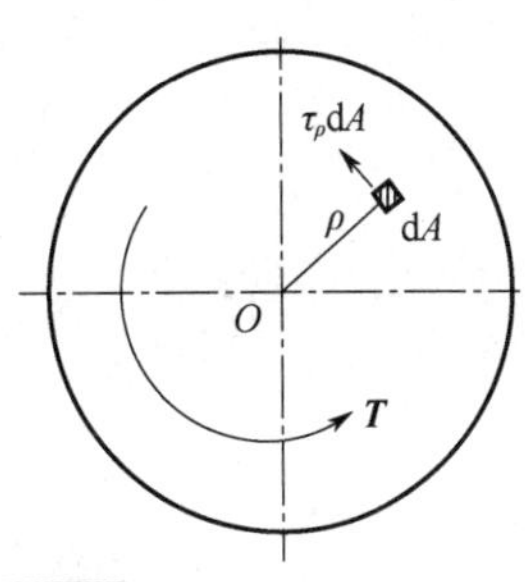

图6-10 距圆心为ρ处的微面积dA上的剪切力

式中，积分$\int_A \rho^2 \mathrm{d}A$代表截面的极惯性矩$I_P$，由上式得

$$\frac{\mathrm{d}\varphi}{\mathrm{d}x} = \frac{T}{GI_P} \tag{6-3}$$

上式即圆轴扭转变形的基本公式。

将上式代入τ_ρ表达式得

$$\tau_\rho = \frac{T\rho}{I_P}$$

式中 τ_ρ——横截面上任一点处的切应力，MPa；

T——该横截面上的扭矩，N·mm；

I_P——横截面对圆心的极惯性矩，mm^4；

ρ——所求应力的点到圆心的距离，mm。

上式即圆周扭转切应力的一般公式。

实验表明，只要最大扭转切应力不超过材料的剪切比例极限，扭转变形公式与应力公式的计算结果与试验结果一致。这说明，基于扭转平面假设的圆轴扭转理论是正确的。

当$\rho = R$时，切应力有最大值

$$\tau_{max} = (TR)/I_P \tag{6-4}$$

令

$$W_P = \frac{I_P}{R}$$

则上式可变为

$$\tau_{max} = \frac{T}{W_P} \tag{6-5}$$

式中 W_P——抗扭截面系数，mm^3，是表征圆轴抵抗破坏能力的几何参数。

6.2.2 极惯性矩及抗扭截面系数

工程上经常采用的轴有实心圆轴和空心圆轴两种，它们的极惯性矩与抗扭截面系数按以下方式计算。

① 设实心圆截面直径为D，则有

极惯性矩

$$I_P = \frac{\pi D^4}{32}$$

抗扭截面系数

$$W_P = \frac{I_P}{\frac{D}{2}} = \frac{\pi D^3}{16}$$

② 设空心圆截面外径为D，内径为d，$\alpha = d/D$，则有

极惯性矩

$$I_{P}=\frac{\pi}{32}(D^{4}-d^{4})$$

抗扭截面系数

$$W_{P}=\frac{I_{P}}{\frac{D}{2}}=\frac{\pi D^{3}}{16}(1-\alpha^{4})$$

6.2.3 圆轴扭转强度条件

工程上要求圆轴扭转时最大切应力不得超过材料的许用切应力$[\tau]$，以保证轴不发生破坏，则圆轴扭转强度条件为

$$\tau_{max}=\frac{T_{max}}{W_{P}}\leqslant[\tau] \tag{6-6}$$

对于承受多个外力偶矩且截面不同的轴，最大切应力τ_{max}不一定在T_{max}所在的截面，也不一定在最小的截面，应综合T_{max}和W_{P}两方面的因素来确定。

6.3 圆轴扭转的变形和刚度条件

6.3.1 圆轴扭转时的变形

由式（6-3）得圆轴微段 dx 的扭转角为

$$d\varphi=\frac{T}{GI_{P}}dx \tag{6-7}$$

对于长为l的等直圆杆，若两横截面之间的扭矩T为常数，则

$$\varphi=\int_{0}^{l}d\varphi=\frac{Tl}{GI_{P}} \tag{6-8}$$

式中，φ为扭转角，rad（弧度）；GI_{P}为圆轴的抗扭刚度。GI_{P}的值越大，φ值越小。圆轴单位长度扭转角θ为

$$\theta=\frac{\varphi}{l}=\frac{T}{GI_{P}}(\text{rad/m})=\frac{T}{GI_{P}}\times\frac{180}{\pi}[(^{\circ})/\text{m}] \tag{6-9}$$

式（6-8）和式（6-9）仅适用于等直杆在线弹性范围内工作时。

6.3.2 圆轴扭转时的刚度计算

圆轴扭转时，除应满足强度条件外，还应满足刚度条件。工程上，通常限制圆轴的最大单位长度扭转角θ_{max}不超过规定的单位长度许用扭转角$[\theta]$，故圆轴扭转时的刚度条件为

$$\theta_{max}=\left(\frac{T}{GI_{P}}\times\frac{180^{\circ}}{\pi}\right)_{max}\leqslant[\theta] \tag{6-10}$$

式（6-10）中的单位长度许用扭转角$[\theta]$可从有关工程规范中查到。

应该指出，$d\varphi/dx$的单位为rad/m，而$[\theta]$的单位一般为$(°)/m$，因此，在使用上述刚度条件时，应注意单位的换算与统一。

【例6-2】如图6-11所示，长l=2m的空心圆截面传动轴，受到M_e=1kN·m的外力偶矩作用，杆的内外径之比$\alpha=0.8$，材料的许用切应力$[\tau]=40\text{MPa}$，切变模量G=80GPa，单位长度许用扭转角$[\theta]=1°/\text{m}$。试：①设计该轴的直径；②求右端截面相对左端截面的扭转角。

解：由图6-11可知，扭矩$T=M_e=1\text{kN}\cdot\text{m}$。

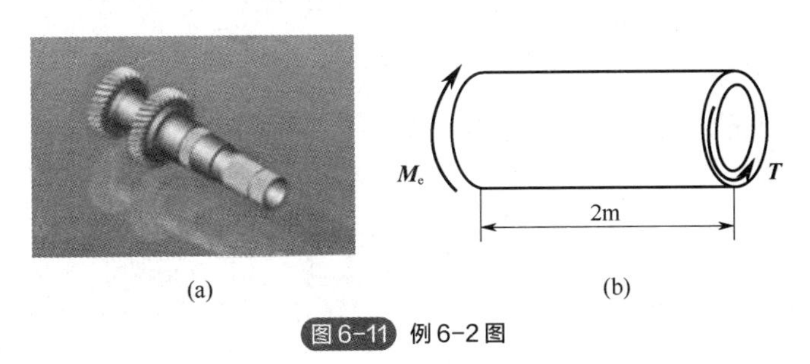

图6-11 例6-2图

（1）按强度条件设计

$$\tau_{max}=\frac{T_{max}}{W_P}\leqslant[\tau] \quad 及 W_P=\frac{\pi D^3}{16}(1-\alpha^4)$$

得

$$D\geqslant\sqrt[3]{\frac{16T_{max}}{\pi(1-\alpha^4)[\tau]}}=\sqrt[3]{\frac{16\times1\times10^3\,\text{N}\cdot\text{m}}{\pi(1-0.8^4)\times40\times10^6\,\text{Pa}}}=60\text{mm}$$

（2）按刚度条件设计

由

$$\theta_{max}=\frac{T_{max}}{GI_P}\times\frac{180}{\pi}\leqslant[\theta] 及 I_P=\frac{\pi D^4}{32}(1-\alpha^4)$$

得

$$D\geqslant\sqrt[4]{\frac{32T_{max}\times180}{\pi^2(1-\alpha^4)G[\theta]}}=\sqrt[4]{\frac{32\times1\times10^3\times180}{\pi^2(1-0.8^4)\times80\times10^9\,\text{Pa}\times1°/\text{m}}}=59\text{mm}$$

为同时满足强度条件和刚度条件，传动轴的直径应取D=60mm，d=48mm。

（3）右端相对左端扭转角

$$\varphi=\frac{Tl}{GI_P}=\frac{32\times1\times10^3\times2\times180}{\pi^2\times80\times10^9\times0.06^4(1-0.8^4)}=1.91°$$

6.4 本章小结

本章要点如下：

① 外力偶矩和扭矩的计算。

② 圆轴扭转时的切应力、强度计算，极惯性矩及抗扭截面系数。

③ 圆轴扭转的变形和刚度条件。

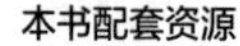
本书配套资源

思考题

6-1 何谓扭矩？扭矩的正负号是怎样规定的？

6-2 扭矩图如何绘制？

6-3 圆轴扭转切应力公式是什么？

6-4 圆轴扭转变形公式是什么？

6-5 圆轴扭转刚度条件是什么？

6-6 为什么扭转构件的截面一般为圆形？

习题

6-1 试作图6-12中各轴的扭矩图，并确定最大扭矩。

6-2 图6-13所示的空心圆截面轴，外径为40mm，内径d=20mm，扭矩$T = 1\text{kN}\cdot\text{m}$。试计算横截面上最大、最小扭转切应力以及$A$点处（$\rho_A = 15\text{mm}$）的扭转切应力。

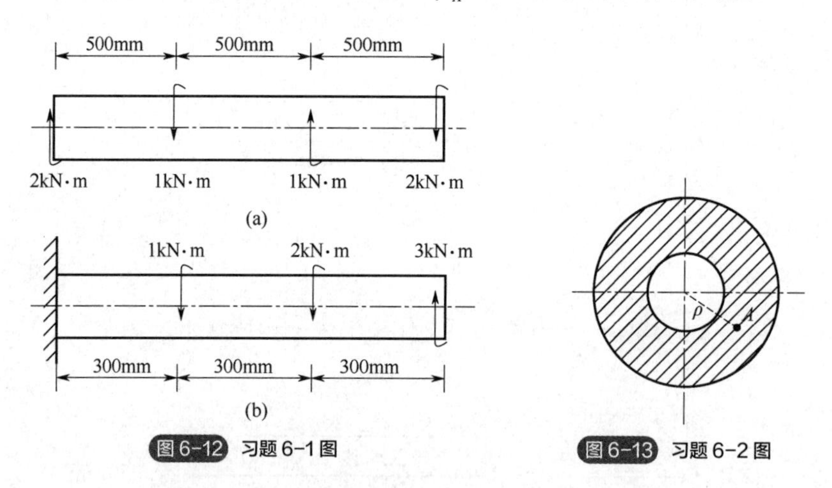

图6-12 习题6-1图

图6-13 习题6-2图

6-3 图6-14所示的圆截面轴，AB和BC段直径分别为d_1和d_2，且$d_1 = \frac{4}{3}d_2$。试求轴内的最大扭转切应力。

6-4 图6-15所示为某传动轴的示意简图，转速n=300r/min，轮1为主动轮，输入功率P_1=50kW，轮2、轮3和轮4为从动轮，输出功率分别为P_2=10kW，P_3=P_4=20kW。

① 试作该轴的扭矩图，确定最大扭矩；

② 若将轮1与轮3的位置对调，试分析对轴的受力是否有利。

6-5 图6-16所示的实心圆轴与空心圆轴通过牙嵌离合器相连接。已知轴的转速n=200r/min，传递功率P=10kW，材料的许用切应力$[\tau] = 80\text{MPa}$，$d_1 / d_2 = 0.5$。试确定实心轴的直径d，空心轴的内外径d_1和d_2。

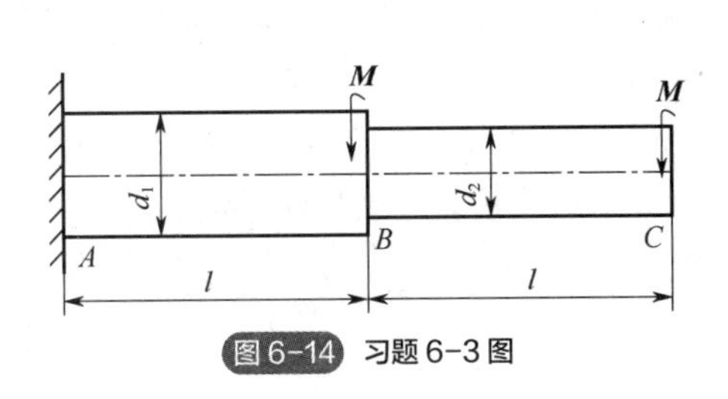

图6-14 习题6-3图

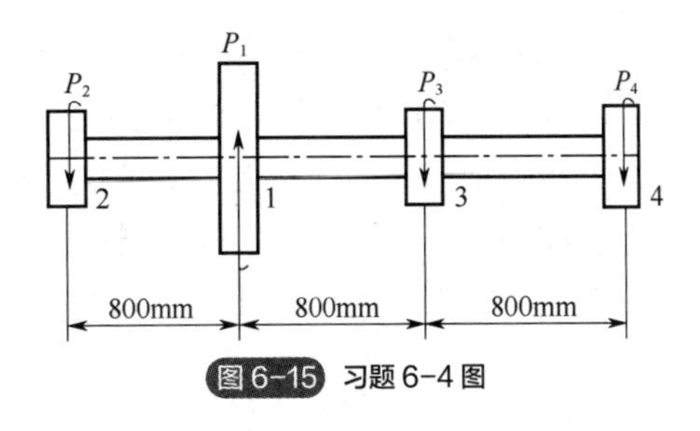

图6-15 习题6-4图

6-6 图6-17所示的手摇绞车驱动轴 AB 的直径 d=30mm，由两人摇动，每人如在手柄上的力 F=25kN，若轴的许用切应力 $[\tau]=40\text{MPa}$，试校核 AB 轴的强度。

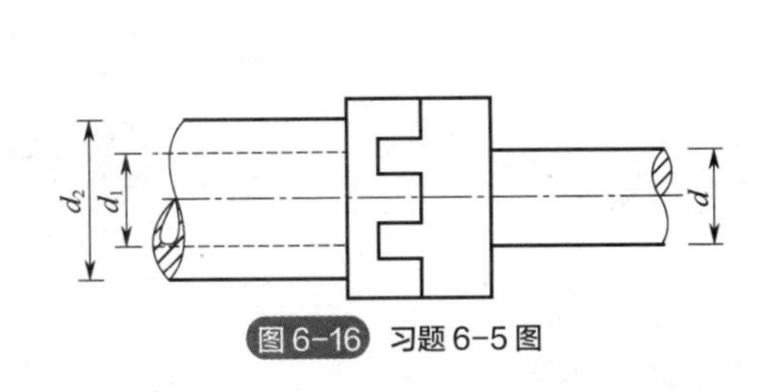

图6-16 习题6-5图

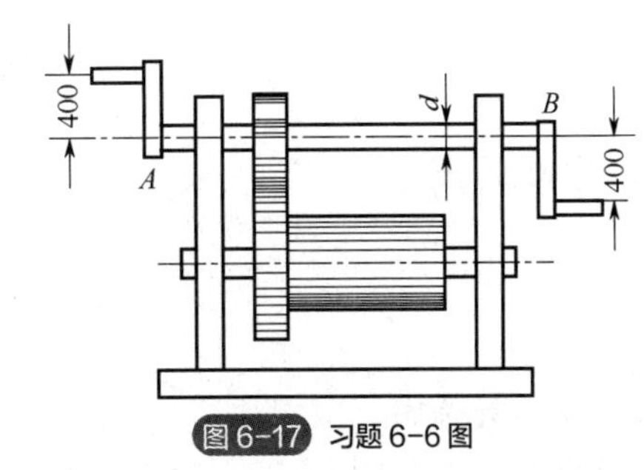

图6-17 习题6-6图

6-7 图6-18所示为一实心圆轴，横截面直径 d=100mm，在自由端受到 $M_{\mathrm{e}}=14\mathrm{kN}\cdot\mathrm{m}$ 的扭转外力偶作用。①试计算横截面上点 K 处（$\rho=30\text{mm}$）的切应力与横截面上的最大切应力。②若材料的剪切弹性模量 G=79GPa，试求 A、B 两截面的相对扭转角及 A、C 两截面的相对扭转角。

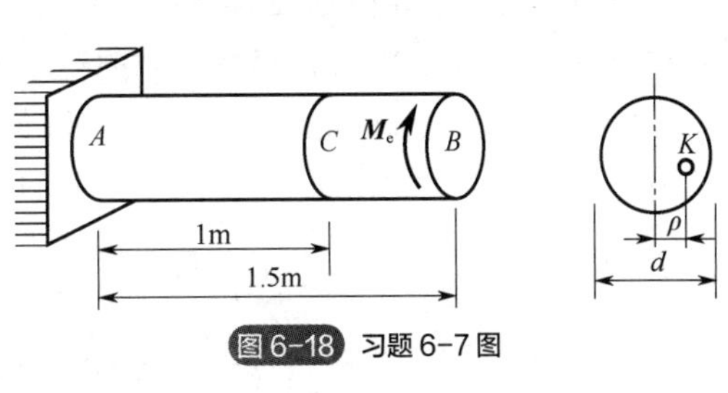

图6-18 习题6-7图

6-8 某机器传动轴如图6-19所示，已知轮 B 输入功率 P_B=30kW，轮 A、C、D 输出功率分别为 P_A=15kW、P_C=10kW、P_D=5kW，轴的转速 n=500r/min，轴材料的许用切应力 $[\tau]=40\text{MPa}$，单位长度许用扭转角 $[\theta]=1°/\text{m}$，剪切弹性模量 G=80GPa。试按轴的强度条件和刚度条件设计轴的直径。

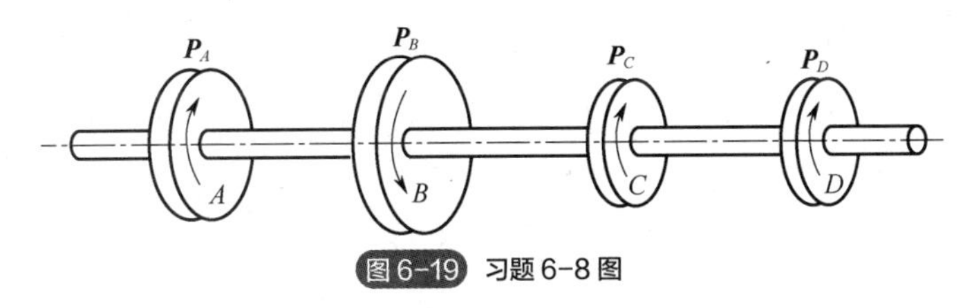

图6-19 习题6-8图

6-9 如图6-20所示，传动轴的转速为 n=500r/min，轮 A 输入功率 P_1=368kW，轮 B、轮 C 输出功率分别为 P_2=147kW、P_3=221kW。若 $[\tau]=70\text{MPa}$，G=80GPa，$[\theta]=1°/\text{m}$：①试确定 AB 段的直径 d_1 和 BC 段直径 d_2。②若 AB 和 BC 两段选用同一直径，试确定直径 d。③主动轮和从动轮应如何布置才比较合理？

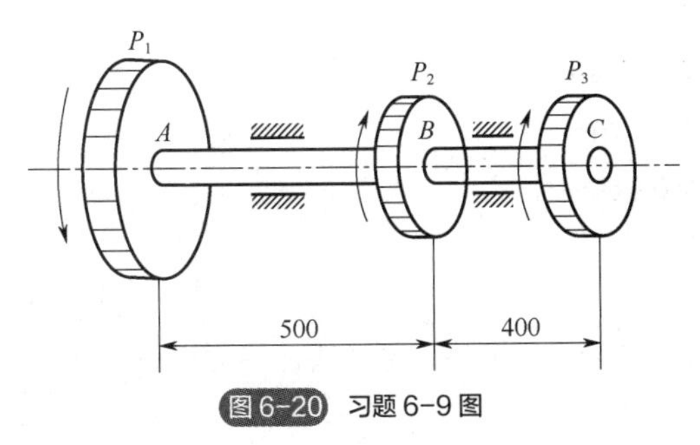

图6-20 习题6-9图

6-10　如图 6-21 所示的阶梯轴 ABC，其 BC 段为实心轴，直径 d=100mm；AB 段 AE 部分为空心轴，外径 D=141mm，内径 d=100mm。轴上装有三个带轮，已知作用在带轮上的外力偶矩 $M_{eA}=18\text{kN}\cdot\text{m}$，$M_{eB}=32\text{kN}\cdot\text{m}$，$M_{eC}=14\text{kN}\cdot\text{m}$，材料的剪切弹性模量 G=80GPa，许用切应力 $[\tau]=80\text{MPa}$，单位长度许用扭转角 $[\theta]=1.2°/\text{m}$，试校核轴的强度和刚度。

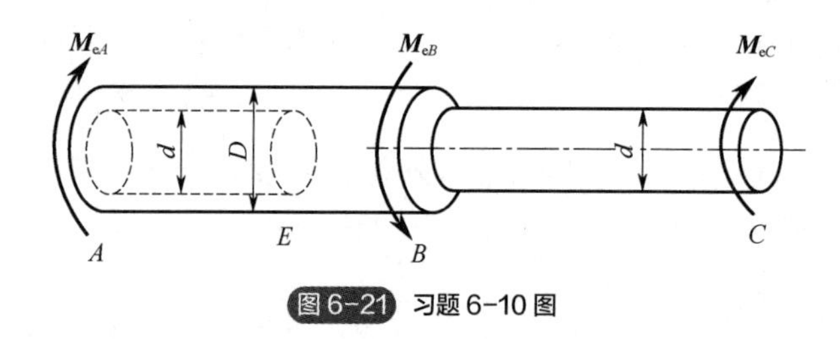

图 6-21　习题 6-10 图

软件应用

演示视频

机器传动轴扭转分析

（1）问题描述

某机器传动轴如图 6-22 所示，已知轮 B 输入功率 P_B=30kW，轮 A、C、D 输出功率分别为 P_A=15kW、P_C=10kW、P_D=5kW，轴的转速 n=500r/min，剪切弹性模量 G=80GPa，长度分别为 KA=200mm、AB=200mm、BC=100mm、CD=200mm、DN=100mm，$E=2.08\times10^{11}\text{Pa}$，泊松比为 0.3，轴的直径为 60mm，求轴的各段扭矩为多少？

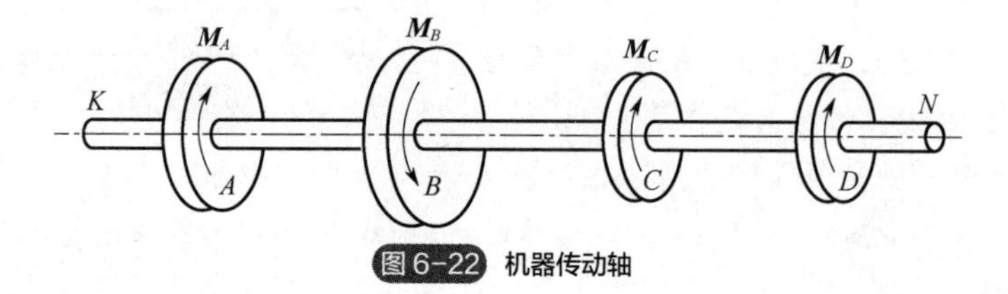

图 6-22　机器传动轴

理论求解过程：

由平衡方程求得各段的扭矩为

$$T_{AB}=M_{eA}=9550\frac{P_A}{n}=9550\times\frac{15}{500}=286.5\text{N}\cdot\text{m}$$

$$T_{BC}=M_{eA}-M_{eB}=9550\frac{P_A}{n}-9550\frac{P_B}{n}=9550\times\frac{15}{500}-9550\times\frac{30}{500}=-286.5\text{N}\cdot\text{m}$$

$$T_{CD}=-M_{eD}=-9550\frac{P_D}{n}=-9550\times\frac{5}{500}=-95.5\text{N}\cdot\text{m}$$

$$\tau_{\max}=\frac{T_{\max}}{W_P}=\frac{286.5}{\frac{\pi D^3}{16}}=\frac{286.5\times16\times10^{-6}}{3.14\times0.06^3}=6.76\text{MPa}$$

（2）技术路线

此问题属于结构分析范畴，借助 ANSYS Mechanical APDL 模块，通过软件界面操作方式实现。选用梁单元，一端固定。单位制为 mm、t。

（3）主要操作步骤

① 修改工作名。点击菜单 Utility Menu>File>Change Jobname。弹出如图 6-23 所示的对话框，在文本框中输入工作名“beam_torsion”，单击“OK”按钮。

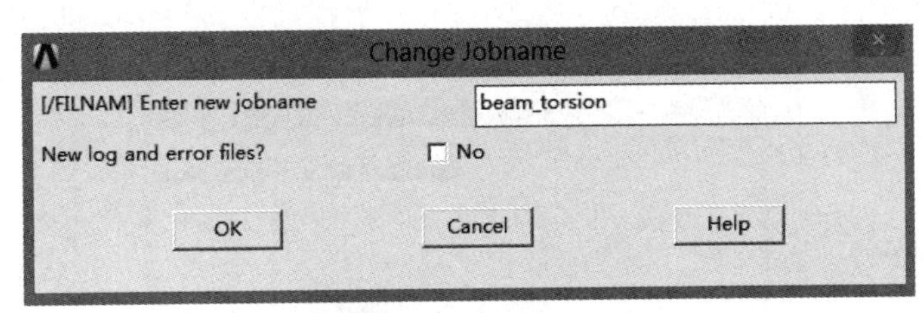

图 6-23 改变工作名称对话框

② 建立几何模型。

a. 生成线段的关键点。点击 Main Menu>Preprocessor>Modeling>Create>Keypoints>IN Active CS，弹出对话框如图 6-24 所示，在 NPT 域输入关键点（keypoint）编号，分别为 1、2、3、4、5、6。在 X，Y，Z Location in active CS 域输入坐标：关键点 1（0，0，0），关键点 2（200，0，0），关键点 3（400，0，0），关键点 4（500，0，0），关键点 5（700，0，0），关键点 6（800，0，0）。

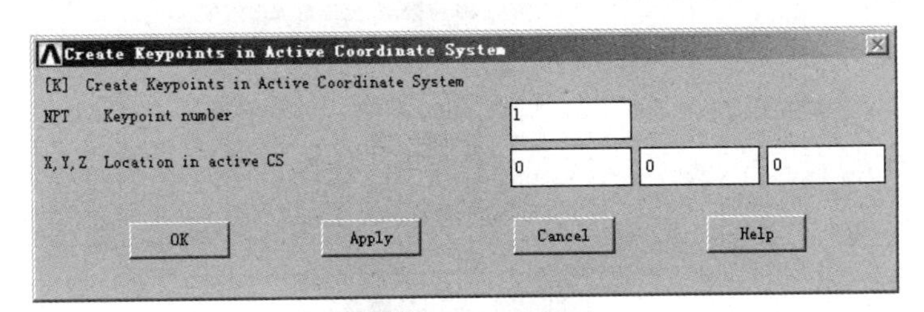

图 6-24 生成线段关键点

b. 连接关键点生成直线段。点击 Main Menu>Preprocessor>Modeling>Create>Lines>Lines>Straight line，弹出拾取对话框后，如图 6-25 所示，用鼠标依次选取两个关键点：1、2，2、3，3、4，4、5，5、6。形成五条线段后，单击 Apply 按钮。

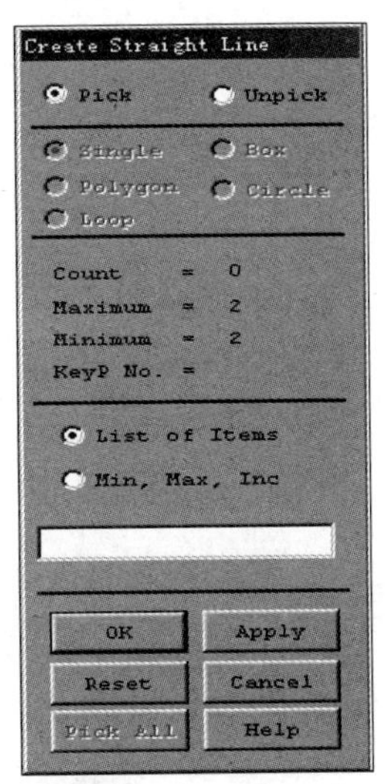

图 6-25 关键点生成直线

③ 建立有限元模型。

a. 选择单元。点击菜单：Main Menu>Preprocessor>Element Type>Add/Edit/Delete。

弹出如图 6-26（a）所示的对话框，单击“Add”按钮；弹出如图 6-26（b）所示的对话框，在左侧列表框中选择“Link”，在右侧列表框中选择“3D 3 node 189”，点击“OK”按钮返回。

b. 设置截面属性。执行菜单 Section>Beam>Common Sections，具体参数设置如图 6-27 所示，点击“OK”按钮。

c. 确定材料参数。拾取菜单 Main Menu>Preprocessor>Material Props>Material Models。在弹出的“Define Material Model Behavior”界面中双击 Structural>Linear>Elastic>Isotropic。

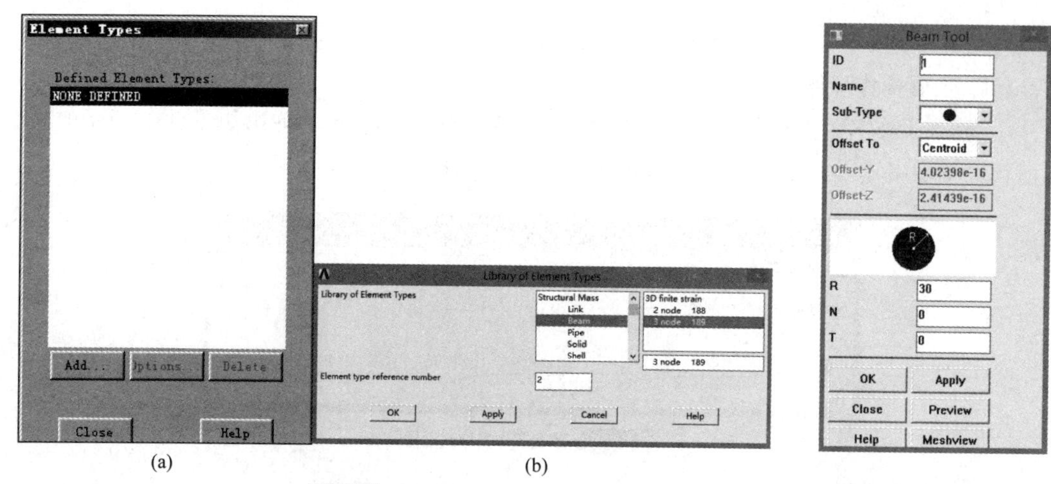

(a) (b)

图 6-26 选择单元

图 6-27 设置截面属性

弹出如图 6-28 所示的对话框，在“EX”和“PRXY”文本框中输入弹性模量 208000MPa 和泊松比 0.3，单击“OK”按钮，然后单击“Close”按钮。

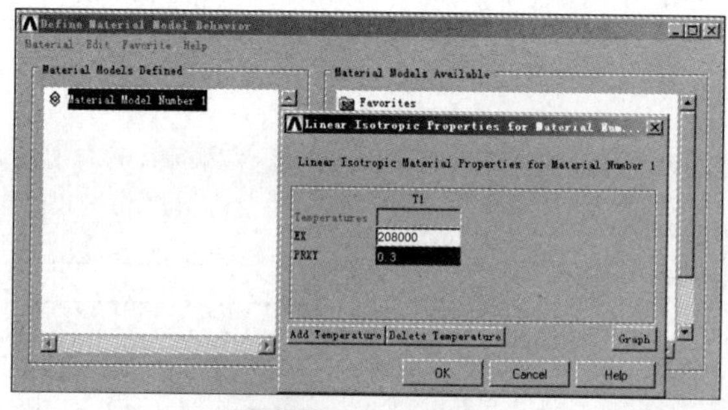

图 6-28 确定材料参数

d. 网格划分。如图 6-29 所示，点击 Lines 中的 Set 按钮，拾取建立的线，弹出线单元尺寸

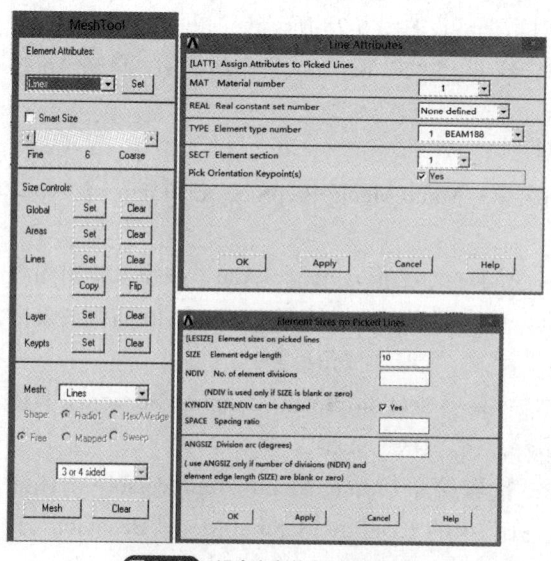

图 6-29 设定方向节点及网格划分

设置对话框，设置单元尺寸大小为10。单击MeshTool的Mesh按钮。网格划分完毕，单击“OK”按钮。

e. 选择Utility Menu>PlotCtrls>Style>Size and Shape，如图6-30所示在[/ESHAPE]域中选择On，显示单元截面形状。

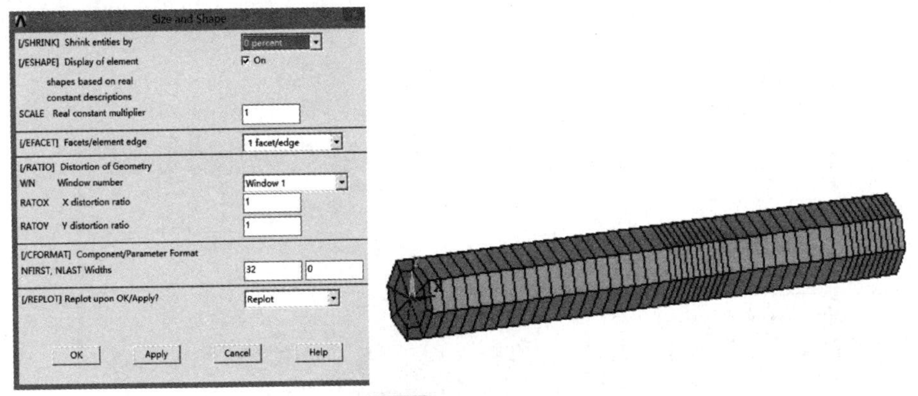

图6-30 单元截面形状

④ 施加载荷及约束。

a. 施加边界条件。点击Main Menu>Solution>Define Loads>Apply>Structural>Displacement>On Keypoints，拾取梁关键点2，设置约束所有自由度，点击“OK”按钮，如图6-31所示。

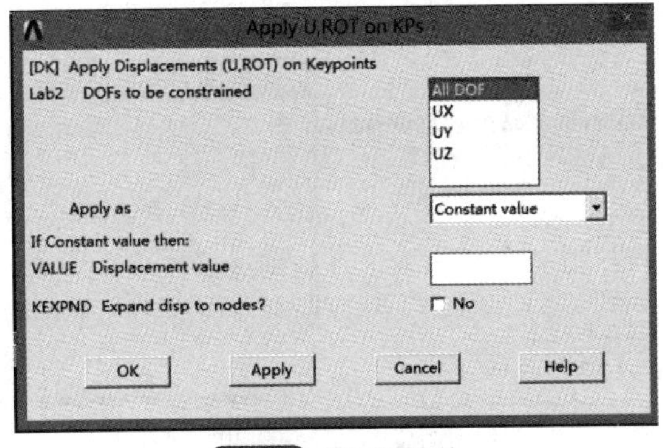

图6-31 施加边界条件

b. 定义集中载荷。点击Main Menu>Solution>Define Loads>Apply>Structural>Force/Moment>On Keypoints，弹出关键点拾取界面如图6-32（a）所示，选择关键点3，点击“OK”按钮。弹出如图6-32（b）所示对话框，Lab选为MX，在VALUE中输入数值573，点击“OK”按钮。

根据上面操作方法，再次点击上述菜单，选择关键点4，弹出如图6-32（b）所示对话框，将Lab选择为MX，在VALUE中输入数值−191，点击“OK”按钮。再次选择关键点5，弹出如图6-32（b）所示对话框，将Lab选择为MX，在VALUE中输入数值−95.5，点击“OK”按钮。加载后有限元模型如图6-33所示。

⑤ 求解。点击Main Menu>Solution>Solve>Current LS，弹出如图6-34所示的/STATUS Command及Solve Current Load Step对话框，浏览/STATUS Command中出现的信息，然后关闭此窗口。单击“OK”按钮（开始求解），关闭由于单元形状检查而出现的警告信息。求解结束后，关闭信息窗口。

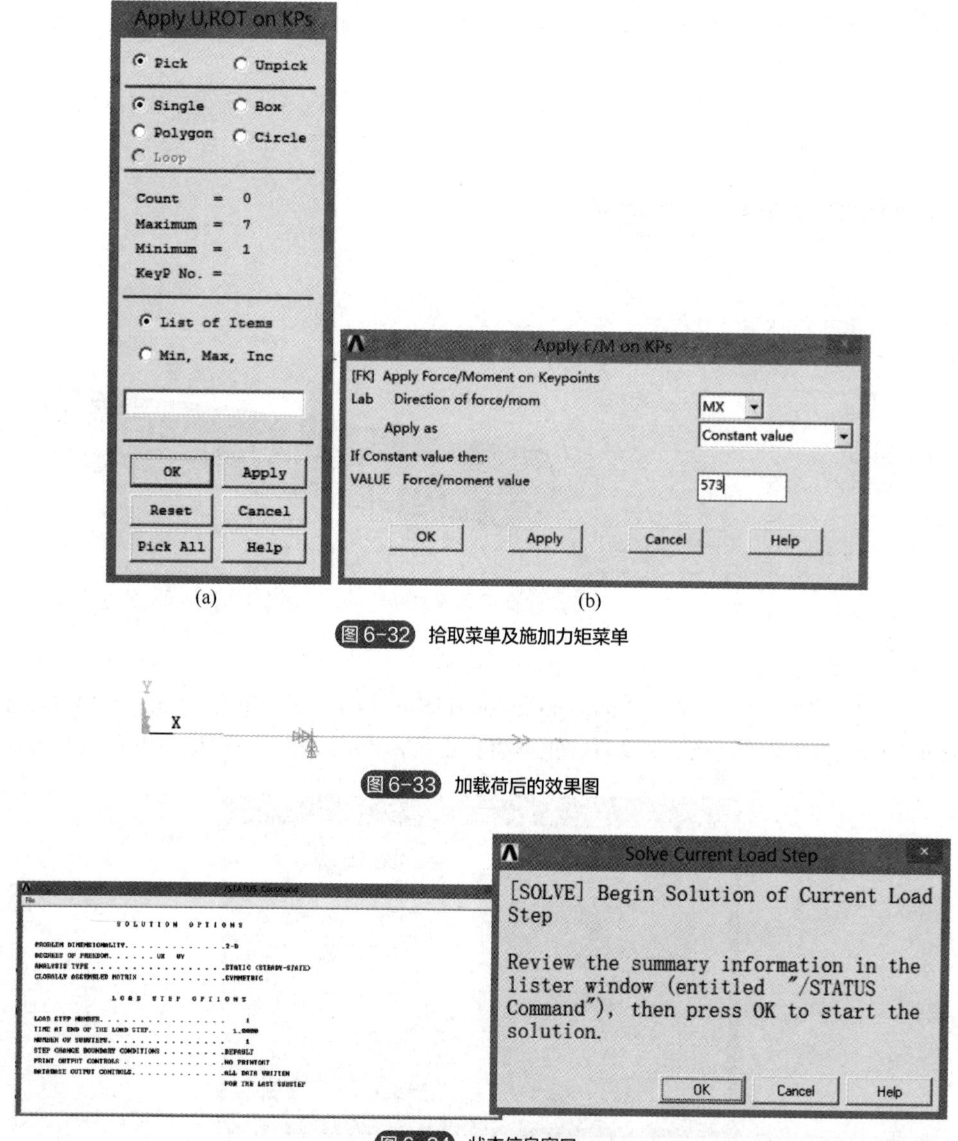

(a) (b)

图 6-32 拾取菜单及施加力矩菜单

图 6-33 加载荷后的效果图

图 6-34 状态信息窗口

（4）结果和讨论

① 提取扭矩。点击 Main Menu>General Postproc>Element Table>Define Table，单击 Add，弹出如图 6-35 所示的对话框，在“Item,Comp Results data item”中下拉选择 By sequence num，右侧选择 SMISC，在右下侧“SMISC,”输入编号 4，单击 Apply 按钮。再次选择 SMISC，在右下侧“SMISC,”输入编号 17，完成扭矩的提取。（说明：编号需要查阅对应单元的帮助文档。）

② 绘制扭矩图。点击 Main Menu>General Postproc>Plot Results>Contour Plot>Line Elem Res，弹出如图 6-36 所示的对话框。在 LabI 中选择 SMIS4，在 LabJ 中选择 SMIS17，Fact 设置为-1，单击“OK”按钮，绘制的扭矩图如图 6-37 所示。

③ 讨论。从以上分析可以看出，有限元计算结果各段扭矩值与理论计算结果一致，横截面上最大切应力为 6.77MPa（图 6-38），与理论计算结果基本一致。

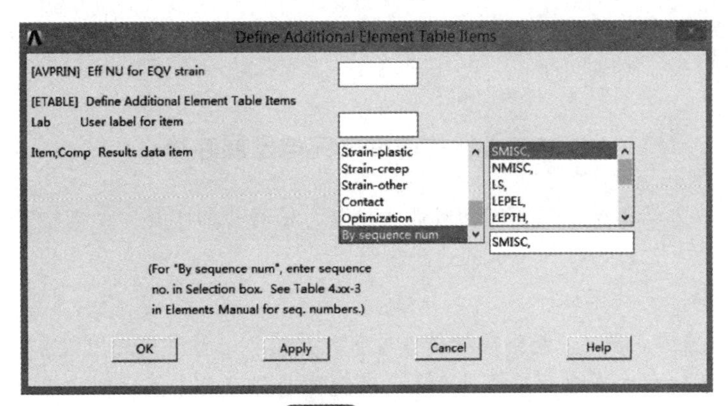

图6-35　提取扭矩

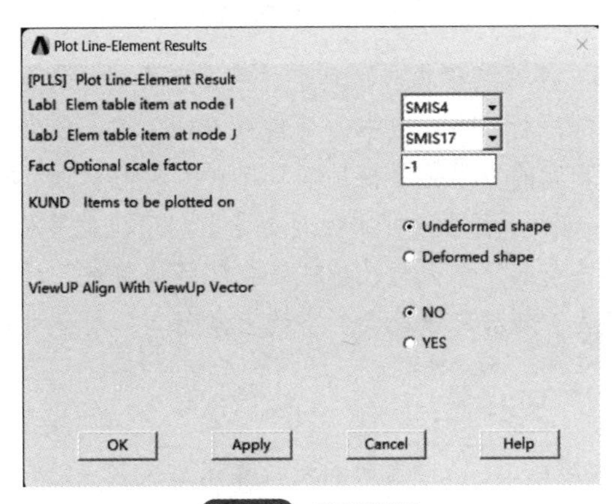

图6-36　弹出对话框

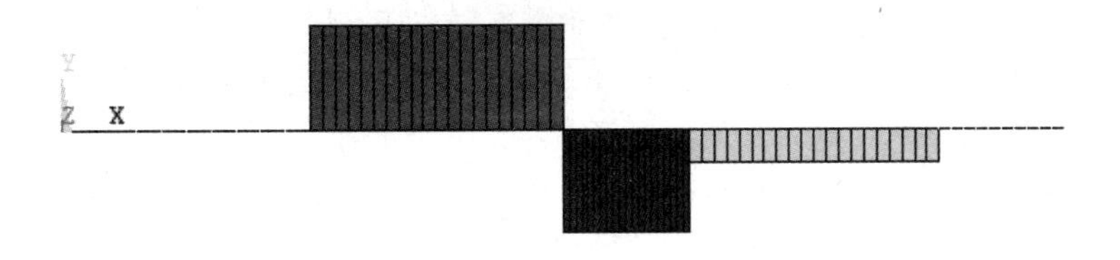

图6-37　扭矩图

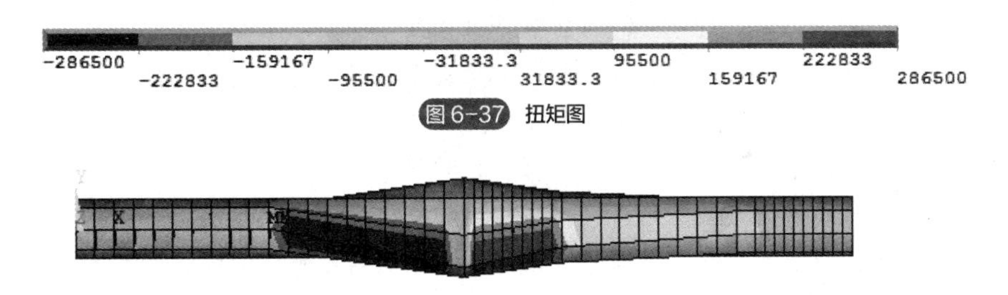

图6-38　切应力分布图

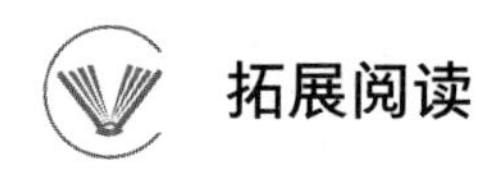

拓展阅读

材料力学的前沿研究与发展趋势

近年来，材料力学作为一门研究材料性能及其力学行为的学科，一直在不断发展和壮大，以下将从前沿研究与发展趋势两个方面进行探讨。

（1）前沿研究

① 组织级材料力学研究。组织级材料力学研究是近年来备受关注的前沿领域之一。传统的材料力学研究主要集中在微观和宏观尺度上，而组织级研究将中间尺度的组织结构纳入考虑。通过研究材料的结构、晶格缺陷、界面行为等，可以更加深入地理解材料的力学性能，并为材料的设计和优化提供指导。

② 多尺度建模与仿真。多尺度建模与仿真是另一个备受关注的前沿领域。传统的材料力学研究往往仅关注单一尺度的分析，而现实中的材料系统往往具有多个尺度的结构。通过多尺度建模和仿真，可以将不同尺度的力学行为相互联系起来，实现全面而准确的材料力学分析。

③ 动力学行为研究。动力学行为研究是材料力学前沿研究的另一重要方向。传统的静态力学分析只能揭示材料在静态荷载下的力学性能，而在实际应用中，材料常常会面临动态加载的情况。研究材料在高速冲击、爆炸等极端条件下的力学行为，对于材料的安全性能评估和设计具有重要意义。

（2）发展趋势

① 多功能材料的研究与应用。多功能材料是近年来材料领域的一个热点。在材料中引入特定的结构和功能单元，可以使材料具备多种功能，例如传感、自修复等。多功能材料的研究不仅能够满足不同领域的应用需求，还可以进一步推动材料力学领域的发展。

② 可持续材料的研究与开发。随着全球资源的日益枯竭和环境问题的日益严重，可持续材料的研究与开发成为了当今材料力学发展的重要方向。可持续材料一方面要求具备良好的力学性能，另一方面要求在生产和使用过程中对环境友好。通过研究新型的可再生材料、轻量化材料等，可以实现材料力学的可持续发展。

③ 人工智能在材料力学中的应用。人工智能技术的快速发展为材料力学领域带来了新的机遇和挑战。将机器学习、深度学习等人工智能技术应用于材料力学的研究中，可以帮助加快材料的开发和优化过程，提高研究的效率和准确性。

总结：材料力学的前沿研究包括组织级材料力学研究、多尺度建模与仿真、动力学行为研究等方面。多功能材料的研究与应用、可持续材料的研究与开发，以及人工智能在材料力学中的应用是其发展方向。随着科技的不断进步，材料力学将会在更广阔的领域中发挥作用，为人类社会的发展作出更大的贡献。

第 7 章

梁的弯曲

本章思维导图

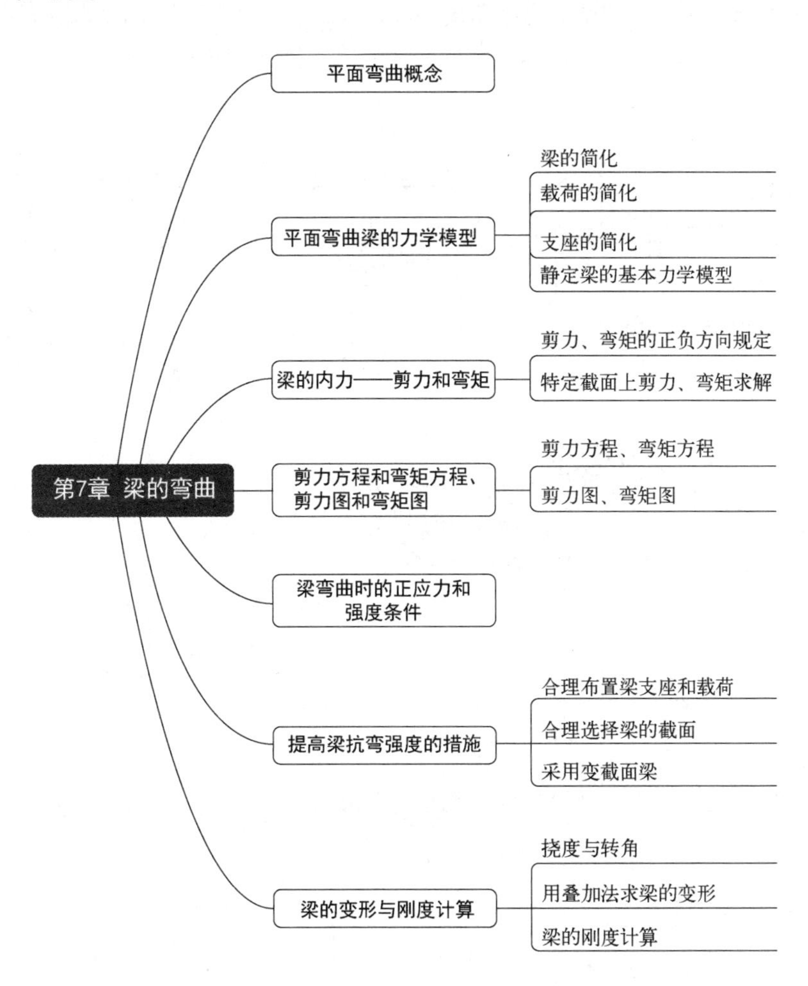

本章学习目标

1. 了解梁平面弯曲的概念，能够举出平面弯曲的工程实例。
2. 掌握三种力的模型、支座的简化。
3. 掌握用截面法求解梁的内力方程，能够熟练绘制内力图。
4. 掌握梁的正应力的公式、强度条件。
5. 了解提高梁的抗弯强度措施。
6. 掌握梁的挠度和转角的定义。
7. 了解梁的变形计算方法以及梁的刚度条件。

本章案例引入

在工程中经常遇到这样一类杆件，它们承受的外力（荷载和约束反力）是作用线垂直于杆轴线的平衡力系。在外力的作用下，杆轴线由直线变成曲线，这种变形称为**弯曲**。以弯曲变形为主的杆件称为**梁**。梁的用途非常广泛，例如房屋建筑物中的横梁[图 7-1（a）]和阳台梁[图 7-1（b）]、桥式起重机的钢梁[图 7-1（c）]、公路桥的纵梁和桥面板梁[图 7-1（d）]等，拱坝的拱冠梁[图 7-1（e）]在拱坝承受水压力时，也发挥梁的作用。

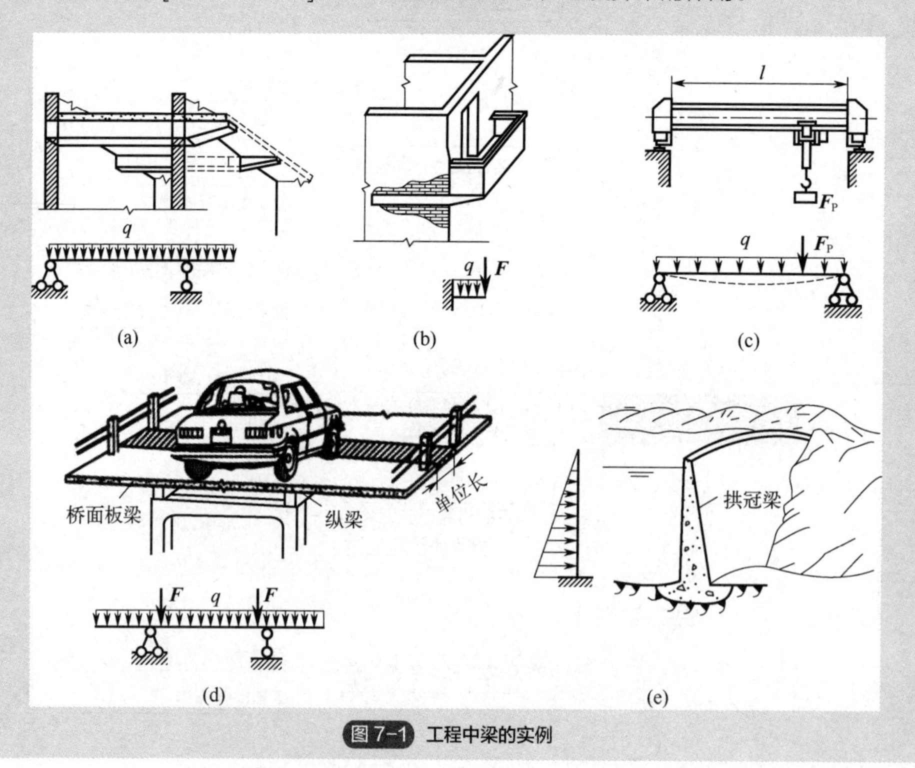

图 7-1 工程中梁的实例

7.1　平面弯曲概念

工程中常见的梁多采用具有竖向对称轴的横截面，例如矩形、圆形、工字形、T 形等（图 7-2），而外力一般作用在梁的纵向对称面内，在这种情况下，梁弯曲变形表现出以下特点：梁的轴线与外力保持在同一纵向对称面内，即梁变形后的轴线成为一条在纵向对称面内的平面曲线（图 7-3），这类弯曲称为**平面弯曲**。本章主要研究平面弯曲问题。

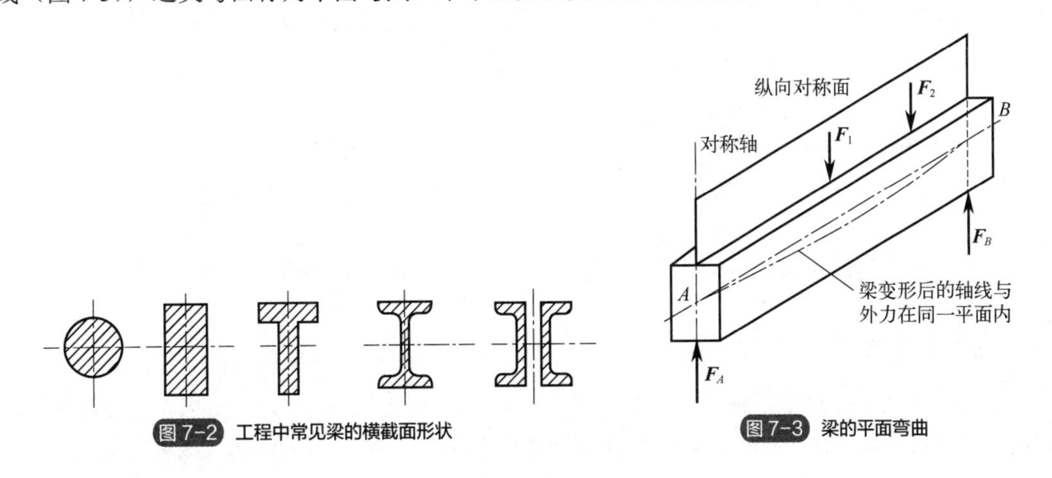

图 7-2　工程中常见梁的横截面形状

图 7-3　梁的平面弯曲

7.2　平面弯曲梁的力学模型

为了便于分析和计算平面弯曲梁的强度和刚度，需要建立其力学模型，得出其计算简图。梁的力学模型包括梁的简化、载荷的简化和支座的简化。

7.2.1　梁的简化

无论梁的外形尺寸如何，通常用梁的轴线 AB 代替梁，如图 7-4 和图 7-5 所示。

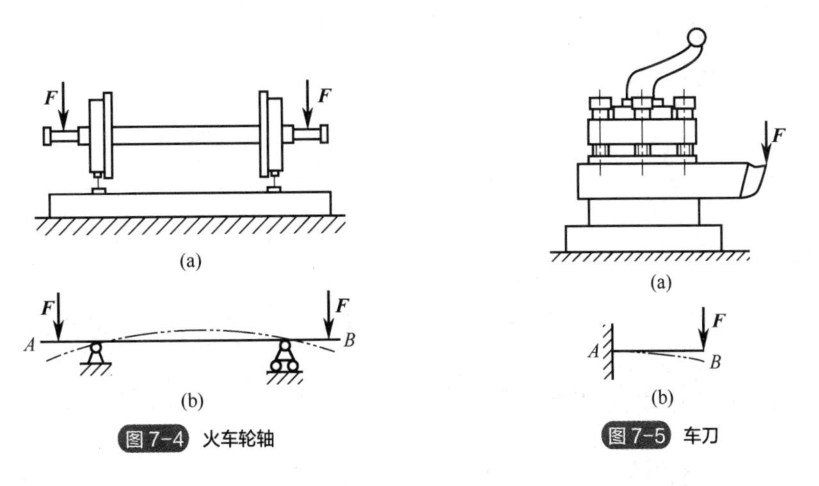

图 7-4　火车轮轴

图 7-5　车刀

7.2.2 载荷的简化

作用于梁上的外力，可简化为以下三种力的模型。

（1）分布载荷

分布载荷是沿梁的全长或部分长度连续分布的横向力。若是均匀分布，称为**均布载荷**。均布载荷常用载荷集度 q 表示，如图 7-6 所示的桥式起重机大梁的自重，即作用在梁的全长上载荷集度为 q 的均布载荷，如图 7-7 所示。

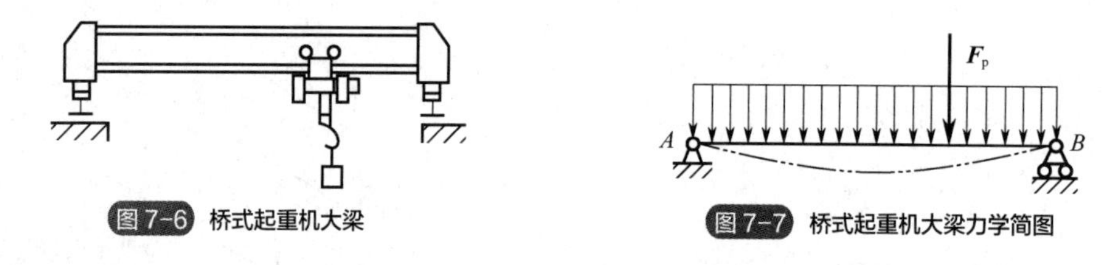

图 7-6 桥式起重机大梁　　图 7-7 桥式起重机大梁力学简图

（2）集中力

当力的作用范围远小于梁的长度时，可简化为作用于一点的集中力。如火车车厢对轮轴的作用力（见图 7-4）及起重机吊重对大梁的作用（见图 7-6）等，都可以简化为集中力。

（3）集中力偶

当力偶作用的范围远小于梁的长度时，可简化为集中作用于某一截面的集中力偶。如图 7-8（a）所示，若斜齿轮的轴向分力 $\boldsymbol{F}_a$ 平移到轴上而附加的力偶 $\boldsymbol{M}$ 分布在齿轮宽度 CD 上，因 CD 段轴的长度远小于整个轴的长度，故简化为集中作用于 CD 段轴中点截面上的集中力偶，其力偶矩 $M = F_a r$，如图 7-8（b）所示。

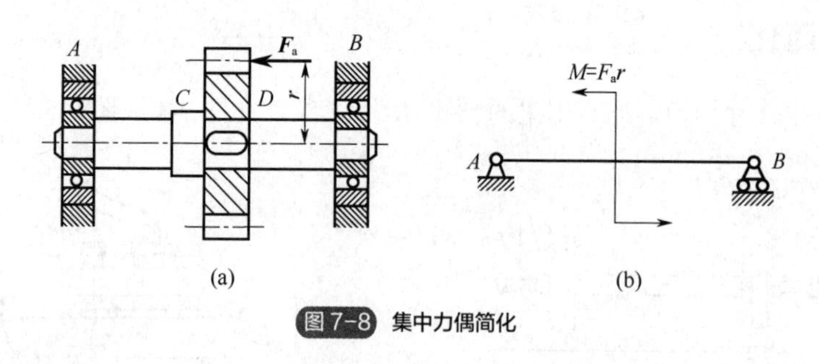

图 7-8 集中力偶简化

7.2.3 支座的简化

根据支座对梁的不同约束，可将梁的支座简化为固定铰支座、活动铰支座和固定端。

7.2.4 静定梁的基本力学模型

根据梁的支座约束情况，工程中将梁分为三种基本形式。

① 简支梁。梁的两端分别为固定铰支座和活动铰支座，如图 7-9（a）所示。

② 外伸梁。梁的两支座分别为固定铰支座和活动铰支座，但梁的一端或两端伸出支座外，如图 7-9（b）所示。

③ 悬臂梁。梁的一端为固定端支座，另一端为自由端，如图 7-9（c）所示。

以上梁的支座约束力可通过静力学平衡方程求得，称为**静定梁**。否则，称为**静不定梁**。

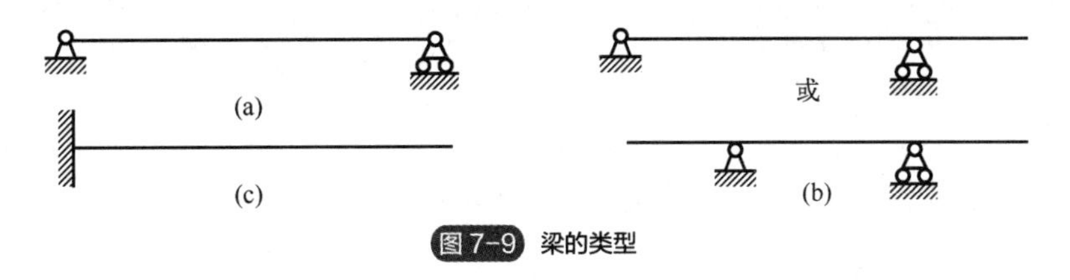

图 7-9 梁的类型

7.3 梁的内力——剪力和弯矩

为计算梁的应力和变形，首先必须确定梁横截面上的内力。

设有一简支梁 AB，受集中载荷 $\boldsymbol{F}_1$、$\boldsymbol{F}_2$、$\boldsymbol{F}_3$ 的作用［图 7-10（a）］，现求距 A 端为 x 处的横截面 m—m 上的内力。为此，先求出梁的支座反力 $\boldsymbol{F}_A$、$\boldsymbol{F}_B$，然后用截面法沿截面 m—m 假想地将梁截为两部分，取左边部分为研究对象［图 7-10（b）］。

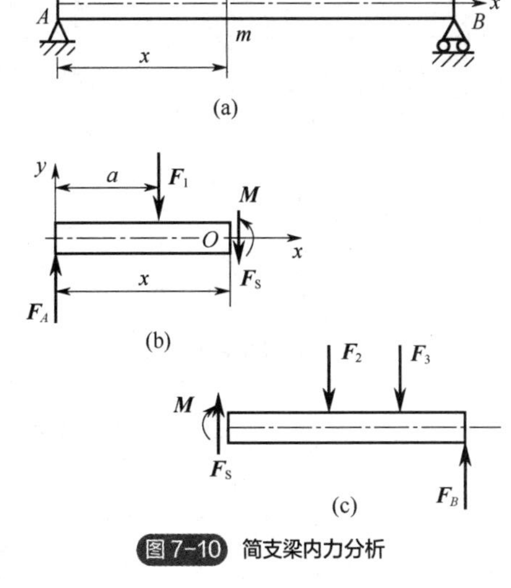

图 7-10 简支梁内力分析

由于作用于其上的外力 $\boldsymbol{F}_A$ 和 $\boldsymbol{F}_1$ 在垂直于梁轴线方向的投影之和不为零，为保持左段梁在垂直方向的平衡，在横截面上必然存在一个切于横截面的内力 $\boldsymbol{F}_\mathrm{s}$，由平衡方程

$$\sum F_y = 0\text{，}\quad F_A - F_1 - F_\mathrm{s} = 0$$

得

$$F_\mathrm{s} = F_A - F_1 \tag{7-1}$$

$\boldsymbol{F}_\mathrm{s}$ 称为横截面 m—m 上的**剪力**。由于左段梁上各外力对截面形心 O 之矩一般不能相互抵消，为保持该段梁不发生转动，在横截面上必然存在一个位于载荷平面内的内力偶，其力偶矩以 $\boldsymbol{M}$ 表示，由平衡方程

$$\sum M_O = 0\text{，}\quad -F_A x + F_1(x-a) + M = 0$$

得

$$M = F_A x - F_1(x-a) \tag{7-2}$$

矩心 O 为横截面 m—m 的**形心**。内力偶矩 $\boldsymbol{M}$ 称为**弯矩**。

若取右段梁为研究对象，用同样的方法也可以得到截面 m—m 上的剪力 $\boldsymbol{F}_\mathrm{s}$ 和弯矩 $\boldsymbol{M}$［如图 7-10（c）所示］。分别取左段或右段为研究对象求得同一截面上的剪力或弯矩，其数值是相等的，但方向或转向则相反，因为它们是作用与反作用的关系。

为了使左右两段梁在同一截面上的内力正负号相同，须按梁的变形情况来规定内力的正负号：**在所切横截面的内侧切取微段，凡企图使微段沿顺时针方向转动的剪力为正；使微段弯曲**

呈凹形的弯矩为正。按此规定，图 7-11 所示剪力和弯矩均为正。

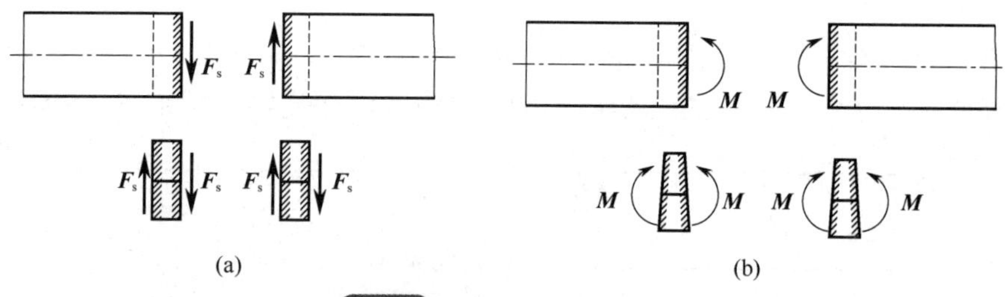

图 7-11 剪力、弯矩正负号规定

根据上述分析，可将计算剪力和弯矩的方法概括如下：

① 在需求内力的横截面处，假想将梁切开，并选切开后的任一梁段为研究对象；

② 画所选梁段的受力图，图中，剪力 F_s 与弯矩 M 可假设为正；

③ 由平衡方程 $\sum F_y = 0$ 计算剪力 F_s；

④ 由平衡方程 $\sum M_O = 0$ 计算弯矩 M，式中，O 为所切横截面的形心。

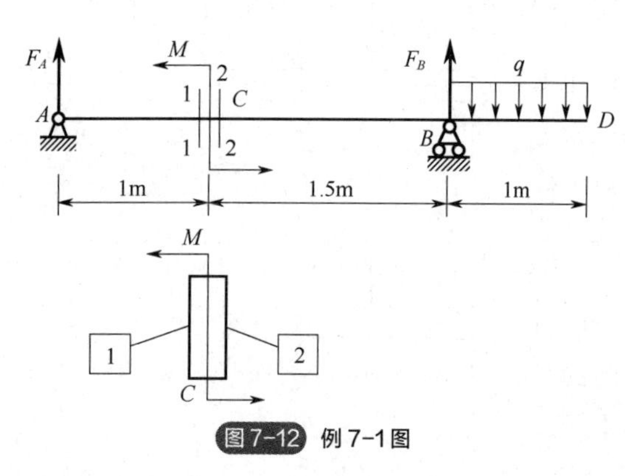

图 7-12 例 7-1 图

【例 7-1】一右端外伸梁 AD，如图 7-12 所示，在截面 C 处作用一集中力偶 M=10kN·m，外伸段上作用有集度为 q=5kN/m 的均匀分布载荷（均布载荷）。求截面 1—1、2—2 上的剪力和弯矩。其中截面 1—1 从左侧无限接近于截面 C，截面 2—2 从右侧无限接近于截面 C。

解：先画受力图，由平衡方程求出梁的支座反力为

$$F_A = 3\text{kN}，\quad F_B = 2\text{kN}$$

由截面 1—1 左侧梁段上的外力直接求得

$$F_{s1} = F_A = 3\text{kN}，\quad M_1 = F_A \times AC = 3\text{kN} \cdot \text{m}$$

如果从截面 1—1 右侧梁段进行外力计算，得

$$F_{s1} = -F_B + q \times 1 = 3\text{kN}，\quad M_1 = M + F_B \times 1.5 - q \times 1 \times 2 = 3\text{kN} \cdot \text{m}$$

可见两种计算结果完全相同。

由截面 2—2 左侧梁段上的外力直接求得

$$F_{s2} = F_A = 3\text{kN}，\quad M_2 = F_A \times AC - M = -7\text{kN} \cdot \text{m}$$

同样也可以由截面 2—2 右侧梁段上的外力进行计算，得

$$F_{s2} = -F_B + q \times 1 = 3\text{kN}，\quad M_2 = F_B \times 1.5 - q \times 1 \times 2 = -7\text{kN} \cdot \text{m}$$

从上面的计算结果可以看出，在集中力偶作用处两侧的弯矩是不一样的，有突变。

7.4 剪力方程和弯矩方程、剪力图和弯矩图

7.4.1 剪力方程和弯矩方程

一般情况下，梁横截面上的剪力和弯矩随截面位置不同而变化。若以横坐标 x 表示横截面

在梁轴线上的位置，则各横截面上的剪力和弯矩皆可表示为 x 的函数，即

$$F_s=F_s(x)$$

$$M=M(x)$$

上面的函数表达式，即为梁的剪力方程和弯矩方程。

在建立 $F_s(x)$、$M(x)$函数时，坐标原点一般设在梁的左端。

7.4.2 剪力图和弯矩图

根据 $F_s(x)$、$M(x)$函数，可方便地将 F_s、M 沿梁轴线的变化情况形象地表现出来。与绘制轴力图或扭矩图一样，用图线表示梁的各横截面上剪力 F_s 和弯矩 M 沿轴线变化的情况。绘图时，以平行于梁轴的横坐标表示横截面的位置，以纵坐标按比例表示相应截面上的剪力或弯矩。这种图线分别称为**剪力图**和**弯矩图**。

下面举例说明弯矩、剪力方程的表达和弯矩图、剪力图的绘制。

【例 7-2】图 7-13 所示简支梁在 C 点受集中力 F_p 作用。试列出它的剪力方程和弯矩方程，并作剪力图和弯矩图。

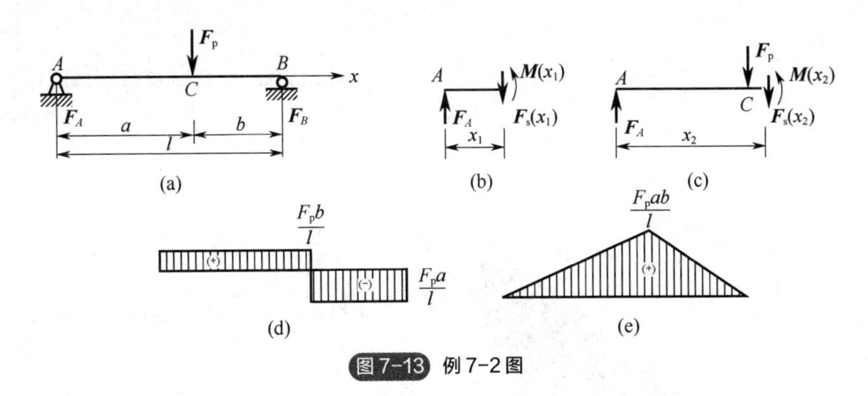

图 7-13　例 7-2 图

解：（1）求约束反力

整体平衡，求出约束反力为

$$F_A=\frac{F_p b}{l},\quad F_B=\frac{F_p a}{l}$$

（2）分段列 $F_s(x)$、$M(x)$方程

AC 段为

$$F_s(x_1)=F_A=\frac{F_p b}{l}\quad (0<x_1<a) \tag{7-3}$$

$$M(x_1)=F_A x_1=\frac{F_p b}{l}x_1\quad (0\leqslant x_1\leqslant a) \tag{7-4}$$

CB 段为

$$F_s(x_2)=F_A-F_p=\frac{F_p b}{l}-F_p\quad (a<x_2<l) \tag{7-5}$$

$$M(x_2)=F_Ax_2-F_p(x_2-a)=\frac{F_pb}{l}x_2-F_p(x_2-a)\quad(a\leqslant x_2\leqslant l) \tag{7-6}$$

（3）绘制 F_s 图、M 图

根据式（7-3）、式（7-5）作 F_s 图，如图 7-13（d）所示。

根据式（7-4）、式（7-6）作 M 图，如图 7-13（e）所示。

（4）确定 F_{smax}、M_{max}

根据 F_s 图可见，当 $a>b$ 时，$\left|F_s\right|_{max}=\dfrac{F_pa}{l}$。

根据 M 图可见，C 截面处有 $\left|M\right|_{max}=\dfrac{F_pab}{l}$。

若 $a=b$，则 $M_{max}=\dfrac{F_pl}{4}$。

【例 7-3】图 7-14 所示高架桥可简化为简支梁模型，如图 7-15（a）所示，在整个梁上作用有集度为 q 的均布载荷。试列出它的剪力方程和弯矩方程，并作剪力图和弯矩图。

图 7-14 高架桥

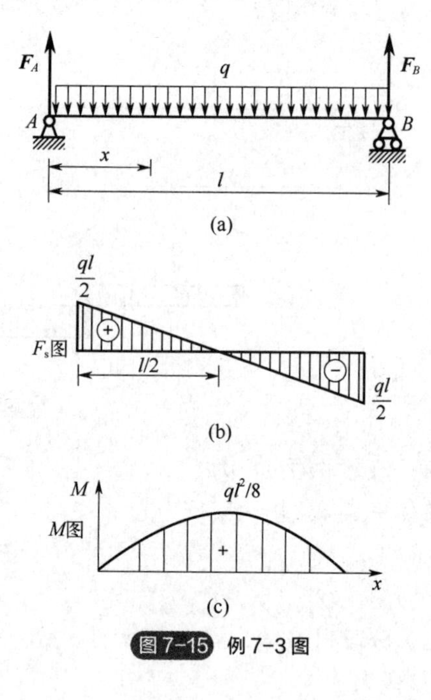

图 7-15 例 7-3 图

解：（1）求约束反力

由于载荷及约束力均对称于梁跨的中点，因此，两个约束力相等，由静力学平衡方程

$$\sum F_y=0 \tag{7-7}$$

得

$$F_A=F_B=\frac{ql}{2}$$

（2）列剪力方程和弯矩方程

以梁的左端为坐标原点，距原点为 x 的任意截面上的剪力方程和弯矩方程分别为

$$F_s(x)=F_A-qx=\frac{ql}{2}-qx \quad (0<x<l)$$

$$M(x)=F_Ax-qx\frac{x}{2}=\frac{qlx}{2}-\frac{qx^2}{2} \quad (0\leqslant x\leqslant l)$$

（3）绘制剪力图和弯矩图

由剪力方程可知，剪力图是一斜直线，只要确定线上的两点，就可以确定这条直线。如 $x=0$ 处，$F_s=\frac{ql}{2}$；$x=l$ 处，$F_s=-\frac{ql}{2}$。连接这两点就得到梁的剪力图，如图 7-15（b）所示。由弯矩方程可知，弯矩图为一条二次抛物线，就需要多定几个点，如 $x=0$ 和 $x=l$ 处，$M=0$；$x=\frac{l}{2}$ 处，$M=\frac{ql^2}{8}$；$x=\frac{l}{4}$ 和 $x=\frac{3l}{4}$ 处，$M=\frac{3ql^2}{32}$。将这些点连成一光滑曲线即得到弯矩图，如图 7-15（c）所示。

由图 7-15 可知，此梁在梁跨中点横截面上的弯矩值为最大，$M_{\max}=ql^2/8$，此截面上 $F_s=0$；而两支座内侧横截面上的剪力值最大，$F_{s\max}=ql/2$，且由于梁的结构及载荷具有对称性，剪力图反对称，弯矩图正对称。

【例 7-4】图 7-16（a）所示的简支梁在 C 处受集中力偶 $\boldsymbol{M}$ 的作用。试列出它的剪力方程和弯矩方程，并作剪力图和弯矩图。

解：（1）求约束力

由静力平衡方程 $\sum M_A=0$ 和 $\sum M_B=0$，分别得约束力为

$$F_A=\frac{M}{l},\quad F_B=-\frac{M}{l}$$

（2）列剪力方程和弯矩方程

此简支梁上的载荷只有一个在两支座之间的力偶而没有横向外力，故全梁只有一个剪力方程：

$$F_s(x)=\frac{M}{l} \quad (0<x<l)$$

但 AC 和 CB 两梁段的弯矩方程则不同，分别是

AC 段：$M(x)=\frac{M}{l}x \quad (0\leqslant x<a)$

CB 段：$M(x)=\frac{M}{l}x-M=-\frac{M}{l}(l-x) \quad (a<x\leqslant l)$

（3）绘制剪力图和弯矩图

由剪力方程可知，整个梁的剪力图是一条平行于横轴上方的水平线［图 7-16（b）］。由两个弯矩方程可知，左、右两段的弯矩图各是一条斜直线。在图上确定出必要的点后，根据各方程的使用范围，就可以绘出梁的弯矩图［图 7-16（c）］。

由图 7-16 可知，在 $b>a$ 的情况下，集中力偶作用处的右侧横截面上弯矩绝对值最大，$|M|_{\max}=Mb/l$。

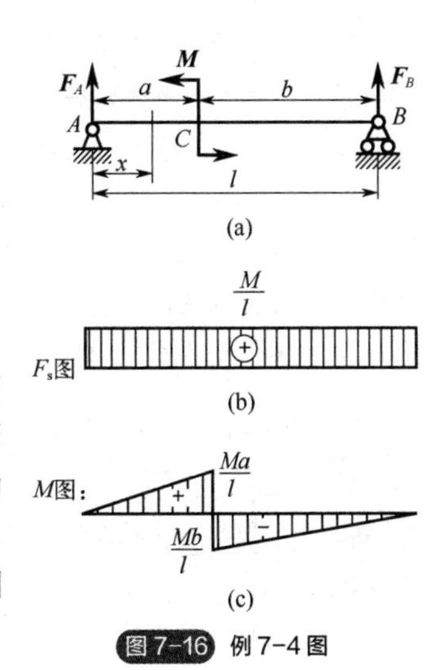

图 7-16 例 7-4 图

7.5 梁弯曲时的正应力和强度条件

若梁的横截面上只有弯矩而无剪力，则产生的弯曲称为**纯弯曲**，简称**纯弯**。若梁受横向载荷作用，截面上既有弯矩又有剪力，则产生的弯曲称为**横向弯曲**，简称**横弯**。本节重点讨论纯弯曲时的应力分布。

7.5.1 平面假设与变形的几何关系

首先研究纯弯曲梁的表面变形特征。如图 7-17 所示，加载前预先在梁表面分别等间隔地画上若干平行于轴线和垂直于轴线的直线，构成正方形网格如图 7-17（a）所示。然后在梁的两端施加一对作用于梁对称面内的集中力偶（力偶矩为 $\boldsymbol{M}$），梁所产生的变形情况如图 7-17（b）所示。观察、分析梁表面的变形特征可以发现如下现象：

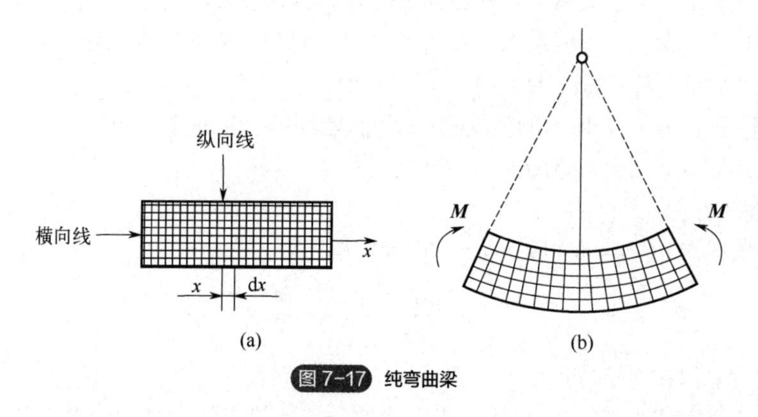

图 7-17 纯弯曲梁

① 纵向线变成彼此平行的弧线，靠顶面的纵向弧线缩短，靠底面的纵向弧线伸长。

② 横向线依然为直线，只是发生相对转动，但仍与变形后的纵向线保持正交（即与纵向线的切线垂直）。

根据上述表面变形特征，可以作出如下假设：梁的横截面在梁变形之后依然保持为平面，并仍垂直于变形后的梁轴线，只是绕着截面上的某一轴线转过一定角度。把梁发生纯弯曲变形时的这个特性称为梁弯曲时的**平面假设**。

此外，为了简化应力分析过程，需作出某些假设，例如：纵向线互不挤压假设，即在纵截面上无正应力作用；线弹性材料假设，即在弹性范围内，应力、应变满足线性关系；拉压弹性模量相同假设；等等。但最重要的是平面假设。

在上述分析和假设的基础上，可以进一步得出如下几点结论。

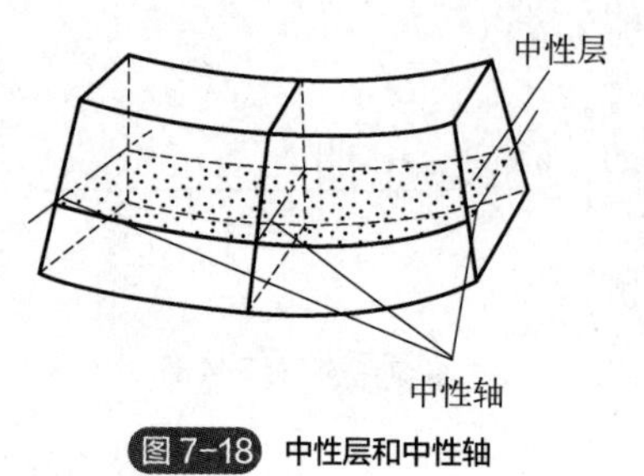

图 7-18 中性层和中性轴

① 梁内某些纵向层产生伸长变形，另一些纵向层则产生缩短变形，二者之间必然存在一个过渡层，它既不伸长，也不缩短，把这样一个纵向层称为梁的“**中性层**”（图 7-18 中的阴影面）。中性层与横截面的交线称为截面上的“**中性轴**”。横截面上位于中性轴两侧的各点分别承受拉应力和压应力作用，而中性轴上各点的正应力为零。

② 梁的横截面上只有正应力而没有切应力。横截面上各

点或处于单向拉伸状态，或处于单向压缩状态。

根据平面假设，分析推导沿梁的高度方向纵向变形之间的几何关系。从梁上截取任意微段 dx，在截面上设置 Oyz 坐标，其中 Oz 与中性轴重合，Oy 在加载面内［图 7-19（a）、（b）］。以下对微段上距离中性层 y 处的 AB 层纵向变形进行分析。根据平面假设，微段变形后如图 7-19（c）所示，其中 ρ 为微段中性层的曲率半径，dθ 为微段两相邻截面的相对转角。由图可见，中性层变为弧面 $O'O'$，但长度不变；而纵向层 AB 变为 $A'B'$，其纵向伸长量为 BB'。显然 $BB' = y\mathrm{d}\theta$，因而，AB 层的纵向正应变为 $\varepsilon = \dfrac{BB'}{AB} = y\dfrac{\mathrm{d}\theta}{\mathrm{d}x}$。

其中，$\dfrac{\mathrm{d}\theta}{\mathrm{d}x} = \dfrac{1}{\rho}$，于是有

$$\varepsilon = \frac{y}{\rho} \tag{7-8}$$

式(7-8)就是梁弯曲时的几何方程。其中曲率半径 ρ 对于确定的截面为常数。因此，式(7-8)表明，纯弯曲时梁横截面上各点的纵向正应变沿截面高度方向呈线性分布，中性轴处正应变为零，中性轴两侧分别为拉应变和压应变，距中性轴最远处，正应变的绝对值最大。

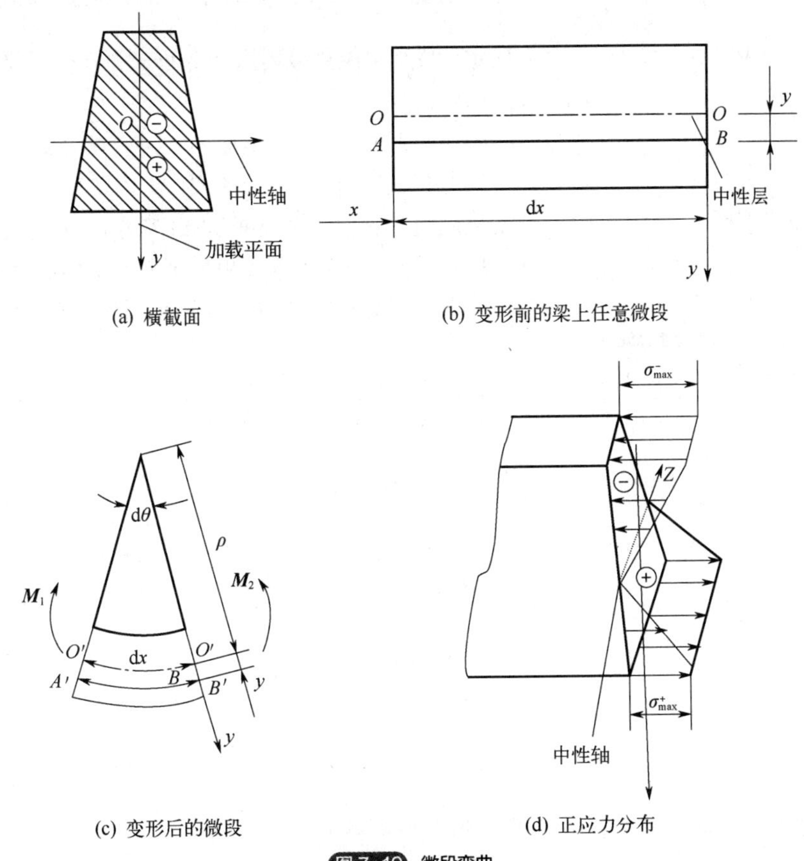

(a) 横截面

(b) 变形前的梁上任意微段

(c) 变形后的微段

(d) 正应力分布

图 7-19 微段弯曲

7.5.2 物理方程与应力分布

对于线弹性材料，若在弹性范围内加载，则横截面上的正应力与正应变满足胡克定律

$$\sigma = E\varepsilon \tag{7-9}$$

将式（7-8）代入式（7-9）后，可得

$$\sigma = E\frac{y}{\rho} \tag{7-10}$$

式中，E、ρ 均为常量。

式（7-10）表明：纯弯曲时梁横截面上的正应力沿横截面高度呈线性分布，在中性轴处正应力为零，在距中性轴最远的截面边缘，分别受到最大拉应力与最大压应力作用，截面上同一高度的各点正应力相同。正应力的分布如图 7-19（d）所示。

7.5.3 静力学平衡方程

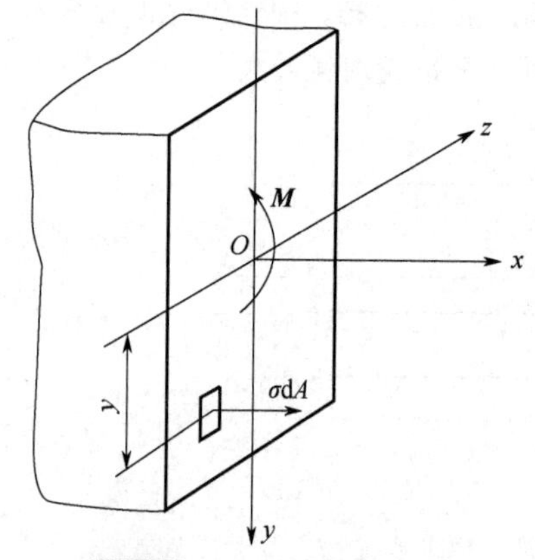

图 7-20 纯弯曲梁横截面上微元

式（7-10）虽已解决了 σ 的变化规律，但式中还含有未知的几何量 $\frac{1}{\rho}$（梁变形后的曲率），同时，中性轴的位置也未确定，故尚不能直接用来计算正应力 σ，需要通过静力学关系来解决。

梁在纯弯曲情况下，横截面上只有对于 z 轴的弯矩 M 这一个内力分量，对于 y 轴的弯矩 M_y 以及轴力 F_N 都等于零。考察横截面上的任意微元面积 dA（图 7-20），其上的作用力为 $\sigma \mathrm{d}A$，它对 y 轴、z 轴之矩分别为 $z\sigma \mathrm{d}A$、$y\sigma \mathrm{d}A$，但在整个截面上的积分结果必须满足下列三个静力方程：

$$\int_A \sigma \mathrm{d}A = F_{\mathrm{N}} = 0 \tag{7-11}$$

$$\int_A y\sigma \mathrm{d}A = M \tag{7-12}$$

$$\int_A z\sigma \mathrm{d}A = M_y = 0 \tag{7-13}$$

将式（7-10）代入式（7-12），考虑到 $\frac{E}{\rho}$ 对于确定的截面为常量，可移至积分号外，于是得

$$\frac{1}{\rho} = \frac{M}{EI_z} \tag{7-14}$$

其中

$$I_z = \int_A y^2 \mathrm{d}A \tag{7-15}$$

I_z 称为整个截面对于中性轴（z）的轴惯性矩，单位为 m^4 或 mm^4。

式（7-14）是研究梁纯弯曲变形的一个基本公式。它说明梁轴曲线的曲率 $\frac{1}{\rho}$ 与弯矩 M 成正

比，与 EI_z 成反比，EI_z 越大，则 $\frac{1}{\rho}$ 越小，表明梁的变形小，刚度大。故力学上称 EI_z 为梁的**抗弯刚度**。对照胡克定律的表达式 $\varepsilon=\frac{\Delta l}{l}=\frac{F_N}{EA}$，以及扭转变形公式 $\theta=\frac{d\varphi}{dx}=\frac{T}{GI_P}$，式（7-14）是胡克定律在弯曲中的表达形式。

将式（7-14）代入式（7-10）得

$$\sigma=\frac{My}{I_z} \tag{7-16}$$

那么，式（7-16）就是计算梁纯弯曲时横截面上任意一点正应力的公式。利用该式计算时，通常是用 M 与 y 的绝对值来计算 $\boldsymbol{\sigma}$ 的大小，再根据梁的变形情况，直接判断 $\boldsymbol{\sigma}$ 是拉应力还是压应力。梁弯曲变形后，凸边的应力是拉应力，凹边的应力是压应力。

一般地说，梁的强度是由截面上的最大正应力决定的。最大正应力所在的点，习惯上称为危险点。因此，掌握危险点的应力计算十分重要。

从式（7-16）可知，在横截面上最外边缘处正应力最大，所以梁最外边缘各点即为危险点。以 y_{max} 表示最外边缘处的点到中性轴的距离，则横截面上的最大弯曲正应力为

$$\sigma_{max}=\frac{My_{max}}{I_z} \tag{7-17}$$

显然，当截面对称于中性轴，如矩形、圆形、工字形截面等，则中性轴到上下两边缘处的距离相等，即 y_{max} 相等，因此最大拉应力和最大压应力的大小相等。

为了计算方便，式（7-17）中的两个几何量还可以合并起来，即令

$$W_z=\frac{I_z}{y_{max}} \tag{7-18}$$

于是，式（7-17）变为

$$\sigma_{max}=\frac{M}{W_z} \tag{7-19}$$

式（7-19）就是最常用的求截面上最大弯曲正应力的公式。式中，W_z 称为横截面对中性轴 z 的抗弯截面系数，单位是 m^3 或 mm^3。常见的截面，如矩形截面（高为 h，宽为 b）、圆形截面（直径为 d），如图 7-21（a）、（b）所示，抗弯截面系数分别为

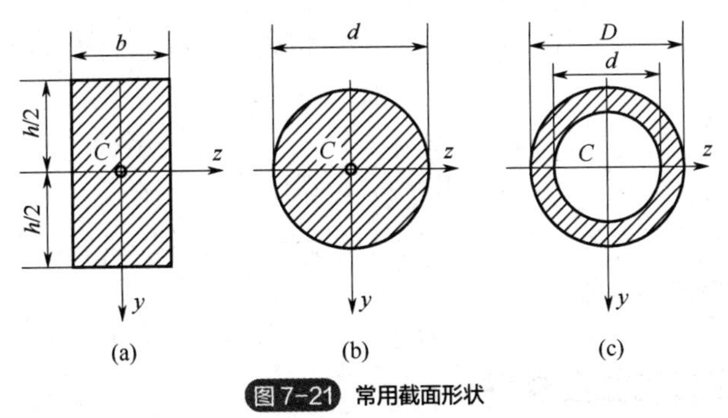

图 7-21　常用截面形状

矩形：$W=\frac{I_z}{y_{max}}=\frac{\frac{bh^3}{12}}{\frac{h}{2}}=\frac{bh^2}{6}$

圆形：$W=\dfrac{I_z}{y_{\max}}=\dfrac{\dfrac{\pi d^4}{64}}{\dfrac{d}{2}}=\dfrac{\pi d^3}{32}$

对于内、外径分别为 d 与 D 的空心圆截面，如图 7-21（c）所示，抗弯截面系数为

$$W_z=\frac{\pi D^3}{32}(1-\alpha^4)$$

其中，$\alpha=\dfrac{d}{D}$，代表内、外径的比值。

7.5.4 弯曲正应力公式适用范围的讨论

为了更好地理解和把握梁弯曲正应力计算公式的物理含义和应用范围，在此说明：

① 上述弯曲正应力公式是在纯弯曲状态下得到的，并经过了实践的验证。当梁受到横向外力作用时，一般其横截面上既有弯矩，又有剪力，这就是所谓的剪切弯曲或横力弯曲。由于剪力的存在，梁的横截面将发生翘曲。同时，横向力将使梁的纵向纤维间产生局部的挤压应力。这时，梁的变形成为一种复合变形，情况较为复杂。本书不再讨论此种情况。

② 横截面不对称于中性轴的情况，需要分别计算抗弯截面系数和最大弯曲正应力，如槽型截面，如图 7-22 所示。

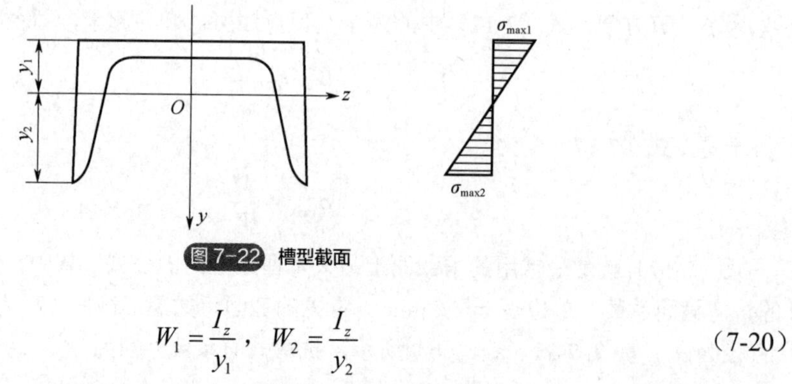

图 7-22 槽型截面

$$W_1=\frac{I_z}{y_1}，\ W_2=\frac{I_z}{y_2} \tag{7-20}$$

式中，y_1、y_2 分别表示该截面上、下边缘到中性轴的距离。于是，相应的最大弯曲正应力分别为

$$\sigma_{\max 1}=\frac{My_1}{I_z}=\frac{M}{W_1} \qquad \sigma_{\max 2}=\frac{My_2}{I_z}=\frac{M}{W_2} \tag{7-21}$$

③ 梁纯弯曲时的正应力公式只有当梁的材料服从胡克定律，而且在拉伸或压缩时的弹性模量相等的条件下才能应用。

7.5.5 弯曲正应力的强度条件

在求出梁中的最大正应力 $\sigma_{\max}$ 后，就可以为梁建立正应力强度条件。梁的正应力强度条件为要求梁的最大正应力不超过材料的许用弯曲正应力 $[\sigma]$，即

$$\sigma_{max} = \frac{M_{max}}{W_z} \leqslant [\sigma] \quad (7\text{-}22)$$

需要指出，对抗拉和抗压强度相等的塑性材料（如碳钢），只要梁内最大正应力绝对值不超过许用应力即可；而对抗拉和抗压强度不等的脆性材料（如铸铁），则要求最大拉应力 $\sigma_{t,max}$ 和最大压应力 $\sigma_{c,max}$，分别不超过材料的许用拉应力$[\sigma_t]$和许用压应力$[\sigma_c]$。

图 7-23 工字钢梁结构图

【例 7-5】如图 7-23 所示悬臂工字钢梁，简化图如图 7-24（a）所示工字钢梁 AB，在自由端处作用一集中荷载 $\boldsymbol{F}$。已知工字钢型号为 18 号，其许用应力$[\sigma]$=170MPa，l=1.2m，试求 $\boldsymbol{F}$ 的许可值。

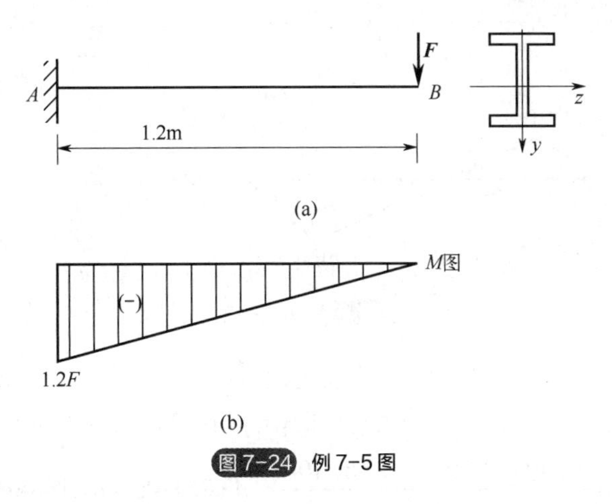

图 7-24 例 7-5 图

解：① 确定最大弯矩。作梁的弯矩图，如图 7-24（b）所示。固定端为危险截面，其弯矩绝对值最大值为

$$|M|_{max} = Fl = 1.2F(\text{N} \cdot \text{m})$$

② 确定许可荷载$[F]$。查表知道 $W_z = 185 \times 10^3 \text{mm}^3$。

由强度条件计算公式得：

$$M_{max} \leqslant W_z[\sigma]$$

即

$$1.2F \leqslant 185 \times 10^{-6} \times 170 \times 10^6$$
$$F \leqslant 26.2\text{kN}$$

故 $[F] = 26.2\text{kN}$。

【例 7-6】T 形截面的铸铁梁荷载尺寸如图 7-25（a）所示。已知铸铁的许用拉应力$[\sigma_t] = 40\text{MPa}$，许用压应力$[\sigma_c] = 120\text{MPa}$；截面对中性轴的惯性矩 $I_z = 763 \times 10^4 \text{mm}^4$，$y_1 = 88\text{mm}$，$y_2 = 52\text{mm}$，试校核梁的强度。

解：① 作弯矩图确定危险截面。由静力平衡条件可得

$$F_A = 3.75\text{kN}, \quad F_B = 12.75\text{kN}$$

作弯矩图如图 7-25（b）所示，由图可见，最大正弯矩在截面 C 上，$M_C = 3.75\text{kN} \cdot \text{m}$；最大负弯矩在截面 B 上，$M_B = -4.5\text{kN} \cdot \text{m}$。

② 校核强度。由于材料的$[\sigma_t]$和$[\sigma_c]$不相等，且中性轴又不是截面的对称轴，所以应该对截面 B、截面 C 的拉压应力均进行校核。

截面 B：M_B 为负弯矩，故最大拉压应力分别发生在上、下边缘处，即

$$\sigma_{t,max}=\frac{M_B y_2}{I_z}=\frac{4.5\times10^3\times52\times10^{-3}}{763\times10^4\times10^{-12}}=30.7\text{MPa}<[\sigma_t]$$

$$\sigma_{c,max}=\frac{M_B y_1}{I_z}=\frac{4.5\times10^3\times88\times10^{-3}}{763\times10^4\times10^{-12}}=52\text{MPa}<[\sigma_c]$$

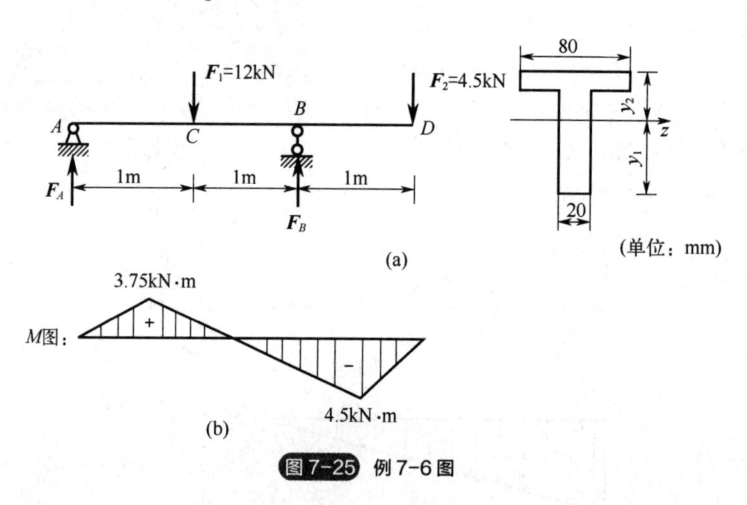

图 7-25 例 7-6 图

截面 C：M_C 为正弯矩，故最大拉应力发生在下边缘处。由于 $y_2<y_1$，所以该截面上最大压应力数值小于最大拉应力数值，又因为材料的$[\sigma_t]<[\sigma_c]$，故该截面无须进行压应力校核。

$$\sigma_{t,max}=\frac{M_C y_1}{I_z}=\frac{3.75\times10^3\times88\times10^{-3}}{763\times10^4\times10^{-12}}=43.25\text{MPa}>[\sigma_t]=40\text{MPa}$$

且有

$$\frac{\sigma_{t,max}-[\sigma_t]}{[\sigma_t]}=\frac{43.25-40}{40}=8\%>5\%$$

由于 $\sigma_{t,max}$ 超过许用拉应力$[\sigma_t]$的 5%，故强度不够。

7.6 提高梁抗弯强度的措施

在梁的强度设计中，常遇到如何根据工程实际情况来提高梁的抗弯强度的问题。根据梁的弯曲正应力强度条件可知，可以通过降低最大正应力 σ_{max} 来提高梁的抗弯承载能力。一是在同样载荷的作用下，设计降低梁的最大弯矩 M_{max}；二是在相同截面面积的条件下，提高梁的抗弯截面系数 W_z，为此可以采用以下措施。

7.6.1 合理布置梁的支座和载荷

在载荷不变的前提下，通过合理布置载荷和安排梁的支座位置，可以降低梁的最大弯矩。

（1）使集中力远离简支梁的中点

图 7-26（a）所示的简支梁受集中力 **F** 作用，最大弯矩 $M_{\max}=Fab/l$，由弯矩图可知，若 **F** 作用于中点处，即 $a=b=l/2$ 时，最大弯矩 $M_{\max}=Fl/4$；若 **F** 作用点偏离中点，当 $a=l/4$ 时，$M_{\max}=3Fl/16$，若 $a=l/6$ 时，$M_{\max}=5Fl/36$。由此可见，作用力离中点越远，最大弯矩越小。所以，使集中力作用点远离简支梁的中点或靠近支座可降低最大弯矩，提高梁的抗弯强度。

（2）将载荷分散在梁上

如图 7-26（b）所示的简支梁，如果集中力必须在梁的中点处作用时，将 **F** 力分散为两个力作用于梁上，不难看出最大弯矩降为 $Fl/8$。可见，载荷分散作用时可使梁内弯矩值下降。

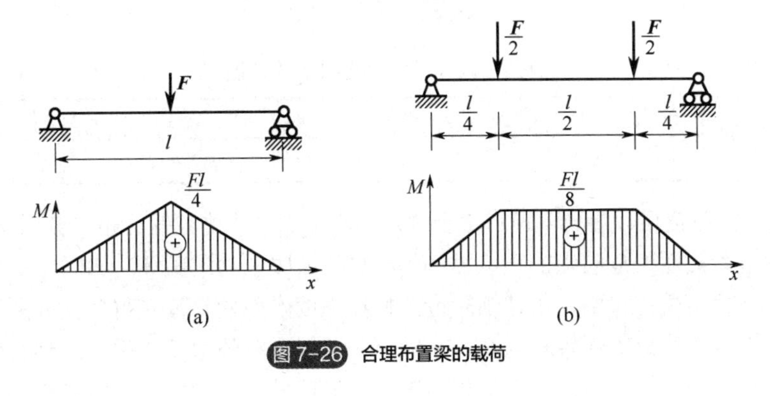

图 7-26　合理布置梁的载荷

（3）合理安排支座位置

如图 7-27（a）所示的一受均布载荷的简支梁，由弯矩图可知，其最大弯矩为 $M_{\max}=\dfrac{ql^2}{8}=0.125ql^2$。若将两支座分别向中间移动 0.2$l$，如图 7-27（b）所示，则最大弯矩值降低至 $M_{\max}=0.025ql^2$。工程上常将许多受弯构件的支座向里面移动一段距离，目的就是降低构件的最大弯矩，提高承载能力。如双杠的支杆、机械设备的底座等。

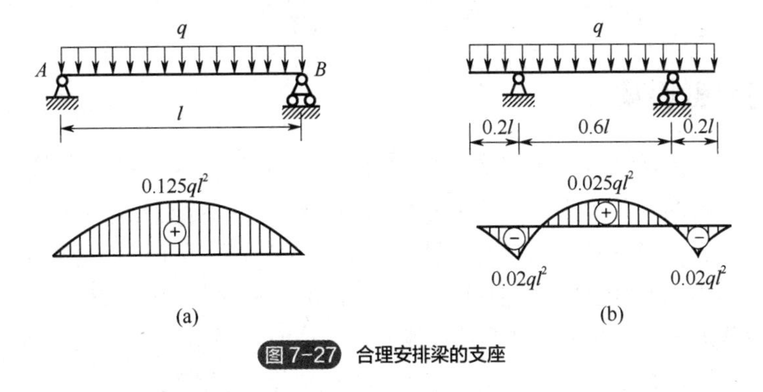

图 7-27　合理安排梁的支座

7.6.2　合理选择梁的截面

从梁的弯曲强度可知，梁的抗弯截面系数 W_z 越大，横截面上的最大正应力就越小，梁的抗弯承载能力就越大。W_z 的值与截面尺寸和截面形状有关，梁的截面面积 A 越大，W_z 就越大，但消耗的材料也会增加，在设计梁时，应采用合理的截面形状。因此合理的截面形状应是：用最小的截面面积（即用材料少），得到大的抗弯截面系数W_z。通常用比值W_z/A来衡量截面的合理性和经济性，该比值越大，截面就越经济合理。

梁的几种常见截面如图 7-28 所示，其对应的W_z/A列在表 7-1 中。

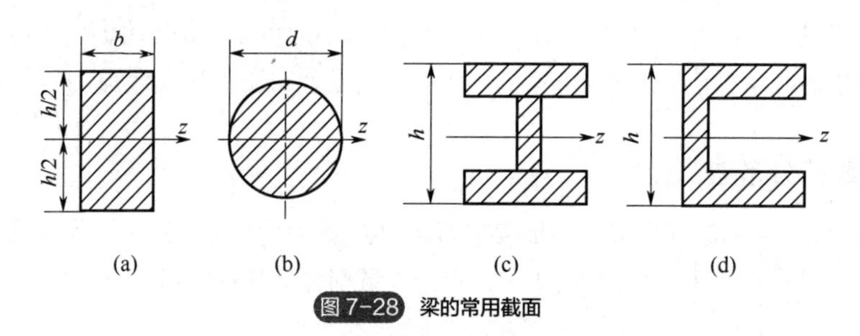

图 7-28 梁的常用截面

表 7-1 常用截面的W_z/A值

截面形状	矩形	圆形	工字钢	槽型
W_z/A	$0.167h$	$0.125d$	$(0.27\sim0.31)h$	$(0.27\sim0.31)h$

从表 7-1 中的数值可以看出，矩形优于圆形，而工字钢或槽型钢比矩形截面更经济、合理。原因是当构件危险截面的危险点的正应力达到材料的极限应力或破坏应力时，中性轴附近的正应力还较小。在梁实际工作中，中性轴附近的材料强度作用始终没有得到充分利用，所以，如果把大部分材料分布在离中性轴较远处，才能充分发挥材料的强度作用，达到充分利用材料的目的。从截面形状来看，工字形截面就相当于把矩形截面中性轴附近的材料移到上下边缘处，从而使截面更加合理。工程中的吊车梁、桥梁常采用工字形、槽型或箱型截面，房屋建筑中的楼板采用空心圆孔板，既节省了原材料，又符合楼板横截面上某点正应力的大小与该点到中性轴的距离成正比的规律。

另外，形状和面积相同的截面采用不同的放置方式，W_z值则可能不相同，如矩形梁，其$W_z=\dfrac{bh^2}{6}(h>b)$，所以竖放时，抗弯截面系数大、承载能力强、不易弯曲，平放时，抗弯截面系数小、承载能力差、易弯曲。

7.6.3 采用变截面梁

对于等截面梁，其截面尺寸是由危险截面的最大弯矩M_{max}来设计的，除M_{max}所在截面的最大正应力达到材料的许用应力外，其余截面的应力均小于甚至远小于许用应力，材料未得到充分利用。为了节省材料，减轻结构的重量，可在弯矩较小处采用较小的截面，这种截面尺寸沿梁轴线变化的梁称为**变截面梁**。若变截面梁每个截面上的最大正应力都等于材料的许用应力，则这种梁称为**等强度梁**。等强度梁的制造成本较高，一般不采用。如图 7-29 所示的摇臂钻的摇臂、鱼腹梁、阶梯轴等，都是变截面梁，可以近似认为是等强度梁。

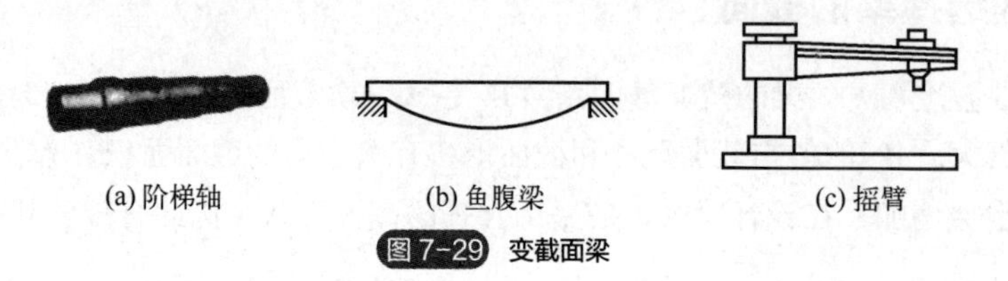

图 7-29 变截面梁

7.7　梁的变形与刚度计算

工程实际中，梁除了应有足够的强度外，还必须具有足够的刚度，即在载荷作用下梁的弯曲变形不能过大，否则梁就不能正常工作。齿轮轴如图 7-30（a）所示，若弯曲变形过大，如图 7-30（b）所示，会影响齿轮的正常啮合以及轴与轴承的正常配合，造成传动不平稳，加速轴与齿轮的磨损，并导致所在设备工作精度降低，寿命下降。因此，工程中对梁的变形有一定要求，即其变形不能超出工作容许的范围。

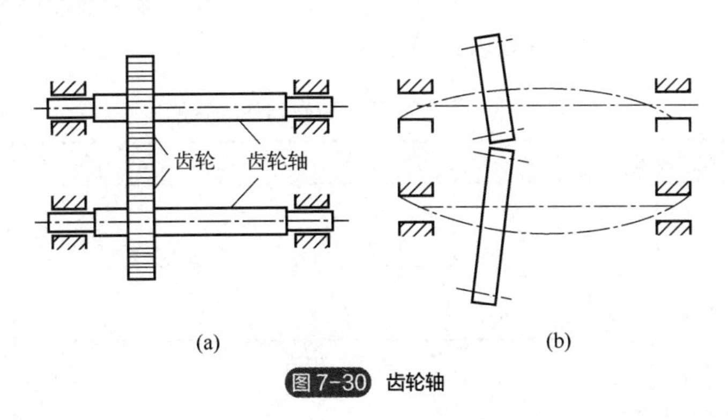

图 7-30　齿轮轴

7.7.1　挠度与转角

度量梁变形的基本物理量是挠度和转角。在悬臂梁的纵向对称平面内作用力 $\boldsymbol{F}$，其轴线弯成一条平面曲线。变形时，梁的每一个横截面绕其中性轴转动了不同的角度，同时每个横截面形心产生了不等的位移。

（1）挠度

梁的任一横截面形心在垂直于梁轴线方向的位移称为**挠度**，用 w 表示，规定挠度 w 向上为正，反之为负。

（2）转角

梁的任一横截面绕中性轴转过的角度称为该截面**转角**，用 θ 表示，规定从 x 轴的正向按逆时针转动为正，反之为负。

（3）挠曲线方程

梁发生平面弯曲后，其各个横截面形心的连线，是一条连续光滑的平面曲线，称其为**挠曲线**。若以梁的轴线为 x 坐标轴，挠曲线可表示为截面坐标 x 的单值连续函数，即**挠曲线方程**：

$$w = f(x) \tag{7-23}$$

在图 7-31 中，θ 随着截面位置的不同而变化，转角 θ 与挠曲线在该点的倾角相等，即等于挠曲线在 C' 点切线与 x 轴之间的夹角。有以下关系式：

$$\theta \approx \tan\theta = \frac{\mathrm{d}w}{\mathrm{d}x} = w' \tag{7-24}$$

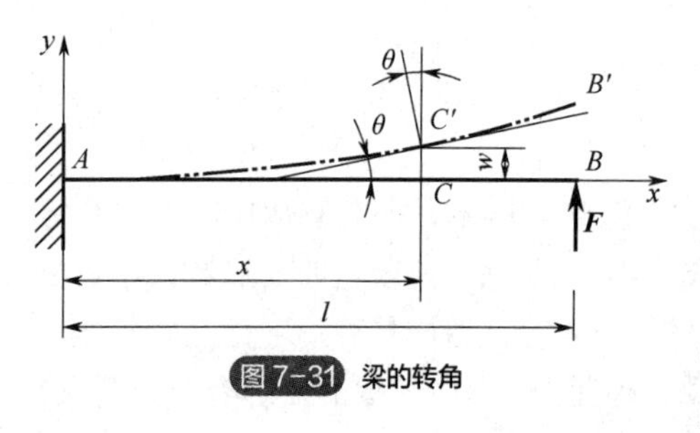

图 7-31 梁的转角

上式称为**转角方程**，即在小变形的情况下，截面的转角近似地等于挠曲线在该截面处的斜率。

综上所述，只要确定了梁的挠曲线方程，即可求得任一横截面的挠度和转角。

但是，建立挠曲线方程比较困难，一般通过建立挠曲线的近似微分方程，再通过积分运算求出挠度和转角。但是通过积分求变形比较麻烦，为了便于应用，将常见梁的变形计算结果汇总成表，方便查找。表 7-2 给出了简单载荷作用下梁的变形计算公式，利用这些公式，可根据叠加原理求出梁的变形。

表 7-2 梁在简单载荷作用下的变形

序号	梁及载荷形式	挠曲线方程	梁端转角	最大挠度
1	A, B, M_e, θ_B, w_B, l	$w=-\dfrac{M_e x^2}{2EI}$	$\theta_B=-\dfrac{M_e l}{EI}$	$w_B=-\dfrac{M_e l^2}{2EI}$
2	A, B, F, θ_B, w_B, l	$w=-\dfrac{Fx^2}{6EI}(3l-x)$	$\theta_B=-\dfrac{Fl^2}{2EI}$	$w_B=-\dfrac{Fl^3}{3EI}$
3	A, C, B, F, θ_B, w_B, a, l	$w=-\dfrac{Fx^2}{6EI}(3a-x)\ (0\leqslant x\leqslant a)$ $w=-\dfrac{Fa^2}{6EI}(3x-a)\ (a\leqslant x\leqslant l)$	$\theta_B=-\dfrac{Fa^2}{2EI}$	$w_B=-\dfrac{Fa^2}{6EI}(3l-a)$
4	A, B, q, θ_B, w_B, l	$w=-\dfrac{qx^2}{24EI}(x^2-4lx+6l^2)$	$\theta_B=-\dfrac{ql^3}{6EI}$	$w_B=-\dfrac{ql^4}{8EI}$
5	M_e, A, B, θ_A, θ_B, l	$w=-\dfrac{M_e x}{6EIl}(l-x)(2l-x)$	$\theta_A=-\dfrac{M_e l}{3EI}$ $\theta_B=\dfrac{M_e l}{6EI}$	$x=\left(1-\dfrac{1}{\sqrt{3}}\right)l$， $w_{\max}=-\dfrac{M_e l^2}{9\sqrt{3}EI}$ $x=\dfrac{l}{2}$，$w_{l/2}=-\dfrac{M_e l^2}{16EI}$
6	M_e, A, B, θ_A, θ_B, l	$w=-\dfrac{M_e x}{6EIl}(l^2-x^2)$	$\theta_A=-\dfrac{M_e l}{6EI}$ $\theta_B=\dfrac{M_e l}{3EI}$	$x=\dfrac{l}{\sqrt{3}}$， $w_{\max}=-\dfrac{M_e l^2}{9\sqrt{3}EI}$ $x=\dfrac{l}{2}$，$w_{l/2}=-\dfrac{M_e l^2}{16EI}$

续表

序号	梁及载荷形式	挠曲线方程	梁端转角	最大挠度
7		$w=\frac{M_e x}{6EIl}(l^2-3b^2-x^2)$ $(0\leqslant x\leqslant a)$ $w=\frac{M_e(l-x)}{6EIl}(3a^2-2lx+x^2)$ $(a\leqslant x\leqslant l)$	$\theta_A=\frac{M_e}{6EIl}(l^2-3b^2)$ $\theta_B=\frac{M_e}{6EIl}(l^2-3a^2)$	$x=\sqrt{\frac{l^2-3b^2}{3}}$， $w=\frac{M_e\sqrt{(l^2-3b^2)^3}}{9\sqrt{3}EIl}$ $x=\sqrt{\frac{l^2-3a^2}{3}}$， $w=-\frac{M_e\sqrt{(l^2-3a^2)^3}}{9\sqrt{3}EIl}$
8		$w=-\frac{Fx}{48EI}(3l^2-4x^2)$ $\left(0\leqslant x\leqslant\frac{l}{2}\right)$	$\theta_A=-\theta_B=-\frac{Fl^2}{16EI}$	$w_{\max}=-\frac{Fl^3}{48EI}$
9		$w=-\frac{Fbx}{6EIl}(l^2-x^2-b^2)$ $(0\leqslant x\leqslant a)$ $w=-\frac{Fb}{6EIl}[\frac{l}{b}(x-a)^3+(l^2-b^2)x-x^3]$ $(a\leqslant x\leqslant l)$	$\theta_A=-\frac{Fab(l+b)}{6EIl}$ $\theta_B=\frac{Fab(l+a)}{6EIl}$	设 $a>b$， $x=\sqrt{\frac{l^2-b^2}{3}}$ 处， $w_{\max}=-\frac{Fb\sqrt{(l^2-b^2)^3}}{9\sqrt{3}EIl}$ 在 $x=\frac{l}{2}$ 处， $w_{l/2}=-\frac{Fb(3l^2-4b^2)}{48EI}$
10		$w=-\frac{qx}{24EI}(l^3-2lx^2+x^3)$	$\theta_A=-\theta_B=-\frac{ql^3}{24EI}$	$w_{\max}=-\frac{5ql^4}{384EI}$
11		$w=\frac{Fax}{6EIl}(l^2-x^2)$ $(0\leqslant x\leqslant l)$ $w=-\frac{F(x-l)}{6EI}[a(3x-l)-(x-l)^2]$ $(l\leqslant x\leqslant l+a)$	$\theta_A=-\frac{1}{2}\theta_B=\frac{Fal}{6EI}$ $\theta_C=-\frac{Fa}{6EI}(2l+3a)$	$x=\frac{l}{\sqrt{3}}$，$w=\frac{Fal^2}{9\sqrt{3}EI}$ $x=l+a$， $w_C=-\frac{Fa^2}{3EI}(l+a)$
12		$w=-\frac{M_e x(x^2-l^2)}{6EIl}$ $(0\leqslant x\leqslant l)$ $w=\frac{M_e(3x^2-4lx+l^2)}{6EI}$ $(l\leqslant x\leqslant l+a)$	$\theta_A=-\frac{1}{2}\theta_B=\frac{M_e l}{6EI}$ $\theta_C=\frac{M_e}{3EI}(l+3a)$	$x=\frac{l}{\sqrt{3}}$，$w=\frac{M_e l^2}{9\sqrt{3}EI}$ $x=l+a$， $w_C=\frac{M_e a}{6EI}(2l+3a)$

7.7.2　用叠加法求梁的变形

当梁上同时受到几个载荷作用时，在小变形及材料服从胡克定律的条件下，每个载荷引起的变形是相互独立的，因此梁截面的总变形就等于每个载荷单独作用时所产生的变形的代数和，这种方法称为**叠加法**。

【例 7-7】简支梁如图 7-32（a）所示，已知 EI_z、l、M、q，试用叠加法求 C 截面的挠度和 B 截面的转角。

解：将梁上载荷分解为 q 和 $\boldsymbol{M}$ 单独作用的情况，如图 7-32（b)、(c）所示。

查表 7-2 得：在 q 单独作用时：

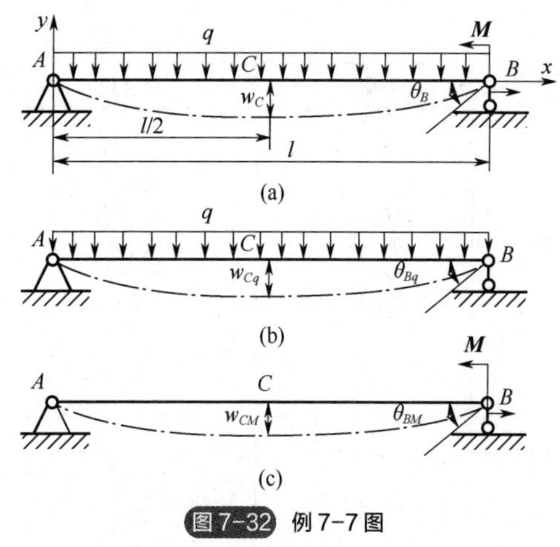

图7-32 例7-7图

$$w_{Cq}=-\frac{5ql^4}{384EI_z},\quad \theta_{Bq}=\frac{ql^3}{24EI_z}$$

在 $\boldsymbol{M}$ 单独作用时：

$$w_{CM}=-\frac{Ml^2}{16EI_z},\quad \theta_{BM}=\frac{Ml}{3EI_z}$$

利用叠加法，即得 q 和 $\boldsymbol{M}$ 共同作用时 C 截面的挠度和 B 截面的转角分别为

$$w_C=w_{Cq}+w_{CM}=-\frac{5ql^4}{384EI_z}-\frac{Ml^2}{16EI_z}$$

$$\theta_B=\theta_{Bq}+\theta_{BM}=\frac{ql^3}{24EI_z}+\frac{Ml}{3EI_z}$$

【例 7-8】悬臂梁如图 7-33（a）所示，已知 EI_z、l、F、q，试用叠加法求梁的最大挠度和最大转角。

解：将梁上载荷分解为 q 和 $\boldsymbol{F}$ 单独作用的两种情况，如图 7-33（b）、（c）所示。从悬臂梁在载荷作用下自由端有最大变形可知，梁 B 端有最大挠度和最大转角。

查表 7-2 可知，由叠加法得梁的最大挠度为

$$w_{\max}=w_{Bq}+w_{BF}=-\frac{ql^4}{8EI_z}-\frac{Fl^3}{3EI_z}$$

梁的最大转角为

$$\theta_{\max}=\theta_{Bq}+\theta_{BF}=-\frac{ql^3}{6EI_z}-\frac{Fl^2}{2EI_z}$$

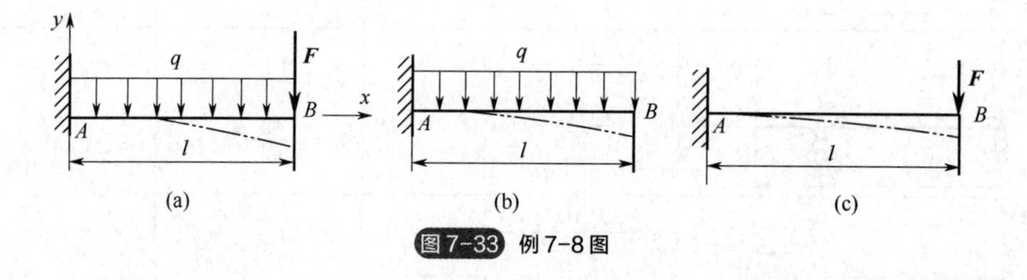

图7-33 例7-8图

7.7.3 梁的刚度计算

研究梁的变形，目的是要对梁进行刚度校核。实际工程中，为避免梁因弯曲变形过大而造成事故，常规定梁的最大挠度和最大转角不超过许用值。即梁的计算准则为

$$|w|_{\max}\leqslant[w] \tag{7-25}$$

$$|\theta|_{\max}\leqslant[\theta] \tag{7-26}$$

式中 $|w|_{\max}$、$|\theta|_{\max}$ ——梁的最大挠度和最大转角的绝对值；

$[w]$、$[\theta]$ ——梁的许用挠度和许用转角，其值可根据梁的工作情况及要求查阅有关设计手册。

【例 7-9】图 7-34 为数控车床主轴示意图，其平面简图如图 7-35（a）所示。已知轴的外径 D=80mm，内径 d=40mm，梁的跨长 l=400mm，a=100mm，材料的弹性模量 E=210GPa，设切

削力在该平面上的分力为 F_1=2kN，齿轮啮合力在该平面上的分力为 F_2=1kN。若轴 C 端许用挠度 $[w_C]=0.0001l$，B 截面的许用转角 $[\theta_B]=0.001\text{rad}$。设全轴（包括 BC 段工件部分）近似为等截面梁，试校核该机床主轴的刚度。

图 7-34　数控车床主轴图

解：① 求主轴的惯性矩。

$$I_z=\frac{\pi D^4}{64}(1-\alpha^4)=\frac{3.14\times 80^4}{64}\left[1-\left(\frac{40}{80}\right)^4\right]\text{mm}^4$$

$$=1.88\times 10^6\,\text{mm}^4$$

② 建立主轴的力学模型［图 7-35（b）］。分别画出 $\boldsymbol{F}_1$、$\boldsymbol{F}_2$ 单独作用时梁的变形，如图 7-35（c）、（d）所示。应用叠加法分别计算 C 截面的挠度和 B 截面的转角为

$$w_C=w_{CF1}+w_{CF2}=\frac{F_1a^2(l+a)}{3EI_z}-\frac{F_2l^2}{16EI_z}a$$

$$=\left[\frac{2\times 10^3\times 100^2\times(400+100)}{3\times 210\times 10^3\times 1.88\times 10^6}-\frac{1\times 10^3\times 400^2\times 100}{16\times 210\times 10^3\times 1.88\times 10^6}\right]\text{mm}$$

$$=5.91\times 10^{-3}\,\text{mm}$$

$$\theta_B=\theta_{BF1}+\theta_{BF2}=\frac{F_1al}{3EI_z}-\frac{F_2l^2}{16EI_z}$$

$$=\left[\frac{2\times 10^3\times 100\times 400}{3\times 210\times 10^3\times 1.88\times 10^6}-\frac{1\times 10^3\times 400^2}{16\times 210\times 10^3\times 1.88\times 10^6}\right]\text{rad}=4.23\times 10^{-5}\,\text{rad}$$

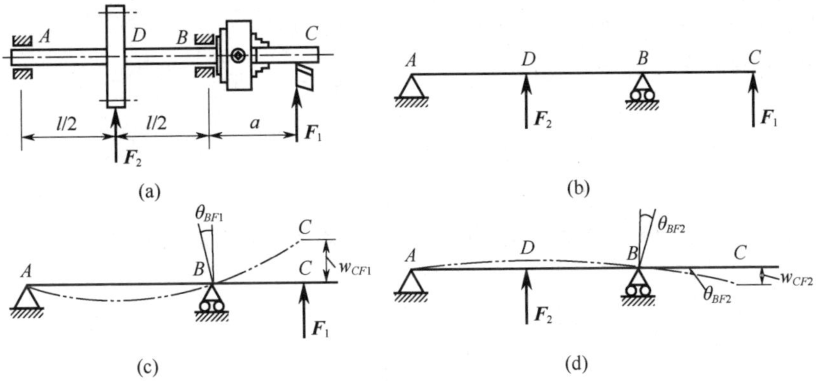

(a)　(b)

(c)　(d)

图 7-35　例 7-9 图

③ 校核主轴的刚度。

主轴的许用挠度为

$$[w_C]=0.0001l=0.0001\times 400\text{mm}=40\times 10^{-3}\,\text{mm}$$

主轴的许用转角为

$$[\theta_B]=0.001\text{rad}=100\times 10^{-5}\,\text{rad}$$

因此有：

$$w_C<[w_C]$$

$$\theta_B < [\theta_B]$$

故满足刚度要求。

7.8 本章小结

本章要点如下：

① 平面弯曲概念。

② 平面弯曲梁的力学模型，梁的简化、载荷的简化、支座的简化。

③ 梁的内力——剪力和弯矩。

④ 剪力方程和弯矩方程、剪力图和弯矩图。

⑤ 梁弯曲时的正应力和强度条件。

⑥ 提高梁抗弯强度的措施。

⑦ 梁的变形与刚度计算。

思考题

7-1 何谓平面弯曲？

7-2 支座简化的类型有哪几种？

7-3 梁简化的类型有哪几种？

7-4 梁弯曲变形时的内力有什么？

7-5 梁的正应力计算公式是什么？

7-6 提高梁抗弯刚度的措施是什么？

7-7 梁的刚度计算公式是什么？

习题

7-1 试求图 7-36 所示各梁指定截面上的剪力和弯矩（各截面无限趋近集中荷载作用点或支座）。

7-2 试列出图 7-37 所示各梁的剪力方程和弯矩方程，作剪力图和弯矩图，并求$|F_s|_{max}$和$|M|_{max}$。

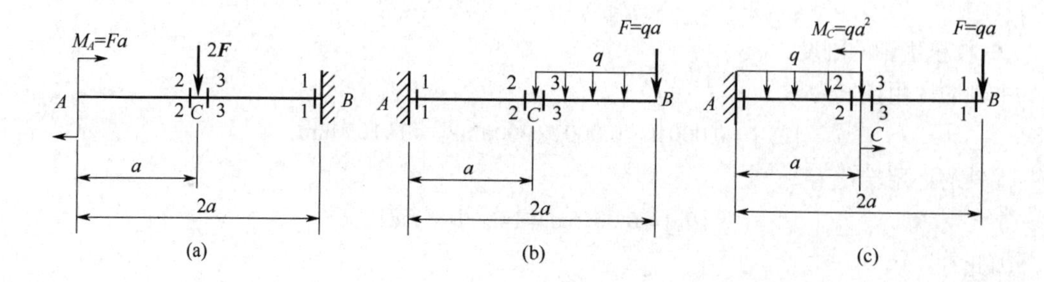

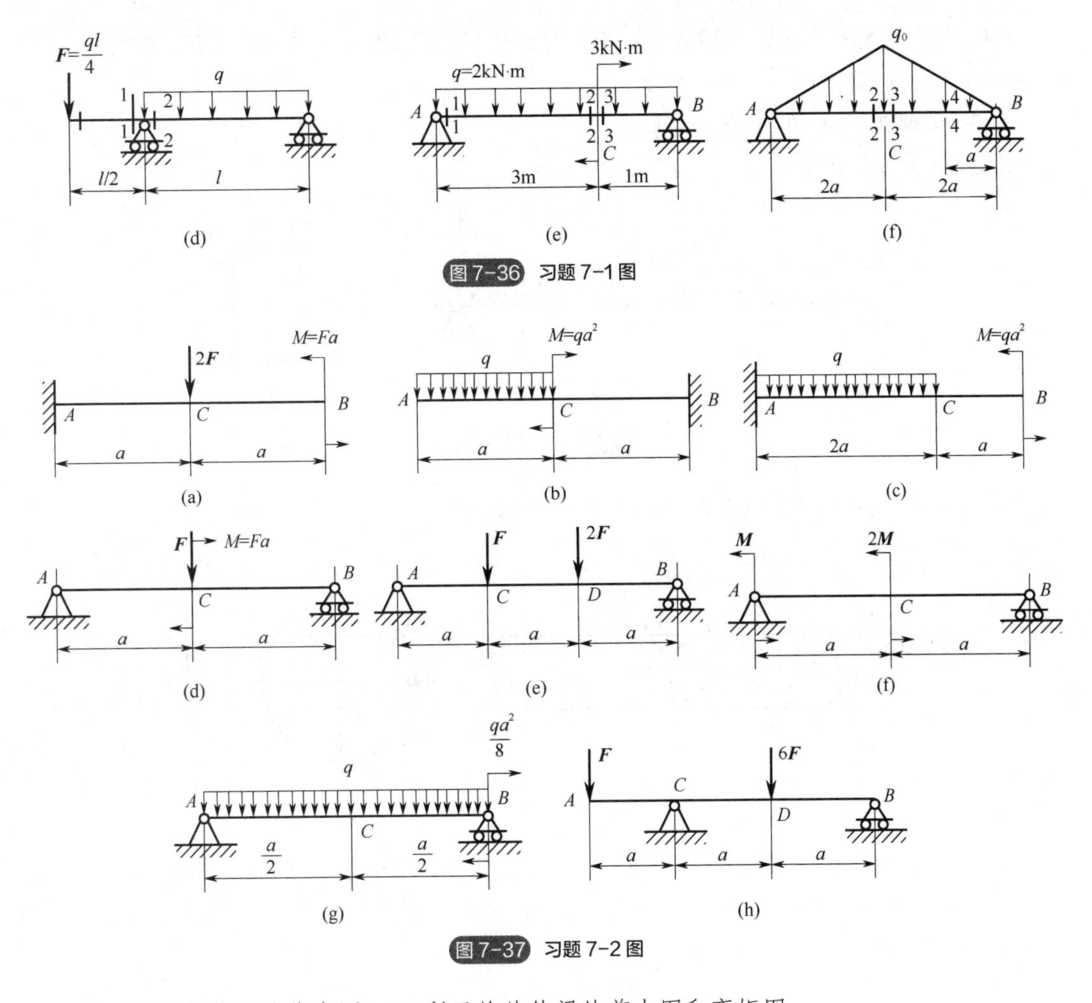

图7-36 习题7-1图

图7-37 习题7-2图

7-3 用控制截面法作出图7-38所示的外伸梁的剪力图和弯矩图。

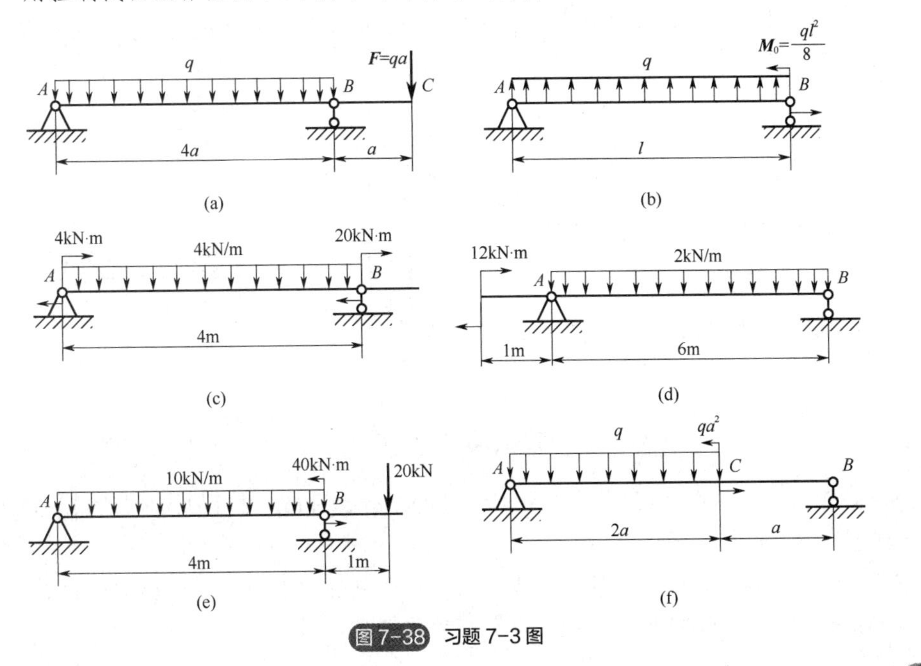

图7-38 习题7-3图

7-4　简支梁的尺寸如图 7-39 所示，作用有载荷集度为 20kN/m 的均布载荷，梁截面是宽度为 100mm、高为 120mm 的矩形，试求：

① 1—1 截面的 a、b、c 点的正应力。

② 梁的最大正应力。

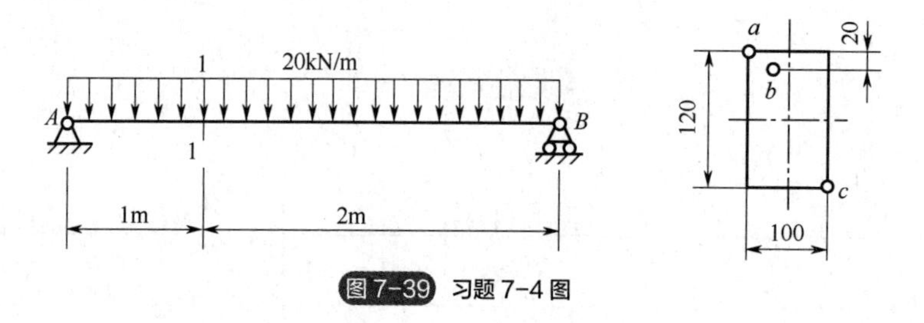

图 7-39　习题 7-4 图

7-5　求如图 7-40 所示的 A 截面上 a、b 点的正应力。

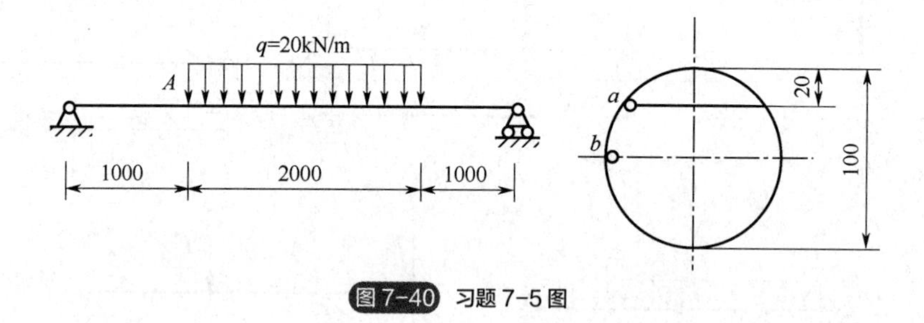

图 7-40　习题 7-5 图

7-6　如图 7-41（a）所示为一矩形截面简支梁。已知 F=16kN，b=50mm，h=150mm。试求：①如图 7-41（b）所示的截面 1—1 上 D、E、F、H 各点的正应力；②梁的最大正应力；③若将截面旋转 90°，如图 7-41（c）所示，则最大正应力是原来正应力的几倍？

7-7　简支梁承受均布载荷如图 7-42 所示。若分别采用截面面积相等的实心和空心圆截面，D_1=40mm，$\dfrac{d_2}{D_2}=\dfrac{3}{5}$，试分别计算它们的最大正应力，问空心圆截面比实心圆截面的最大正应力减小了百分之几？

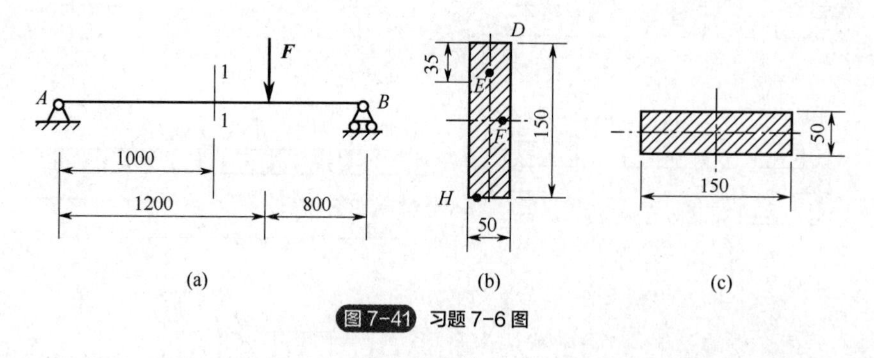

图 7-41　习题 7-6 图

7-8　矩形截面梁如图 7-43 所示，已知 F=10kN，q=5kN/m，材料的许用应力 $[\sigma]=160\text{MPa}$，试确定截面尺寸 h。

7-9　如图 7-44 所示为铸铁外伸梁，截面对中性轴的惯性矩 $I_z=10^3\text{cm}^4$，若材料的 $[\sigma_t]=40\text{MPa}$，$[\sigma_c]=100\text{MPa}$，试校核其正应力强度。

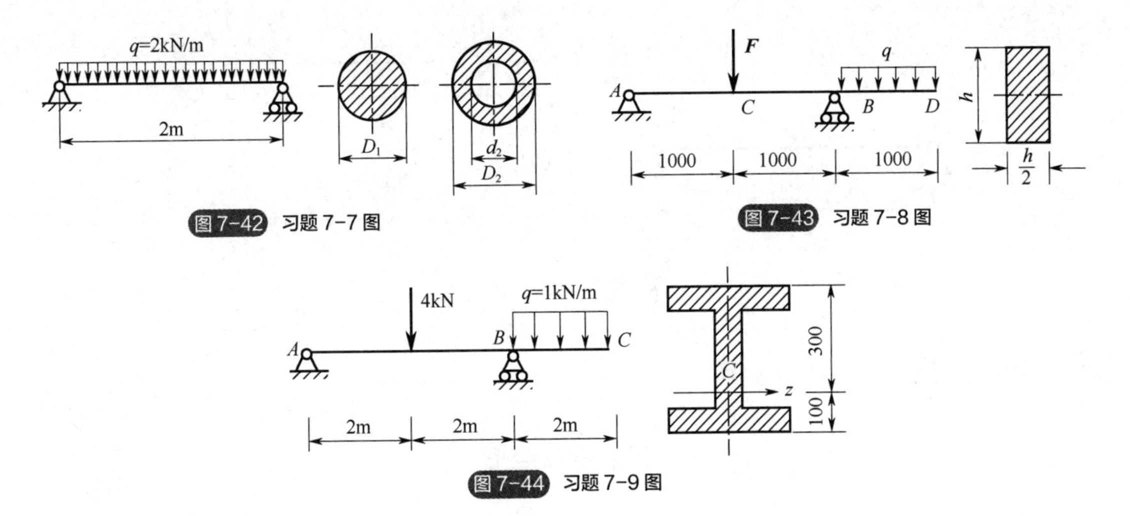

图7-42 习题7-7图

图7-43 习题7-8图

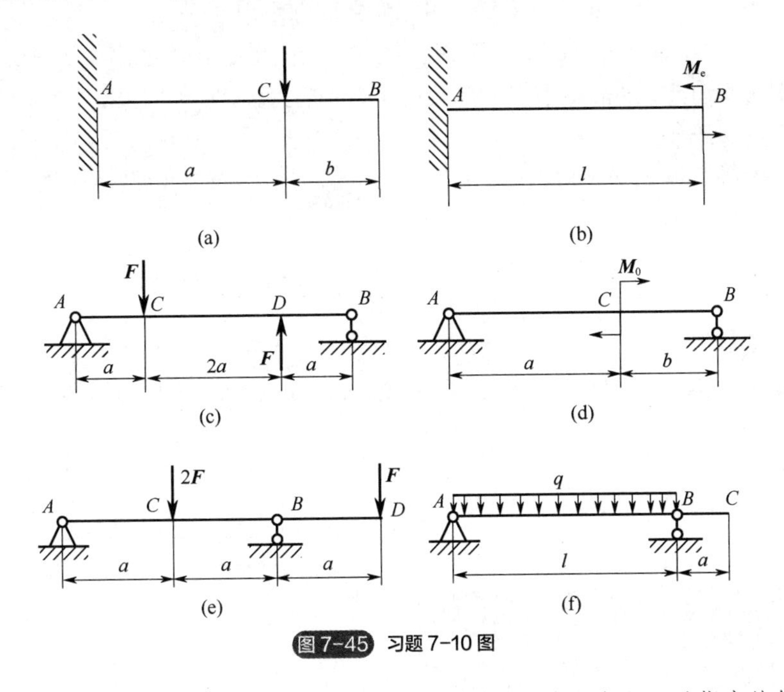

图7-44 习题7-9图

7-10 试画出如图7-45所示的各梁挠曲线的大致形状。

图7-45 习题7-10图

7-11 用积分法求如图7-46所示的各梁的转角方程、挠曲线方程以及指定的转角和挠度。已知 EI 为常数。

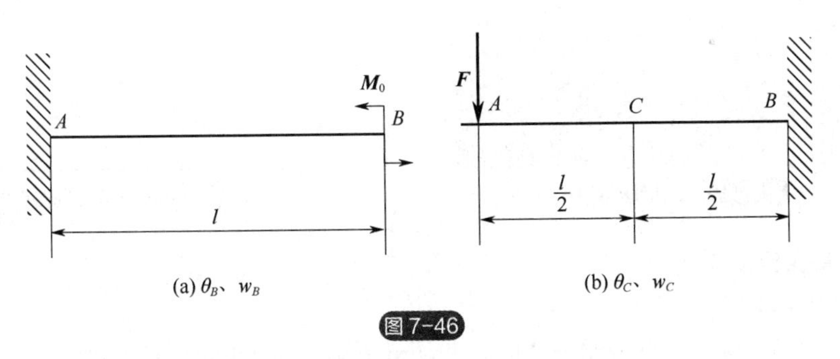

(a) θ_B、w_B (b) θ_C、w_C

图7-46

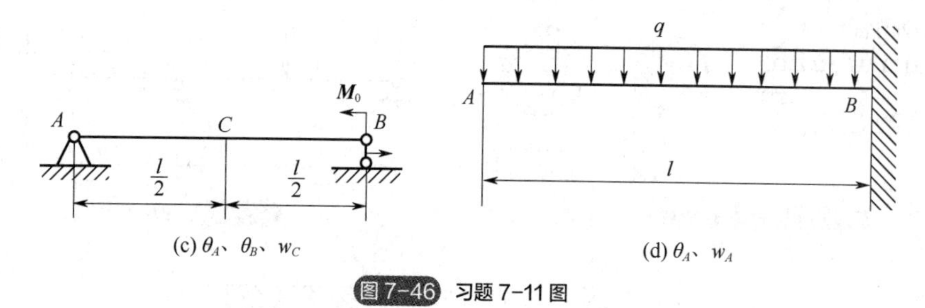

图7-46 习题7-11图

软件应用

演示视频

梁的弯曲变形

（1）问题描述

如图7-47所示，某吊车梁跨度 l=8m，由45号工字钢制成，假定吊物质量为100kN，材料弹性模量为 2×10^{11}Pa，泊松比为0.3，为简支边界条件。当重物在中间位置时，$I_z = 0.32\times10^9\text{mm}^4$，形心距离上下边缘均为225mm，试计算该梁的内力与应力。

理论分析过程：

由静力平衡得 $F_A = F_B = 50\text{kN}$ 。

作出内力图如图7-48所示。

$$\sigma_{\max} = \frac{My_{\max}}{I_z} = \frac{200\times10^3\times225\times10^{-3}}{0.32\times10^9\times10^{-12}}\times10^{-6} = 140.6\text{MPa}$$

（2）技术路线

此问题属于结构分析范畴，借助ANSYS Mechanical APDL模块，通过软件界面操作方式实现。

图7-47 工程问题描述

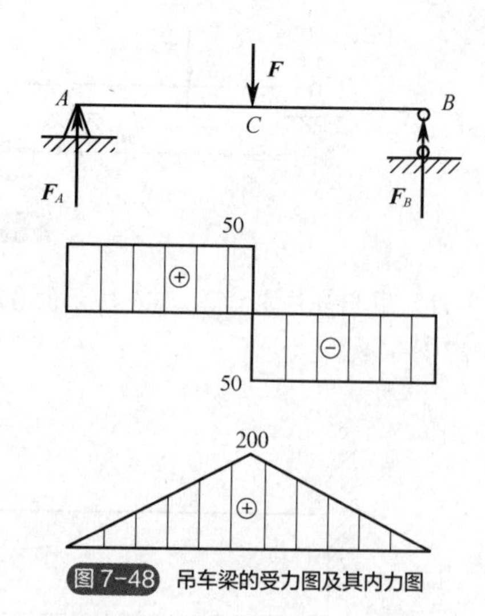

图7-48 吊车梁的受力图及其内力图

（3）主要操作步骤

① 建立几何模型。

a. 生成线段的关键点。点击Main Menu>Preprocessor>Modeling>Create>Keypoints >In Active

CS，弹出对话框后，在 NPT 域输入关键点（keypoint）编号，分别为 1、2。在 X，Y，Z Location in active CS 域输入坐标：关键点 1（0，0，0），关键点 2（8000，0，0），如图 7-49 所示。

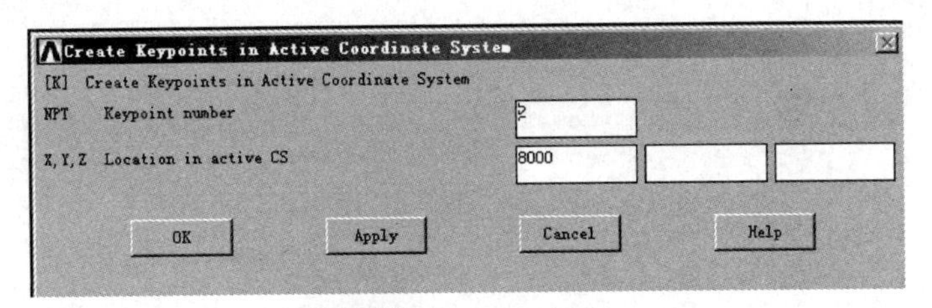

图 7-49 建立关键点对话框

b. 建立第三个方向关键点。点击 Main Menu>Preprocessor>Modeling>Create>Keypoints> In Active CS，弹出对话框后，在 NPT 域输入关键点（keypoint）编号 3。在 X，Y，Z Location in active CS 域输入坐标：0，10，0。

c. 接关键点生成直线段。点击 Main Menu>Preprocessor>Modeling>Create>Lines>Lines> Straight line，弹出如图 7-50（a）所示的拾取对话框后，用鼠标选取两个关键点后，单击 Apply 按钮。生成直线如图 7-50（b）所示。

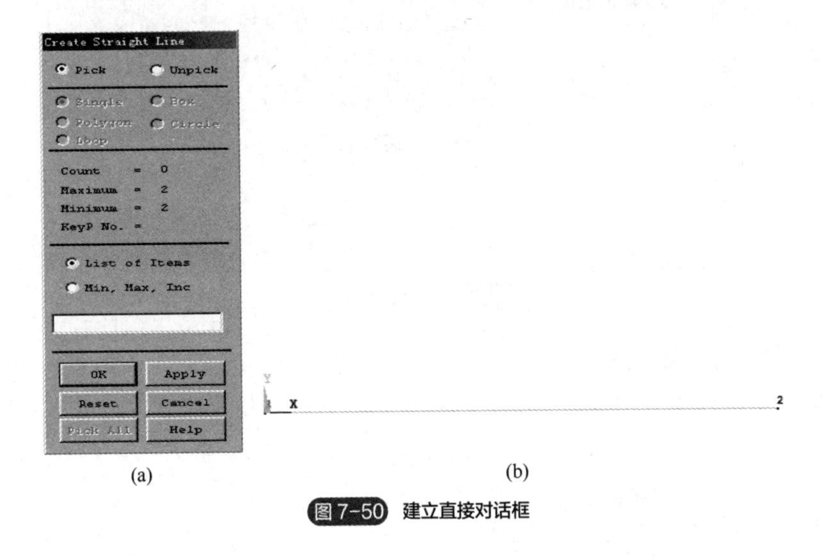

图 7-50 建立直接对话框

② 建立有限元模型。

a. 选择单元。点击菜单：Main Menu>Preprocessor>Element Type>Add/Edit/Delete。

弹出如图 7-51（a）所示的对话框，单击“Add”按钮；弹出如图 7-51（b）所示的对话框，在左侧列表框中选择“Beam”，在右侧列表框中选择“2 node 188”，点击“OK”按钮返回。

b. 设置截面属性。执行菜单 Section>Beam>Common Sections，具体参数设置如图 7-52 所示，点击“OK”按钮。

c. 确定材料参数。拾取菜单 Main Menu>Preprocessor>Material Props>Material Models。在弹出的“Define Material Model Behavior”界面中双击 Structural>Linear>Elastic>Isotropic。

弹出如图 7-53 所示的对话框，在“EX”和“PRXY”文本框中输入弹性模量 200000MPa（注意单位）和泊松比 0.3，单击“OK”按钮，然后单击“Close”按钮。

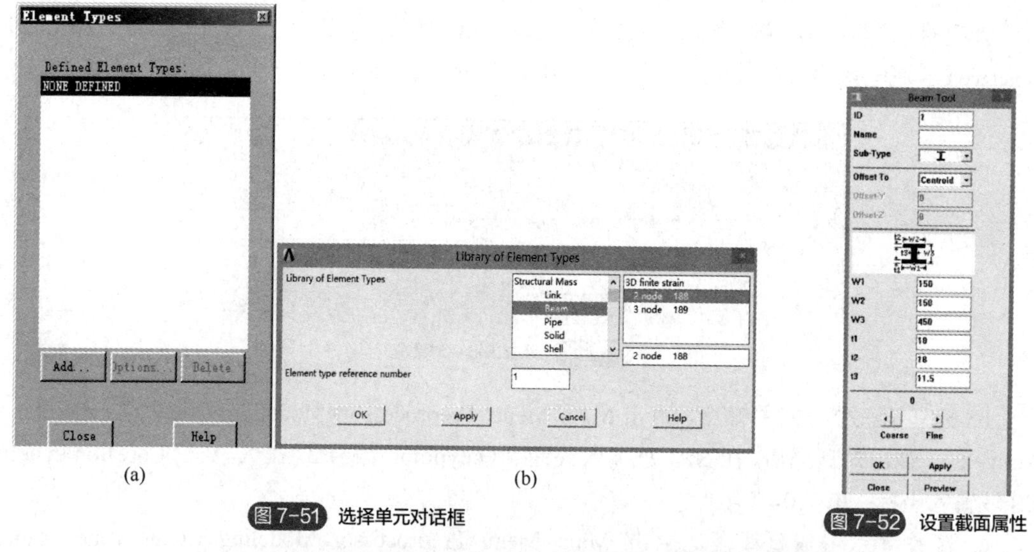

(a)

(b)

图7-51 选择单元对话框

图7-52 设置截面属性

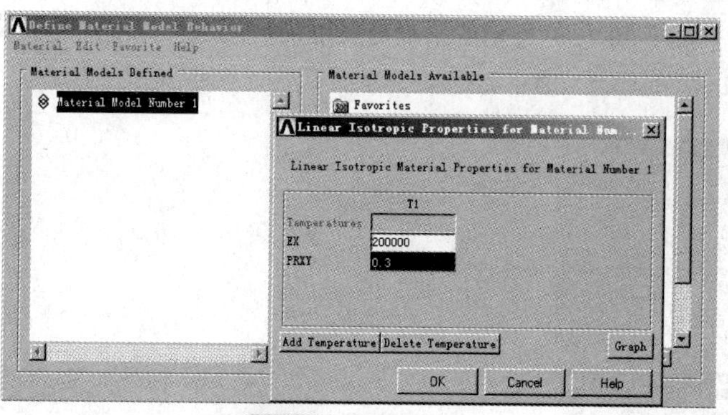

图7-53 定义材料属性

d. 设定方向关键点及网格划分。点击菜单 Main Menu>Preprocessor>MeshTool...，如图 7-54 所示，在最上面的 Element Attributes 选择 Lines，点击 Set 按钮，弹出拾取对话框，拾取建立的

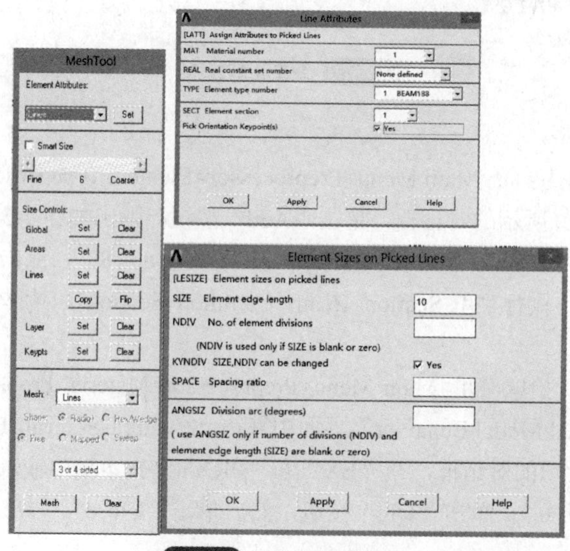

图7-54 定义梁方向关键点

线，然后单击“OK”按钮。弹出线属性对话框，勾选 Pick Orientation Keypoint（s）后面的选项框，变为 Yes 状态，然后单击“OK”按钮。弹出拾取对话框，拾取第三个关键点，然后单击“OK”按钮。点击 Lines 中的 Set 按钮，拾取建立的线，弹出线单元尺寸设置对话框，设置单元尺寸大小为 10。单击 MeshTool 的 Mesh 按钮，网格划分完毕，然后单击“OK”按钮。

e. 选择 Utility Menu>PlotCtrls>Style>Size and Shape，在[/ESHAPE]域中选择 On，显示单元截面形状，如图 7-55 所示。

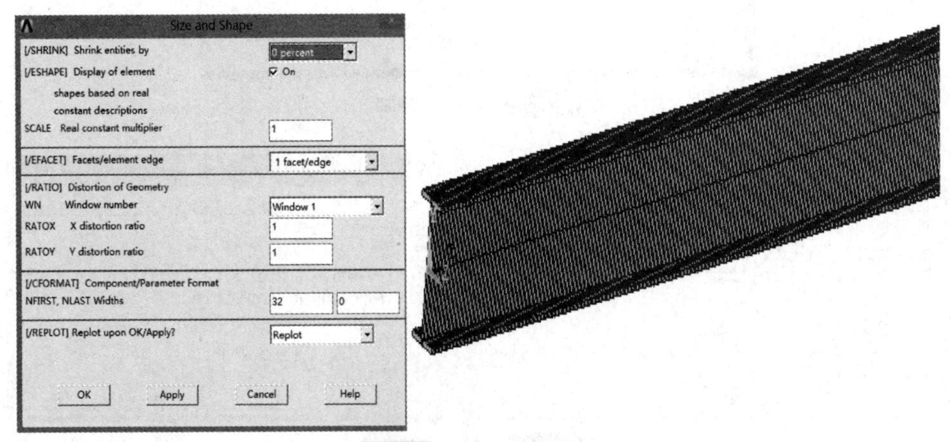

图 7-55 显示梁的截面形状

③ 施加载荷及约束。

a. 施加简支边界条件。点击 Main Menu>Solution>Define Loads>Apply>Structural>Displacement>On Nodes，拾取梁的左端点，设置约束，只保留 ROTZ 自由度，其余进行约束，点击“OK”按钮。再选择最右边节点，设置约束，只保留 UX 及 ROTZ 两个自由度，点击“OK”按钮，如图 7-56、图 7-57 所示。

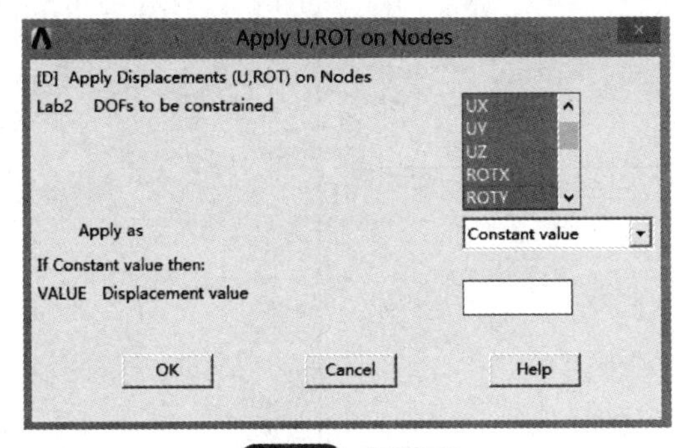

图 7-56 左侧约束

图 7-57 右侧约束

b. 定义集中载荷。点击 Main Menu>Solution>Define Loads>Apply>Structural>Force>On Nodes，弹出选择界面，选择中间节点，编号 402，或在拾取对话框中输入 402，点击“OK”按钮。弹出如图 7-58 所示的界面，将 Lab 选择为 FY，在 VALUE 中输入数值−100000（注意单位）。

④ 求解。点击 Main Menu>Solution>Solve>Current LS，弹出如图 7-59 所示的/STATUS Command 及 Solve Current Load Step 对话框，浏览 /STATUS Command 中出现的信息，然后关闭此窗口。单击“OK”按钮（开始求解），关闭由于单元形状检查而出现的警告信息。求解结

束后，关闭信息窗口。

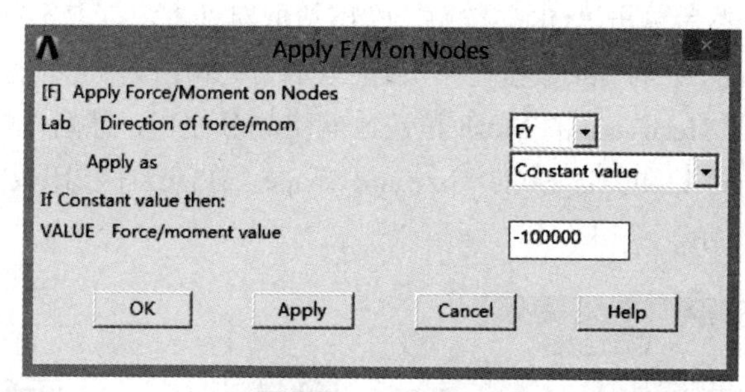

图 7-58 集中载荷施加

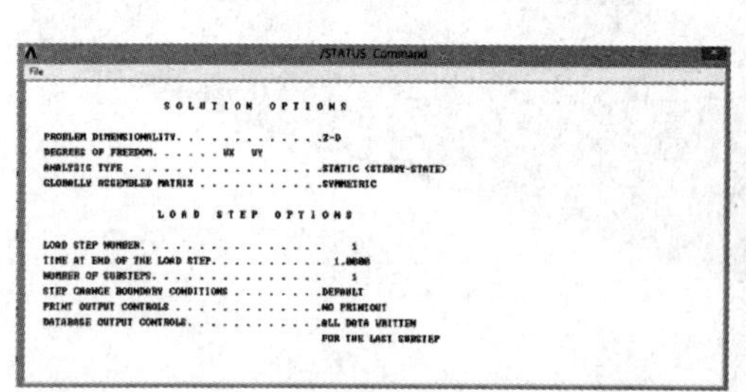
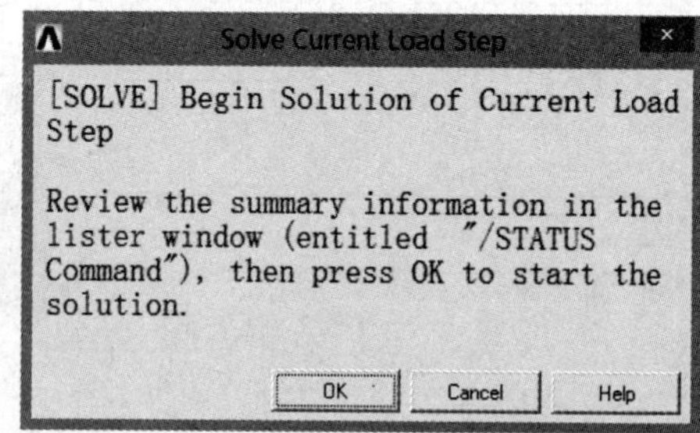

图 7-59 求解状态信息

（4）结果和讨论

① 查看变形结果。拾取菜单 Main Menu>General Postproc>Plot Results>Deformed Shape，在弹出的对话框列表中选择“Def+Under edge”，单击“OK”按钮，结果如图 7-60 所示。

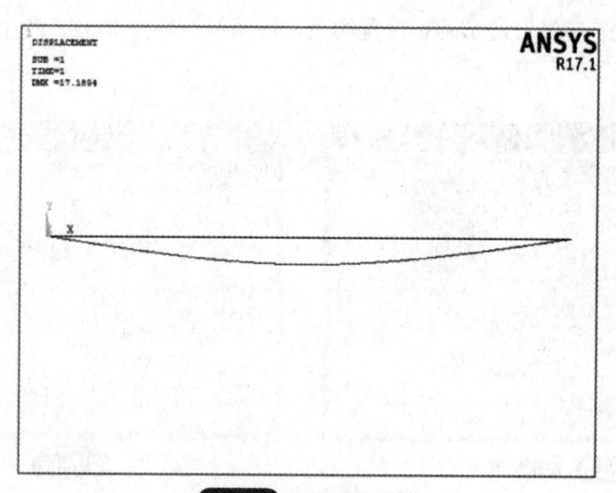

图 7-60 梁的变形结果

② 绘等效应力图（注意必须在/ESHAPE 激活状态下显示）。点击菜单 Main Menu>General Postproc>Plot Results>Contour-Plot >Nodal Solu，在弹出的对话框列表中选择“von Mises stress”，单击“OK”按钮。如图 7-61，等效应力大小为 140MPa，将计算结果与许用应力进行比较，可以确定梁的承载能力。

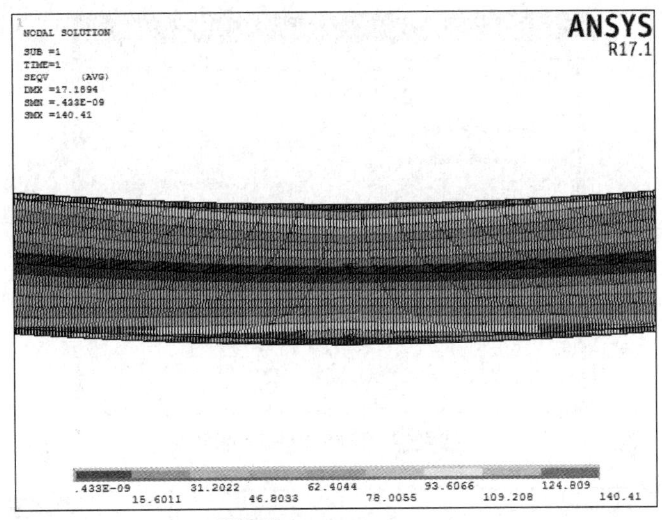

图 7-61 梁的等效应力结果

③ 提取内力：包括剪力和弯矩。

点击 Main Menu>General Postproc>Element Table>Define Table，单击 Add（图 7-62），弹出对话框（图 7-63），在“Item，Comp Results data item”下拉选择 By sequence num，右侧选择 SMISC，在右下侧“SMISC,”输入编号 2，单击 Apply 按钮。再次选择 SMISC，在右下侧“SMISC,”输入编号 15，完成弯矩的提取。（说明：编号需要查阅对应单元的帮助文档。）

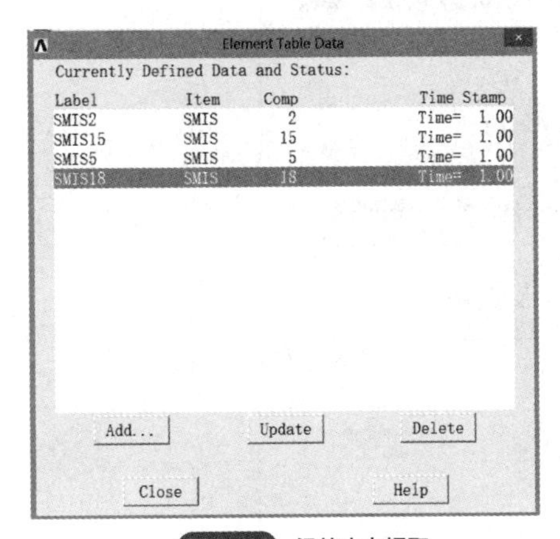

图 7-62 梁的内力提取

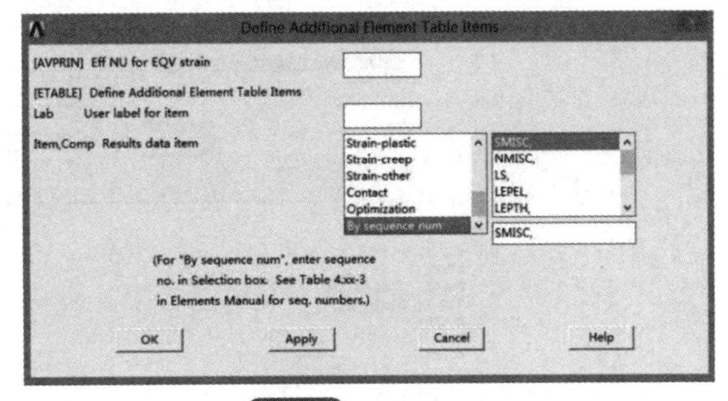

图 7-63 梁的内力序列号

再进行剪力的提取，依照上述步骤，分别提取“SMISC，5”及“SMISC，18”。

④ 绘制剪力及弯矩图。点击 Main Menu> General Postproc>Plot Results>Contour Plot>Line Elem Res，弹出如图 7-64 所示的对话框。在 LabI 中选择 SMIS5，在 LabJ 中选择 SMIS18，Fact 设置为−1，单击“OK”按钮，绘制的剪力图如图 7-65 所示。在 LabI 中选择 SMIS2，在 LabJ 中选择 SMIS15，Fact 设置为−1，单击“OK”按钮，绘制的弯矩图如图 7-66 所示。

⑤ 讨论。从以上分析可以看出，有限元计算结果梁的各段的剪力与弯矩与理论计算结果一致，应力最大为 140.41MPa，与理论计算结果基本一致。

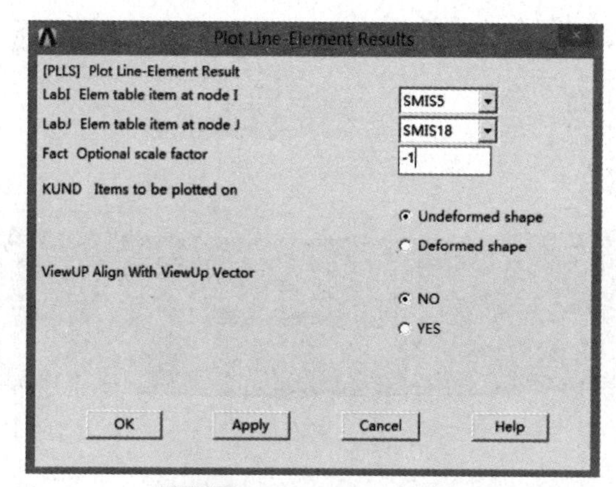

图 7-64 梁的内力图绘制对话框

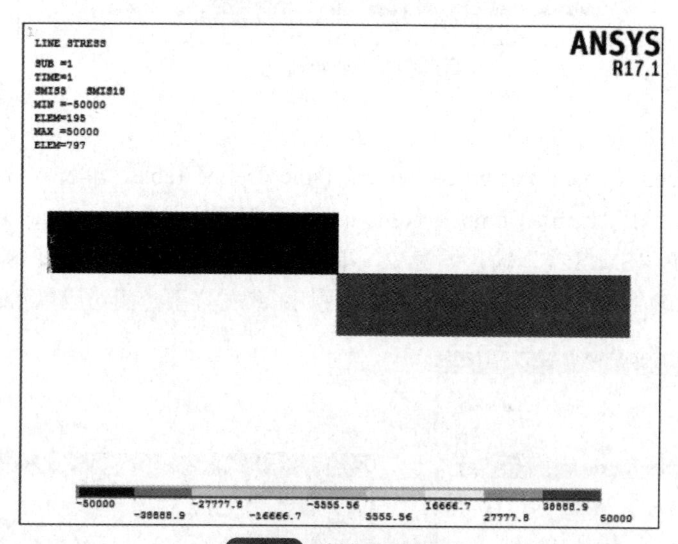

图 7-65 绘制梁的剪力图

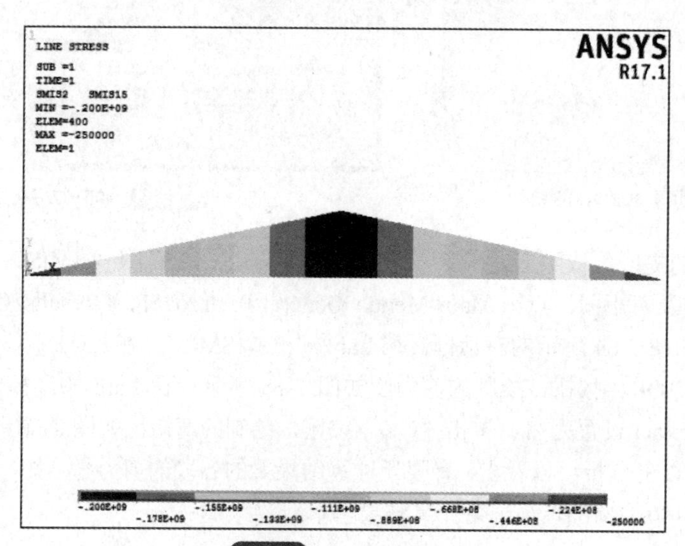

图 7-66 绘制梁的弯矩图

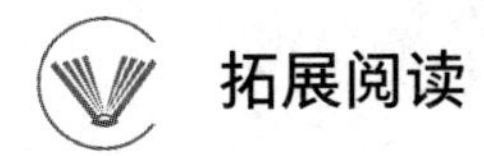

拓展阅读

力学科学家——郑哲敏院士

郑哲敏（1924年10月2日—2021年8月25日），男，出生于山东省济南市，1947年毕业于清华大学机械工程系，1948—1952年在美国加州理工学院机械工程系学习，先后获得硕士、博士学位。1955年回国后在中国科学院力学研究所工作至今，历任室主任、副所长、所长等职。1980年当选中国科学院院士，1993年当选美国工程院外籍院士，1994年当选中国工程院院士。

几十年来，郑哲敏院士取得了一系列重大科技成果，先后获得国家级奖励及其他多项奖励。郑哲敏院士是国际著名力学家，是我国爆炸力学的奠基人和开拓者之一，是中国力学学科建设与发展的组织者和领导者之一。他阐明了爆炸成形的机理和模型律，解决了火箭重要部件的加工难题，发展了一门新的力学分支学科——爆炸力学。他长期主持力学学科发展规划的制定，倡导建立了多个新的力学分支学科，并作出了重要的学术贡献。在地下核爆炸效应的研究中，他与合作者一起提出了流体弹塑性模型。该模型将爆炸及冲击荷载作用下介质的流体、固体特性及运动规律用统一的方程表述，堪称爆炸力学的学科标志，可准确预测地下核试验压力衰减规律，为我国首次地下核爆当量预报作出了贡献。在穿破甲研究方面，他带领团队开创性地提出了射流开坑、准定常侵彻、靶板强度作用的相关理论；得到了穿甲相似律和比国际流行的Tate公式更为有效的穿甲模型；建立了破甲弹高速流拉断的理论；建立了金属装甲破甲机理模型和破甲相似律，获得了比国际公认的Eichelberger公式更符合实际的侵彻公式。这些工作为我国相关武器的设计与效应评估提供了坚实的力学基础。基于流体弹塑性理论，郑哲敏院士还开辟了爆炸加工、瓦斯突出、爆炸处理水下软基等关键技术领域，解决了重大工程建设中的核心难题。此外，在材料力学的研究中，他提出的硬度表征标度理论，在国际上有重要影响，并以其与合作者的姓氏命名为C-C方法。作为中国力学界在国际上的代表，他积极参加和组织各方面的国际交流，促进国际合作，显著提高了中国力学在国际上的地位。

郑哲敏先生心系祖国，始终以国家需求为己任，呕心沥血，严谨创新，团结奋进，平易近人，培养了大批力学领域的杰出人才。

第 8 章

应力状态与强度理论

本章思维导图

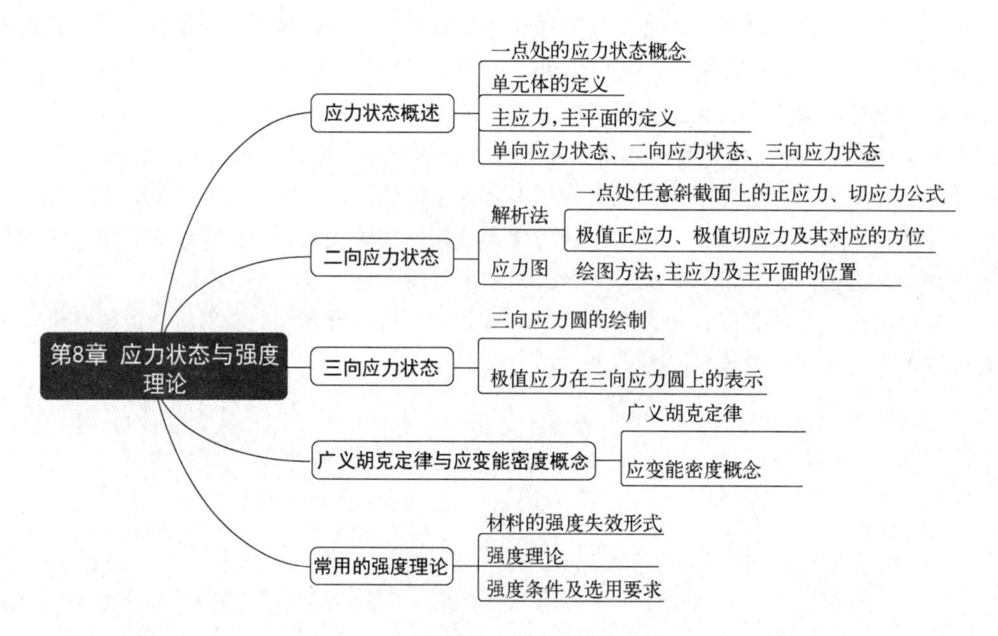

本章学习目标

1. 了解一点处应力状态的概念。
2. 掌握二向应力状态用解析法进行计算的公式，了解应力圆的绘制方法。
3. 了解三向应力状态及三向应力圆的含义。
4. 了解广义胡克定律的推导过程及其含义。
5. 了解常用的强度理论，理解强度条件及选用要求，重点掌握第三、第四强度理论。

本章案例引入

前几章中，讨论了杆件在拉压、剪切、扭转和弯曲等基本变形形式下横截面上的应力，并且根据横截面上的应力以及相应的实验结果，建立了只有正应力或只有切应力存在时的强度条件。但这些对于稍复杂的强度问题还远远不够。

例如，根据横截面上的应力，不能回答为什么低碳钢试件拉伸至屈服时，表面会出现与轴线成 45° 角的滑移线；也不能分析铸铁圆轴扭转时，为什么会沿 45° 螺旋面破坏。尤其是根据横截面上的应力分析和相应的实验结果，不能直接建立既有正应力又有切应力存在时的强度条件。

对一点而言，通过该点的截面可以有不同的方位，而截面上的应力随截面的方位而变化。现以直杆拉伸为例，如图 8-1（a）所示，设想围绕 A 点以纵横六个截面从杆内截取单元体，并放大为图 8-1（b），其平面图则表示为图 8-1（c）。单元体的左、右两侧面是杆件横截面的一部分，面上的应力皆为 $\sigma=\dfrac{F}{A}$。单元体的上、下、前、后四个面都是平行于轴线的纵向面，面上都没有应力。但如图 8-1（d）的方式截取单元体，使其四个侧面虽与纸面垂直，但与杆件轴线既不平行也不垂直，称为斜截面，则在这四个面上，不仅有正应力还有切应力。所以，随所取方位的不同，单元体各面上的应力也就不同。

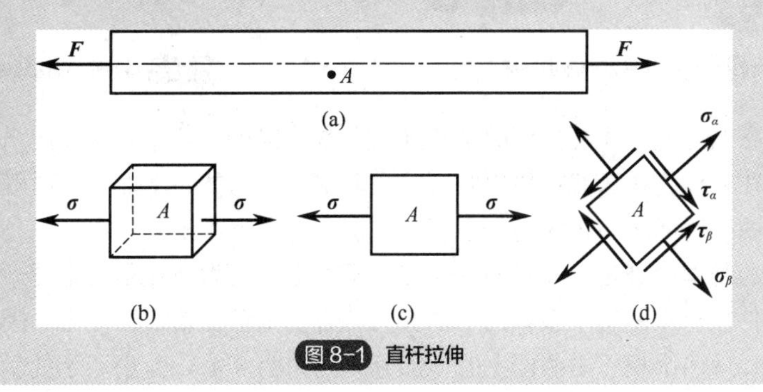

图 8-1 直杆拉伸

8.1 应力状态概述

本章之前的材料力学内容中，对于各种杆件的强度计算，总是先计算出其横截面上最大正应力 $\sigma_{\max}$ 或最大切应力 $\tau_{\max}$，然后分别从以下两个方面建立强度条件：

$$\sigma_{\max}\leqslant[\sigma] \tag{8-1}$$

$$\tau_{\max}\leqslant[\tau] \tag{8-2}$$

式中，材料的许用应力 $[\sigma]$ 和 $[\tau]$，可由单向拉伸试验或纯剪切试验测定出试样破坏时的极限应力，然后除以适当的安全因数得到。这种强度条件并没有考虑材料的破坏是由什么因素引起的。像这种不考虑材料的破坏是由什么因素引起，而直接根据试验结果建立强度条件的方法，只对简单情况适用。由于杆件危险点处可能既存在正应力又存在切应力，它们对杆件的破坏会产生综合影响，因此上述公式对一般情况是不适用的。

此外，杆件在基本变形情况下，也并不都是沿截面破坏，如铸铁压缩时，试样（试件）沿与轴线成45°～55°的斜截面破坏，如图 8-2 所示；铸铁圆截面试样扭转时，沿与轴线成45°角的滑移线破坏，如图 8-3 所示。这表明：杆件受力变形后，不仅在横截面上会产生应力，而且在斜截面上也会产生应力，杆件的破坏有时还与斜截面上的应力有关。因此，为了分析各种破坏现象，建立复杂变形情况下杆件的强度条件，必须研究杆件内某点各个不同方向截面上的应力情况，包括正应力和切应力。对于应力非均匀分布的杆件，则需要研究危险点处。**一点处的应力状态**是指杆件受力后，过一点有无数个截面，这无数个截面上应力情况的集合。进行应力状态分析就是要研究杆件中某点各个不同方向的不同应力之间的关系，确定该点处的最大正应力、最大切应力等与材料破坏有关的因素，为强度计算提供重要依据。

图8-2 铸铁试件压缩破坏

图8-3 铸铁试件扭转破坏

研究应力状态的方法是在杆件中的某点（大多数情况下是危险点）取出一个微小的正六面体——**单元体**。在杆件受任意载荷作用时，从中取出的单元体各个面上一般既有正应力又有切应力。相互平行的一对面上的正应力大小相等，切应力大小也相等。

截取单元体的基本原则是：三对相互平行的平面上的应力应该是给定的，或经过计算后可以得到的。而杆件在基本变形下横截面上的应力都可以由前面章节计算出，因此，其中的一对平行平面通常是杆件两个相邻横截面上的一部分。例如图 8-4（a）中所示的轴向拉伸杆件，为了分析点 A 处的应力状态，可以围绕点 A 以横向和纵向截面截取出一个单元体来考虑。受拉伸杆件的横截面上有均匀分布的正应力，所以这个单元体在垂直于杆轴线的左右侧面上有正应力 $\sigma=\dfrac{F}{A}$，其他各平面上都没有应力。在图 8-4（b）所示的梁上，在上、下边缘的点 B 和 B' 处，也可截取出类似的单元体，此单元体只在垂直于梁轴的左右侧面上有正应力 $\boldsymbol{\sigma}$。又如圆轴扭转时，如图 8-4（c）所示，若在轴表面 C 处截取单元体，则在垂直于轴线的左右两侧面上有切应力 $\boldsymbol{\tau}$；再根据切应力互等定理，通过直径的上下两平面上也有大小相等而方向相反的切应力 $\boldsymbol{\tau}'$。而对于同时产生弯曲和扭转变形的圆杆，如图 8-4（d）所示，若在点 D 处截取单元体，则除有弯曲产生的正应力 $\boldsymbol{\sigma}$ 外，还存在扭转产生的切应力 $\boldsymbol{\tau}$。上述单元体，都是由受力杆件中取出的，其面上的应力分量可由前面章节中的公式计算出，这样的一些单元体通常叫原始单元体。因为截取出的单元体边长很小，故可以认为单元体面上的应力是均匀分布的。若令单元体的各边长趋于零，则单元体上各面的应力情况就代表了一点的应力状态。

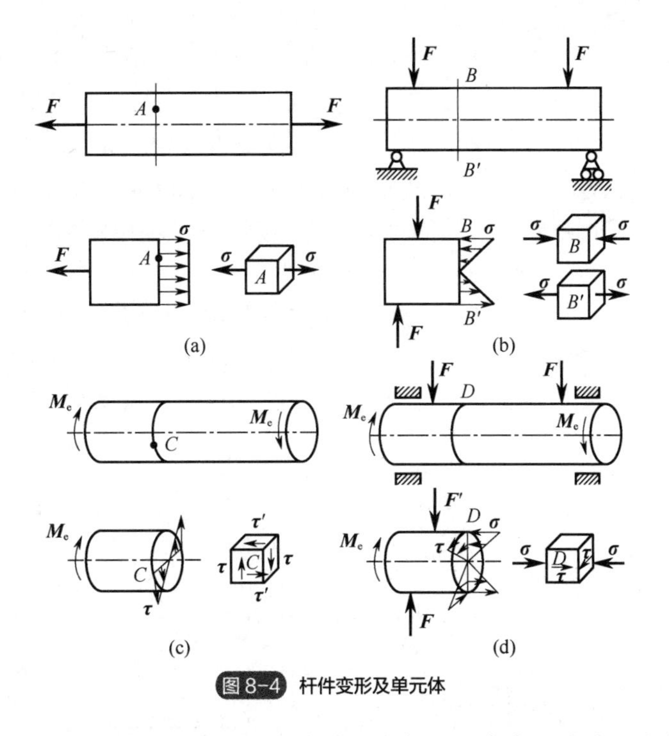

图8-4 杆件变形及单元体

在图8-5（a）中，单元体的三个相互垂直的面上都无切应力，这种切应力等于零的面称为**主平面**。主平面上的正应力称为**主应力**。通过受力构件的任意点皆可找到三个相互垂直的主平面，因而每一点都有三个主应力。对简单拉伸（或压缩），若三个主应力中只有一个不等于零，称为**单向应力状态**，如图8-5（a）所示；若三个主应力中有两个不等于零，称为**二向应力状态**，如图8-5（b）所示；当三个主应力都不等于零时，称为**三向应力状态**，如图8-5（c）所示。单向应力状态也称为**简单应力状态**，二向和三向应力状态统称为**复杂应力状态**。

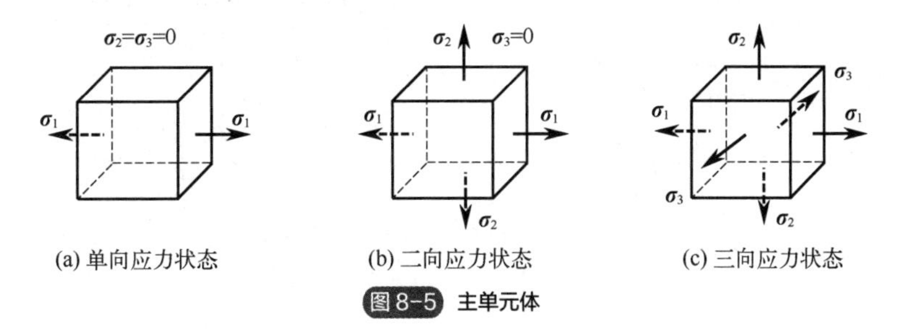

图8-5 主单元体

8.2 二向应力状态

8.2.1 解析法

由受力构件中一点处取一平面应力单元体，如图8-6（a）所示。设在垂直于x轴的截面上有正应力σ_x和切应力τ_{xy}，垂直于y轴的截面上有正应力σ_y和切应力τ_{yx}，垂直于z轴的前后两个截面上无应力，此状态为二向应力状态的一般情形。

由于在二向应力状态下，相对两个面上无应力，因此也可以用平面图形表示，如图8-6（b）

所示。图中 α 为垂直于 xy 平面的任意斜截面 ef 的外法线 n 与 x 轴的夹角。将 bef 由原单元体中取出，在棱柱体 bef 的 be 和 bf 面上的应力仍为原单元体 ab 和 ad 面上的应力，即为 $\boldsymbol{\sigma}_x$、$\boldsymbol{\sigma}_y$、$\boldsymbol{\tau}_{xy}$、$\boldsymbol{\tau}_{yx}$，在 ef 面上为未知正应力 $\boldsymbol{\sigma}_\alpha$ 和切应力 $\boldsymbol{\tau}_\alpha$，如图 8-6（c）所示。

设斜截面 ef 的面积为 $\mathrm{d}A$，则 bf 面和 be 面的面积分别为 $\mathrm{d}A\sin\alpha$ 和 $\mathrm{d}A\cos\alpha$，可根据棱柱体各面上应力，求出各面上所受的力，如图 8-6（d）所示。外力使棱柱体保持平衡，由此平衡条件可求得任意斜截面上的应力 $\boldsymbol{\sigma}_\alpha$ 和 $\boldsymbol{\tau}_\alpha$，分别沿着外法线方向 n 和切线方向 t 列平衡方程可得

$$\sigma_\alpha \mathrm{d}A+\tau_{xy}(\mathrm{d}A\cos\alpha)\sin\alpha-\sigma_x(\mathrm{d}A\cos\alpha)\cos\alpha+\tau_{yx}(\mathrm{d}A\sin\alpha)\cos\alpha-\sigma_y(\mathrm{d}A\sin\alpha)\sin\alpha=0$$

$$\tau_\alpha \mathrm{d}A-\tau_{xy}(\mathrm{d}A\cos\alpha)\cos\alpha-\sigma_x(\mathrm{d}A\cos\alpha)\sin\alpha+\tau_{yx}(\mathrm{d}A\sin\alpha)\sin\alpha+\sigma_y(\mathrm{d}A\sin\alpha)\cos\alpha=0$$

另外，由切应力互等定理可知 $\tau_{xy}=\tau_{yx}$，并由三角函数公式可得

$$\cos^2\alpha=\frac{1}{2}(1+\cos2\alpha)$$

$$\sin^2\alpha=\frac{1}{2}(1-\cos2\alpha)$$

$$2\sin\alpha\cos\alpha=\sin2\alpha$$

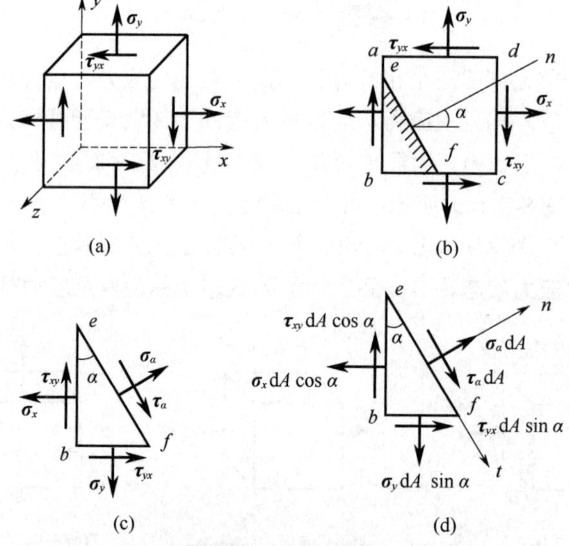

图 8-6 平面应力单元体

进行简化整理可得

$$\begin{aligned}\sigma_\alpha&=\sigma_x\cos^2\alpha+\sigma_y\sin^2\alpha-2\tau_{xy}\sin\alpha\cos\alpha\\&=\frac{1}{2}(\sigma_x+\sigma_y)+\frac{1}{2}(\sigma_x-\sigma_y)\cos2\alpha-\tau_{xy}\sin2\alpha\end{aligned}\tag{8-3}$$

$$\begin{aligned}\tau_\alpha&=\sigma_x\sin\alpha\cos\alpha-\sigma_y\sin\alpha\cos\alpha+\tau_{xy}(\cos^2\alpha-\sin^2\alpha)\\&=\frac{1}{2}(\sigma_x-\sigma_y)\sin2\alpha+\tau_{xy}\cos2\alpha\end{aligned}\tag{8-4}$$

其中，正应力以拉为正，以压为负；切应力对单元体内任意点的矩顺时针方向为正，逆时针方向为负；α 角规定由 x 轴正向逆时针转到斜截面 ef 的外法线 n 时为正。

由式（8-3）和式（8-4）可知，斜截面上的正应力和切应力是 α 角的函数，若当 $\alpha=\alpha_0$ 时，

该斜截面上切应力等于零，由主平面定义，可以确定该面为主平面。因此，当 $\tau_\alpha=0$ 时，求解出的 $\alpha=\alpha_0$ 的斜截面为主平面，即

$$\tau_{\alpha_0}=\frac{1}{2}(\sigma_x-\sigma_y)\sin 2\alpha_0+\tau_{xy}\cos 2\alpha_0=0 \tag{8-5}$$

$$\tan 2\alpha_0=-\frac{2\tau_{xy}}{\sigma_x-\sigma_y} \tag{8-6}$$

由式（8-5）可求出 α_0 的两组解，并有 $\alpha_{02}=\alpha_{01}+\frac{\pi}{2}$，由此可确定相互垂直的两个主平面。将 α_{01} 和 α_{02} 分别代入式（8-3）中，可求出相应主平面上的主应力。

另外，σ_α 为角 α 的函数，对变量 α 求导，令导函数为零，可求得 σ_α 的极值，即

$$\frac{d\sigma_\alpha}{d\alpha}=-(\sigma_x-\sigma_y)\sin 2\alpha-2\tau_{xy}\cos 2\alpha=0 \tag{8-7}$$

比较式（8-5）、式（8-7）可以发现，其取得极值的截面即为主平面，其极值正应力（主应力）所在的截面方位角亦可由式（8-6）确定，即

$$\tan 2\alpha_0=-\frac{2\tau_{xy}}{\sigma_x-\sigma_y}$$

将 α_0 代入式（8-3）中，得到最大正应力和最小正应力为

$$\left.\begin{matrix}\sigma_{max}\\ \sigma_{min}\end{matrix}\right\}=\frac{1}{2}(\sigma_x+\sigma_y)\pm\sqrt{\left(\frac{\sigma_x-\sigma_y}{2}\right)^2+\tau_{xy}{}^2} \tag{8-8}$$

若 $\alpha=\alpha_1$ 时，导函数 $\frac{d\tau_\alpha}{d\alpha}=0$，则在 α_1 确定的斜截面上，切应力为最大或最小值，令

$$\frac{d\tau_\alpha}{d\alpha}=(\sigma_x-\sigma_y)\cos 2\alpha-2\tau_{xy}\sin 2\alpha=0 \tag{8-9}$$

即

$$(\sigma_x-\sigma_y)\cos 2\alpha_1-2\tau_{xy}\sin 2\alpha_1=0$$

解得

$$\tan 2\alpha_1=\frac{\sigma_x-\sigma_y}{2\tau_{xy}} \tag{8-10}$$

由式（8-10）可以解出相差 $\frac{\pi}{2}$ 的两个角度 α_{11} 和 α_{12}（$\alpha_{11}=\alpha_{12}+\frac{\pi}{2}$），从而确定两个相互垂直的平面。其中一平面作用有最大切应力，另一个平面作用有最小切应力。将式（8-10）代入式（8-4）中，可求得最大和最小切应力为

$$\left.\begin{matrix}\tau_{max}\\ \tau_{min}\end{matrix}\right\}=\pm\sqrt{\left(\frac{\sigma_x-\sigma_y}{2}\right)^2+\tau_{xy}{}^2} \tag{8-11}$$

比较式（8-6）和式（8-10）可知

$$\tan 2\alpha_0=-\frac{1}{\tan 2\alpha_1} \tag{8-12}$$

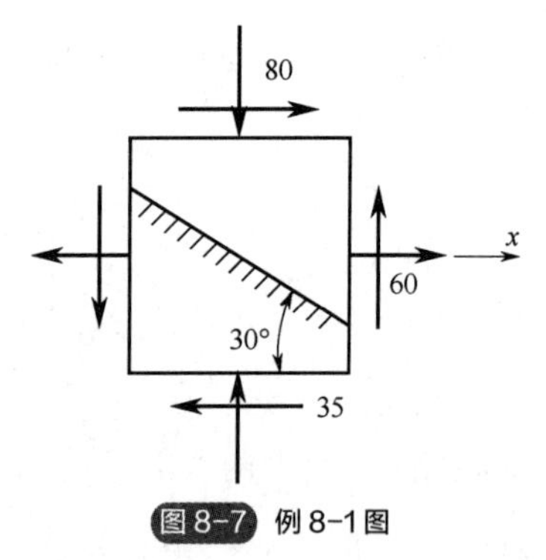

图 8-7 例 8-1 图

即

$$2\alpha_1 = 2\alpha_0 \pm \frac{\pi}{2}，\quad \alpha_1 = \alpha_0 \pm \frac{\pi}{4}$$

因此，可知最大切应力和最小切应力所在平面与主平面的夹角为 45°。

【例 8-1】试求图 8-7 所示单元体指定斜截面上的正应力和切应力。图中应力单位为 MPa。

解：按 α 角的定义及正负号规定，可知 $\alpha = 60°$，根据应力的正负号规定，$\sigma_x = 60\text{MPa}$，$\sigma_y = -80\text{MPa}$，$\tau_{xy} = -35\text{MPa}$，所求斜截面上的应力可由式（8-3）和式（8-4）求得

$$\begin{aligned}\sigma_{60°} &= \frac{1}{2}(\sigma_x + \sigma_y) + \frac{1}{2}(\sigma_x - \sigma_y)\cos(2\alpha) - \tau_{xy}\sin(2\alpha)\\ &= \frac{1}{2}(60-80) + \frac{1}{2}[60-(-80)]\times\cos 120° - (-35)\times\sin 120°\\ &= -14.69(\text{MPa})\end{aligned}$$

$$\begin{aligned}\tau_{60°} &= \frac{1}{2}(\sigma_x - \sigma_y)\sin(2\alpha) + \tau_{xy}\cos(2\alpha)\\ &= \frac{1}{2}[60-(-80)]\times\sin 120° - 35\times\cos 120° = 78.1(\text{MPa})\end{aligned}$$

【例 8-2】试求图 8-8 所示单元体中 $\beta = \alpha + \frac{\pi}{2}$ 面上的正应力和切应力。

解：将 $\beta = \alpha + 90°$ 代入式（8-3）和式（8-4），得

$$\begin{aligned}\sigma_\beta &= \frac{1}{2}(\sigma_x + \sigma_y) + \frac{1}{2}(\sigma_x - \sigma_y)\cos[2(\alpha+90°)] - \tau_{xy}\sin[2(\alpha+90°)]\\ &= \frac{1}{2}(\sigma_x + \sigma_y) - \frac{1}{2}(\sigma_x - \sigma_y)\cos(2\alpha) + \tau_{xy}\sin(2\alpha)\end{aligned} \tag{8-13}$$

$$\begin{aligned}\tau_\beta &= \frac{1}{2}(\sigma_x - \sigma_y)\sin[2(\alpha+90°)] + \tau_{xy}\cos[2(\alpha+90°)]\\ &= -\frac{1}{2}(\sigma_x - \sigma_y)\sin(2\alpha) - \tau_{xy}\cos(2\alpha)\end{aligned} \tag{8-14}$$

将式（8-3）和式（8-13）相加得

$$\sigma_\alpha + \sigma_\beta = \sigma_x + \sigma_y \tag{8-15}$$

即通过一点的任意两个相互垂直截面上的正应力之和为一常数。

比较式（8-14）和式（8-4）可知

$$\tau_\beta = -\tau_\alpha \tag{8-16}$$

这就是熟知的切应力互等定理。

【例 8-3】试求图 8-9 所示单元体的主应力及主平面方位。图中应力单位为 MPa。

解：先利用式（8-6）求出主平面方位角为

$$\tan(2\alpha_0) = -\frac{2\tau_{xy}}{\sigma_x - \sigma_y} = -\frac{2\times(-60)}{80+40} = 1$$

于是 $\alpha_{01} = 22.5°$，$\alpha_{02} = 112.5°$，将以上角度代入式（8-3），可分别求出这两个主平面上的主应力为

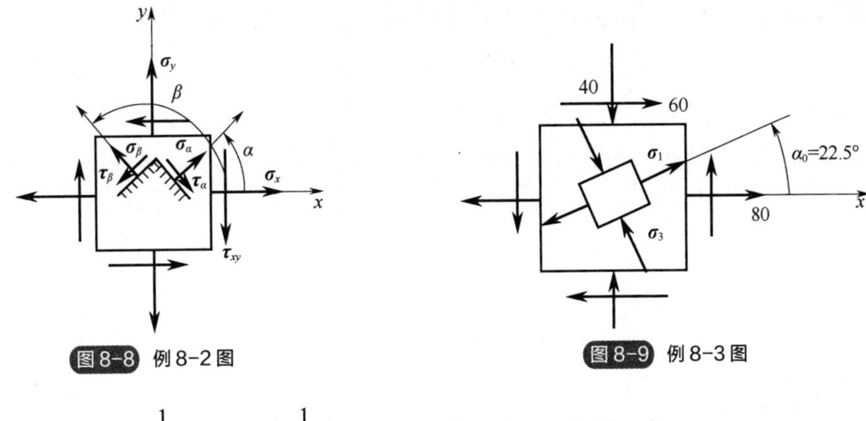

图 8-8　例 8-2 图

图 8-9　例 8-3 图

$$\sigma_{22.5^\circ}=\frac{1}{2}(\sigma_x+\sigma_y)+\frac{1}{2}(\sigma_x-\sigma_y)\cos(2\alpha_{01})-\tau_{xy}\sin(2\alpha_{01})$$
$$=\frac{1}{2}(80-40)+\frac{1}{2}(80+40)\cos45^\circ+60\times\sin45^\circ=104.9(\text{MPa})$$

同理求得

$$\sigma_{112.5^\circ}=-64.9\text{MPa}$$

由此可知，在 $\alpha_{01}=22.5^\circ$ 的主平面上，有最大主应力 $\sigma_1=104.9\text{MPa}$ ；在 $\alpha_{02}=112.5^\circ$ 的主平面上，有最小主应力 $\sigma_3=-64.9\text{MPa}$ 。根据主应力的排序规定，另一个主应力为 $\sigma_2=0$ MPa。

8.2.2　应力圆

平面应力状态除了采用解析法外，也可采用图解法进行分析，且图解法简明直观，易掌握。由式（8-3）和式（8-4）可知，应力 σ_α 和 τ_α 之间存在确定的函数关系。为了建立 σ_α 和 τ_α 之间的直接关系式，将式（8-3）和式（8-4）改写为

$$\sigma_\alpha-\frac{1}{2}(\sigma_x+\sigma_y)=\frac{1}{2}(\sigma_x-\sigma_y)\cos(2\alpha)-\tau_{xy}\sin(2\alpha)$$

$$\tau_\alpha=\frac{1}{2}(\sigma_x-\sigma_y)\sin(2\alpha)+\tau_{xy}\cos(2\alpha)$$

将以上两式等号两边分别平方，然后相加便可消去 α ，得

$$\left(\sigma_\alpha-\frac{\sigma_x+\sigma_y}{2}\right)^2+\tau_\alpha^{\ 2}=\left(\sqrt{\left(\frac{\sigma_x-\sigma_y}{2}\right)^2+\tau_{xy}}\right)^2 \tag{8-17}$$

因为 σ_x、 σ_y 和 τ_{xy} 皆为已知量，所以，在以 σ 为横坐标、τ 为纵坐标轴的坐标平面内，式（8-17）的轨迹为圆，其圆心为 $\left(\dfrac{\sigma_x+\sigma_y}{2},\ 0\right)$，半径为 $\sqrt{\left(\dfrac{\sigma_x-\sigma_y}{2}\right)^2+\tau_{xy}}$ 。圆轴上任意一点的横、纵坐标则分别代表单元体内方位角为 α 的斜截面上的正应力 σ_α 和切应力 τ_α。此圆称为**应力圆**，是德国的 K.库尔曼在 1866 年首先证明得出，1882 年德国工程师 O.莫尔对应力圆做了进一步的研究，提出借助应力圆确定一点的应力状态的几何方法，后人称应力圆为莫尔应力圆，简称**莫尔圆**。

现以图 8-10（a）所示的平面应力状态为例，进一步说明应力圆的绘制及应用。

如图 8-10（b）所示，在$\sigma-\tau$直角坐标系中，按一定的比例尺量取横坐标$\overline{OA}=\sigma_x$，纵坐标$\overline{AD}=\tau_{xy}$，确定 D 点，该点坐标代表以 x 轴为法线的面上的应力。量取横坐标$\overline{OB}=\sigma_y$，纵坐标$\overline{BD'}=\tau_{yx}$，确定D'点，τ_{xy}和τ_{yx}数值相等，故该点坐标代表以 y 轴为法线的面上的应力。直线DD'与坐标轴σ的交点为 C 点，以 C 点为圆心，以$\overline{CD}$和$\overline{CD'}$为半径作圆，即为应力圆，这就是应力圆的一般画法。

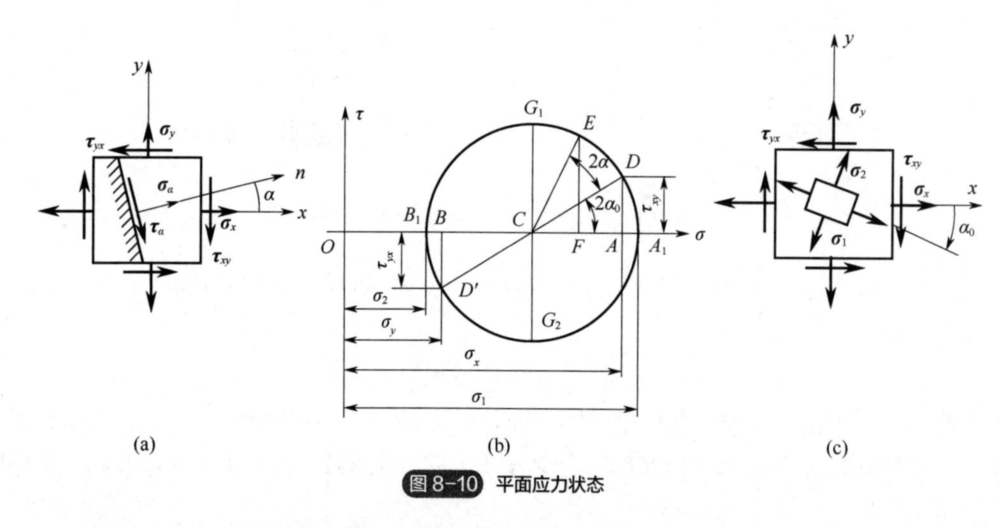

图 8-10 平面应力状态

可以证明，单元体内任意斜截面上的应力都对应应力圆上的一个点。例如，由 x 轴到任意斜截面的外法线 n 的夹角为逆时针的α角。对应地，在应力圆上，从 D 点沿应力圆逆时针转2α得 E 点，则 E 点的坐标就代表外法线为 n 的斜截面上的应力。

用图解法对平面应力状态进行分析时，需强调的是应力圆上的点与单元体上的面之间的相互对应关系，即：应力圆上一点的坐标对应着单元体上某一截面上的应力值；应力圆上两点之间的圆弧所对应的圆心角为2α，对应着单元体上该两截面外法线之间的夹角为α，且旋转方向相同。故应力圆上的点与单元体内面的对应关系可概括为：点面对应，基准一致，转向相同，倍角关系。

利用应力圆同样可以方便地确定主应力和主平面。如图 8-10（b）所示，应力圆与坐标轴σ交于 A_1 点和 B_1 点，两点的横坐标分别为最大值和最小值，而纵坐标等于零。这表明：在平行于 z 轴的所有截面中，最大与最小正应力所在的截面相互垂直，且最大与最小正应力分别为

$$\left.\begin{matrix}\sigma_{\max}\\ \sigma_{\min}\end{matrix}\right\}=\overline{OC}\pm\overline{CA_1}=\frac{\sigma_x+\sigma_y}{2}\pm\sqrt{\left(\frac{\sigma_x-\sigma_y}{2}\right)^2+{\tau_{xy}}^2} \tag{8-18}$$

上式与式（8-8）完全吻合。而最大主应力所在截面的方位角α_0，也可从应力圆中得到

$$\tan 2\alpha_0=\frac{\overline{DA}}{\overline{CA}}=-\frac{\tau_{xy}}{\dfrac{\sigma_x-\sigma_y}{2}}=-\frac{2\tau_{xy}}{\sigma_x-\sigma_y} \tag{8-19}$$

式中，负号表示由 x 截面至最大正应力作用面为顺时针方向。若在应力圆上，由 D 点到 A 点所对应的圆心角为顺时针的$2\alpha_0$，则由点面对应关系可知，在单元体上，由 x 轴按顺时针取转向量α_0，即得$\sigma_{\max}$所在的主平面位置。

由图 8-10（b）所示，还可以看出，应力圆上还存在另外两个极值点 G_1 和 G_2，它们的纵坐

标分别代表切应力极大值τ_{max}和极小值τ_{min}。这表明：在平行于 z 轴的所有截面中，切应力的最大值与最小值分别为

$$\left.\begin{matrix}\tau_{max}\\ \tau_{min}\end{matrix}\right\}=\pm\sqrt{\left(\frac{\sigma_x-\sigma_y}{2}\right)^2+\tau_{xy}{}^2} \tag{8-20}$$

上式与式（8-11）完全吻合。其所在截面也相互垂直，并与正应力极值截面成45° 角。

【例 8-4】已知单元体的应力状态如图 8-11（a）所示，应力单位为 MPa。试用图解法求主应力，并确定主平面的位置。

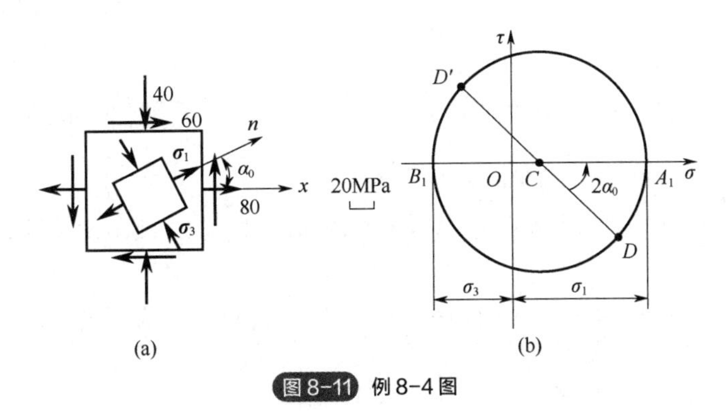

图 8-11 例 8-4 图

解：已知$\sigma_x=80\text{MPa}$，$\sigma_y=-40\text{MPa}$，$\tau_{xy}=-60\text{MPa}$。在$\sigma-\tau$平面内，按图 8-11（b）选定的比例尺，以（80，−60）为坐标，确定 D 点；以（−40，60）为坐标，确定 D' 点。连接 D 点和 D' 点，与横坐标轴交于 C 点。以 C 为圆心，以 CD 为半径作应力圆。如图 8-11（b）所示的应力圆上，A_1 和 B_1 点的横坐标分别对应主应力σ_{max}和σ_{min}，按选定的比例尺量出$\sigma_{max}=\overline{OA_1}=104.9\text{MPa}$，$\sigma_{min}=\overline{OB_1}=-64.9\text{MPa}$。

故三个主应力分别为：$\sigma_1=104.9\text{MPa}$，$\sigma_2=0\text{MPa}$，$\sigma_3=-64.9\text{MPa}$。在应力圆上，由 D 点至 A_1 点为逆时针方向，且$\angle DCA_1=2\alpha_0=45°$，所以，在单元体中，从 x 轴以逆时针方向量取$\alpha_0=22.5°$，确定了$\boldsymbol{\sigma}_1$所在主平面的外法线。而 D 至 B_1 点为顺时针方向，$\angle DCB_1=135°$，所以，在单元体中从 x 轴以顺时针方向量取$\alpha_0=67.5°$，从而确定了$\boldsymbol{\sigma}_3$所在主平面的法线方向。

8.3 三向应力状态

应力状态的一般形式是**三向应力状态**。三向应力状态的分析比较复杂，在此不作详细介绍。只讨论三个主应力$\boldsymbol{\sigma}_1$、$\boldsymbol{\sigma}_2$、$\boldsymbol{\sigma}_3$均为已知时，如图 8-12（a），单元体内的最大正应力和最大切应力。

首先分析与$\boldsymbol{\sigma}_3$平行的任意斜截面 $abcd$ 上的应力。假想沿此截面将单元体截开分成上下两部分，取下面部分研究，如图 8-12（b）。不难看出，这种斜截面上的应力$\boldsymbol{\sigma}$、$\boldsymbol{\tau}$与$\boldsymbol{\sigma}_3$无关，而仅仅取决于$\boldsymbol{\sigma}_1$和$\boldsymbol{\sigma}_2$。

综上所述，在σ-τ平面内，代表任意斜截面上的应力的点或位于应力圆上，或位于由三个应力圆所构成的阴影区域内。

由图 8-13 容易看出，在三向应力状态下，最大正应力为最大主应力$\sigma_{max}=\sigma_1$，最小正应力为最小主应力$\sigma_{min}=\sigma_3$。而最大切应力为

$$\tau_{\max} = \frac{\sigma_1 - \sigma_3}{2} \tag{8-21}$$

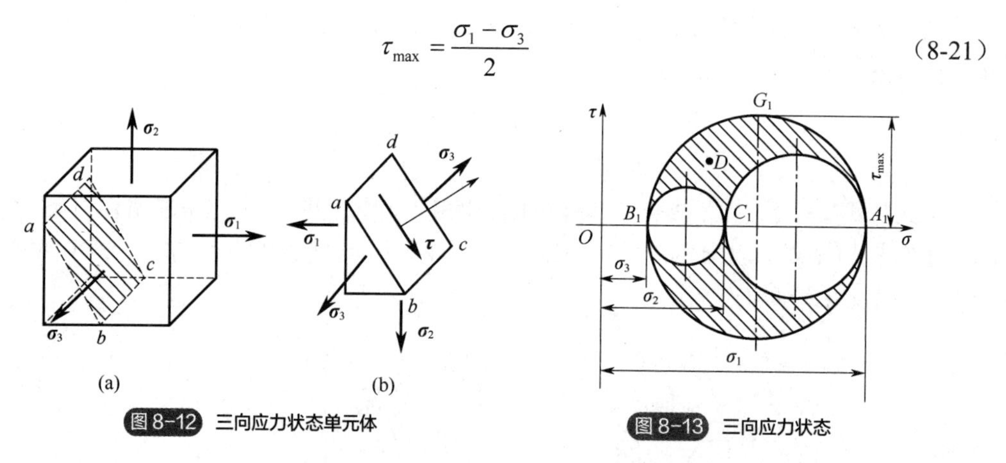

图8-12 三向应力状态单元体

图8-13 三向应力状态

并位于与 σ_3 和 σ_1 均成45°的平面上。

由于单向和二向应力状态是三向应力状态的特殊情况，故上述结论同样适用于单向和二向应力状态。

【例 8-5】求图 8-14（a）所示单元体（应力单位为 MPa）的主应力和最大切应力。

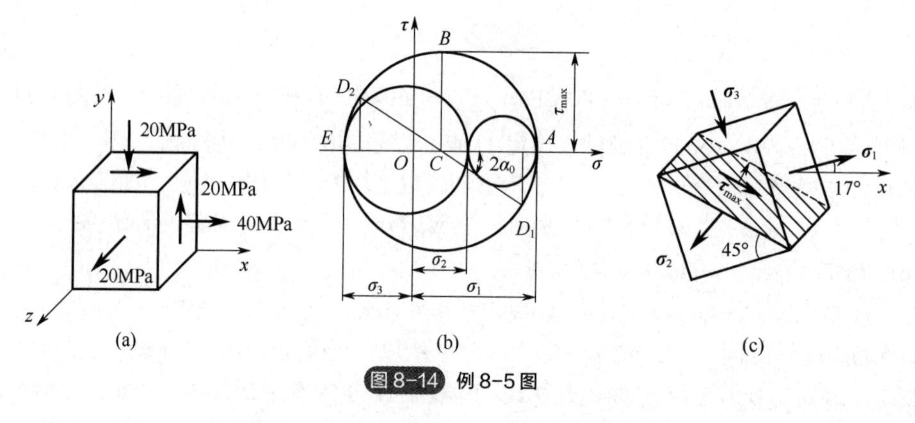

图8-14 例8-5图

解：由图 8-14（a）所示单元体可知，一个主应力为 20MPa。因此，与该主平面正交的各截面上的应力与主应力 $\boldsymbol{\sigma}_z$ 无关，于是，可依据 x 截面和 y 截面上的应力，画出应力圆如图 8-14（b），可按选定的比例尺量得，或由应力圆的几何关系求得

$$\sigma_1' = \overline{OA} = \overline{OC} + \overline{CA} = \frac{\sigma_x + \sigma_y}{2} + \sqrt{\left(\frac{\sigma_x - \sigma_y}{2}\right)^2 + {\tau_{xy}}^2}$$

$$= \frac{40 + (-20)}{2} + \sqrt{\left(\frac{40 - (-20)}{2}\right)^2 + (-20)^2} = 46(\text{MPa})$$

$$\sigma_2' = \overline{OE} = \overline{OC} - \overline{CE} = \frac{\sigma_x + \sigma_y}{2} - \sqrt{\left(\frac{\sigma_x - \sigma_y}{2}\right)^2 + {\tau_{xy}}^2}$$

$$= \frac{40 + (-20)}{2} - \sqrt{\left(\frac{40 - (-20)}{2}\right)^2 + (-20)^2} = -26(\text{MPa})$$

把 σ_1'、σ_2' 与 20MPa 按代数值由大至小排序，分别得 $\sigma_1 = 46\text{MPa}$、$\sigma_2 = 20\text{MPa}$、

$\sigma_3 = -26\text{MPa}$。还可按选定的比例尺量得，或由解析法求得 $2\alpha_0 = -\arctan\dfrac{-40}{60} = 34°$，据此便可确定 $\boldsymbol{\sigma}_1$ 和 $\boldsymbol{\sigma}_3$ 两个主平面的方位。

在图 8-14（b）中最大的应力圆上，*B* 点纵坐标（该圆的半径）即为该单元体的最大切应力，其值为

$$\tau_{\max} = \frac{\sigma_1 - \sigma_3}{2} = \frac{46+26}{2} = 36(\text{MPa})$$

最大切应力所在截面与 $\boldsymbol{\sigma}_2$ 的主平面相垂直，而与 $\boldsymbol{\sigma}_1$ 和 $\boldsymbol{\sigma}_3$ 的主平面各成 45° 夹角，如图 8-14（c）所示。

8.4 广义胡克定律与应变能密度概念

8.4.1 广义胡克定律

对图 8-15 所示的空间应力状态，由于有正应力和切应力的共同作用，将同时产生线应变 ε 和切应变 γ。可以证明，在小变形情况下，切应力引起的线应变很微小，可以忽略不计。因此认为，正应力只产生线应变，切应力只产生切应变。这样，可利用叠加原理计算三向应力状态下的应变。图 8-15 中的切应力均有两个下标，第一个下标表示切应力所在平面，第二个下标表示切应力的方向。

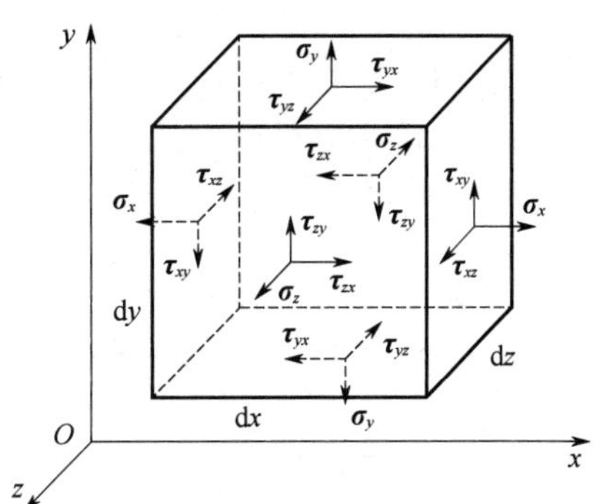

图 8-15 空间应力状态

由图 8-15 可知，结合正应力、正应变的关系以及切应力、切应变的关系，在 $\boldsymbol{\sigma}_x$、$\boldsymbol{\sigma}_y$、$\boldsymbol{\sigma}_z$ 单独作用时，沿 *x* 方向产生的线应变分别为

$$\varepsilon_x' = \frac{\sigma_x}{E}、\quad \varepsilon_x'' = -\upsilon\frac{\sigma_y}{E}、\quad \varepsilon_x''' = -\upsilon\frac{\sigma_z}{E}$$

在 $\boldsymbol{\sigma}_x$、$\boldsymbol{\sigma}_y$、$\boldsymbol{\sigma}_z$ 共同作用时，沿 *x* 方向产生的线应变为 $\varepsilon_x = \varepsilon_x' + \varepsilon_x'' + \varepsilon_x''' = \dfrac{\sigma_x}{E} - \upsilon\dfrac{\sigma_y}{E} - \upsilon\dfrac{\sigma_z}{E} = \dfrac{1}{E}[\sigma_x - \upsilon(\sigma_y + \sigma_z)]$。

同理可求出沿 *y* 方向和 *z* 方向的线应变 ε_y 和 ε_z，即

$$\begin{cases} \varepsilon_x = \dfrac{1}{E}[\sigma_x - \upsilon(\sigma_y + \sigma_z)] \\ \varepsilon_y = \dfrac{1}{E}[\sigma_y - \upsilon(\sigma_x + \sigma_z)] \\ \varepsilon_z = \dfrac{1}{E}[\sigma_z - \upsilon(\sigma_x + \sigma_y)] \end{cases} \tag{8-22}$$

切应力和切应变之间的关系可以表示为

$$\begin{cases}\gamma_{xy}=\dfrac{\tau_{xy}}{G}\\ \gamma_{yz}=\dfrac{\tau_{yz}}{G}\\ \gamma_{zx}=\dfrac{\tau_{zx}}{G}\end{cases}\tag{8-23}$$

式（8-22）和式（8-23）表示了在线弹性范围内、小变形条件下各向同性材料的广义胡克定律。三个正应力分量和三个线应变分量的正负号规定同前，即拉应力为正、压应力为负，线应变以伸长为正、缩短为负；三个切应变γ_{xy}、γ_{yz}、γ_{zx}分别表示$\angle xoy$、$\angle yoz$、$\angle zox$的变化，均以使直角减小为正，反之为负；三个切应力分量τ_{xy}、τ_{yz}、τ_{zx}均以正面（外法线与坐标轴正向一致的平面）上切应力矢量的指向与坐标轴正向一致或负面（外法线与坐标轴负向一致的平面）上切应力矢量的指向与坐标轴负向一致时为正，反之为负。

广义胡克定律也可以用主应力和主应变表示，即

$$\begin{cases}\varepsilon_1=\dfrac{1}{E}[\sigma_1-\upsilon(\sigma_2+\sigma_3)]\\ \varepsilon_2=\dfrac{1}{E}[\sigma_2-\upsilon(\sigma_1+\sigma_3)]\\ \varepsilon_3=\dfrac{1}{E}[\sigma_3-\upsilon(\sigma_1+\sigma_2)]\end{cases}$$

【例 8-6】正方体钢块无空隙地放置在刚性槽内，如图 8-16（a）所示。在钢块的顶面上作用 p=150MPa 的均布压力，已知材料的泊松比$\upsilon=0.3$。试求钢块内的主应力。

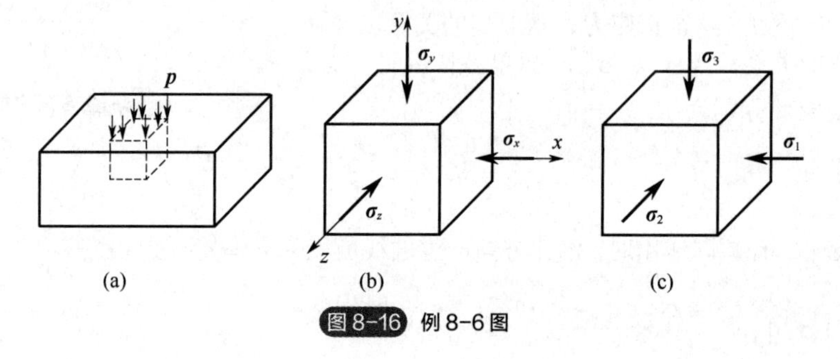

图 8-16 例 8-6 图

解：钢块在刚性槽内均匀受压，σ_x、σ_y、σ_z均不为零，钢块内各点的应力状态如图 8-16（b）所示，已知$\sigma_y=-p=-150\text{MPa}$，因$\varepsilon_x=\varepsilon_z=0$，由胡克定律得

$$\varepsilon_x=\frac{1}{E}[\sigma_x-\upsilon(\sigma_y+\sigma_z)]=\frac{1}{E}[\sigma_x-0.3(-150\text{MPa}+\sigma_z)]=0$$

$$\varepsilon_z=\frac{1}{E}[\sigma_z-\upsilon(\sigma_x+\sigma_y)]=\frac{1}{E}[\sigma_z-0.3(\sigma_x-150\text{MPa})]=0$$

联立以上两式求解得

$$\sigma_x=\sigma_z=-64.3\text{MPa}$$

故钢块的主应力为

$$\sigma_1=\sigma_2=-64.3\text{MPa}，\ \sigma_3=-150\text{MPa}$$

8.4.2 应变能密度概念

构件在外力作用下发生弹性变形时，外力做的功被以弹性势能的形式储存在构件内，构件因此具有恢复原状的能力，并将这种能力转变为功。例如，被拧紧的发条在放松的过程中可带动齿轮转动。这种因变形而储存的能量称为**应变能**，用 U 表示。由于构件内各处的变形程度一般是不同的，所以应变能在构件内一般不是均匀分布。把某点处单位体积内的应变能称为该点的**应变能密度**，用 u 表示。

在三向应力状态下计算一点处的应变能密度，可在该处取出单元体如图 8-17 所示。设单元体的边长分别为 Δx、Δy、Δz，在变形完成时三个主应力为 σ_1、σ_2、σ_3，相应的三个线应变为 ε_1、ε_2、ε_3。由于应变能只决定于最终变形状态，故可设想三个主应力按同一比例因子 λ 从零增加到最终值，这样三个线应变也按同一比例因子 $\lambda(0 \leqslant \lambda \leqslant 1)$ 从零增加到最终值。在变形过程中的某一瞬时，应力值为 $\lambda\sigma_1$、$\lambda\sigma_2$、$\lambda\sigma_3$，相应的应变值为 $\lambda\varepsilon_1$、$\lambda\varepsilon_2$、$\lambda\varepsilon_3$。当 λ 有微小增量 $d\lambda$ 时，应变值的增量为 $\varepsilon_1 d\lambda$、$\varepsilon_2 d\lambda$、$\varepsilon_3 d\lambda$。单元体上外力做功为

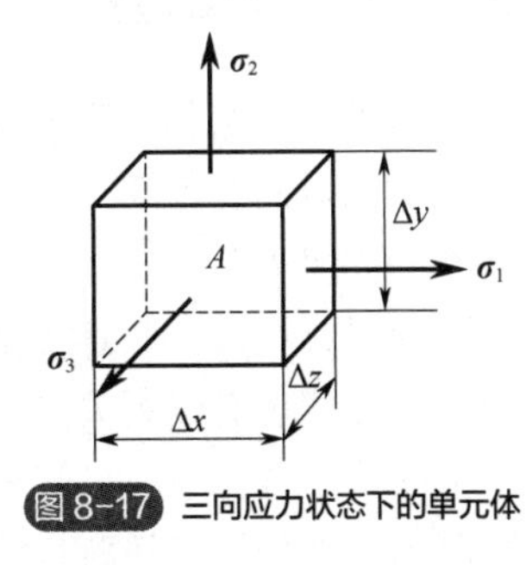

图 8-17 三向应力状态下的单元体

$$
\begin{aligned}
dW &= \lambda\sigma_1\Delta y\Delta z(\varepsilon_1 d\lambda\Delta x) + \lambda\sigma_2\Delta x\Delta z(\varepsilon_2 d\lambda\Delta y) + \lambda\sigma_3\Delta x\Delta y(\varepsilon_3 d\lambda\Delta z) \\
&= \Delta x\Delta y\Delta z(\sigma_1\varepsilon_1 + \sigma_2\varepsilon_2 + \sigma_3\varepsilon_3)\lambda d\lambda
\end{aligned}
$$

将 dW 对 λ 从 0~1 的变化范围进行积分，得应变能为

$$U = W = \frac{1}{2}(\sigma_1\varepsilon_1 + \sigma_2\varepsilon_2 + \sigma_3\varepsilon_3)\Delta x\Delta y\Delta z$$

应变能密度为

$$u = \frac{1}{2}(\sigma_1\varepsilon_1 + \sigma_2\varepsilon_2 + \sigma_3\varepsilon_3)$$

利用广义胡克定律可得用主应力表示应变能密度：

$$u = \frac{1}{2E}[\sigma_1^2 + \sigma_2^2 + \sigma_3^2 - 2\mu(\sigma_1\sigma_2 + \sigma_2\sigma_3 + \sigma_3\sigma_1)]$$

可以将应变能密度分解为只改变单元体体积和只改变单元体形状的两部分，前者称为**体积改变能密度**，记为 u_v，后者称为**形状改变能密度或者畸变能密度**，记为 u_f。畸变能密度 u_f 的表达式如下：

$$u_f = \frac{1+\mu}{6E}[(\sigma_1 - \sigma_2)^2 + (\sigma_2 - \sigma_3)^2 + (\sigma_3 - \sigma_1)^2]$$

可以证明

$$u_v + u_f = u$$

在单向应力状态时（例如轴向拉伸），$\sigma_1 = \sigma$，$\sigma_2 = \sigma_3 = 0$，可得

$$u = \frac{\sigma^2}{2E}$$

此为单向应力状态时的应变能密度。

8.5 常用的强度理论

复杂应力状态下的强度条件不能照搬拉伸（压缩）、剪切、扭转、弯曲等基本变形的强度条件，需要以主应力为代表来建立相应的强度条件。前人对引起材料破坏的主要因素提出了各种假说，并根据这些假说建立了供设计计算的强度条件，这些假说称为**强度理论**或**失效准则**。

8.5.1 材料的强度失效形式

构件或材料的强度失效，可分为断裂失效（脆性断裂）或屈服失效两种基本形式。若构件未产生明显的塑性变形，使其失去正常的工作能力，这种破坏形式称为塑性屈服或延性破坏，或称为屈服失效。

材料的失效到底是发生脆性断裂还是呈现塑性屈服，不仅由材料本身的性质决定，还与所处的应力状态有很大关系。单向拉伸时，脆性材料发生断裂失效，延性材料发生屈服失效。在三向拉应力状态下，不管是脆性材料还是延性材料，都会发生脆性断裂；若材料处于三向压应力状态，即使是脆性材料也会发生明显的塑性变形。应力状态的改变会影响到同一种材料的破坏形式，不能简单地认为某一类材料只发生塑性屈服失效，而另一类材料只发生脆性断裂失效。

通常根据单向拉伸试验所测定的材料失效应力$\boldsymbol{\sigma}^0$的值，来建立复杂应力状态下的失效准则。由引起材料破坏的主要因素来计算相应参数，设复杂应力状态下（$\boldsymbol{\sigma}_1$，$\boldsymbol{\sigma}_2$，$\boldsymbol{\sigma}_3$）的参数为A，单向拉伸失效应力状态（$\boldsymbol{\sigma}^0$，0，0）时的参数为B，则失效条件为：

$$A=B \tag{8-24}$$

8.5.2 强度理论

与材料失效形式相对应，强度理论（假说）可以分为两类：第一类是关于脆性失效的强度理论；第二类则是关于屈服失效的强度理论。早期使用的工程材料多为砖、石、铸铁等脆性材料，脆断现象较多，因此第一类强度理论提出较早；19世纪开始，因材料和工程技术的发展，钢、铜合金等延性材料应用逐渐增多，屈服失效也出现于工程实践中，于是就出现了第二类强度理论。

根据提出的时间先后，常用的强度理论分别称为第一强度理论、第二强度理论、第三强度理论和第四强度理论。

（1）第一强度理论（最大拉应力理论）

伽利略于1638年首先提出最大正应力理论，后来由朗肯于1856年修正为最大拉应力理论。该理论认为，引起材料发生脆性断裂的主要因素是最大拉应力。据此，各参数为

$$A=\sigma_1,\quad B=\sigma_0$$

由式（8-24）得材料的失效条件为

$$\sigma_1=\sigma_0 \tag{8-25}$$

式中，单向拉伸失效应力σ_0应取材料的抗拉强度σ_b。

第一强度理论对于脆性材料，如铸铁、陶瓷、工具钢、岩石、混凝土等较为合适。

（2）第二强度理论（最大伸长线应变理论）

马利奥脱在 1682 年提出最大线应变理论，后经圣维南修正为最大伸长线应变理论。这个假说认为引起材料发生脆性断裂的主要因素是最大伸长线应变（正应变）。各参数为

$$A = \varepsilon_{\max} = \varepsilon_1 = \frac{1}{E}[\sigma_1 - \nu(\sigma_2 + \sigma_3)]$$

$$B = \varepsilon_{\max}^0 = \frac{\sigma_0}{E}$$

将 A、B 代入式（8-24），则有

$$\frac{1}{E}[\sigma_1 - \nu(\sigma_2 + \sigma_3)] = \frac{\sigma_0}{E}$$

消去弹性模量 E，则得到材料的失效条件为

$$\sigma_1 - \nu(\sigma_2 + \sigma_3) = \sigma_0 \tag{8-26}$$

式中，单向拉伸失效应力 σ_0 应取材料的抗拉强度 σ_b。

试验结果表明，第二强度理论与石材、混凝土等脆性材料在压缩时纵向开裂的现象是一致的，它考虑了三个主应力的共同影响，形式上较最大拉应力理论更为完善。但是，该理论在实际中并不一定总是合理的，例如，按这一理论分析，则二向或三向受拉时比单向受拉时更不易断裂，显然与实际情况不符。

（3）第三强度理论（最大切应力理论）

库伦于 1773 年提出最大切应力对材料屈服的影响，后经特雷斯卡（Tresca）于 1868 年完善形成最大切应力理论，又称 Tresca 屈服准则。他们认为，材料的屈服与最大切应力有关，即最大切应力是材料屈服失效的主要因素。于是

$$A = \tau_{\max} = \frac{\sigma_1 - \sigma_3}{2}$$

$$B = \tau_{\max}^0 = \frac{\sigma_0 - 0}{2} = \frac{\sigma_0}{2}$$

将参数 A 和 B 代入式（8-24）得材料的失效条件为：

$$\sigma_1 - \sigma_3 = \sigma_0 \tag{8-27}$$

式中，单向拉伸失效应力 σ_0 应取材料的屈服极限 σ_s 。

第三强度理论曾被许多延性材料的试验结果所证实，且一般是偏于安全的。虽然该准则没有考虑中间主应力 $\boldsymbol{\sigma}_2$ 的影响，但因其公式简单而得到广泛应用，我国压力容器的设计便采用该理论。

（4）第四强度理论（畸变能密度准则）

该准则是从能量角度来解释屈服失效，认为不论什么应力状态下，畸变能密度达到某极限值 u_f^0 时材料发生屈服失效，失效准则为

$$u_f = \frac{1+\mu}{6E}[(\sigma_1 - \sigma_2)^2 + (\sigma_2 - \sigma_3)^2 + (\sigma_3 - \sigma_1)^2] = u_f^0$$

在单向拉伸屈服时，$u_f^0=\frac{1+\mu}{3E}\sigma_s^2$，故上式成为

$$\frac{1+\mu}{6E}[(\sigma_1-\sigma_2)^2+(\sigma_2-\sigma_3)^2+(\sigma_3-\sigma_1)^2]=\frac{1+\mu}{3E}\sigma_s^2$$

或

$$\sqrt{\frac{1}{2}[(\sigma_1-\sigma_2)^2+(\sigma_2-\sigma_3)^2+(\sigma_3-\sigma_1)^2]}=\sigma_s$$

考虑安全因数后，得畸变能密度准则建立的强度条件为

$$\sqrt{\frac{1}{2}[(\sigma_1-\sigma_2)^2+(\sigma_2-\sigma_3)^2+(\sigma_3-\sigma_1)^2]}=\sigma_0 \tag{8-28}$$

对于大多数塑性材料，该准则与实验结果符合的程度比最大切应力理论更好。

式中，单向拉伸失效应力σ_0应取材料的屈服极限σ_s。

第四强度理论又称为 Mises 屈服准则。虽然它和第三强度理论一样，都认为剪应力是使材料屈服失效的决定性因素，但它同时考虑了三个主应力的综合影响，所以在形式上比第三强度理论（最大剪应力理论）要完善一些。

Mises 屈服准则和许多延性材料的试验结果相吻合，例如碳素钢、合金钢、铜镍、铝等金属材料的屈服都符合这一准则。我国在建筑钢结构设计中，采用这一理论。

由式（8-25）～式（8-28）可知，材料在复杂应力状态下的失效条件是用单向拉伸试验测定的失效应力σ_0来表达的。公式左边的计算值与一个应力等效，所以又称为折算应力或等效应力，用符号σ_{ri}表示：

$$\sigma_{r1}=\sigma_1$$

$$\sigma_{r2}=\sigma_1-\nu(\sigma_2+\sigma_3)$$

$$\sigma_{r3}=\sigma_1-\sigma_3$$

$$\sigma_{r4}=\sqrt{\frac{1}{2}[(\sigma_1-\sigma_2)^2+(\sigma_2-\sigma_3)^2+(\sigma_3-\sigma_1)^2]}$$

据此，材料失效条件可以统一写成一个公式

$$\sigma_{ri}=\sigma_0 \tag{8-29}$$

8.5.3 强度条件及选用要求

只有构件在实际工作中不出现强度失效，才能保证构件的安全性，这就要求由主应力计算得到的等效应力不应超过材料强度设计值f或许用应力$[\sigma]$，所以强度条件为

$$\sigma_{ri}\leqslant f \text{ 或} [\sigma] \tag{8-30}$$

实际使用中，铸铁、砖石、混凝土、玻璃等脆性材料常以断裂形式失效，宜采用第一、第二强度理论；碳素钢、铜、铝、合金钢等延性材料常以屈服形式失效，宜采用第三、第四强度理论。但是，在三向拉应力状态下，无论何种材料，都将以断裂形式失效，宜采用第一、第二强度理论；在三向压应力状态下，无论何种材料，都将以屈服形式失效，宜采用第三、第四强度理论。

【例 8-7】有一铸铁零件，已知危险点处的主应力$\sigma_1=26\text{MPa}$，$\sigma_2=0$，$\sigma_3=-32\text{MPa}$，铸铁材料的许用拉应力$[\sigma_1]=35\text{MPa}$，泊松比$\nu=0.25$，试校核其强度。

解：铸铁是脆性材料，且属于二向拉、压应力状态，所以可采用第一、第二强度理论。

① 按照第一强度理论：

$\sigma_{r1}=\sigma_1=26\text{MPa}<[\sigma_t]=35\text{MPa}$，满足强度条件。

② 按照第二强度理论：

$\sigma_{r2}=\sigma_1-\nu(\sigma_2+\sigma_3)=26-0.25\times(0-32)=34\text{MPa}<[\sigma_t]=35\text{MPa}$，满足强度条件。

【例 8-8】求纯剪应力状态下（图 8-18）钢材的抗剪强度设计值 f_v 和抗拉强度设计值 f 之间的关系。

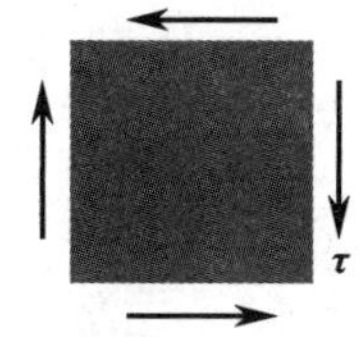

图 8-18　例 8-8 图

解：钢材属于延性材料，可采用第四强度理论。纯剪应力状态的强度条件为

$$\tau\leqslant f_v$$

该应力状态的主应力为

$$\sigma_1=\tau\text{，}\quad\sigma_2=0\text{，}\quad\sigma_3=-\tau$$

$$\sigma_{r4}=\sqrt{\frac{1}{2}[(\sigma_1-\sigma_2)^2+(\sigma_2-\sigma_3)^2+(\sigma_3-\sigma_1)^2]}=\sqrt{\frac{1}{2}[\tau^2+\tau^2+(-\tau-\tau)^2]}=\sqrt{3}\tau\leqslant f$$

所以

$$\tau\leqslant f/\sqrt{3}$$

比较 $\tau\leqslant f_v$ 和 $\tau\leqslant f$ 得

$$f_v=f/\sqrt{3}=0.58f$$

8.6　本章小结

本书配套资源

本章要点如下：

① 应力状态概念。

② 二向应力状态。

③ 三向应力状态。

④ 广义胡克定律。

⑤ 常用的强度理论。

思考题

8-1　何谓一点的应力状态？纯弯曲状态梁内任一点处只有正应力，而受扭圆轴内任一点处只有剪应力，这种说法对吗？为什么？

8-2　什么叫主平面和主应力？主应力与正应力有什么区别？

8-3　平面应力状态下，斜截面上的应力如何确定正负号？

8-4　在单元体中，极值正应力作用的平面上有无剪应力？在极值剪应力作用的平面上有无正应力？

8-5　试问在何种情况下，平面应力状态的应力圆符合以下特征：①一个点圆；②圆心在坐标原点；③与 τ 轴相切。

8-6　何谓广义胡克定律？其成立的条件是什么？

8-7　二向应力状态的第三主应力为零，且已知第一、第二主应变ε_1、ε_2及材料的E、ν，则可求得主应变$\varepsilon_3=-\nu(\varepsilon_1+\varepsilon_2)$，这种说法对不对？为什么？

8-8　何谓强度理论？理论上是如何证明的？

8-9　什么是折算应力或等效应力？常用的四个强度理论的折算应力公式是怎样的？

8-10　已知延性材料构件上某单元体的三个主应力分别是200MPa、150MPa、−200MPa，试问采用什么强度理论来进行强度计算？

习题

8-1　试计算图8-19所示各单元体指定斜截面上的应力分量（应力单位：MPa），并计算主应力、主方向和最大剪应力。

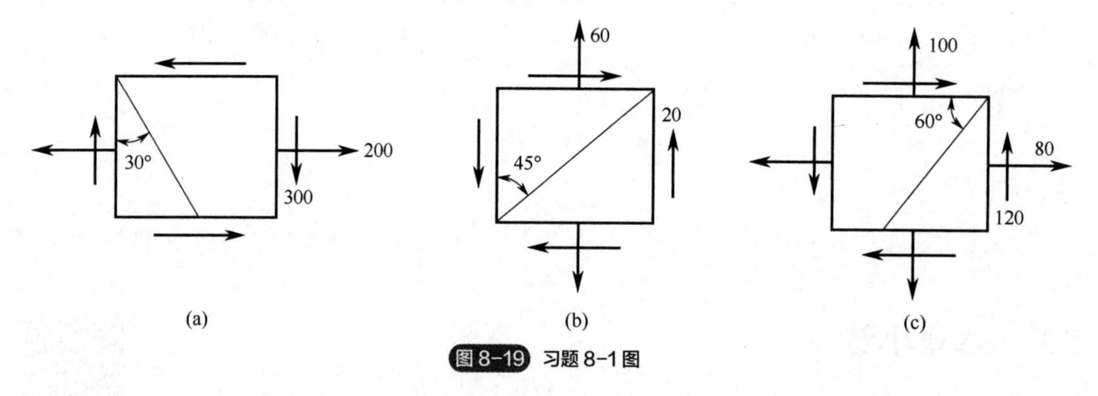

图8-19　习题8-1图

8-2　木制构件中的微元体受力如图8-20所示，图中所示的角度为木纹方向与竖直方向的夹角。试求：

① 平面内平行于木纹方向的剪应力；

② 垂直于木纹方向的正应力。

8-3　已知物体内一点为平面应力状态，过该点两平面上的应力如图8-21所示，求σ_y、主应力及主平面方位。

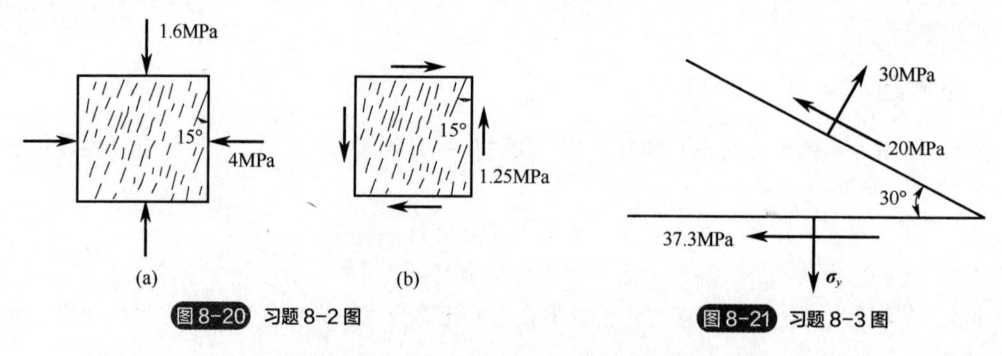

图8-20　习题8-2图

图8-21　习题8-3图

8-4　已知受力构件表面上某点处的应力分量$\sigma_x=80\text{MPa}$，$\sigma_y=-160\text{MPa}$，$\sigma_z=0$，单元体三个面上都没有剪应力。试求该点处的主应力和最大剪应力。

8-5　试绘出杆件轴向拉伸时的应力圆，并根据圆的几何性质证明如下表达式成立：

$$\sigma_a = \sigma\cos^2\alpha \text{，} \tau_\alpha = \sigma\sin\alpha\cos\alpha$$

其中，α 是斜截面与杆件横截面之间的夹角。

8-6 求图 8-22 所示各应力状态的主应力和最大剪应力（应力单位：MPa）。

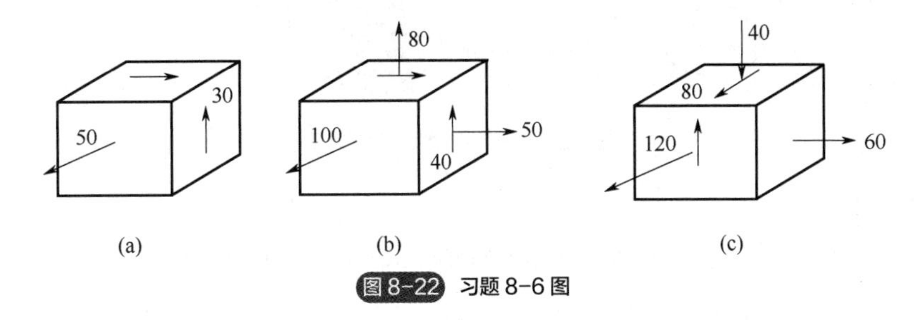

图 8-22 习题 8-6 图

8-7 平面应力状态，当 $\tau_{xy}=0$、$\sigma_x=200\text{MPa}$、$\sigma_y=100\text{MPa}$ 时，测得沿 x、y 方向的正应变分别为 $\varepsilon_x=2.42\times10^{-3}$，$\varepsilon_y=0.49\times10^{-3}$。试求材料的弹性模量 E 和泊松比 ν。

8-8 有一厚度为 6mm 的钢板，在板平面内双向拉伸，已知拉应力 $\sigma_x=150\text{MPa}$、$\sigma_y=80\text{MPa}$，钢的弹性模量 E=206GPa，$\nu=0.3$。试求该钢板厚度的减小量。

8-9 用一个直角应变花测得构件表面上一点与 x 轴夹角为 0°、45°、90° 方向上的正应变分别为 $\varepsilon_{0°}=800\mu\varepsilon$，$\varepsilon_{45°}=-300\mu\varepsilon$，$\varepsilon_{90°}=400\mu\varepsilon$（$1\mu\varepsilon=1\times10^{-6}$）。若材料的 $E=206\text{GPa}$，$\nu=0.3$，试求该测点的主应力和最大剪应力。

8-10 设地层为石灰岩，泊松比 $\nu=0.2$，单位体积自重为 25kN/m^3。试计算离地面 300m 深处由自重引起的岩石在竖直方向和水平方向的压应力。

8-11 已知钢轨与火车车轮接触点处的主应力分别为 $\sigma_1=-650\text{MPa}$，$\sigma_2=-700\text{MPa}$，$\sigma_3=-890\text{MPa}$。如果钢轨的许用应力 $[\sigma]=300\text{MPa}$，试用第三强度理论和第四强度理论校核其强度。

8-12 图 8-23 所示为物体某点的应力单元，试计算 ab 斜截面上的应力分量、主应力及 Mises 屈服准则的等效应力。

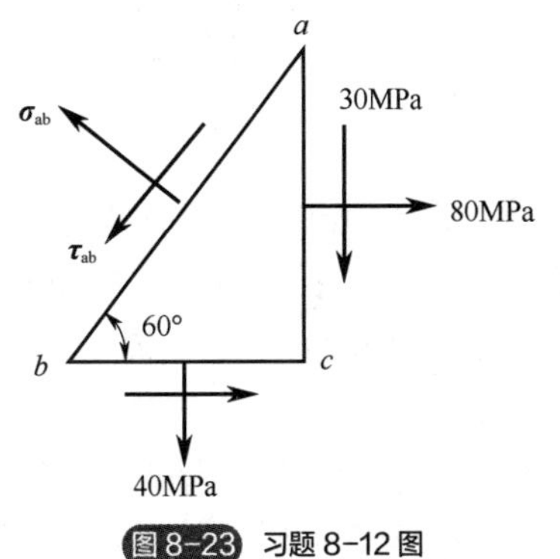

图 8-23 习题 8-12 图

软件应用

演示视频

低碳钢试件拉伸分析

（1）问题描述

拉伸试验是研究材料力学性能最基本、最常用的试验。本实例针对某低碳钢拉伸试件，模拟其拉伸过程，分析其变形和应力情况。试件横截面为矩形，其几何模型及尺寸如图 8-24 所示，试件厚度为 1.5mm。由于结构及载荷的对称性，取 1/8 模型为分析对象。其弹性模量为 200000MPa，泊松比为 0.3，屈服应力为 235MPa。各个对称面上施加对称边界条件，在端部施加一强制位移约束，为 19.14mm。

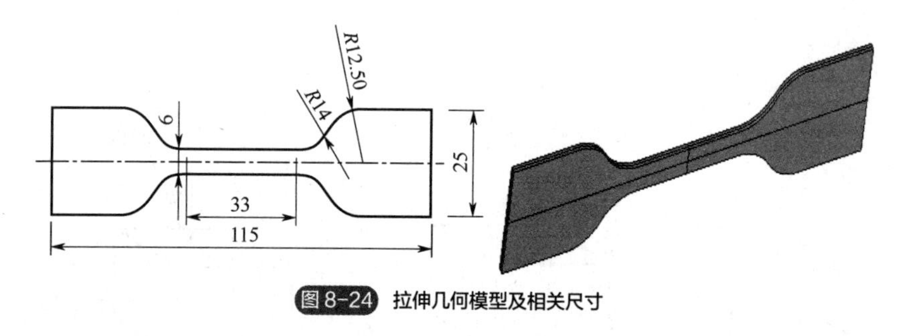

图 8-24 拉伸几何模型及相关尺寸

（2）技术路线

此问题属于结构分析范畴，借助 ANSYS Mechanical APDL 模块，通过软件界面操作方式实现。利用 Solid185 单元进行拉伸过程模拟。

（3）主要操作步骤

① 定义文件名称。GUI：Utility Menu>File>Change Jobname。

在弹出的对话框中（图 8-25），在输入栏中输入：Lanshengan。

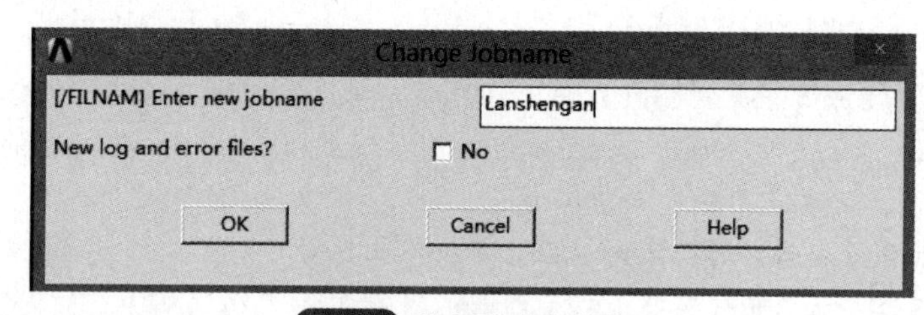

图 8-25 改变工作名称对话框

② 定义参数和设置角度单位。

a. 定义参数。GUI：Utility Menu>Parameters>Scalar Parameters。

在弹出的对话框（图 8-26）中的 Selection 中输入 LENG_OVERALL = 115，单击 Accept 完成定义，按照此方法继续其他参数的定义：LENG_CENTER = 33，THICK = 1.5，WID_CENTER= 6，RAD_LARGE = 25/2，RAD_SMALL = 14，WID_OVERALL = 2*RAD_LARGE。

b. 设置角度单位为度。GUI：Utility Menu>Parameters>Angular Units。

在弹出的对话框（图 8-27），设置为 Degrees DEG。

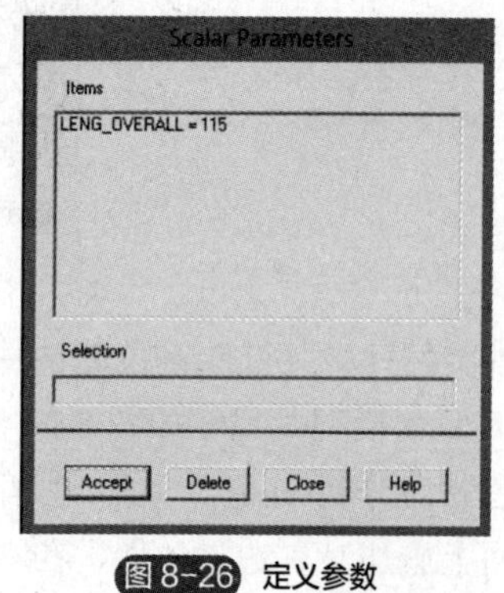

图 8-26 定义参数

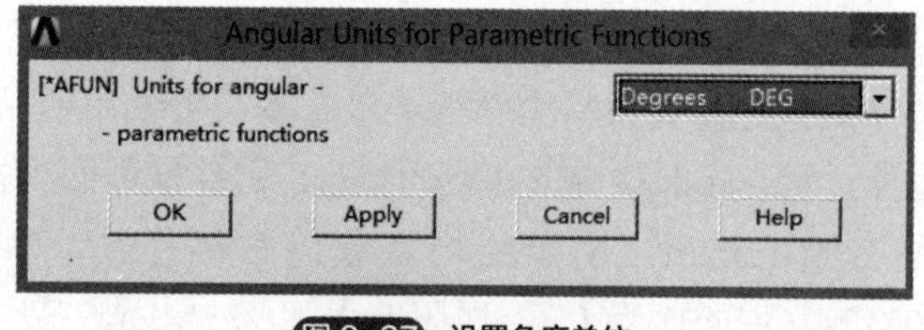

图 8-27 设置角度单位

③ 定义单元和材料常数。

a. 定义单元和设置关键字。GUI: Main Menu>Preprocessor>Element Type>Add/Edit/

Delete …。

操作后弹出对话框，单击 Add。在弹出的对话框中左边选择 Solid，右边选择 Brick 8node 185 单元，单击“OK”按钮。单击 Options，在弹出的对话框中，设置 K6 为 Mixed_U-P。

b. 定义材料属性。GUI：Main Menu>Preprocessor>Material Props>Material Models …。

操作后弹出材料模型对话框［图 8-28（a）］，选择“Structural>Linear>Elastic>Isotropic”，输入弹性模量 200000，泊松比 0.3。

选择“Structural>Nonlinear>Inelastic>Rate Independent>Isotropic Hardening Plasticity>Mises Plasticity>Bilinear”，在弹出的对话框中，设置“Yield stss”“Tang Mods”分别为“235”“200”，点击“OK”按钮，如图 8-28（b）所示。

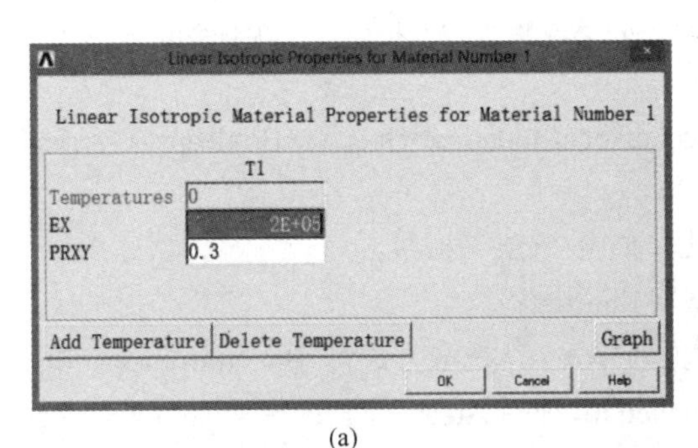

(a)

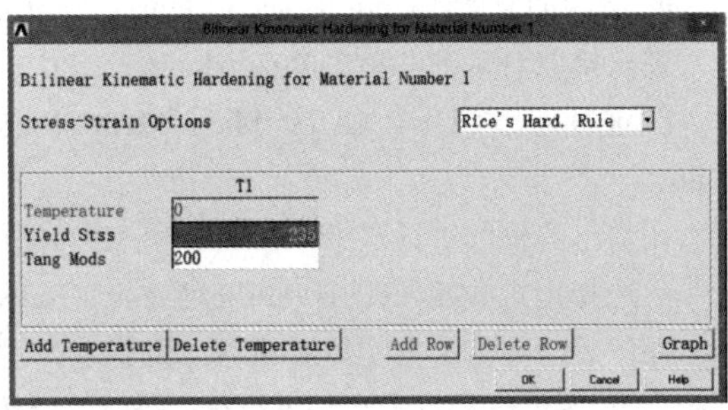

(b)

图 8-28 弹塑性材料定义

④ 建立几何模型。

a. 定义矩形面。

- 定义第一个矩形。GUI：Main Menu>Preprocessor>Modeling>Create>Area>Rectangle>By Dimensions。

在弹出的对话框中输入 X1=0，X2= LENG_CENTER/2，Y1=0，Y2= WID_CENTER/2。单击“OK”按钮。

- 将第一个矩形面隐藏。GUI：Utility Menu > Select > Entities。

操作后，弹出拾取实体对话框，设置选择对象为 Areas，选取方式为 By Num/Pick，单击 Select None 按钮。

- 定义第二个矩形。GUI：Main Menu>Preprocessor>Modeling>Create>Area>Rectangle>By Dimensions。

在弹出的对话框中输入 X1=0，X2= LENG_OVERALL/2，Y1=0，Y2= WID_OVERALL/2，单击“OK”按钮。

b. 平移工作平面。GUI：Utility Menu>WorkPlane>Offset WP by Increments。

在弹出的工作平面平移设置对话框中，在 X,Y,Z Offsets 栏输入偏移量为 LENG_CENTER/2,WID_CENTER/2+RAD_SMALL，点击 Apply。

c. 定义圆面。GUI：Main Menu>Preprocessor>Modeling>Create>Areas>Circle>By Dimension。

在弹出的对话框中，设置 Rad1 为 RAD_SMALL，THETA2 为−90，单击“OK”按钮。

d. 定义新参数。GUI：Utility Menu>Parameters>Scalar Parameters。

在弹出的对话框的 Selection 中输入 LENG_OFFSET=sqrt((RAD_SMALL+RAD_LARGE)**

2-(RAD_SMALL+WID_CENTER/2)**2)，单击 Accept 完成定义。

e. 将工作平面重置为缺省位置。GUI：Utility Menu>WorkPlane>Align WP with>Global Cartesian。

f. 平移工作平面。GUI：Utility Menu>WorkPlane>Offset WP by Increments。

在弹出的工作平面平移设置对话框中，在 X,Y,Z Offsets 栏输入偏移量为 LENG_CENTER/2+LENG_OFFSET，点击 Apply。

g. 定义圆面。GUI：Main Menu>Preprocessor>Modeling>Create>Areas>Circle>By Dimension。

在弹出的对话框中，设置 Rad1 为 RAD_LARGE，THETA1 为 90，THETA2 为 180，单击“OK”按钮。

h. 删除面元素。GUI： Main Menu >Preprocessor >Modeling > Delete > Areas Only。

弹出拾取对话框，单击 Pick All。

i. 进行布尔操作。GUI：Main Menu>Preprocessor>Modeling>Operate>Booleans>Overlap>Lines。

在弹出的拾取对话框中，拾取 9 和 12 两条线，单击“OK”按钮。

j. 选择指定的线。GUI：Utility Menu > Select > Entities。

操作后，弹出拾取实体对话框，设置选择对象为 Areas，选取方式为 By Num/Pick，单击 Select All。设置选择对象为 Lines，选取方式为 Attached to，选择 Areas，而且选择功能为 Unselect，单击 Apply。应用选取方式 By Num/Pick，单击 Apply，弹出拾取对话框，拾取 15 和 17 两条线。

k. 删除线元素。GUI： Main Menu >Preprocessor >Modeling > Delete > Lines Only。

弹出拾取对话框，单击 Pick All。

l. 合并关键点。GUI：Main Menu > Preprocessor > Numbering Ctrls > Merge Items。

将 Label 设置为“Keypoints”，单击“OK”按钮。

m. 通过关键点创建面。GUI：Main Menu>Preprocessor>Modeling>Create>Areas>Arbitrary>Through KPs。

弹出拾取对话框，依次拾取关键点 2、6、7、12、15 和 3。

n. 平移工作平面到指定关键点。GUI：Utility Menu>WorkPlane>Offset WP to > Keypoints。

弹出拾取对话框，拾取关键点 6，单击“OK”按钮。

o. 创建矩形。GUI：Main Menu > Preprocessor > Modeling > Create > Area > Rectangle> By Dimensions。

在弹出的对话框中输入 X1=0，X2= −RAD_LARGE，Y1=0，Y2= WID_OVERALL/2，单击“OK”按钮。

p. 进行布尔操作。GUI：Main Menu>Preprocessor>Modeling>Operate>Booleans>Overlap>Areas。

在弹出的拾取对话框中，单击 Pick All。

q. 拖拉生成体。GUI：Main Menu>Preprocessor>Modeling>Operate>Extrude>Areas>By XYZ Offset。

拾取所有的面，设置 DX，DY，DZ 为 0,0,THICK/2，单击“OK”按钮。

⑤ 网格划分。

a. 打开网格划分工具面板。GUI：Main Menu>Preprocessor>Meshing>Mesh Tool。

b. 设置网格划分数量。单击网格划分工具中的 Size Control> Gloabal> Set，在弹出的对话框中设置 SIZE=WIDTH_CENTER/5，单击“OK”按钮。

c. 设置单元属性。设置划分属性，单击网格划分面板中的 Element Attributes> Solids> Set，弹出拾取对话框，单击 Pick All，弹出属性设置对话框，设置单元类型为 1 solid185，其他保持默认操作，单击“OK”按钮。

d. 划分网格。选择网格划分工具面板中的单元形状（shape）为 Hex，划分方式为 Sweep。单击网格划分面板中 mesh 按钮，在弹出的对话框中选择 Pick All，然后在弹出的对话框中单击“OK”按钮。

⑥ 设置分析类型。

a. 设置分析类型为静力学分析。GUI：Main Menu>Solution>Analysis Type>New Analysis> Static>OK。

b. 设置求解选项。GUI：Main Menu>Solution>Analysis Type>Sol’n Control …。

在弹出的对话框中进行相关求解设置，单击 Basic 选项卡，选择 Large deform effects option，在“Number of substeps”输入 20，“Max.no of substeps”输入 1000，“Min.no of substeps”输入 20，输入文件频率选项设置为 Every Substep。

⑦ 定义边界条件。

a. 定义位移约束。GUI：Main Menu>Preprocessor>Loads>Define Loads>Apply>Structural> Displacement>On Areas。

弹出拾取对话框，拾取面 8，单击 Apply，在弹出的对话框中设置位移约束类型为 UX，设置 Displacement value 为 0，单击 Apply。拾取面 3、13、18，单击 Apply，在弹出的对话框中设置位移约束类型为 UY，设置 Displacement value 为 0，单击 Apply。拾取面 1、4、5，单击 Apply，在弹出的对话框中设置位移约束类型为 UY，设置 Displacement value 为 0，单击“OK”按钮。

b. 定义位移约束。GUI：Main Menu>Preprocessor>Loads>Define Loads>Apply>Structural> Displacement>On Areas。

弹出拾取对话框，拾取面 9，单击 Apply，在弹出的对话框中设置位移约束类型为 UX，设置 Displacement value 为 0.58*LENG_CENTER，单击“OK”按钮。

c. 选择所有元素。GUI：Utility Menu>Select>Everything。

⑧ 进行静力求解。GUI：Main Menu>Solution>Solve>Current LS。

弹出求解对话框，单击“OK”按钮。

（4）后处理

① 查看位移量。点击 Main Menu>General Postproc>Plot Results>Contour Plot>Nodal Solution>Dof Solution>X-Component of Displacement，结果如图 8-29 所示。

② 查看拉伸应力。点击 Main Menu>General Postproc>Plot Results>Contour Plot>Nodal Solution>Stress>X-Component of Stress，结果如图 8-30 所示。

查看第一主应力。点击 Main Menu>General Postproc>Plot Results>Contour Plot>Nodal Solution>Stress>1st Principal Stress，结果如图 8-31 所示。

查看第二主应力。点击 Main Menu>General Postproc>Plot Results>Contour Plot>Nodal Solution>Stress>2nd Principal Stress，结果如图 8-32 所示。

查看第三主应力。点击 Main Menu>General Postproc>Plot Results>Contour Plot>Nodal

Solution>Stress>3rd Principal Stress，结果如图 8-33 所示。

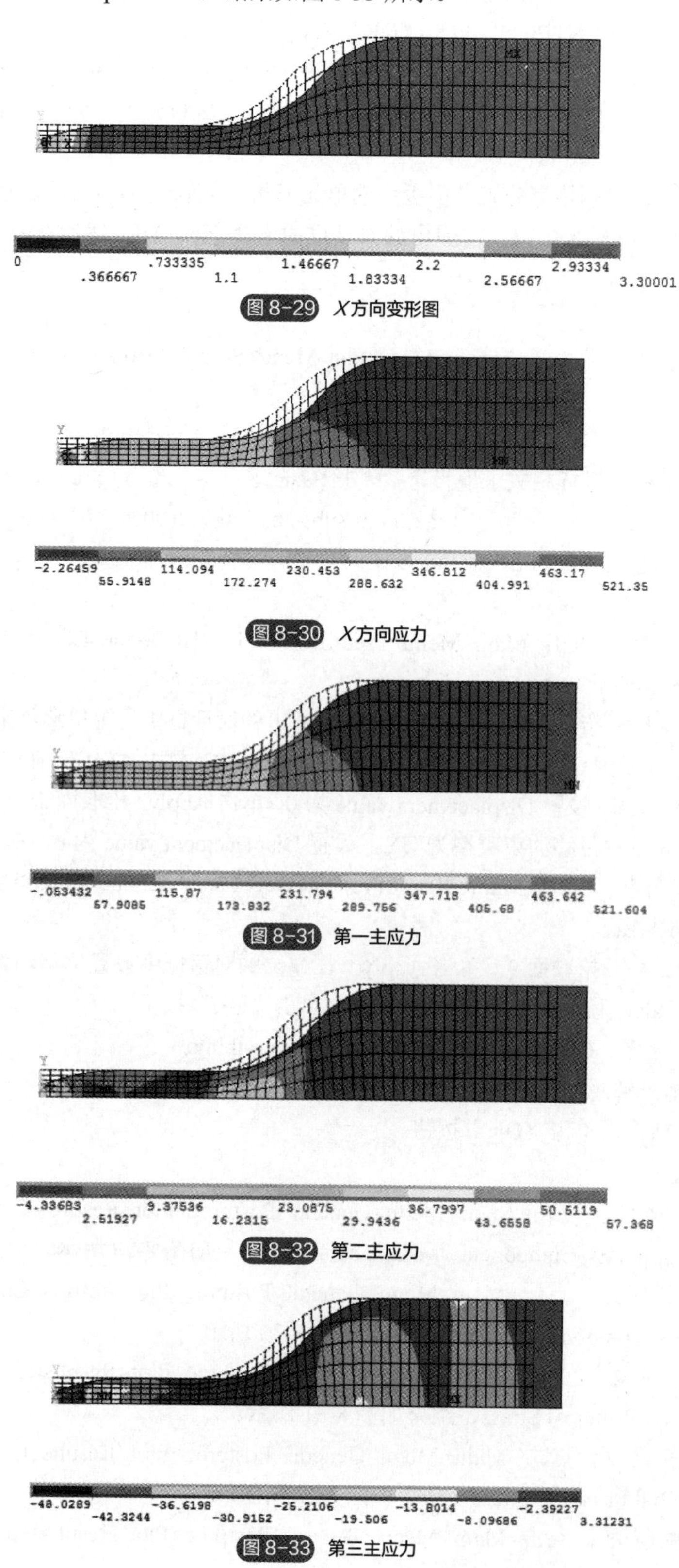

图 8-29 X方向变形图

图 8-30 X方向应力

图 8-31 第一主应力

图 8-32 第二主应力

图 8-33 第三主应力

注意：本实例中输出的为真实应力和对数应变，而如果想与试验结果比较，应将真实应力和对数应变转换为工程应力和工程应变。

拓展阅读

钱令希：引领中国计算力学走向国际舞台

钱令希是力学泰斗，他一生著作等身，学术成就颇丰。他以勤勉不懈的探索精神和紧跟时代步伐的卓越追求，成为中国计算力学结构优化设计的开拓者，也成为计算力学领域当之无愧的领军人，其崇高的学术威望和巨大的学术贡献享誉国内外。

他编写的《静定结构学》《超静定结构学》两本教材，培养了一代土木工程师；他撰写的关于壳体承载能力的论文、提出的固体力学中极限分析的一般变分原理等，其理论的创新性在力学界得到广泛认可，基于其理论成果完成的潜艇结构锥、柱结合壳在静水压力下的稳定分析任务，为建造我国第一艘核潜艇作出重要贡献，为我国海洋工程发展奠定了基础。

钱令希是一位具有远见卓识的教育家。他担任大连工学院院长后，在全国首个提倡并实践加强高校科学研究，大力推动科研管理体制改革，提倡科研与教学相结合，以科学研究促进教学发展，为祖国科学研究作出贡献。

钱令希说，学校的头等任务是培养人才，培养人才要遵循科学规律。他顶着压力将钟万勰、程耿东、林家浩调来大连工学院，后来在钱令希等人的努力下，隋允康、刘迎曦等也陆续回到学校。

这些人才回到学校的时间比后来国家大批落实知识分子政策的时间早了好几年，而正是这几年，在为这些年轻人赢得了宝贵时间的同时，也推动了大连工学院计算力学学科的快速发展。钱令希致力于创建“计算力学”学科，倡导研究最优化设计理论与方法。他在大连工学院培养了一支优秀的力学团队，引领了中国计算力学走向国际舞台。

他目光远大、视野广阔，总能看到科技发展的未来走向。在国家经济低迷时，他就让身处逆境的学生们学习计算机方面的知识，研究计算力学。

当计算机在国内刚兴起时，他领导的大连工学院“上海小分队”便冲在了计算力学服务于工程实际、进行创新实践的科学大军的最前面。

他通过解决实际工程问题，促进了计算力学的发展，扩大了大连工学院力学学科的影响力。其取得的丰硕科研成果经过总结提炼写成教材，被国内其他高校使用，为教育教学改革作出贡献。

钱令希投入工程实践不仅体现在计算力学上，还体现在建桥、筑坝、建港的结构优化设计中。

武汉长江大桥、南京长江大桥和三峡水利枢纽工程都有钱令希先生的创新设计。

钱令希承担设计和建造的我国第一个现代化原油输出港主体工程中的海上栈桥，采用多项国际领先技术，如一道彩虹稳稳地挺立在黄海之滨。

钱令希为力学界树立起一面理论与实践相结合的旗帜，为培养一代又一代科技工作者注入强大精神力量。

第9章

组合变形

本章思维导图

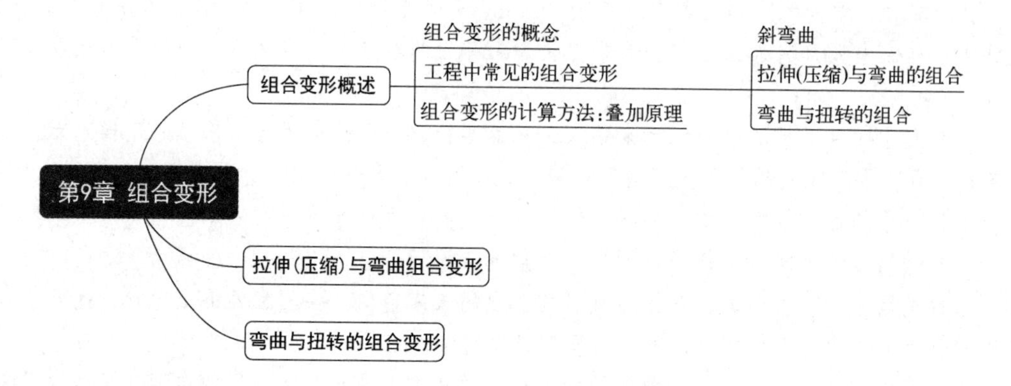

本章学习目标

1. 理解组合变形的概念，能够分析实际工程中的组合变形。
2. 理解拉伸（压缩）与弯曲组合变形的概念，并能用第三、第四强度理论公式进行计算。
3. 掌握弯曲与扭转组合变形并能用第三、第四强度理论公式进行计算。

本章案例引入

如图 9-1 所示，斜齿圆柱齿轮减速器中的输出轴上作用有齿轮轴上的圆周力 F_{t2}、径向力 F_{r2}、轴向力 F_{a2}，使轴产生弯曲变形，同时轴上的扭矩使轴产生扭转变形，因此轴发生弯扭组合变形。若校核轴的强度是否满足要求，是按照弯曲强度计算，还是按照扭转强度计算呢？本章介绍组合变形实例。

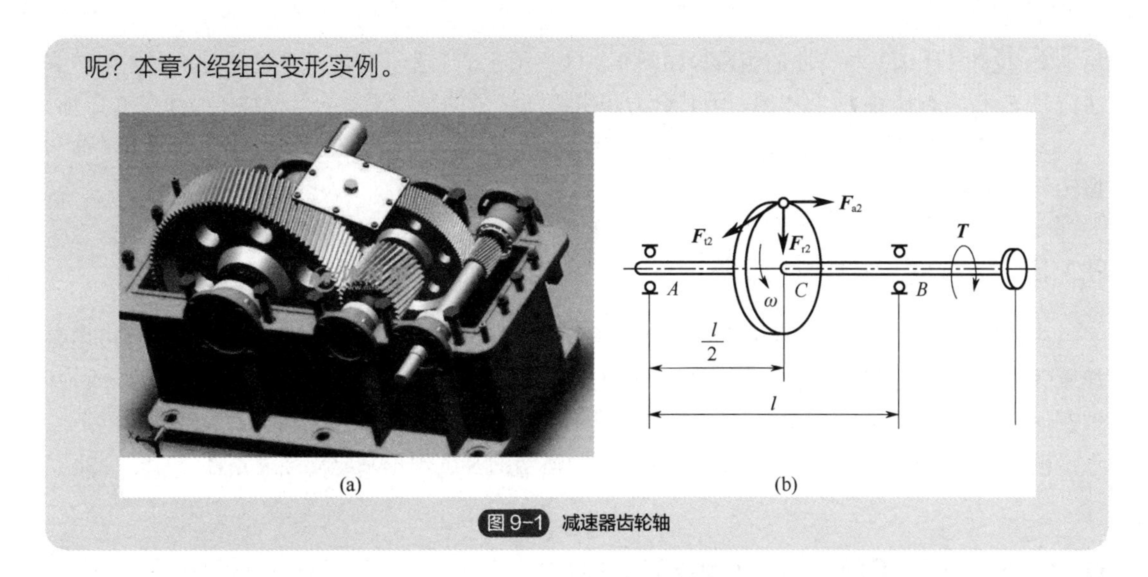

图 9-1　减速器齿轮轴

9.1　组合变形概述

9.1.1　组合变形的概念

前面我们讨论了构件的基本变形（如拉压、剪切、扭转、弯曲变形）时的强度和刚度计算。但在实际工程中，许多构件在荷载作用下所产生的变形并不是单一的基本变形，而是同时产生了两种或两种以上的基本变形，这种变形称为**组合变形**。

9.1.2　工程中常见的组合变形

工程中常见的组合变形有以下三种形式。

①　斜弯曲：如图 9-2（a）所示，檩条将产生相互垂直的两个平面弯曲的组合。

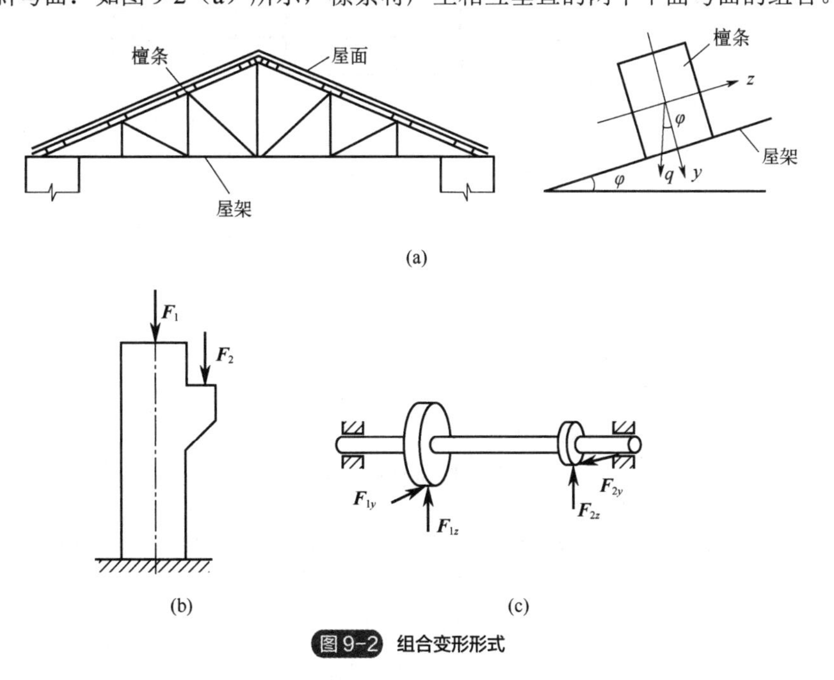

图 9-2　组合变形形式

② 拉伸（压缩）与弯曲的组合：如图 9-2（b）所示，工业厂房的承重柱同时承受屋架传来的荷载 $\boldsymbol{F}_1$ 和吊车荷载 $\boldsymbol{F}_2$ 的作用，因其合力作用线与柱子的轴线不重合，使柱子发生偏心压缩。

③ 弯曲与扭转的组合：如图 9-2（c）所示的机器中的传动轴，在外力作用下，发生弯曲与扭转的组合变形。

9.1.3 组合变形的计算方法

在弹性变形较小且材料服从胡克定律的条件下，组合变形的内力、应力和变形计算可用**叠加原理**，即采用先分解后综合的方法。一般是将载荷分成几组，每组载荷使杆件只产生一种基本变形，然后分别算出构件在每一种基本变形下的内力、应力和变形，找出危险截面上的危险点；根据危险点的应力状态和材料的性质，选用适当的强度理论来建立强度条件。

9.2 拉伸（压缩）与弯曲组合变形

图 9-3（a）所示为一个左端固定而右端自由的矩形截面杆，在其自由端作用集中力 $\boldsymbol{F}$，它位于杆的纵向对称面内，并与杆的轴线成夹角 α，现以此为例说明杆在拉伸（压缩）与弯曲组合变形（拉弯组合变形）时的强度计算问题。

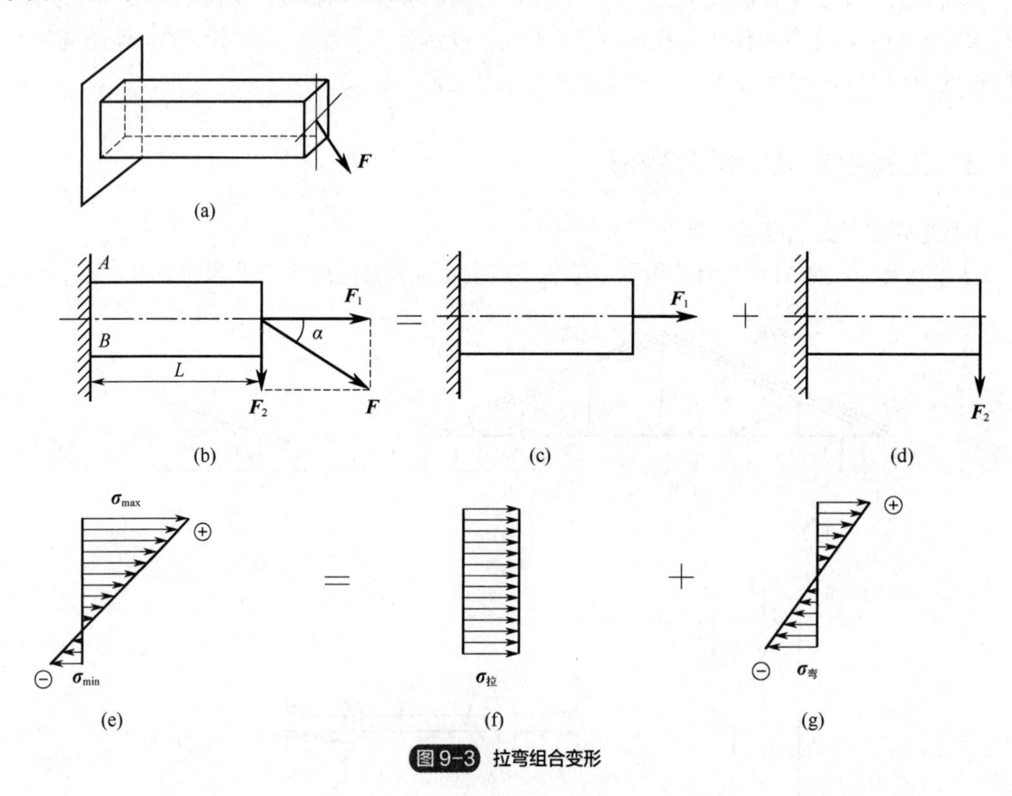

图 9-3 拉弯组合变形

如图 9-3（b）所示，将力 $\boldsymbol{F}$ 沿杆的轴线和轴线的垂线方向分解为 $\boldsymbol{F}_1$ 和 $\boldsymbol{F}_2$ 两个分力，其值为

$$\begin{cases} F_1 = F\cos\alpha \\ F_2 = F\sin\alpha \end{cases}$$

在轴向拉力 $\boldsymbol{F}_1$ 作用下，杆产生拉伸变形。其各横截面上都有相同的轴力 $F_N=F_1$，其拉伸正应力是均匀分布的，见图 9-3（f），其值为 $\sigma_{拉}=\dfrac{F_N}{A}=\dfrac{F_1}{A}$。

在横向力 $\boldsymbol{F}_2$ 作用下，杆产生弯曲变形。其固定端的横截面上弯矩最大，即 $M_{max}=F_2L$。在固定端横截面的上下边缘的弯曲正应力绝对值最大，如图 9-3（g）所示，其值为 $\sigma_{弯}=\dfrac{M_{max}}{W_z}$。

按叠加原理，作出当 $\sigma_{拉}<\sigma_{弯}$ 时固定端横截面上的总正应力分布图［图 9-3（e）］。上、下边缘 A、B 处的正应力按代数值分别称为 σ_{max}、σ_{min}，即

$$\begin{cases}\sigma_{max}=\dfrac{F_1}{A}+\dfrac{M_{max}}{W_z}\\ \sigma_{min}=\dfrac{F_1}{A}-\dfrac{M_{max}}{W_z}\end{cases}$$

由上述可见，固定端横截面是危险截面，其上边缘各点是危险点。由于叠加后所得的应力状态仍然是单向应力状态，因此它的强度条件为

$$\sigma_{max}=\frac{F_1}{A}+\frac{M_{max}}{W_z}\leqslant[\sigma] \tag{9-1}$$

如果 $\boldsymbol{F}$ 不是拉力而是压力，则固定端横截面上 A、B 点处的应力为

$$\begin{cases}\sigma_{max}=-\dfrac{F_1}{A}+\dfrac{M_{max}}{W_z}\\ \sigma_{min}=-\dfrac{F_1}{A}-\dfrac{M_{max}}{W_z}\end{cases}$$

此时，固定端横截面的下边缘各点是危险点，其危险点处的正应力为压应力，因此它的强度条件为

$$|\sigma_{min}|=\left|-\frac{F_1}{A}-\frac{M_{max}}{W_z}\right|\leqslant[\sigma] \tag{9-2}$$

对于截面形状中性轴不对称，或者杆件材料的拉伸与压缩的许用应力不相同的情形，则需另行讨论。应当注意，虽然以上讨论为杆件一端固定一端自由的情况，但其原理同样适用于其他支座和载荷情况下杆的拉伸（压缩）与弯曲组合变形。

【例 9-1】 简易起重机如图 9-4 所示，最大起吊重量 G=22kN，横梁 AB 为工字钢，l=3.4m，许用应力[σ]=170MPa，梁自重不计，按拉伸（压缩）与弯曲组合变形准则选择工字钢型号。

解： ① 横梁的变形分析。如图 9-5（a）所示，将拉杆 BC 对横梁的作用力 $\boldsymbol{F}_B$ 分解为 $\boldsymbol{F}_{Bx}$、$\boldsymbol{F}_{By}$，将 A 点的固定铰链的约束力分解为 $\boldsymbol{F}_{Ax}$、$\boldsymbol{F}_{Ay}$，力 $\boldsymbol{F}_{Ax}$ 和 $\boldsymbol{F}_{Bx}$ 使横梁 AB 发生轴向压缩变形；力 $\boldsymbol{G}$、$\boldsymbol{F}_{Ay}$ 和 $\boldsymbol{F}_{By}$ 使梁发生弯曲变形，梁 AB 发生压缩、弯曲组合变形，且电葫芦在中点时为最危险状态。

由平衡方程 $\sum M_A(F)=0$ 可得

$$F_{By}\times l-G\times\frac{l}{2}=0$$
$$F_{By}=11(\text{kN})$$

由 $\sum F_y=0$ 得

$$F_{Ay} = F_{By} = 11(\text{kN})$$

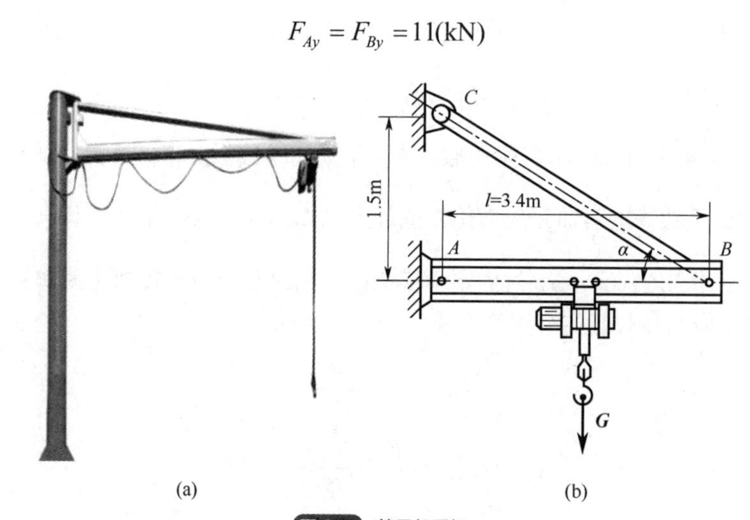

图 9-4 简易起重机

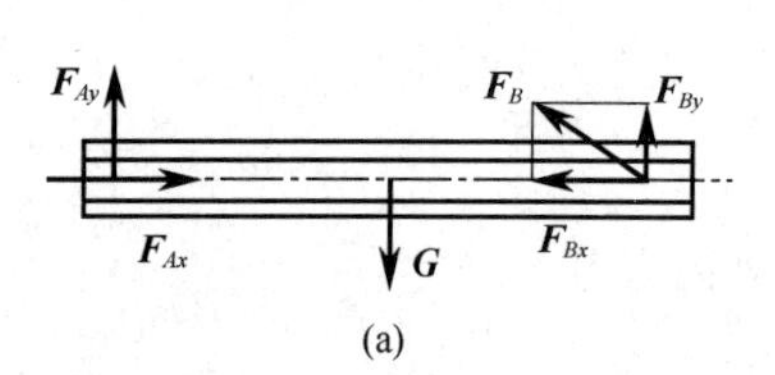

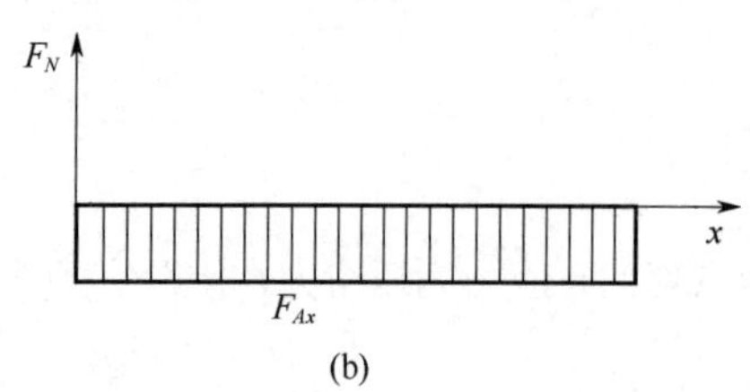

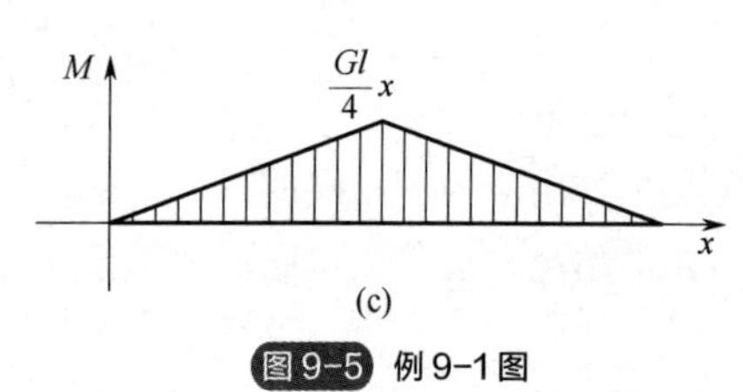

图 9-5 例 9-1 图

由图 9-5（a）得

$$F_{Bx} = F_{By}\cot\alpha = 11\times\frac{3.4}{1.5} = 25(\text{kN})$$

由 $\sum F_x = 0$ 得

$$F_{Ax} = F_{Bx} = 25(\text{kN})$$

② 横梁内力分析。画梁 AB 的轴力图，如图 9-5（b），弯矩图如图 9-5（c）。

横梁截面的轴向压力为

$$F_{\text{N}} = F_{Ax} = 25(\text{kN})$$

横梁截面中点的最大弯矩为

$$M_{\max} = \frac{Gl}{4} = \frac{22\times3.4}{4}18.7(\text{kN}\cdot\text{m})$$

③ 选择工字钢型号。查本书后的附录，初选 16 号工字钢 $W_z = 141\text{cm}^3 = 141\times10^3\text{mm}^3$， $A = 26.1\text{cm}^2 = 26.1\times10^2\text{mm}^2$。

由强度准则可知

$$\sigma_{\max} = \frac{F_{\text{N}}}{A} + \frac{M_{\max}}{W} \leqslant [\sigma]$$

$$\sigma_{\max} = \frac{F_{\text{N}}}{A} + \frac{M_{\max}}{W} = \frac{25\times10^3}{26.1\times10^2} + \frac{18.7\times10^6}{141\times10^3} = 142.2(\text{MPa}) \leqslant [\sigma]$$

所以选择 16 号工字钢强度足够。

9.3 弯曲与扭转的组合变形

弯曲与扭转的组合变形是机械工程中常见的情况，具有广泛的应用。现以图 9-6 所示拐轴为例，说明当扭转与弯曲组合变形时强度计算的方法。

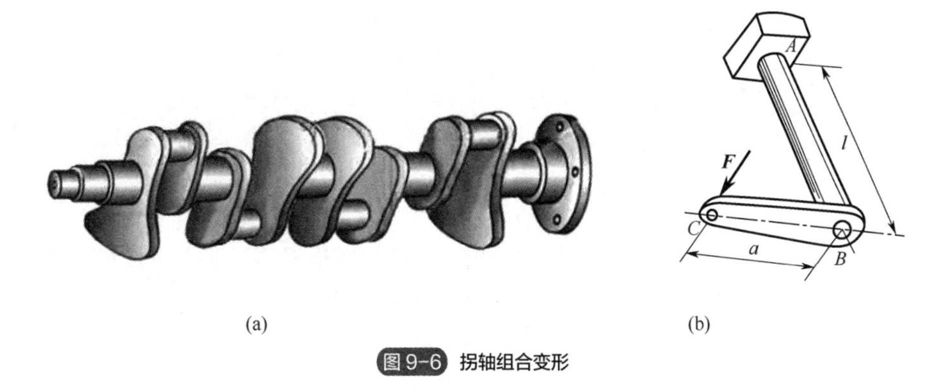

图9-6 拐轴组合变形

拐轴 AB 段等直圆杆，直径为 d，A 端为固定端约束。现讨论在力 $\boldsymbol{F}$ 的作用下 AB 轴的受力情况。

将力 $\boldsymbol{F}$ 向 AB 轴 B 端的形心简化，即得到一横向力 $\boldsymbol{F}$ 及作用在轴端平面内的力偶矩（扭矩）$T = Fa$，AB 轴的受力图如图 9-7（a）所示。横向力 $\boldsymbol{F}$ 使轴发生弯曲变形，力偶矩 $\boldsymbol{T}$ 使轴发生扭转变形。

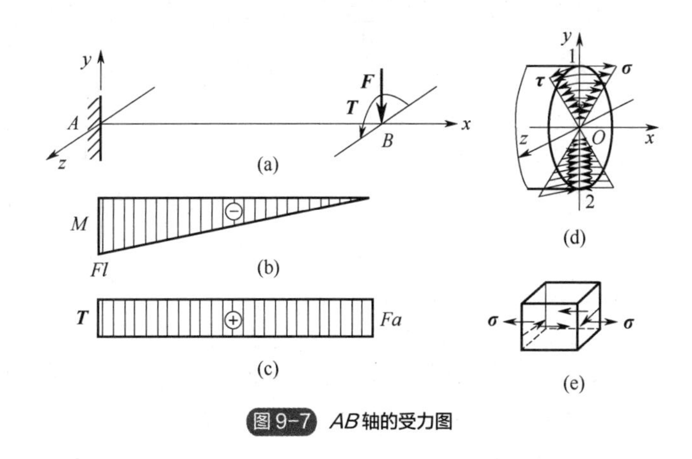

图9-7 AB 轴的受力图

一般情况下，横向力引起的剪力影响很小，可忽略不计。于是，圆轴 AB 的变形即为扭转与弯曲的组合变形。

分别绘出弯矩图和扭矩图，由图 9-7（b）、（c）可知，各横截面的扭矩相同，其值为 $T = Fa$；各横截面的弯矩不同，固定端截面有最大弯矩，其值为 $M = Fl$。

显然，圆轴的危险截面为固定端截面。

在危险截面上，与弯矩所对应的正应力，沿截面高度按线性规律变化，如图 9-7（d）所示。铅垂直径的两端点“1”和“2”的正应力最大，其值为

$$\sigma = +\frac{M}{W} \text{或} \sigma = -\frac{M}{W}$$

在危险截面上，与扭矩所对应的切应力，沿半径按线性规律变化，如图 9-7（d）所示。该截面周边各点的切应力最大，其值为 $\tau = T / W_{\mathrm{P}}$，显然，危险点是有两个点，即“1”点和“2”点，均属于同样的复杂应力状态，可选择其中的任一点进行分析。若选“1”点，在“1”点附

近取一单元体，如图 9-7（e）所示。在单元体左右两个侧面上既有正应力又有切应力，则“1”点的主应力为

$$\begin{cases}\sigma_1=\dfrac{1}{2}\left[\sigma+\sqrt{\sigma^2+4\tau^2}\right]\\ \sigma_2=0\\ \sigma_3=\dfrac{1}{2}\left[\sigma-\sqrt{\sigma^2+4\tau^2}\right]\end{cases} \tag{9-3}$$

对于弯扭组合受力的圆轴，一般采用塑性材料制成，应根据第三或第四强度理论条件。将由式（9-3）求得的主应力分别代入第三和第四强度理论公式得：

$$\sigma_{r3}=\sqrt{\sigma^2+4\tau^2}\leqslant[\sigma] \tag{9-4}$$

$$\sigma_{r4}=\sqrt{\sigma^2+3\tau^2}\leqslant[\sigma] \tag{9-5}$$

如果将 $\tau=T/W_P$ 和 $\sigma=M/W$ 代入式（9-4）和式（9-5），并考虑到对于圆截面有 $W_P=2W$，则强度条件可改写为

$$\sigma_{r3}=\frac{\sqrt{M^2+T^2}}{W}\leqslant[\sigma] \tag{9-6}$$

$$\sigma_{r4}=\frac{\sqrt{M^2+0.75T^2}}{W}\leqslant[\sigma] \tag{9-7}$$

式中，M 和 T 分别代表圆轴危险截面上的弯矩和扭矩；W 代表圆形截面的抗弯截面系数。但是，它们只适用于空心和实心的圆轴，这一点必须牢牢记住。

如果作用在轴上的横向力很多，且方向各不相同，则可将每一个横向力向水平和铅垂两个平面分解，分别画出两个平面内的弯矩图，再按式（9-8）计算每一横截面上的合成弯矩，即

$$M_R=\sqrt{M_h^2+M_v^2} \tag{9-8}$$

式中，M_h 和 M_v 分别代表水平和铅垂平面的弯矩。

【例 9-2】如图 9-8（a）所示的转轴是由电动机带动的，轴长 $l=1.2\text{m}$，中间安装一带轮，重力 $F_G=5\text{kN}$，半径 $R=0.6\text{m}$，平带紧边张力 $F_1=6\text{kN}$，松边张力 $F_2=3\text{kN}$。如轴直径 $d=100\text{mm}$，材料许用应力 $[\sigma]=50\text{MPa}$，试按第三强度理论校核轴的强度。

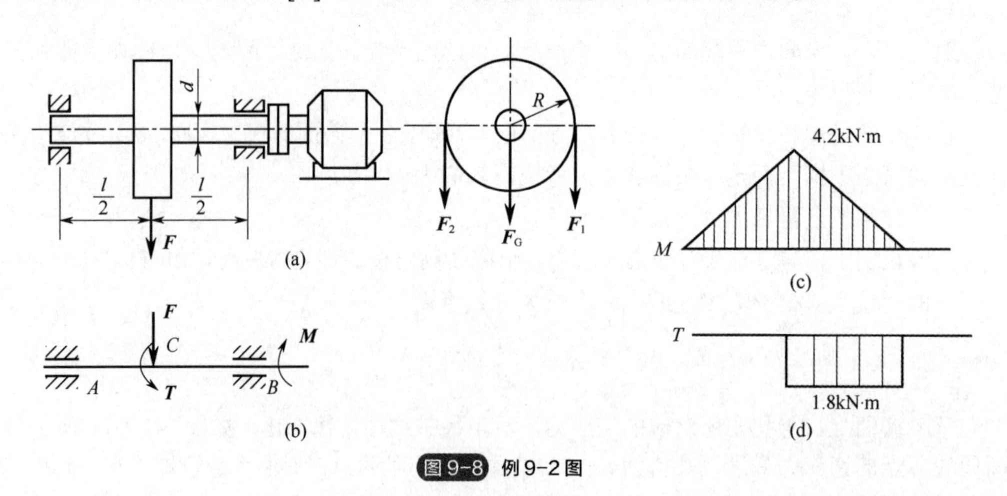

图 9-8 例 9-2 图

解：将作用在带轮上的平带拉力 $\boldsymbol{F}_1$ 和 $\boldsymbol{F}_2$ 向轴线简化，其结果如图 9-8（b）所示。传动轴所

受铅垂力为$F = F_1 + F_2 + F_G$，分别画出弯矩图和扭矩图，如图9-8（c）、（d）所示，由此可以判断C截面为危险截面。C截面上的M_{max}和T分别为

$$M_{max} = 4.2\text{kN}\cdot\text{m}，\quad T = 1.8\text{kN}\cdot\text{m}。$$

根据式（9-6）得

$$\sigma_{r3} = \frac{\sqrt{{M_{max}}^2 + T^2}}{W} = \frac{\sqrt{(4.2\times10^6)^2 + (1.8\times10^6)^2}}{\pi\times100^3/32} = 46.6(\text{MPa}) < [\sigma]$$

9.4 本章小结

本书配套资源

本章要点如下：

① 组合变形概念。

② 拉伸（压缩）与弯曲组合变形。

③ 弯曲与扭转组合变形。

思考题

9-1 何谓组合变形？组合变形构件的应力计算是依据什么原理进行的？

9-2 用叠加原理处理组合变形问题，将外力分组时应注意些什么？

9-3 为什么弯曲与拉伸组合变形时只需校核拉应力的强度条件，而弯曲与压缩组合变形时，脆性材料要同时校核压应力和拉应力的强度条件？

9-4 由塑性材料制成的圆轴，在弯扭组合变形时怎样进行强度计算？

习题

9-1 图9-9所示的夹具在夹紧零件时，夹具受到的压力为F=2kN。已知压力$\boldsymbol{F}$与夹具竖杆轴线的距离为e=60mm，竖杆横截面为矩形，b=10mm，h=22mm，材料的许用应力$[\sigma]=170\text{MPa}$。试校核此夹具竖杆的强度。

9-2 某简易悬臂吊车如图9-10所示，起吊重力为F=15kN，$\alpha = 30°$，横梁AB为25a工字钢，$[\sigma]=100\text{MPa}$。试校核梁AB的强度。

9-3 图9-11所示的简支梁，拟由普通热轧工字钢制成。在梁跨度中点作用一集中载荷$\boldsymbol{F}_p$，其作用线通过截面形心并与铅垂对称轴的夹角为20°。已知：$l = 4\text{m}$，$F_p = 7\text{kN}$，材料的许用应力$[\sigma]=160\text{MPa}$。试确定工字钢型号。

9-4 求如图9-12所示的矩形截面杆在P=100kN作用下的最大拉应力的数值，并指明其所在位置。

9-5 如图9-13所示为一传动轴，直径d=6cm，$[\sigma]=140\text{MPa}$，传动轮直径D=80cm，质量为2kN。设传动轮所受拉力均为水平方向，其值分别为8kN和2kN，试按最大切应力强度理论校核该轴的强度，并画出危险点的应力状态。

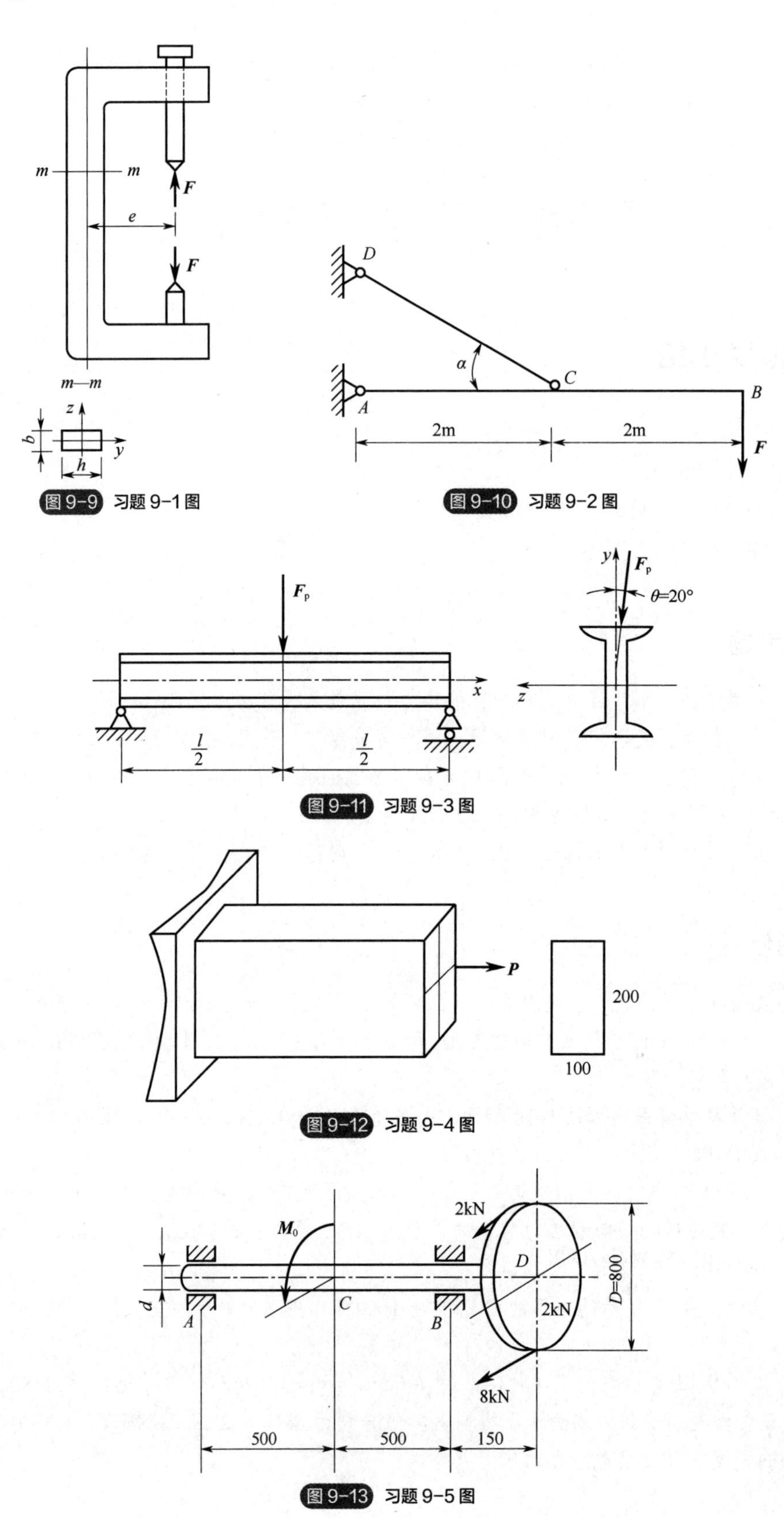

图 9-9 习题 9-1 图

图 9-10 习题 9-2 图

图 9-11 习题 9-3 图

图 9-12 习题 9-4 图

图 9-13 习题 9-5 图

9-6 图 9-14 所示的轴 AB 上装有两个轮子，作用在轮子上的力有 F=3kN 和 $\boldsymbol{G}$，如果作用在 AB 轴上的力系平衡，轴的许用应力 $[\sigma]=60\text{MPa}$，试按最大切应力强度理论设计轴的直径。

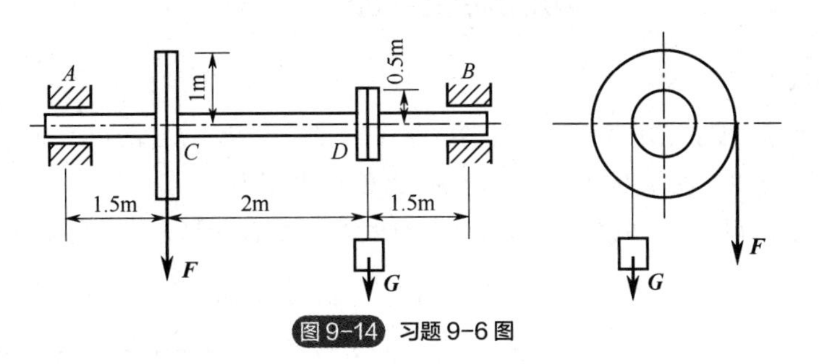

图 9-14 习题 9-6 图

9-7 14 号工字钢悬臂梁受力情况如图 9-15 所示。已知 $l=0.8\text{m}$，$F_1=2.5\text{kN}$，$F_2=1.0\text{kN}$，试求危险截面上的最大正应力。

9-8 图 9-16 所示的钻床立柱为铸铁制成，F=15kN，许用拉应力 $[\sigma_t]=35\text{MPa}$。试确定立柱所需的直径 d。

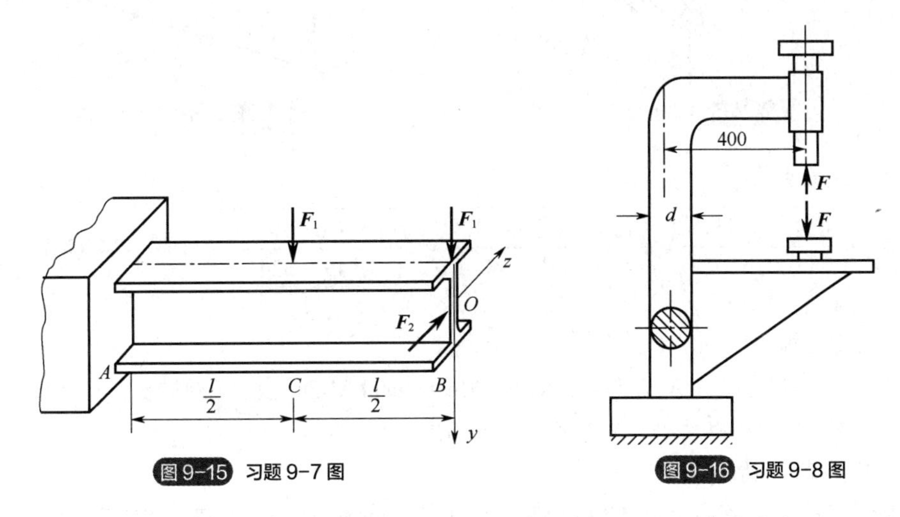

图 9-15 习题 9-7 图

图 9-16 习题 9-8 图

9-9 如图 9-17 所示的电动机的功率为 9kW，转速 715r/min，带轮直径 D=25mm，主轴外伸部分长度 $l=120\text{mm}$，主轴直径 d=40mm。若 $[\sigma]=60\text{MPa}$，试用第三强度理论校核轴的强度。

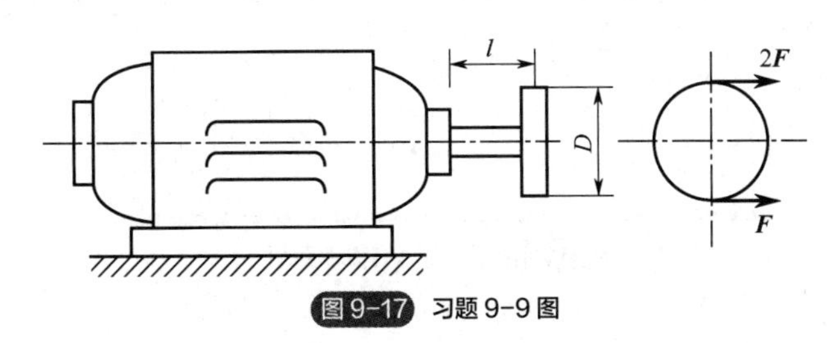

图 9-17 习题 9-9 图

软件应用

演示视频

钢质拐轴受弯扭组合变形

（1）问题描述

如图 9-18 所示的钢质拐轴，承受铅垂载荷 F=1kN 作用，d=24mm，材料弹性模量为 2×10^5MPa，泊松比为 0.3，用第四强度理论求轴 AB 的最大应力。

理论求解过程：以 AB 杆为研究对象，AB 杆受弯扭组合变形，内力图如图 9-19 所示。

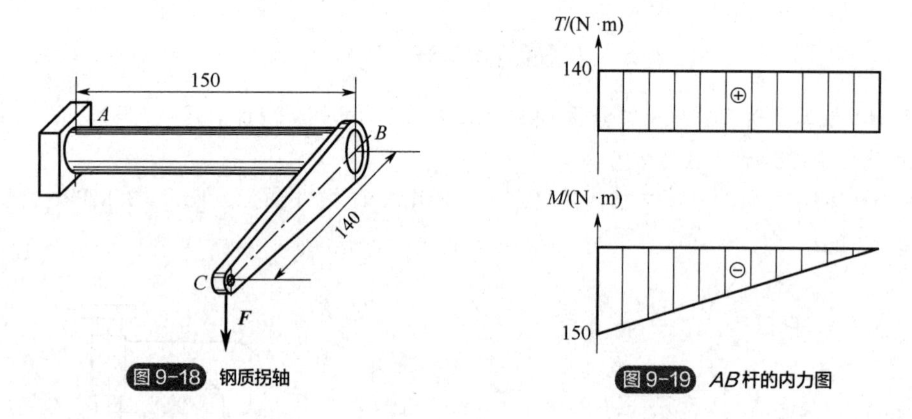

图 9-18 钢质拐轴　　图 9-19 AB 杆的内力图

危险截面为 A^+ 截面：

$$\sigma_{r4}=\frac{\sqrt{M^2+0.75T^2}}{W}=\frac{\sqrt{150^2+0.75\times140^2}}{\frac{\pi d^3}{32}}=\frac{\sqrt{150^2+0.75\times140^2}}{\frac{3.14\times0.024^3}{32}}\times10^{-6}=142(\text{MPa})$$

（2）技术路线

此问题属于结构分析范畴，借助 ANSYS Mechanical APDL 模块，通过软件界面操作方式实现。选用梁单元和刚体单元，一端固定。单位制为 mm、t。

（3）主要操作步骤

① 修改工作名。点击菜单 Utility Menu>File>Change Jobname，弹出如图 9-20 所示的对话框，在文本框中输入工作名“guaizhou”，单击“OK”按钮。

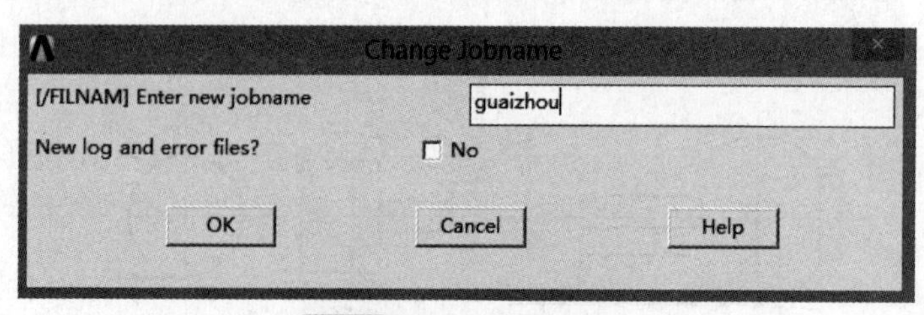

图 9-20 改变工作名称对话框

② 建立几何模型。

a. 生成线段的关键点。点击 Main Menu>Preprocessor>Modeling>Create>Keypoints>In Active CS，弹出对话框后，如图 9-21 所示，在 NPT 域输入关键点（keypoint）编号，分别为 1、2、3。

在X，Y，Z Location in active CS域输入坐标：关键点1（0，0，0），关键点2（150，0，0），关键点3（150，0，140）。

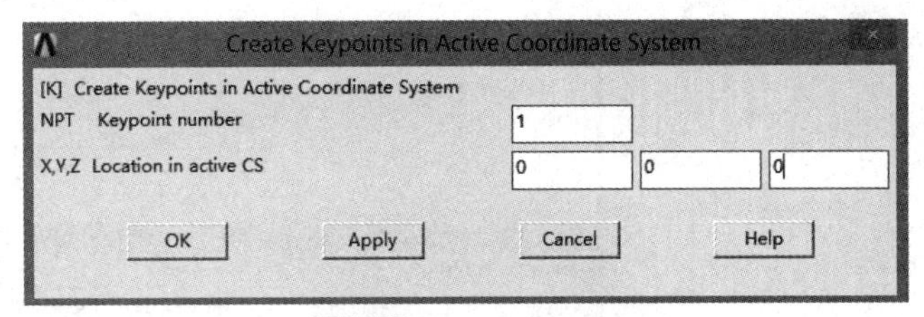

图9-21 生成线段关键点

b. 建立方向关键点。点击Main Menu>Preprocessor>Modeling>Create>Keypoints>In Active CS，弹出对话框后，在NPT域输入关键点（keypoint）编号5。在X，Y，Z Location in active CS域输入坐标：0，10，0。

c. 接关键点生成直线段。点击 Main Menu>Preprocessor>Modeling>Create>Lines>Lines>Straight line，弹出拾取对话框后，如图9-22所示，用鼠标依次选取1、2与2、3两个关键点，形成两条线段后，单击“OK”按钮。

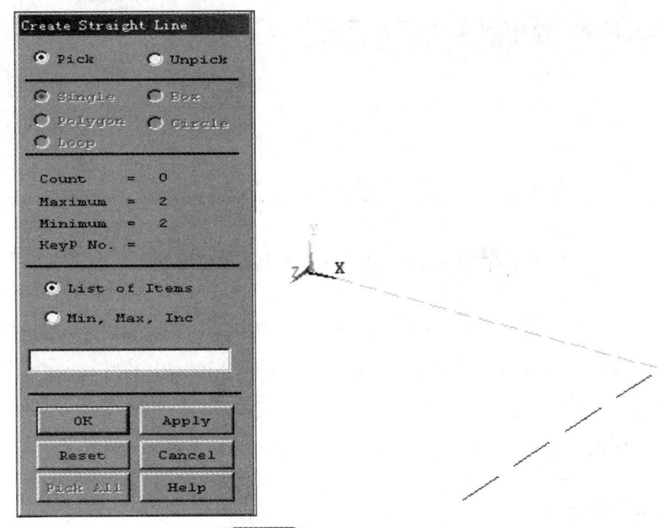

图9-22 关键点生成直线

③ 建立有限元模型。

a. 选择单元。点击菜单：Main Menu>Preprocessor>Element Type>Add/Edit/Delete。

弹出如图9-23（a）所示的对话框，单击“Add”按钮；弹出如图9-23（b）所示的对话框，在左侧列表框中选择“Beam”，在右侧列表框中选择“3D 3 node 189”，点击“Apply”返回。

再次单击“Add”按钮；弹出如图9-24（a）所示的对话框，在左侧列表框中选择“Constraint”，在右侧列表框中选择“Nonlinear MPC 184”，点击“OK”按钮。选择MPC184单元，点击Options，弹出MPC184 element type options对话框，如图9-24（b）所示，右侧选择Rigid Beam，点击“OK”按钮。

b. 设置截面属性。执行菜单 Section>Beam>Common Sections，设置参数如图9-25所示，点击“OK”按钮。

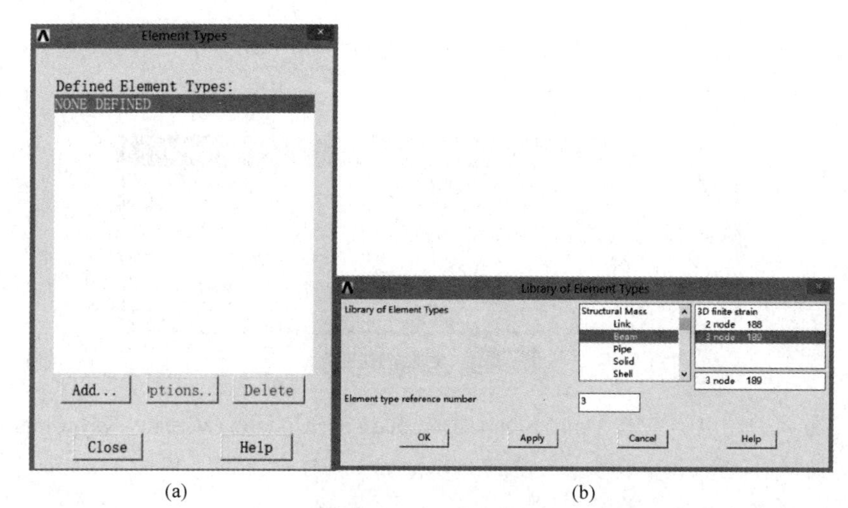

(a) (b)

图 9-23 选择 beam189 单元

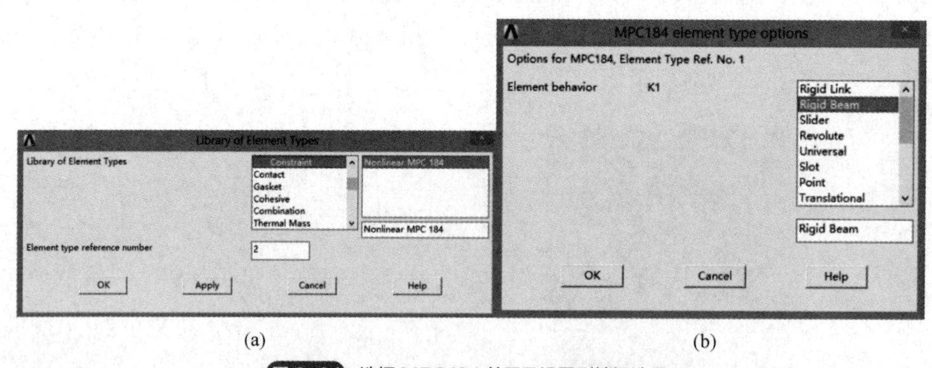

(a) (b)

图 9-24 选择 MPC184 单元及设置刚性梁选项

c. 确定 *AB* 段材料参数。拾取菜单 Main Menu>Preprocessor>Material Props>Material Models。在弹出的"Define Material Model Behavior"界面中双击 Structural>Linear>Elastic> Isotropic。

弹出如图 9-26 所示的对话框，在"EX"和"PRXY"文本框中输入弹性模量 200000MPa 和泊松比 0.3，单击"OK"按钮，单击"Close"按钮。

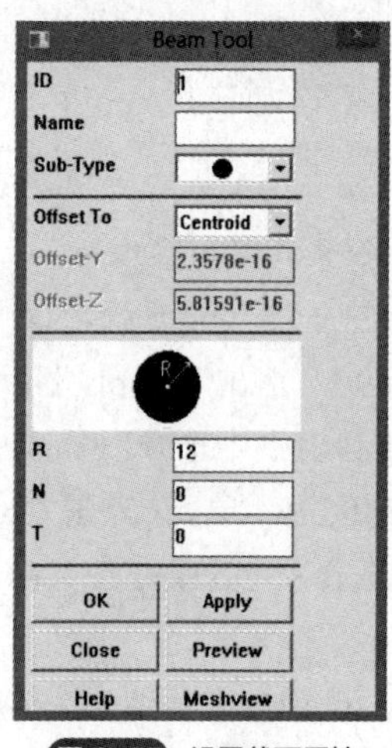

图 9-25 设置截面属性

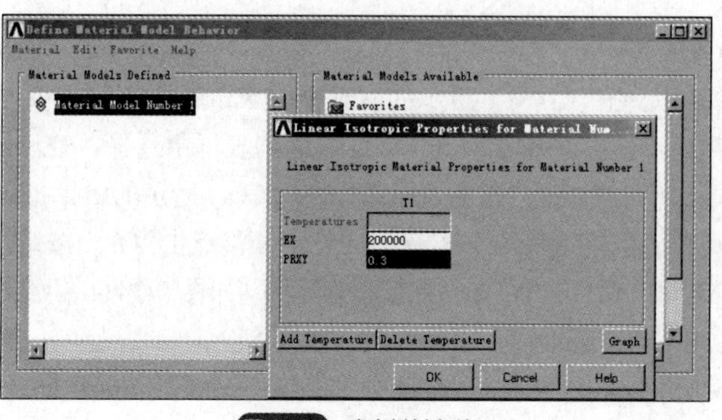

图 9-26 确定材料参数

d. 设定方向关键点及网格划分。点击菜单 Main Menu>Preprocessor>MeshTool...，在弹出的对话框中最上面的 Element Attributes 选择 Lines，点击 Set 按钮，弹出拾取对话框，拾取建立的线 1，单击“OK”按钮。弹出线属性对话框，如图 9-27 所示，勾选 Pick Orientation Keypoint 后面的选项框，变为 Yes 状态，单击“OK”按钮。弹出拾取对话框，拾取方向关键点 5，单击“OK”按钮。

再次在 MeshTool 最上面 Element Attributes 选择 Lines，点击 Set 按钮，弹出拾取对话框，拾取建立的线 2，单击“OK”按钮。设置单元类型为 MPC184，单击“OK”按钮，如图 9-28 所示。

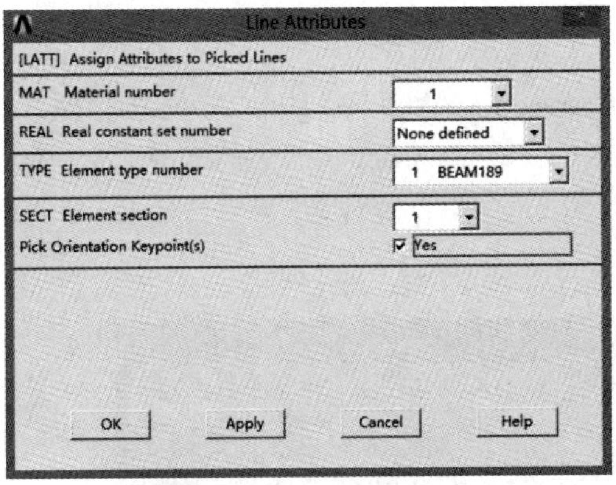

图 9-27　设定方向关键点及网格划分

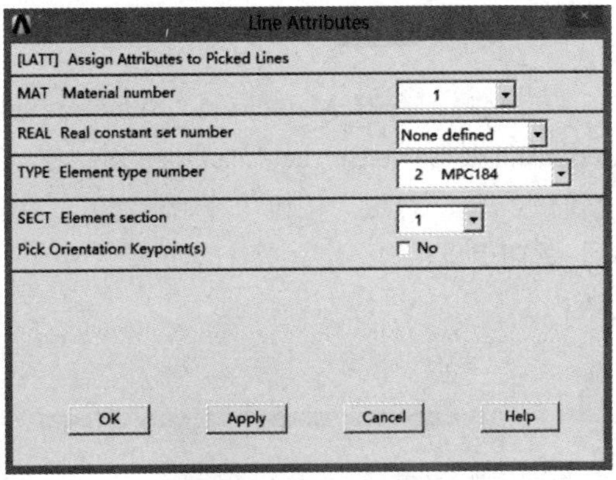

图 9-28　设置为刚性梁单元

e. 选择 Utility Menu>Plotctrls>Style>Size and Shape，如图 9-29 所示，在[/ESHAPE]域中选择 On，显示单元截面形状。

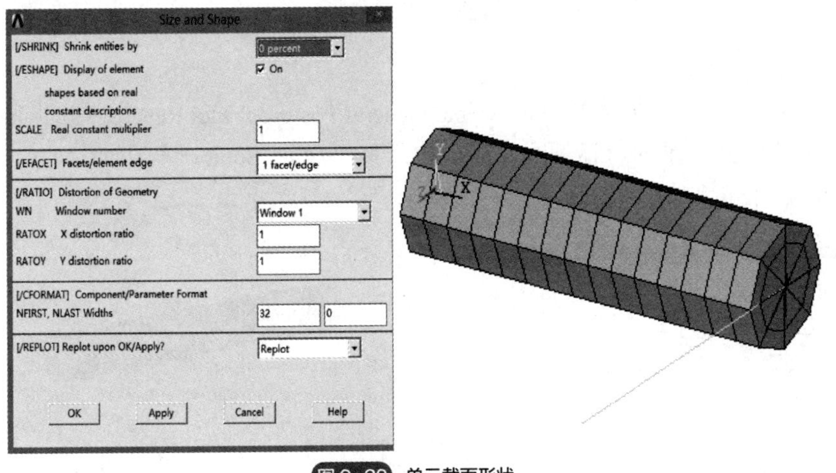

图 9-29　单元截面形状

④ 施加载荷及约束。

a. 施加边界条件。点击 Main Menu>Solution>>Define Loads>Apply>Structural>Displacement>>On Nodes，拾取梁的左端点，设置约束，约束所有自由度，点击“OK”按钮，如图 9-30 所示。

b. 定义集中载荷。点击 Main Menu>Solution>Define Loads>Apply>Structural>Force>On Keypoints，弹出选择界面，选择 keypoint3，点击“OK”按钮。弹出如图 9-31 所示的界面，将 Lab 选择为 FY，在 VALUE 中输入数值−1000N。

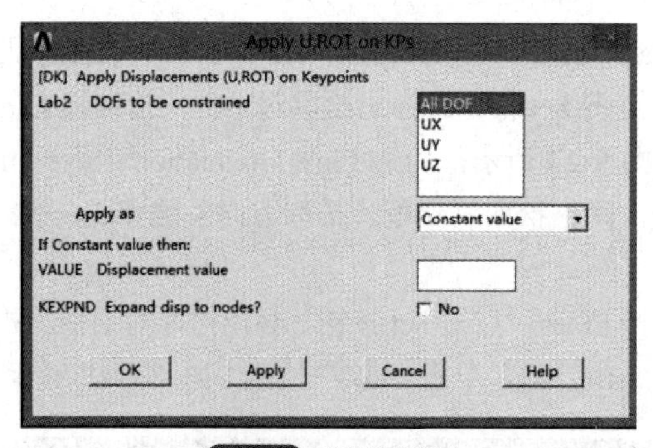

图9-30 施加边界条件

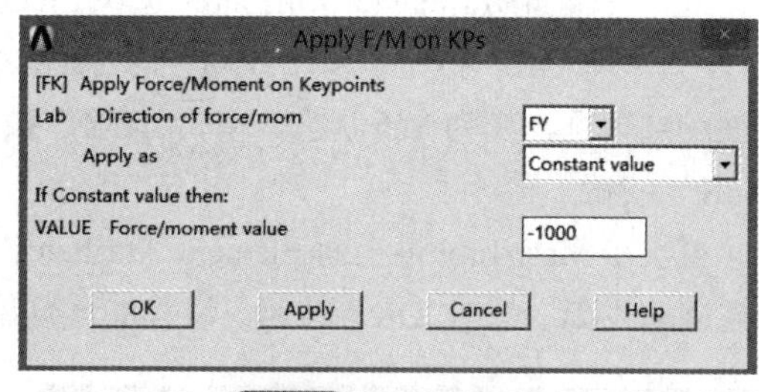

图9-31 定义集中载荷

⑤ 求解。点击 Main Menu>Solution>Solve>Current LS，弹出如图 9-32 所示的/STATUS Command 及 Solve Current Load Step 对话框，浏览/STATUS Command 中出现的信息，然后关闭此窗口。单击“OK”按钮（开始求解），关闭由于单元形状检查而出现的警告信息。求解结束后，关闭信息窗口。

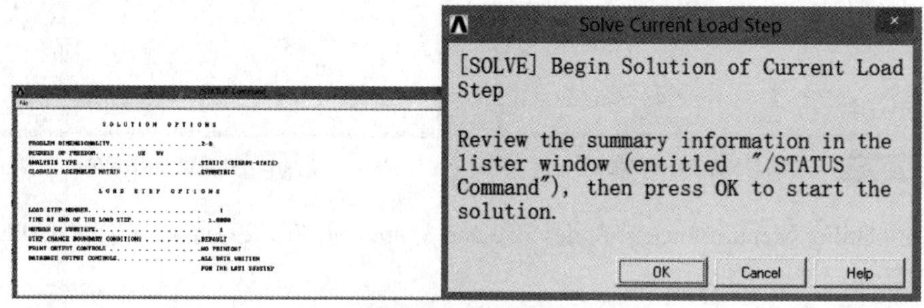

图9-32 状态信息窗口

（4）结果和讨论

① 查看变形结果。点击菜单 Main Menu>General Postproc>Plot Results>Contour-Plot>Nodal Solu。弹出图 9-33 所示的对话框，在列表中选择“DOF Solution”中的“Y-Component of displacement”，单击“OK”按钮。

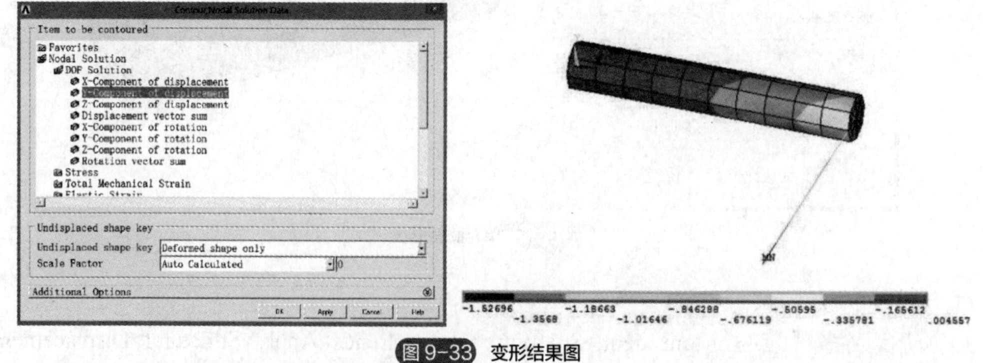

图9-33 变形结果图

② 绘等效应力图（第四强度理论）（注意必须在/ESHAPE 激活状态下显示）。

点击菜单 Main Menu>General Postproc>Plot Results>Contour-Plot>Nodal Solu。弹出图 9-34 所示的对话框，在列表中选择“von Mises stress”，单击“OK”按钮。

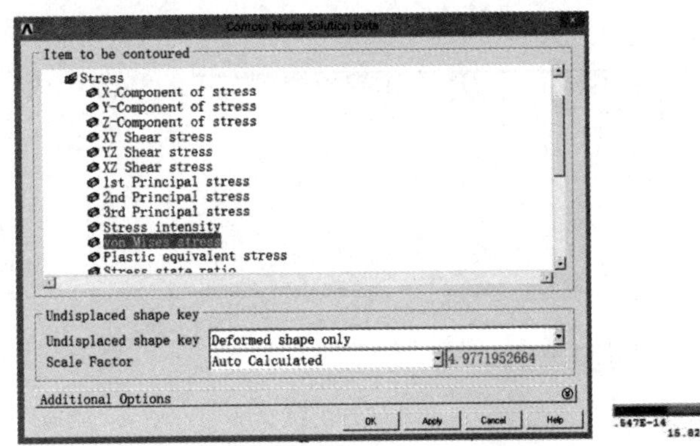

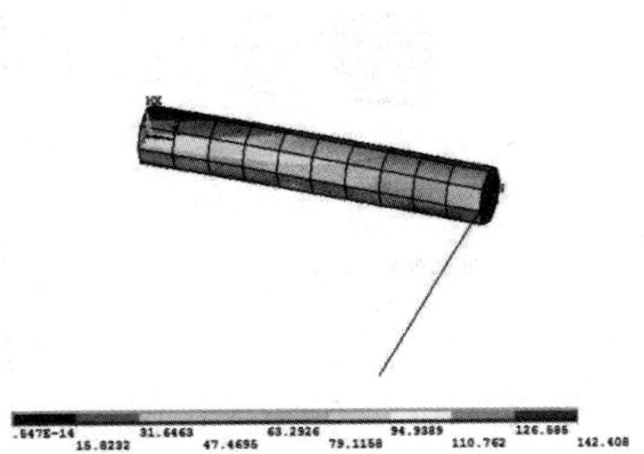

图9-34 等效应力图

③ 提取内力——弯矩和扭矩。点击 Main Menu>General Postproc>Element Table>Define Table，单击 Add，弹出如图 9-35 所示的对话框，在 Item,Comp Results data item 下拉选择 By sequence num，右侧选择 SMISC，在右下侧“SMISC,”输入编号 2，单击 Apply 按钮。再次选择 SMISC，在右下侧“SMISC,”输入编号 15，完成弯矩的提取。

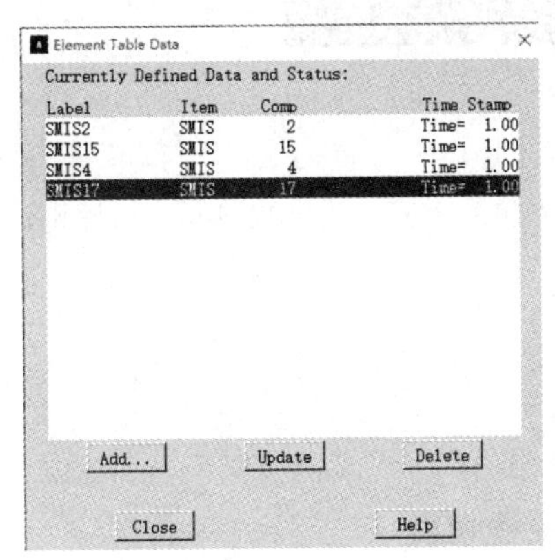

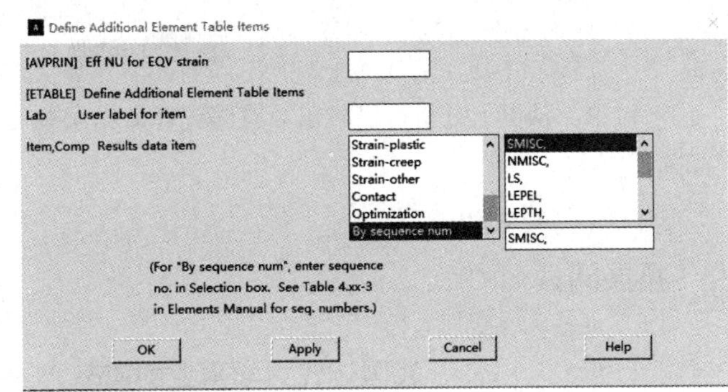

图9-35 提取内力

再次选择 SMISC，在右下侧“SMISC,”输入编号 4，单击 Apply 按钮。再次选择 SMISC，在右下侧“SMISC,”输入编号 17，完成扭矩的提取。（说明：编号需要查阅对应单元的帮助文档）。

④ 绘制弯矩和扭矩图。点击 Main Menu>General Postproc>Plot Results>Contour Plot>Line Elem Res，弹出如图 9-36 所示的对话框。在 LabI 中选择 SMIS2，在 LabJ 中选择 SMIS15，Fact 设置为-1，单击 OK 按钮，绘制的弯矩图如图 9-37 所示。

在 LabI 选择 SMIS4，在 LabJ 选择 SMIS17，Fact 设置为 1，单击 OK 按钮，绘制的扭矩图如图 9-38 所示。

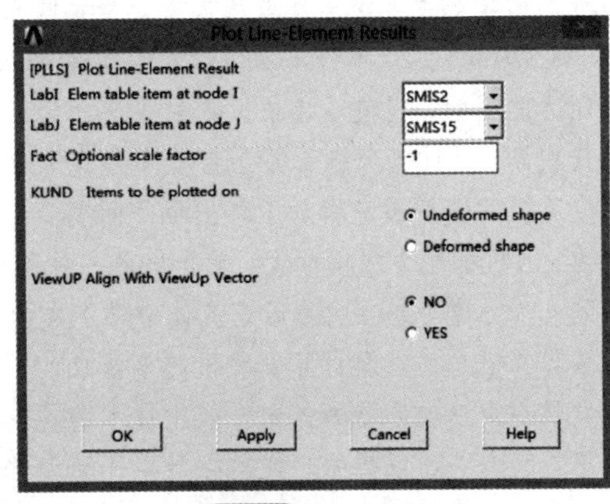

图9-36 弹出对话框

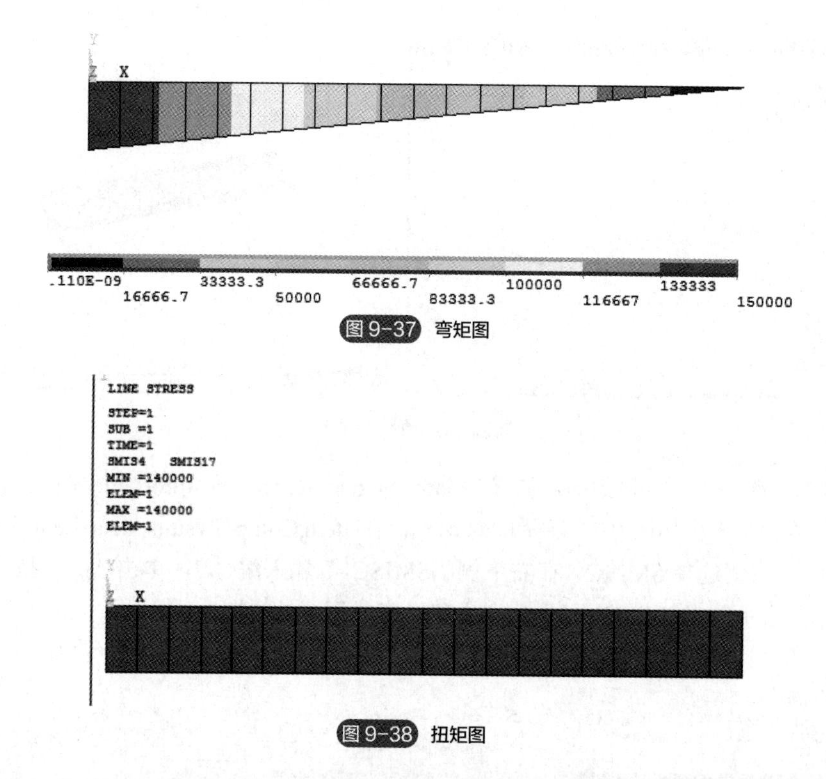

图 9-37 弯矩图

图 9-38 扭矩图

⑤ 讨论。从以上分析可以看出，有限元计算结果轴 *AB* 的最大应力为 142MPa，与理论计算结果一致。

拓展阅读

我国近代力学事业的奠基人——钱学森

钱学森，著名科学家，我国近代力学事业的奠基人之一。在空气动力学、航空工程、喷气推进、工程控制论、物理力学等科学技术领域作出许多开创性贡献，为我国火箭、导弹和航天事业的创建与发展作出了卓越贡献，是我国系统工程理论与应用研究的倡导人。

在 20 世纪 20 年代末期，力学工作者对飞机机翼理论的阐明和对流体在物体表面产生的摩擦阻力的理解，促使了流线型单翼飞机的设计概念的形成，推动了当时航空技术的发展。到 30 年代中期，设计概念终于因全金属薄壳结构的出现而变成事实，完成了飞机设计中的一次革命。后来飞机的速度逐渐增加了，出现的问题是采用老式气动力设计的飞机飞到接近声速时产生冲击波，飞机的阻力很快加大。于是出现一种不正确的说法，即声速就是“声障”，是无法突破的。直到气动力学（或者叫可压缩流体力学）大力发展，陆续产生了后掠翼概念、有效等截面概念、超临界翼概念，以及计算发动机功率要求的方法，这为跨过声速的飞行奠定了理论基础，指出了发展超声速航空器的方向。航空技术的这一进展，是通过整整一代理论科学家和实践工程师的思考和奋斗而取得的。钱学森对空气动力学的贡献，就是在这样的历史背景下作出的。

喷气推进与航天技术的研究，是马林纳、钱学森和其他热衷于火箭的人于 20 世纪 30 年代后期开始的，研究期间，冯·卡门起了极其关键的作用。从马林纳、钱学森规模不大的实验和计算开始，冯·卡门就深信火箭推进的重要性，为他们提供资金和场地，帮助他们把喷气助推起飞的概念推销给空军和海军。与其他早期火箭热衷者［如R.H.戈达德（Goddard）］脱离实际的工作不同，钱学森等人对以后的火箭技术直接作出了贡献，而且对这门技术产生巨大的影响。

早年薄壳结构理论有一个谜，如圆柱形薄壳受轴向负载时，其理论失稳值远大于实测数，差3至4倍。为解决这个问题，从1940年开始，钱学森与冯·卡门合作，取得了一系列关于飞机金属薄壳结构非线性屈曲理论的研究成果，包括外部压力所产生的球壳的屈曲、结构的曲率对于屈曲特性的影响、受轴向压缩的柱面薄壳的屈曲、有侧向非线性支撑的柱子的屈曲，以及曲度对薄壳屈曲载荷的影响等。结果说明过去理论的缺点在于忽视了大挠度非线性影响。

钱学森在1946年将稀薄气体的物理、化学和力学特性结合起来的研究，是先驱性的工作。1953年，他正式提出物理力学概念，主张从物质的微观规律确定其宏观力学特性，改变过去只靠实验测定力学性质的方法，大大节约了人力物力，并开拓了高温高压的新领域。1961年他编著的《物理力学讲义》正式出版。1984年，钱学森建议把物理力学扩展到原子分子设计的工程技术上。

第 10 章

压杆稳定

本章思维导图

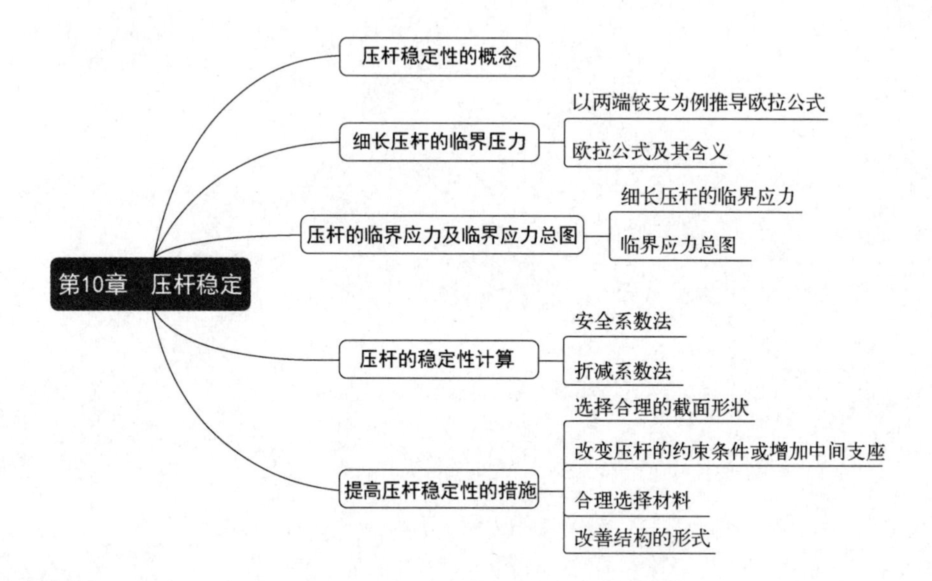

本章学习目标

1. 了解压杆稳定性概念。
2. 了解细长压杆临界压力推导公式的过程。
3. 掌握欧拉公式及其应用范围。
4. 掌握临界应力总图的意义。
5. 掌握压杆的稳定性计算的方法。
6. 了解提高压杆稳定性措施的方法。

本章案例引入

工程实际中发现：较细长的受压杆件，当所受压力远远小于强度条件所允许的压力值时，会突然弯折而失效。如图 10-1 所示的汽车吊车中，大臂的举起是靠液压推动液压杆实现的。起吊重物时，液压杆将承受很大的轴向压缩力。当压缩力小于一定数值时，液压杆会保持直线平衡状态，这时可以保证吊车正常工作；当压缩力大于一定数值时，液压杆将会在外界微小的扰动下，突然从直线平衡状态转变为弯曲的平衡状态，从而导致吊车丧失正常工作能力——失效。自动翻斗车中的压杆也有类似的问题，如图 10-2 所示。通过本章的学习来了解和掌握此现象的规律，从而趋利避害。

图10-1 吊车大臂

图10-2 自动翻斗车

10.1 压杆稳定性的概念

在第 5 章中，曾经讨论受力杆件的压缩问题。当杆件受压缩时，只要满足强度条件，杆件就能够安全可靠地工作。但是，这个结论仅仅对于粗短杆件才是正确的，对于承受轴向压力的细长压杆来说，仅仅满足强度条件是不够的。细长杆件受压，不是强度问题，而是一个稳定性问题。从以下实验就能够说明这个问题。

两根横截面面积 A 均为 150mm^2 的松木直杆，它们的长度分别为 20mm 与 1000mm，强度极限 $\sigma_b = 40\text{MPa}$ 。沿它们的轴线施加压力 $\boldsymbol{F}$，如图 10-3 所示。根据强度条件计算，只有当它们的压应力达到了材料的强度极限才会发生破坏，此时压力为

$$F = \sigma_b A = 150 \times 10^{-6} \times 40 \times 10^{6} = 6(\text{kN})$$

实验结果表明，长度为 20mm 的杆件符合要求，而且始终保持直线平衡状态。但是，长度为 1000mm 的杆件，当压力仅仅达到 F=27.8N 时就开始弯曲，然后丧失稳定。如果继续增大压力 F，则杆件的弯曲变形急剧增加而破坏，此时压力 F 远小于 6kN。这种压杆不能保持其原有

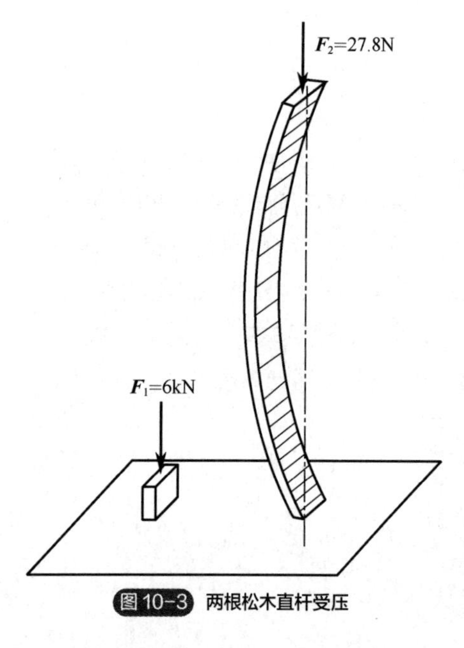

图 10-3 两根松木直杆受压

的直线平衡状态而发生突然弯曲的现象，称为压杆丧失稳定性，简称**压杆失稳**。

工程中，如连杆、桁架中的某些压杆、薄壁筒等，这些构件除了要有足够的强度外，还必须有足够的稳定性，才能保证正常工作。

为了研究细杆的稳定问题，可做如下实验：一端固定、另一端自由的压杆，如图 10-4（a）所示，在杆端加轴向力 $\boldsymbol{F}$，当 F 不大时，压杆将保持直线平衡状态；当给一个微小的横向干扰力时，压杆只发生微小的弯曲，干扰力消除后，杆经过几次摆动后仍恢复到原来直线平衡的位置，压杆处于稳定的平衡状态，如图 10-4（b）所示；当轴向力 F 增到某一值 F_{cr} 时，杆件由原来的平衡状态，过渡到不稳定的平衡状态，如图 10-4（c）所示，这种过渡称为**临界状态**，F_{cr} 被称为临界压力或临界载荷；当轴向力 F 大于 F_{cr} 时，只要有一点轻微的干扰，杆件就会在微弯的基础上继续弯曲，甚至被破坏，如图 10-4（d）所示，这说明压杆已经处于不稳定状态。

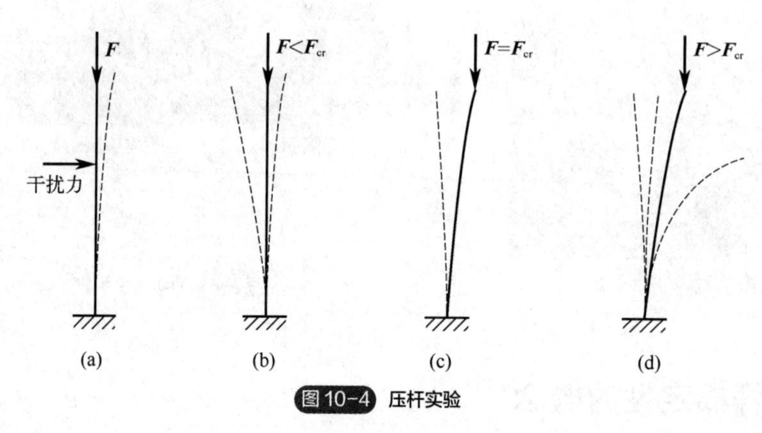

图 10-4 压杆实验

10.2 细长压杆的临界压力

由上述分析可知，只有当轴向压力 F 等于临界载荷 F_{cr} 时，压杆才可能在微弯状态保持平衡。因此，使压杆在微弯状态保持平衡的最小轴向压力，即为压杆的**临界载荷**。现以两端球形铰支、长度为 l 的等截面细长中心受压直杆为例，推导其临界力的计算公式。如图 10-5 所示，两端铰支的细长压杆在等于临界力 $\boldsymbol{F}_{cr}$ 的压力 F 下处于微弯平衡状态，距左端点为 x 的任意截面的挠度为 w，弯矩 M 的绝对值为 $F_{cr}w$。若只取压力 F 的绝对值，则 w 为负时，M 为正，所以

$$M(x)=-F_{cr}w \tag{10-1}$$

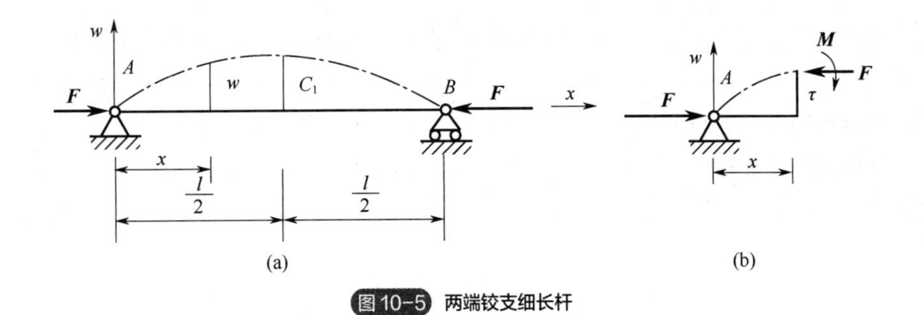

图10-5 两端铰支细长杆

对微小的弯曲变形，挠曲线近似微分方程为

$$\frac{d^2w}{dx^2}=\frac{F_{cr}w}{EI} \tag{10-2}$$

$$k^2=\frac{F_{cr}}{EI} \tag{10-3}$$

$$\frac{d^2w}{dx^2}+k^2w=0 \tag{10-4}$$

此微分方程的通解为 x，即

$$w=C_1\sin(kx)+C_2\cos(kx) \tag{10-5}$$

式中，C_1 和 C_2 为积分常数，可通过压杆的位移边界条件确定。

对于 A 点：$x=0$，$w=0$，将 x、w 值代入式（10-5）得 $C_2=0$，故式（10-5）变为

$$w=C_1\sin(kx) \tag{10-6}$$

对于 B 点：$x=l$，$w=0$，将 x、w 值代入式（10-6）得

$$0=C_1\sin(kl) \tag{10-7}$$

式（10-7）的第一个可能解是 $C_1=0$，将 $C_1=0$ 代入式（10-6），得 $w=0$，推出杆轴为直线，这与压杆处于微弯状态的前提不符合。所以满足式（10-7）的只能是第二个可能解 $\sin(kl)=0$，所以 $kl=n\pi$，即 $k=\frac{n\pi}{l}(n=0,1,2,3,\cdots)$。将 k 值代入式（10-3）和式（10-6），便可得到临界力及与之对应的挠曲线方程

$$F_{cr}=\frac{n^2\pi^2EI}{l^2}，\quad w=C_1\sin\frac{n\pi x}{l} \tag{10-8}$$

当 $n=0$ 时，$F_{cr}=0$，与原假设不符合，所以 $n\neq0$。当 $n=1,2,3$ 时，对应的挠曲线如图 10-6 所示，这些挠曲线包含半个、一个、一个半正弦波形，直杆形成半个正弦波时的临界力最小，所以只有 n=1 才有现实意义，此时

$$F_{cr}=\frac{\pi^2EI}{l^2} \tag{10-9}$$

式（10-9）通常称为临界载荷（临界力）的**欧拉公式**，与之对应的挠曲线是半个正弦曲线 $w=C_1\sin(\pi x/l)$。C_1 对应杆中点的最大挠度，这里要求 C_1 极小，但其值不确定，这是由于采用了挠曲线的近似微分方程 $EI\frac{d^2w}{dx^2}=M$ 所致。如果从挠曲线的精确微分方程 $k(x)=M/(EI)$ 出发，可以求出最大挠度 w_{max} 与轴向压力 F 之间的理论关系，如图 10-7 所示的曲线 OAB。从图中可以看出：当 $F<F_{cr}$ 时，压杆直线状态的平衡是稳定的；当 $F>F_{cr}$ 时，压杆既可在直线状态保持

平衡也可在曲线状态保持平衡，但前者是不稳定的，后者是稳定的。A 点是压杆形式的稳定性发生改变的点，$F-w_{max}$ 曲线到达 A 点后出现平衡途径的分岔。A 点称为**平衡点分岔点**，与分岔点对应的载荷即是临界载荷 F_{cr}。曲线 AB 在 A 点的切线是水平的，这说明：在该载荷作用下，压杆既可在直线位置保持平衡，也可在任意微弯位置保持平衡，这就是采用小挠度理论可以正确确定临界力的原因。

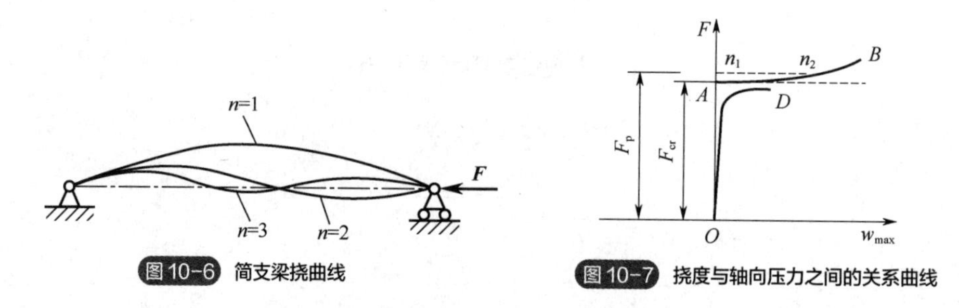

图10-6 简支梁挠曲线

图10-7 挠度与轴向压力之间的关系曲线

此外，当压力超过 F_{cr} 后挠度将快速增长，例如，当 $F=1.015F_{cr}$ 时，$w_{max}=0.11l$，即压力超过临界值 1.5%而挠度已达到杆长的 11%。但是实际压杆的失稳试验给出的载荷与挠度间的关系如图 10-7 所示的曲线 OD。由于实际缺陷，当 F 低于 F_{cr} 时，弯曲就已开始，但增长比较缓慢。当载荷接近 F_{cr} 时挠曲线增长过快。杆件制作愈精确，加载愈对中，则曲线 OD 与理论曲线 OAB 将愈接近。

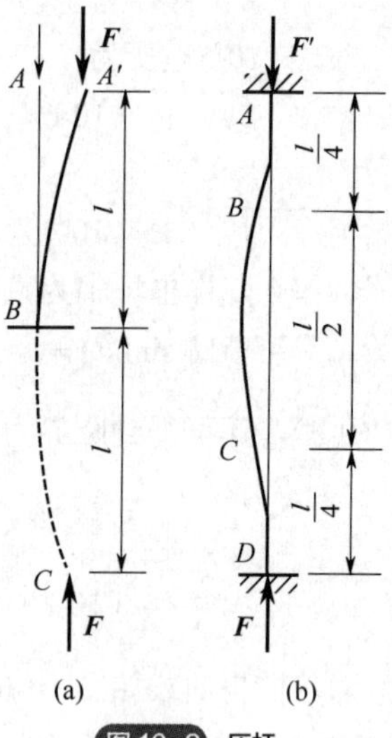

当压杆两端的约束情况不同时，其临界力也不同。例如，图 10-8（a）所示的一端固支、一端自由的压杆，失稳时挠曲线为 $A'B$。因为 B 截面不转动，故此挠曲线与长为 $2l$ 的两端铰支压杆 $A'C$ 失稳时的上半段相符合。故此压杆的临界力与长为 $2l$ 的铰支压杆的临界力相等，临界力 $F_{cr}=\dfrac{\pi^2 EI}{(2l)^2}$。又如，图 10-8（b）所示的两端固支的压杆，失稳时的挠曲线是 $ABCD$，由对称性可知挠曲线的 B、C 两点为反弯点（挠曲线的拐点），该两点的弯矩为零而相当于铰链。故知此压杆的临界力与长为 $l/2$ 的两端铰支压杆的临界力相同，临界力 $F_{cr}=\dfrac{\pi^2 EI}{(l/2)^2}$。对于压杆两端约束的更复杂情况须从挠曲线微分方程出发求其临界力。

图10-8 压杆

由上面的讨论，可将不同杆端约束的等截面压杆的临界载荷的欧拉公式统一写成

$$F_{cr}=\frac{\pi^2 EI}{(\mu l)^2} \tag{10-10}$$

式中，μ 是随杆端约束而异的一个因数（长度因数），而 μl 称为**有效长度**。压杆的长度因数见表 10-1。

【例 10-1】柴油机的挺杆是钢制空心圆管，外径和内径分别为 12mm 和 10mm，杆长 383mm，可视为两端铰支，钢材的 E=210GPa。试计算其临界力。

解：挺杆横截面的惯性矩是

$$I=\frac{\pi}{64}(D^4-d^4)=\frac{\pi}{64}(0.012^4-0.01^4)=0.0527\times10^{-8}(\text{m}^4)$$

表10-1 压杆的长度因数

杆端支承情况	一端自由，一端固定	两端铰支	一端铰支，一端固定	两端固定
挠曲线图像	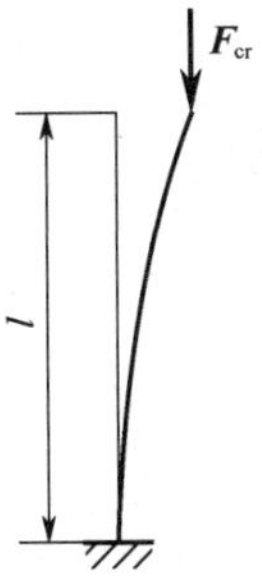 F_{cr} l	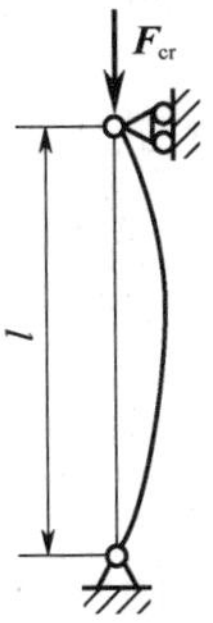 F_{cr} l	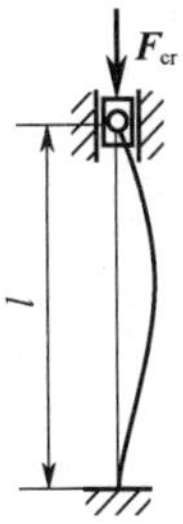 F_{cr} l	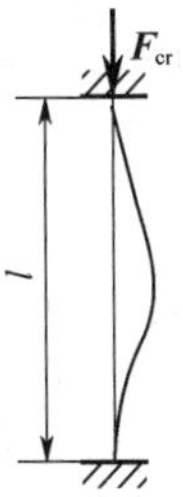 F_{cr} l
长度因数 μ	2	1	0.7	0.5

两端铰支 $\mu=1$。

由式（10-10）算出挺杆的临界压力为

$$F_{cr}=\frac{\pi^2 EI}{l^2}=\frac{\pi^2(210\times10^9)\times(0.0527\times10^{-8})}{0.383^2}=7446(\text{N})$$

10.3 压杆的临界应力及临界应力总图

压杆处于临界状态时横截面面积上的平均正应力称为**临界应力**（critical stress），用 σ_{cr} 表示。引入临界应力的概念，是为了研究欧拉公式的适用范围，使实际计算方便。

10.3.1 细长压杆的临界应力

在临界状态下，将式（10-10）除以杆件的横截面面积 A，得到细长压杆的临界应力，即

$$\sigma_{cr}=\frac{F_{cr}}{A}=\frac{\pi^2 EI}{A(\mu l)^2}$$

根据截面图形的几何性质，有**惯性半径** $i=\sqrt{\frac{I}{A}}$，将其代入上式得

$$\sigma_{cr}=\frac{\pi^2 E}{\left(\frac{\mu l}{i}\right)^2}$$

令

$$\lambda=\frac{\mu l}{i} \tag{10-11}$$

则细长压杆临界应力公式为

$$\sigma_{cr}=\frac{\pi^2E}{\lambda^2} \tag{10-12}$$

式中，λ 称为**压杆的柔度**，是一个无量纲的量。它集中反映了压杆的长度（l）、横截面形状尺寸（I）和杆端约束情况（μ）等因素对临界应力的综合影响，因而是稳定计算中的一个重要参数。由（10-12）可见，λ 越大，即杆越细长，则临界应力越小，压杆越容易失稳；反之 λ 越小，压杆就越不易失稳。

应当指出，式（10-12）实质上是欧拉公式的另一种表达形式。当

$$\sigma_{cr}=\frac{\pi^2E}{\lambda^2}\leqslant\sigma_p$$

将上式改写为

$$\lambda^2\geqslant\frac{\pi^2E}{\sigma_p}$$

或

$$\lambda_p=\sqrt{\frac{\pi^2E}{\sigma_p}} \tag{10-13}$$

则

$$\lambda\geqslant\lambda_p \tag{10-14}$$

式（10-14）是欧拉公式适用范围的柔度表达形式，表明只有当压杆的实际柔度 λ 大于或等于界限值 λ_p 时，才能用欧拉公式来计算其临界应力和临界力。显然，λ_p 是应用欧拉公式的最小柔度，称为**临界柔度**。

压杆的实际柔度 λ 随压杆的几何形状尺寸和杆端约束条件的不同而变化，但 λ_p 是仅由材料性质确定的值。不同的材料，λ_p 是不一样的。以 Q235 为例，取其弹性模量 E=206GPa，应力极限 $\sigma_p=200\text{MPa}$，代入式（10-13）得

$$\lambda_p=\sqrt{\frac{\pi^2E}{\sigma_p}}=\pi\sqrt{\frac{E}{\sigma_p}}=3.14\times\sqrt{\frac{206\times10^9}{200\times10^6}}=100$$

即由 Q235 钢制成的压杆，只有当实际柔度 $\lambda\geqslant100$ 时，欧拉公式才适用。

将 $\lambda\geqslant\lambda_p$ 的压杆称为**细长压杆**（细长杆），或**大柔度杆**。

10.3.2 临界应力总图

压杆的临界应力的计算公式随柔度的变化而变化。

当压杆的柔度 $\lambda\geqslant\lambda_p$，称为**细长杆**或**大柔度杆**。其临界应力用欧拉公式 $\sigma_{cr}=\dfrac{\pi^2E}{\lambda^2}$ 来计算。

当压杆的柔度 $\lambda_0\leqslant\lambda<\lambda_p$，称为**中长杆**或**中柔度杆**。对于中长杆，其临界应力已超出比例极限，欧拉公式不再适用。这类压杆的临界应力需根据弹塑性稳定理论确定，但目前各国多数采用以试验资料为依据的经验公式。常用的经验公式为直线型和抛物线型两种。

直线型经验公式为

$$\sigma_{cr}=a-b\lambda \tag{10-15}$$

式中，a、b 为与材料性质有关的常数，一般常用材料的 a、b 值如表 10-2 所示；λ 是压杆

的实际柔度。

表10-2 直线型经验公式的系数 *a*、*b*

材料	*a*/MPa	*b*/MPa
Q235钢（$\sigma_s = 235$MPa，$\sigma_b = 372$MPa）	304	1.12
优质碳钢（$\sigma_s = 306$MPa，$\sigma_b = 471$MPa）	461	2.568
硅钢（$\sigma_s = 353$MPa，σ_b=510MPa）	578	3.744
铬钼钢	9807	5.296
铸铁	332.2	1.454
强铝	373	2.15
松木	28.7	0.19

直线型经验公式也有其适用范围，即压杆的临界应力不能超过材料的极限应力σ^0（σ_s或σ_b）即

$$\sigma_{cr} = a - b\lambda \leqslant \sigma^0$$

对于塑性材料，在式（10-15）中，令$\sigma_{cr} = \sigma_s$，得

$$\lambda_s = \frac{a - \sigma_s}{b} \tag{10-16}$$

式中，λ_s是塑性材料压杆用直线型经验公式时的柔度λ的最小值。

对于脆性材料，将式（10-16）中的σ_s换成σ_b，就可以确定相应的λ_b。将λ_s和λ_b统一记为λ_0，则直线型经验公式适用范围的柔度表达式为

$$\lambda_0 \leqslant \lambda < \lambda_p$$

例如Q235钢，其$\sigma_s = 235$MPa，a=304MPa，b=1.12MPa，代入式（10-16）得

$$\lambda_s = \frac{304 - 235}{1.12} = 62$$

即由Q235钢制成的压杆，当其柔度$62 \leqslant \lambda < 100$时，才可以使用直线型经验公式。

直线型经验公式是最简单的经验公式，工程中有时也采用抛物线型经验公式。

抛物线型经验公式为

$$\sigma_{cr} = a_1 - b_1\lambda^2$$

式中，a_1、b_1为与材料有关的常数。

当压杆的柔度$\lambda < \lambda_0$时，称为**短粗杆**或**小柔度杆**。这类压杆的失效形式是强度不足的破坏。故其临界应力就是屈服点或抗拉强度，即$\sigma_{cr} = \sigma_s$（或$\sigma_{cr} = \sigma_b$）

综上所述，压杆可据其柔度大小分为三类，分别用不同的公式计算其临界应力或临界力。

① 当$\lambda \geqslant \lambda_p$时，属于细长杆（大柔度杆），用欧拉公式计算，即$\sigma_{cr} = \dfrac{\pi^2 E}{\lambda^2}$，$F_{cr} = \dfrac{\pi^2 EI}{(\mu l)^2}$。

② 当$\lambda_0 \leqslant \lambda < \lambda_p$时，属于中长杆（中柔度杆），用经验公式计算，即$\sigma_{cr} = a - b\lambda$，$F_{cr} = A\sigma_{cr}$。

③ 当$\lambda < \lambda_0$时，属于短粗杆（小柔度杆），用轴向压缩公式计算，即$\sigma_{cr} = \sigma_s$（或$\sigma_{cr} = \sigma_b$），$F_{cr} = A\sigma_{cr}$。

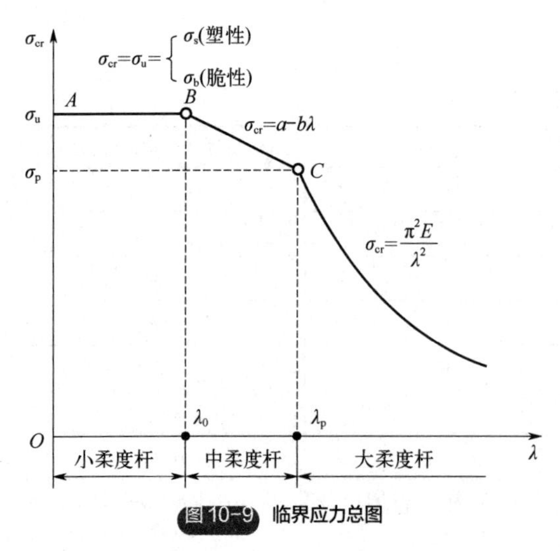

图 10-9 临界应力总图

根据上述有关公式，可作出压杆临界应力随柔度变化的曲线，称为**临界应力总图**，如图 10-9 所示。由图可见，压杆的临界应力随柔度的增大而减小，表明压杆越细长，越易失稳。

【例 10-2】 三个圆截面压杆直径均为 d=160mm，材料为 Q235 钢，E=206GPa，$\lambda_p=200\text{MPa}$，$\sigma_s=235\text{MPa}$，各杆两端均为铰支，长度分别为 $l_1=5\text{m}$，$l_2=2.5\text{m}$，$l_3=1.25\text{m}$。试计算各杆的临界力。

解：（1）有关数据

$$A=\frac{\pi d^2}{4}=\frac{3.14\times160^2}{4}=2\times10^4(\text{mm}^2)$$

$$I=\frac{\pi d^4}{64}=\frac{3.14\times160^4}{64}=3.22\times10^7(\text{mm}^4)$$

$$i=\frac{d}{4}=40(\text{mm})，\quad \mu=1$$

$$\lambda_p=\pi\sqrt{\frac{E}{\sigma_p}}=3.14\sqrt{\frac{206\times10^9}{200\times10^6}}=100$$

查表 10-2，得 a=304MPa，b=1.12MPa，则 $\lambda_0=\lambda_s=\dfrac{a-\sigma_s}{b}=\dfrac{304-235}{1.12}=61.6$

（2）计算各杆的临界力

1 杆：$l_1=5\text{m}$，$\lambda_1=\dfrac{\mu l_1}{i}=\dfrac{1\times5\times10^3}{40}=125>\lambda_p$，属细长杆，用欧拉公式计算，得

$$F_{cr}=\frac{\pi^2EI}{(\mu l_1)^2}=\frac{3.14^2\times206\times10^9\times3.22\times10^7\times10^{-12}}{(1\times5)^2}=2616(\text{kN})$$

2 杆：$l_2=2.5\text{m}$，$\lambda_2=\dfrac{\mu l_2}{i}=\dfrac{1\times2.5\times10^3}{40}=62.5$，$\lambda_s<\lambda_2<\lambda_p$，属中长杆，用直线型公式计算如下：

$$\sigma_{cr}=a-b\lambda_2=304-1.12\times62.5=234(\text{MPa})$$

$$F_{cr}=A\sigma_{cr}=2\times10^4\times10^{-6}\times234\times10^6=4680(\text{kN})$$

3 杆：$l_3=1.25\text{m}$，$\lambda_3=\dfrac{\mu l_3}{i}=\dfrac{1\times1.25\times10^3}{40}=31.3<\lambda_s$，属短粗杆，应按强度计算，得

$$F_{cr}=F_s=A\sigma_{cr}=2\times10^4\times10^{-6}\times235\times10^6=4700(\text{kN})$$

10.4 压杆的稳定性计算

压杆的稳定性计算包括校核稳定性、按稳定性要求确定许可载荷和选择截面三方面。采用的方法有**安全系数法**和**折减系数法**两种。

10.4.1 安全系数法

为保证压杆的稳定性，压杆的稳定性条件为

$$F_p \leqslant \frac{F_{cr}}{[n_w]} \tag{10-17}$$

或

$$n_w = \frac{F_{cr}}{F_p} \geqslant [n_w] \tag{10-18}$$

式中 F_p——压杆的工作压力；

F_{cr}——压杆的临界力；

n_w——压杆的工作稳定安全系数；

$[n_w]$——规定的稳定安全系数。

考虑到压杆存在初曲率和载荷偏心等不利因素，规定的稳定安全系数$[n_w]$比强度安全系数要大。通常在常温、静载荷下，钢材的$[n_w]$为1.8～3.0，铸铁的$[n_w]$为4.5～5.5，木材的$[n_w]$为2.5～3.5。

当压杆的横截面有局部削弱（如开孔、沟槽等）时，应按削弱后的净面积进行强度校核。但作稳定计算时，可不考虑截面局部削弱后的影响。

按式（10-17）或式（10-18）进行稳定计算的方法，称为**安全系数法**。其解题步骤如下：

① 根据压杆的尺寸和约束条件，分别计算其在各个弯曲平面弯曲时的柔度λ，从而得到最大柔度λ_{max}；

② 根据最大柔度λ_{max}，选用计算临界应力的公式，然后算出σ_{cr}和F_{cr}；

③ 利用式（10-17）或式（10-18）进行稳定校核或求许可载荷。

10.4.2 折减系数法

将式（10-17）两边同除以压杆的横截面面积，得

$$\frac{F_p}{A} \leqslant \frac{F_{cr}}{A[n_w]} \text{或} \sigma \leqslant \frac{\sigma_{cr}}{[n_w]}$$

令

$$[\sigma_w] \leqslant \frac{\sigma_{cr}}{[n_w]} = \phi[\sigma]$$

即

$$[\sigma_w] = \phi[\sigma]$$

式中 $[\sigma_w]$——稳定许用应力。

这里将稳定许用应力表示成强度许用应力$[\sigma]$乘以一个折减系数ϕ。由于临界应力σ_{cr}和稳定安全系数$[n_w]$均随压杆的柔度λ变化，因此$[\sigma_w]$也因λ而异，故ϕ是λ的函数。几种材料对应于不同λ的ϕ值见表10-3。

引入折减系数后，压杆的稳定条件可写成

$$\sigma = \frac{F_p}{A} \leqslant \phi[\sigma] \tag{10-19}$$

表 10-3 压杆的折减系数 ϕ

柔度 $\lambda=\frac{\mu l}{i}$	ϕ 值			
	Q235、Q345、16Mn、16Mng		铸铁	木材
0	1.000	1.000	1.00	1.00
10	0.995	0.993	0.97	0.971
20	0.981	0.973	0.91	0.932
30	0.958	0.940	0.81	0.883
40	0.927	0.895	0.69	0.822
50	0.888	0.840	0.57	0.757
60	0.842	0.776	0.44	0.668
70	0.789	0.705	0.34	0.575
80	0.731	0.627	0.26	0.470
90	0.669	0.546	0.20	0.370
100	0.604	0.462	0.16	0.300
110	0.536	0.384	—	0.248
120	0.466	0.325	—	0.208
130	0.401	0.279	—	0.178
140	0.349	0.242	—	0.153
150	0.306	0.231	—	0.133

按式（10-19）进行稳定计算的方法称为**折减系数法**。在按稳定条件选择压杆截面尺寸时，用此法比较方便。

【例 10-3】一工字钢柱上端自由，下端固定，如图 10-10 所示。已知 $l=4.2\times10^3\text{mm}$，$F_\text{p}=280\text{kN}$，材料为 Q235 钢，$[\sigma]=160\text{MPa}$。试按稳定条件选择工字钢型号。

图 10-10 例 10-3 图

解：根据稳定条件［式（10-19）］，压杆的截面面积应为

$$A\geqslant\frac{F_\text{p}}{\phi[\sigma]}$$

由于式中的 ϕ 值又与截面尺寸有关，故不能直接求得 A 值。为此，需先设定一 ϕ 值，进行

试算。

① 第一次试算。第一次试算时一般取其中间值 $\phi_1 = 0.5$，由式（10-19）得

$$A_1 \geqslant \frac{F_p}{\phi[\sigma]} = \frac{280\times10^3}{0.5\times160} = 3.5\times10^3(\text{mm}^2)$$

查本书后的附录，初选 20a 号工字钢，其截面面积 $A_1' = 3.55\times10^3\,\text{mm}^2$，最小惯性半径 $i_{\min} = i_y = 21.2\text{mm}$。

对于初选的 20a 号工字钢，应校核其是否满足稳定条件。压杆柔度为

$$\lambda_1 = \frac{\mu l}{i_{\min}} = \frac{0.7\times4.2\times10^3}{21.2} = 139$$

查表 10-3 得折减系数（按直线插值法求得）为 $\phi_1' = 0.354$。

ϕ_1' 与 ϕ_1 相差过大，需进行稳定性校核。由稳定条件，有

$$\frac{F_p}{\phi_1' A_1'} = \frac{280\times10^3}{0.354\times3.55\times10^3} = 223(\text{MPa}) > [\sigma] = 160(\text{MPa})$$

说明初选 20a 号工字钢不能满足稳定性要求，需重选择。

② 第二次试算。

$$\phi_2 = \frac{1}{2}(\phi_1 + \phi_1') = \frac{1}{2}(0.5 + 0.354) = 0.472$$

由稳定条件得

$$A_2 = \frac{F_p}{\phi_2[\sigma]} = \frac{280\times10^3}{0.427\times160} \approx 4.1\times10^3(\text{mm}^2)$$

查本书后的附录，重选 22a 号工字钢，其 $A_2' = 4.2\times10^3\,\text{mm}^2$，$i_{\min} = i_y = 23.1\text{mm}$。此时压杆的柔度为

$$\lambda_2 = \frac{\mu l}{i_{\min}} = \frac{0.7\times4.2\times10^3}{23.1} = 127$$

查表 10-3 得折减系数为 $\phi_2' = 0.42$。

再进行校核，有

$$\frac{F_p}{\phi_2' A_2'} = \frac{280\times10^3}{0.42\times4.2\times10^{-3}}(\text{Pa}) = 159(\text{MPa}) < [\sigma] = 160(\text{MPa})$$

即满足稳定条件，故最后选用 22a 号工字钢。应注意，若压杆截面有局部削弱时，尚需进行强度校核。

10.5 提高压杆稳定性的措施

由以上各节的讨论可知，压杆的临界应力或临界压力的大小，直接反映了压杆稳定性的高低。提高压杆稳定性的关键，在于提高压杆的临界压力或临界应力，而影响压杆临界应力或临界压力的因素有：压杆的截面形状、长度和约束条件、材料的性质等。因此，我们从这几方面入手，讨论如何提高压杆的稳定性。

10.5.1 选择合理的截面形状

从欧拉公式$\sigma_{cr}=\frac{\pi^2 E}{\lambda^2}$和直线型经验公式$\sigma_{cr}=a-b\lambda$可看到，柔度$\lambda$越小，临界应力越大。由于$\lambda=\frac{\mu l}{i}$，所以提高惯性半径$i$的数值就能减小$\lambda$的数值。可见，如不增加截面面积$A$，应尽可能把材料放在离截面形心较远处，以取得较大的I和i，就等于提高了临界应力和临界压力。

例如图 10-11 所示的两组截面，图（a）与图（b）的面积相同，图（b）的I和i要比图（a）的I和i大得多。

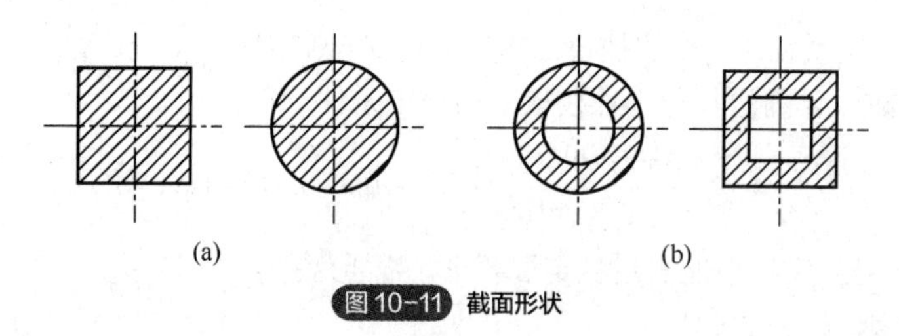

图 10-11 截面形状

当压杆两端在各弯曲平面内约束条件相同时，失稳总是发生在最小刚度的平面内。因此，当截面面积一定时，应使压杆在各方向上的惯性矩I相等并尽可能大些。但是，某些压杆在不同的纵向平面内，μl并不相同。例如，发动机的连杆，在摆动平面内，两端可简化为铰支座［如图 10-12（a）］，$\mu_1=1$；在垂直于摆动平面的平面内，两端可简化为固定端［如图 10-12（b）］，$\mu_2=1/2$。这就要求连杆截面对两个主形心惯性轴x和y有不同的i_x和i_y，使得在两个主惯性平面内的柔度$\lambda_1=\frac{\mu_1 l_1}{i_x}$和$\lambda_2=\frac{\mu_2 l_2}{i_y}$接近相等。这样，连杆在两个主惯性平面内仍可以有相似的稳定性。

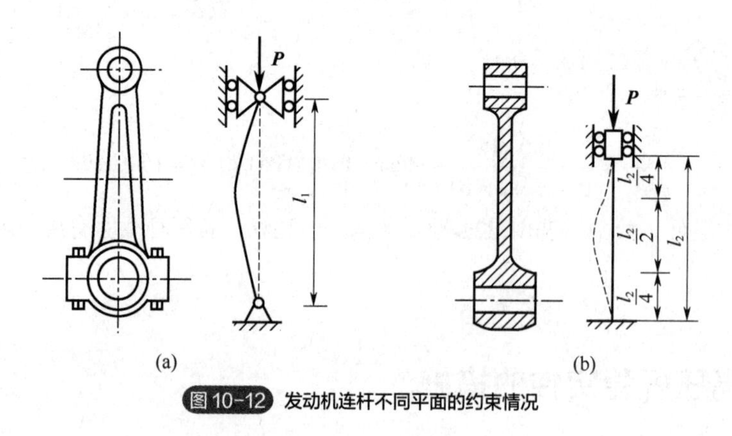

图 10-12 发动机连杆不同平面的约束情况

10.5.2 改变压杆的约束条件或增加中间支座

由式（10-10）可以看出，改变压杆的支座情况及压杆的有效长度l，都直接影响临界压力的大小。由表 10-1 可知，两端约束加强，长度因数μ减小。此外，减小长度l，如中间支座的使用等，也可大大增大杆件的临界压力F_{cr}。如图 10-13 所示，杆件的临界压力变为：

$$F_{cr}=\frac{\pi^2 EI}{\left(\frac{l}{2}\right)^2}=\frac{4\pi^2 EI}{l^2} \tag{10-20}$$

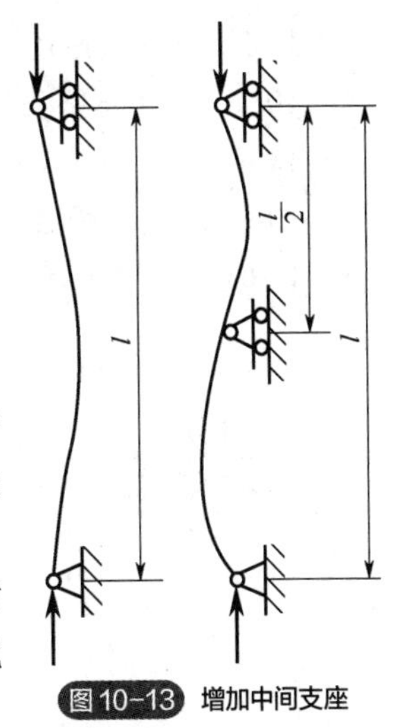

图10-13 增加中间支座

临界压力为原来的4倍。

10.5.3 合理选择材料

大柔度杆：临界压力与材料的弹性模量 E 成正比。因此，钢压杆比铜、铸铁或铝制压杆的临界载荷（压力）高。但各种钢材的 E 基本相同，所以大柔度杆选用优质钢材与低碳钢并无多大差别。

中柔度杆：由临界应力总图可以看到，材料的屈服极限 σ_s（或材料的强度极限 σ_b）和比例极限 σ_p 越高，临界应力就越大。这时选用优质钢材会提高压杆的承载能力。

小柔度杆：本来就是强度问题，优质钢材的强度高，其承载能力的提高是显然的。

10.5.4 改善结构的形式

对于压杆，除了可以采取上述几方面的措施以提高其承载能力外，在可能的条件下，还可以从结构方面采取相应的措施。如图10-14（a）中的压杆 AB 改变为图10-14（b）中的拉杆 AB。

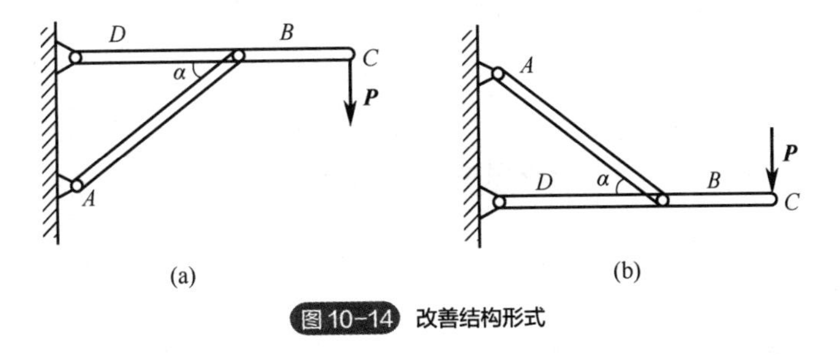

图10-14 改善结构形式

10.6 本章小结

本书配套资源

本章要点如下：

① 压杆稳定性的概念。

② 细长杆的临界压力。

③ 压杆的临界应力及临界应力总图。

④ 压杆的稳定性计算。

⑤ 提高压杆稳定性的措施。

思考题

10-1 构件的稳定性与强度、刚度的主要区别是什么？

10-2　怎样判断压杆是否稳定？

10-3　压杆失稳而发生弯曲与梁在横向力作用下产生的弯曲变形，在性质上有何区别？

10-4　什么是柔度？它的大小由哪些因素决定？

10-5　压杆在弹性阶段和塑性阶段，各用什么公式计算？为什么？

10-6　如图 10-15 所示的截面，若压杆两端均用球形铰链，失稳时截面绕哪根轴转？

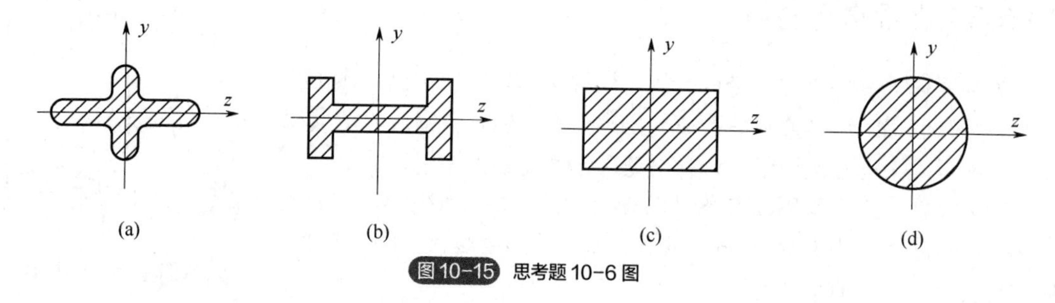

图 10-15　思考题 10-6 图

10-7　如图 10-16 所示，四个角钢所组成的焊接截面，当压杆两端均为球铰支座时，哪种截面较为合理？为什么？

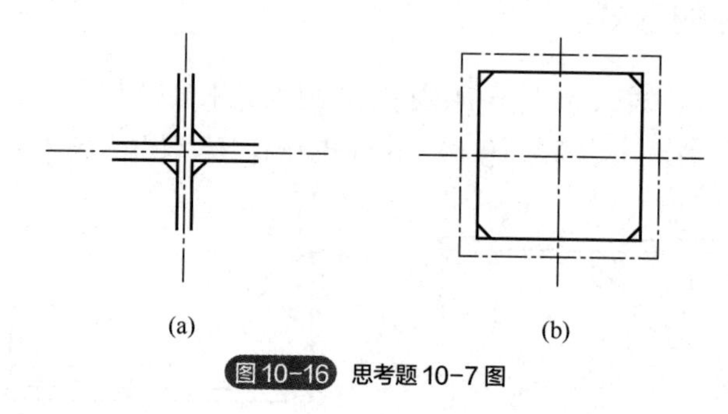

图 10-16　思考题 10-7 图

10-8　如图 10-17 所示为两组截面，每一组中的两截面面积相同，试问作为压杆（两端为球铰），各组中哪一种截面形状合理？

10-9　由 A3 钢制成的圆柱，两端为球铰支座，试问圆柱长度应比直径大多少倍时，才能用欧拉公式计算？

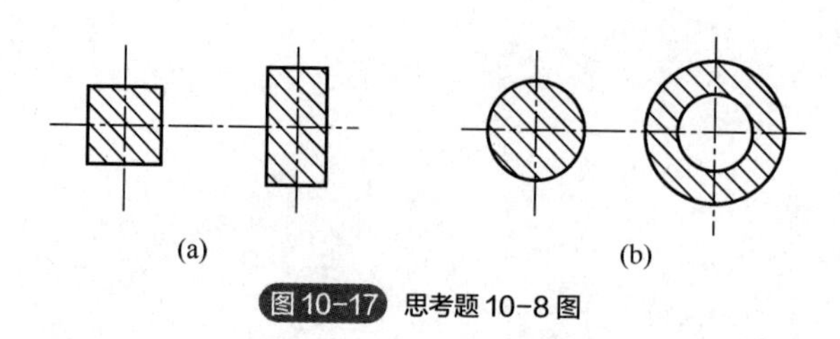

图 10-17　思考题 10-8 图

习题

10-1　两端铰支的圆截面钢杆（Q235 钢），已知 $l=2\mathrm{m}$，$d=0.04\mathrm{m}$，材料的弹性模量 $E=210\mathrm{GPa}$。试求该杆的临界力和临界应力。

10-2　某矩形截面木压杆如图 10-18 所示。已知 $l=4\mathrm{m}$，$b=10\mathrm{cm}$，$h=15\mathrm{cm}$，材料的弹性模量 $E=10\mathrm{GPa}$，$\lambda_{\mathrm{p}}=110$。试求该压杆的临界力。

10-3 由两个10号槽钢组成的压杆，一端固定，一端自由，如图10-19所示。欲使该压杆在 xOy 和 xOz 两个平面内具有相同的稳定性，求 a 值的大小。

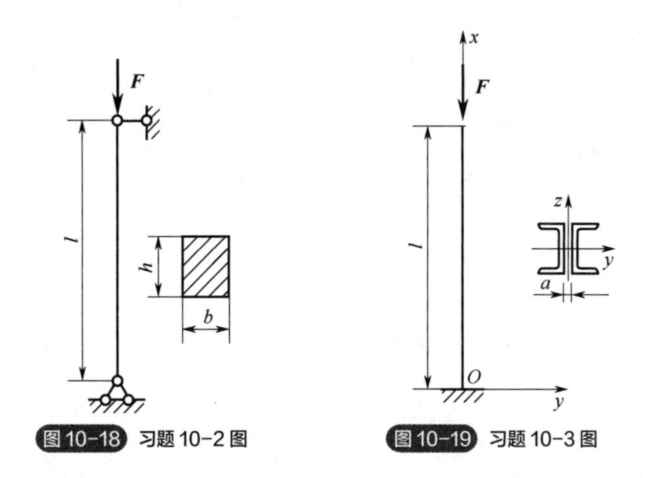

图10-18 习题10-2图　　图10-19 习题10-3图

10-4 如图10-20所示的结构，BD 杆是边长为 a、强度等级为TC15的正方形截面木杆。已知 $l=2\text{m}$，$a=0.1\text{m}$，木材的许用应力 $[\sigma]=10\text{MPa}$。试从 BD 杆的稳定考虑，计算该结构所能承受的最大荷载 $F_{\max}$。

10-5 如图10-21所示的梁柱结构中，BD 杆为强度等级为TC13的圆截面木杆，直径 d=20cm，其许用应力 $[\sigma]=10\text{MPa}$。试校核 BD 杆的稳定性。

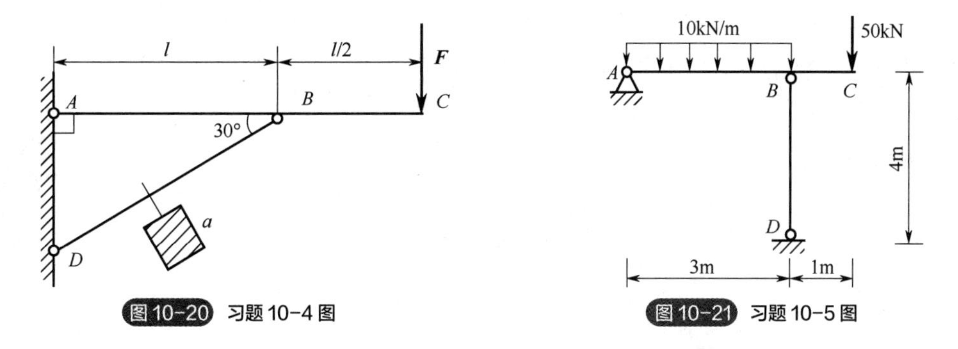

图10-20 习题10-4图　　图10-21 习题10-5图

10-6 如图10-22所示的压杆，由两个同型号的槽钢组成（Q235钢b类截面），杆的两端均为铰支。已知杆长 $l=6\text{m}$，槽钢的型号为18a，两槽钢之间的距离为 a=0.1m，材料的许用应力 $[\sigma]=160\text{MPa}$。试求该压杆的许可载荷。

10-7 如图10-23所示的压杆，由两根10号槽钢组成（Q235钢b类截面），压杆下端固定，上端铰支。已知杆长 $l=4\text{m}$，材料的许用应力 $[\sigma]=170\text{MPa}$。试求该压杆的许可载荷。

10-8 如图10-24所示的压杆，抗弯刚度为 EI，压杆在 B 支承处不能转动，求该压杆的临界压力。

10-9 截面为圆形、直径为 d 的两端固定的细长压杆和截面为正方形、边长为 d 的两端铰支的细长压杆，材料及柔度都相同。求两杆的长度之比及临界力之比。

10-10 如图10-25所示的铰接杆系 ABC，AB 和 BC 杆均为细长杆，且截面和材料均相同。若杆系在平面 ABC 内为稳定的，并规定 $0<\theta<90°$，试确定 $\boldsymbol{F}$ 为最大值时的 θ 角及其最大临界载荷。

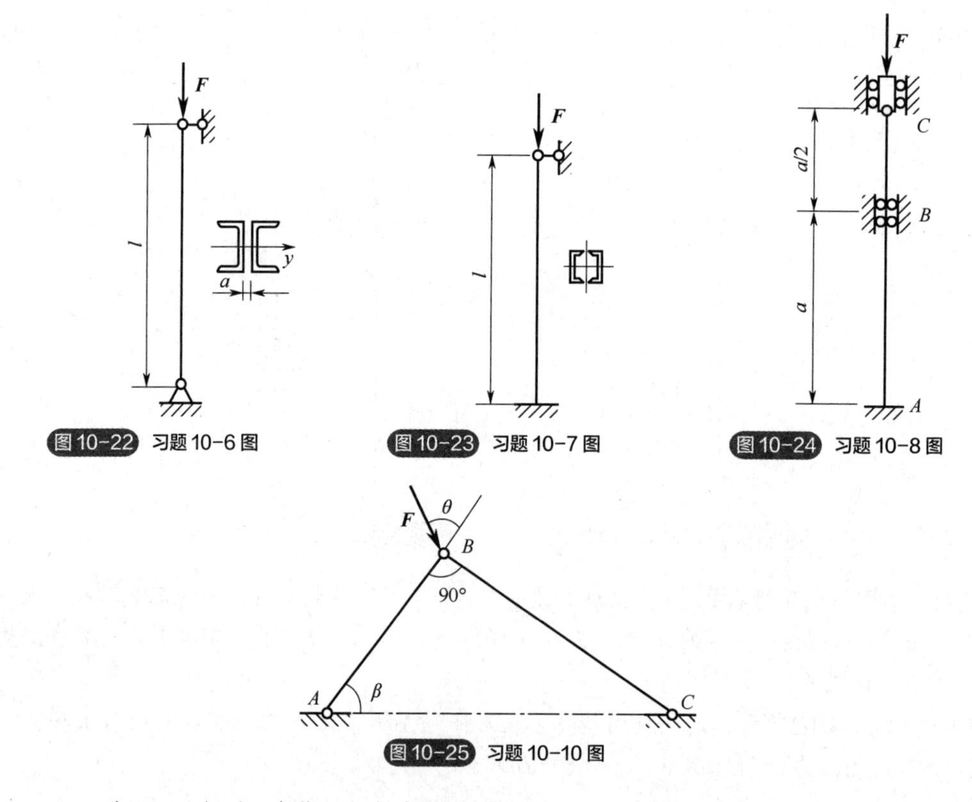

图10-22 习题10-6图　　图10-23 习题10-7图　　图10-24 习题10-8图

图10-25 习题10-10图

10-11　由 Q235 钢（b 类截面）制成的一圆截面钢杆，长度 $l=0.5\text{m}$；其下端固定，上端自由，承受轴向压力 F=10kN。已知材料许用应力 $[\sigma]=170\text{MPa}$，试求杆的直径。

软件应用

演示视频

压杆计算

（1）问题描述

某矩形截面木压杆如图 10-26 所示。已知 $l=4\text{m}$，$b=10\text{cm}$，$h=15\text{cm}$，材料的弹性模量 $E=10\text{GPa}$，泊松比为 0.3，$\lambda_{\text{p}}=110$。试求该压杆的临界力。

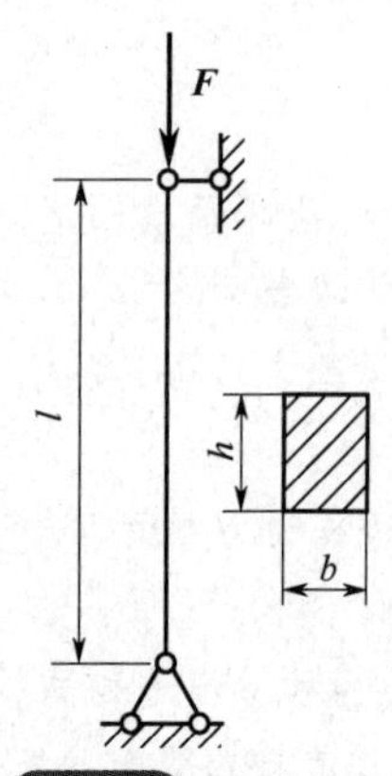

图10-26 压杆结构图

理论求解过程：

$$F_{\text{cr1}}=\frac{\pi^2 EI}{l^2}=\frac{3.14^2\times1\times10^{10}\times15\times10^3\times10^{-8}}{4^2\times12}=77(\text{kN})$$

$$F_{\text{cr2}}=\frac{\pi^2 EI}{l^2}=\frac{3.14^2\times1\times10^{10}\times10\times15^3\times10^{-8}}{4^2\times12}=173(\text{kN})$$

压杆临界力取较小值，为 77kN。

（2）技术路线

此问题属于结构分析范畴，借助 ANSYS Mechanical APDL 模块，通过软件界面操作方式实现。选用杆单元，一端固定。单位制为 mm、t。

（3）主要操作步骤

① 修改工作名。点击菜单 Utility Menu>File>Change Jobname，弹出如

图 10-27 所示的对话框，在文本框中输入工作名“link_buckling”，单击“OK”按钮。

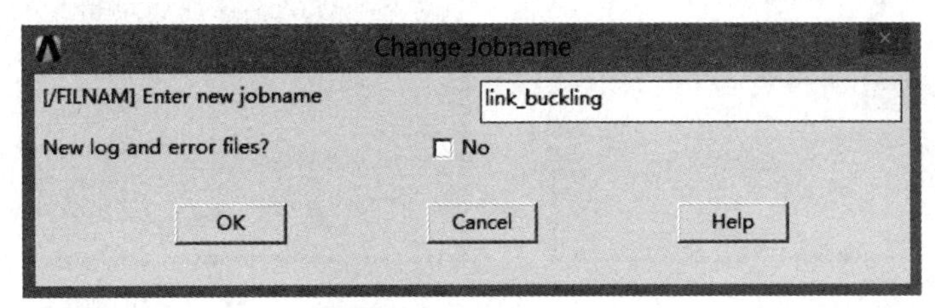

图 10-27 改变工作名称对话框

② 建立有限元模型。

a. 选择单元（梁）。选择 Main Menu>Preprocessor>Element Type>Add/Edit/Delete，出现 Element Types 对话框，单击 Add 按钮，出现 Library of Element Types 对话框。在 Library of Element Types 列表框中选择 Beam > 2node 188，点击“OK”按钮完成设置，如图 10-28 所示。

b. 设置截面属性。执行菜单 Section>Beam>Common Sections，具体参数设置如图 10-29 所示，点击“OK”按钮。

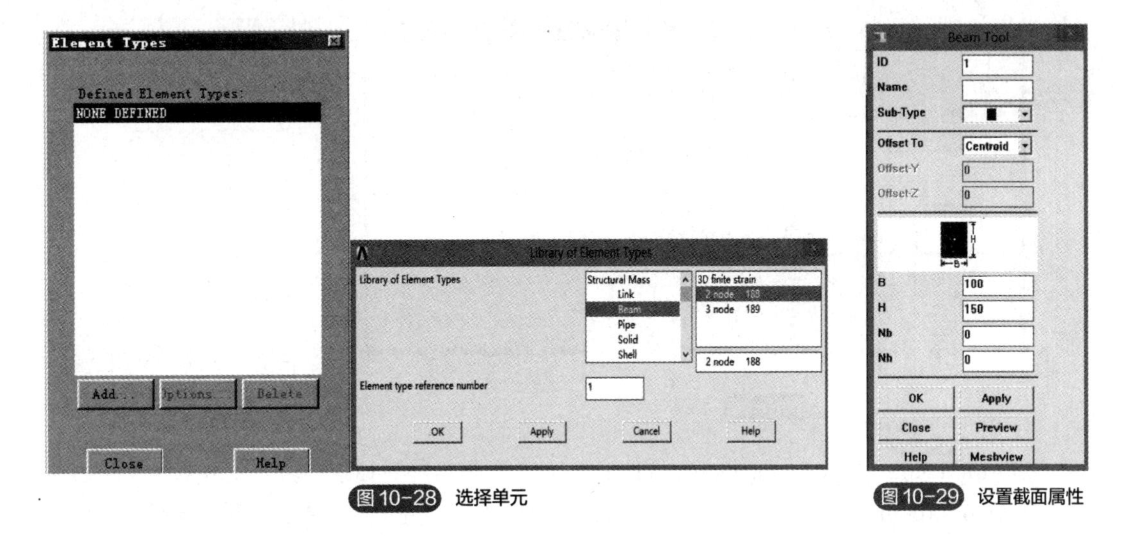

图 10-28 选择单元

图 10-29 设置截面属性

c. 确定材料参数。选择 Main Menu>Preprocessor>Material Props>Material Models，出现 Define Material Model Behavior 对话框。在 Material Models Available 一栏中依次选择 Structural> Linear>Elastic>Isotropic 选项，弹出如图 10-30 所示的对话框。在 EX 栏中输入 10000MPa，在 PRXY 栏中输入 0.3，点击“OK”按钮完成设置。

③ 创建节点。选择 Main Menu>Preprocessor>Modeling>Create> Nodes>In Active CS，在弹出的对话框中的 Node number 栏中输入 1，在 X,Y,Z Location in active CS 输入栏中输入 0,0,0，单击 Apply，如图 10-31 所示。如此创建节点及编号：101（0，4000，0）。

选择 Main Menu>Preprocessor>Modeling>Create>Nodes>Fill between Nds，在弹出的对话框［图 10-32（a）］中，输入“1，101”，点击“OK”按钮。弹出如图 10-32（b）所示的对话框，可以看出，在节点 1 与节点 101 之间，系统自动创建了 99 个节点。

选择 Main Menu>Preprocessor>Modeling>Create>Elements>Auto Numbered>Thru Nodes，输入“1,2”，点击“OK”按钮，如图 10-33 所示。

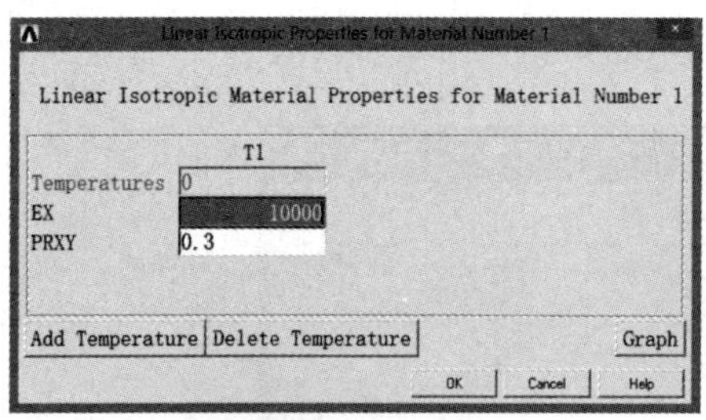

图10-30 确定材料参数

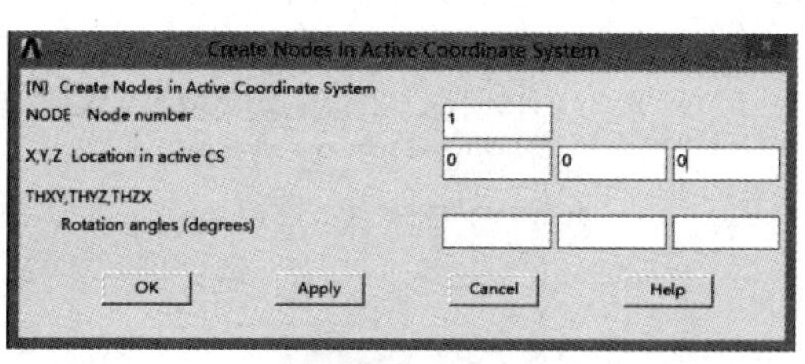

图10-31 创建节点1

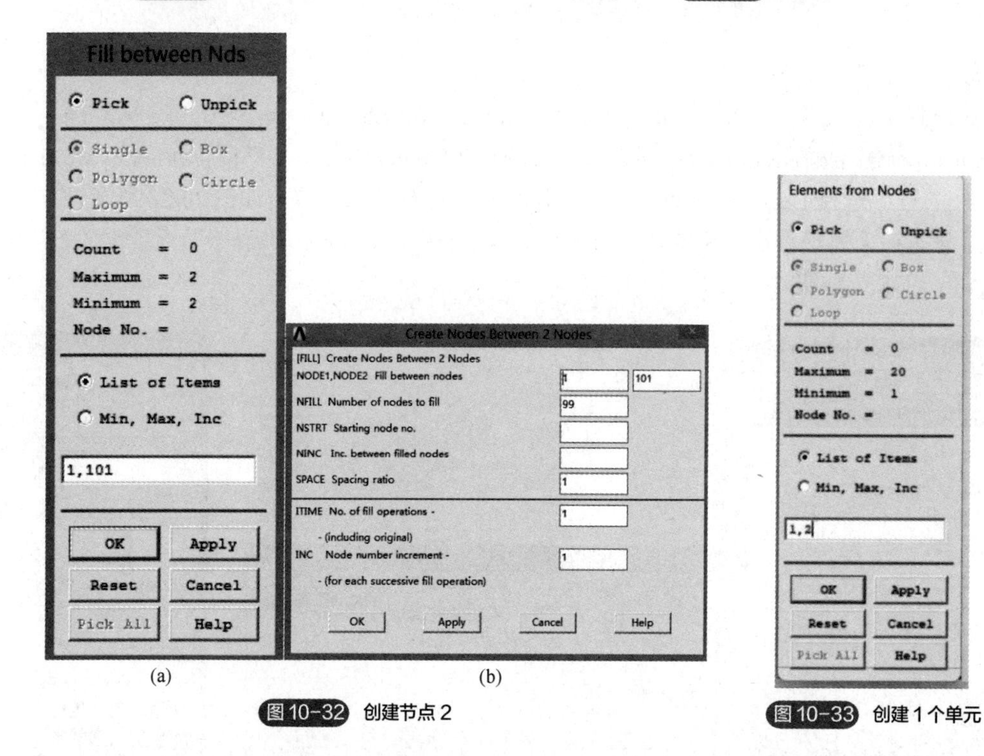

(a) (b)

图10-32 创建节点2

图10-33 创建1个单元

点击 Modeling>Copy Elements>Auto Numdered，在弹出的对话框中输入 1 并点击“OK”按钮，弹出如图 10-34 所示的对话框，在 ITIME 框中更改数据为 100，建立 100 个连续单元格。

单击“OK”按钮，形成完整的有限元模型。

选择 Utility Menu PlotCtrls>Style>Size and Shape，在[/ESHAPE]域中选择 On，显示单元截面形状，如图 10-35 所示。

④ 施加载荷及约束。

a. 施加边界条件。选择 Main Menu>Solution>Define Loads>Apply> Structural>Displacement>On Nodes，选择最底部节点 1，在 DOFs to be constrained 中约束 ROTX、ROTY、UZ、UY、UX 自由度，如图 10-36 所示。

选择顶端节点 101，约束 ROTX、ROTY、UZ、UX 自由度，如图 10-37 所示。

b. 加载。选择 Main Menu>Solution>Define Loads>Apply>Structural>Force>On Nodes，在出现的对话框中，选择节点 101，在弹出的对话框中 Lab 设置为 FY，输入栏中输入−1，单击“OK”按钮完成设置，如图 10-38 所示。

⑤ 静力学求解。选择 Main Menu>Solution>Analysis>Sol’n Control，弹出如图 10-39 所示的

对话框，在其中勾选 Calculate prestress effects，表示考虑预应力刚度效应。

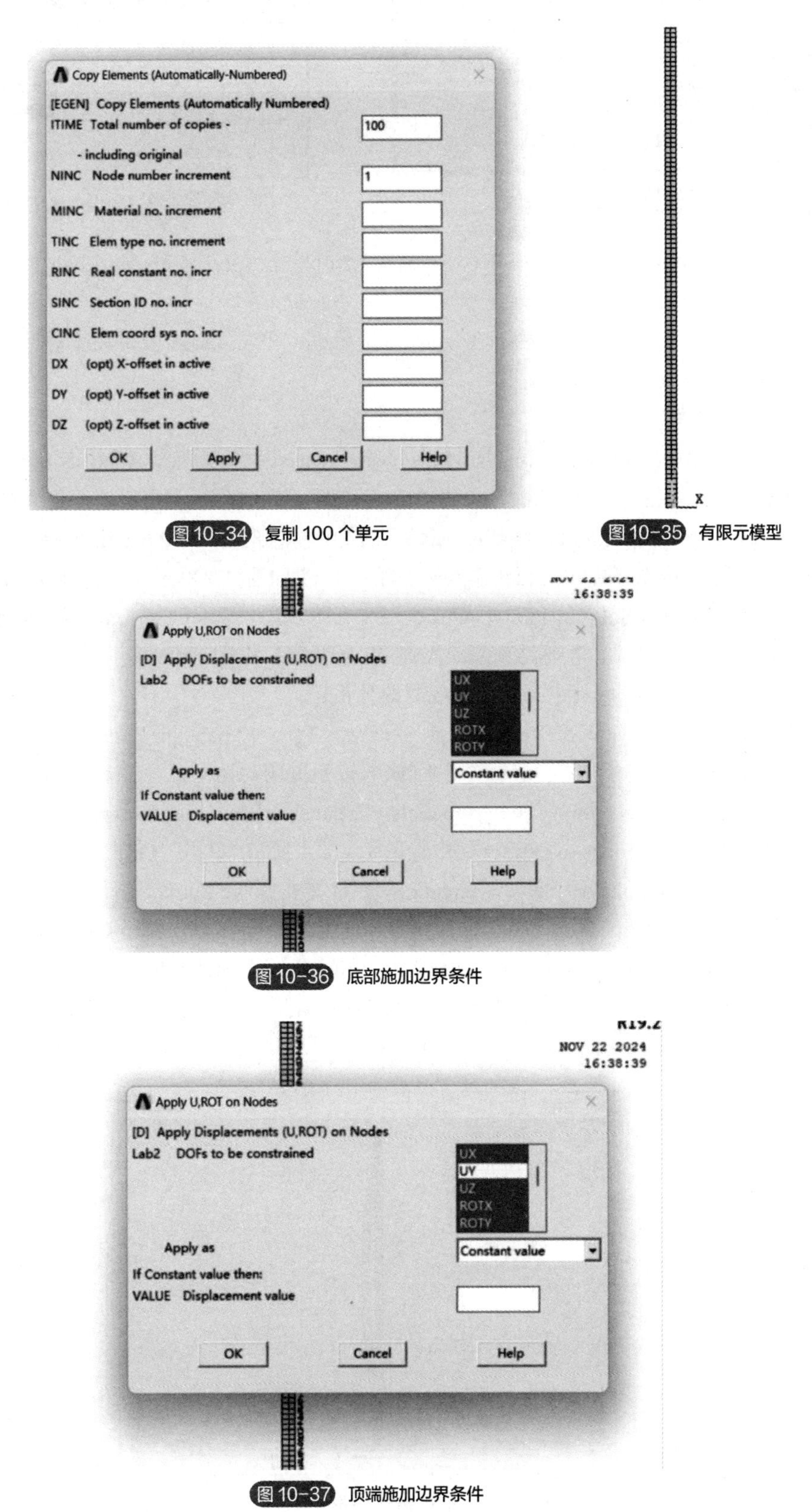

图10-34 复制100个单元

图10-35 有限元模型

图10-36 底部施加边界条件

图10-37 顶端施加边界条件

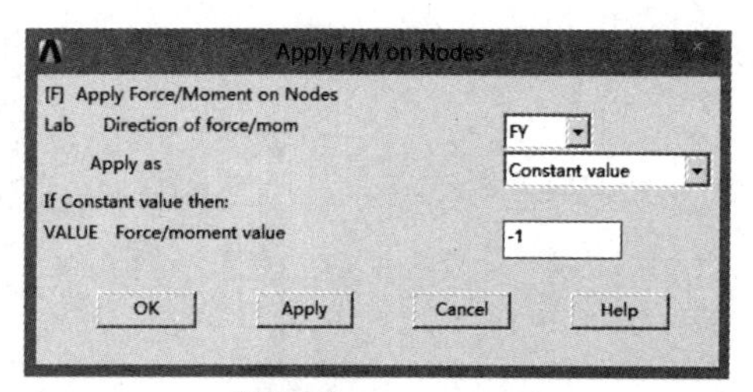

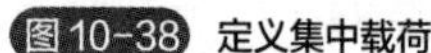
图 10-38 定义集中载荷

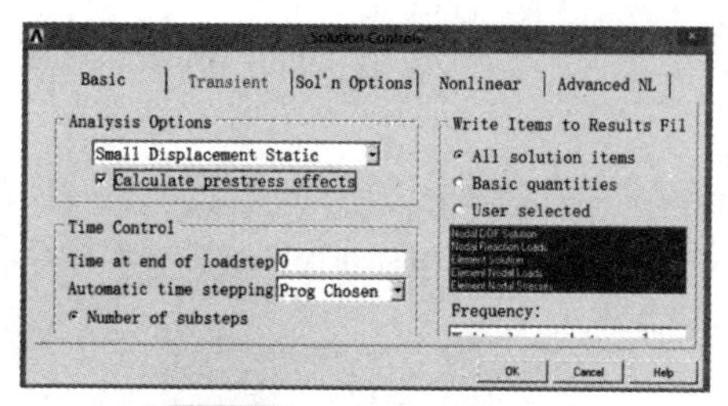

图 10-39 静力学求解对话框

选择 Main Menu>Solution>Solve>Current LS，单击 Solve Current Load Step 对话框上的“OK”按钮，开始求解。

求解结束后，ANSYS 显示窗口出现 Note 提示框，单击 Close 按钮关闭对话框。单击 Main Menu>Finish，静力学分析结束。

（4）屈曲分析

选择 Main Menu>Solution>Analysis Type>New Analysis，出现 New Analysis 对话框，在 Type of analysis 下面，选择 Eigen Buckling，单击“OK”按钮，完成分析类型设置。再选择 Main Menu>Solution>Analysis Type>Analysis Option，在弹出的对话框中的 Method Mode extraction method 勾选 Subspace，在 No. of modes to extract 输入栏中输入 1（即 1 阶），单击“OK”按钮，完成设置。

选择 Main Menu>Solution>Solve>Current LS 命令，单击 Solve Current Load Step 对话框上的“OK”按钮，开始求解。求解结束后，ANSYS 显示窗口出现 Note 提示框，单击 Close 按钮关闭对话框。单击 Main Menu>Finish，完成屈曲分析。

① 扩展解。选择 Main Menu>Solution>Analysis Type>Expansion Pass，在弹出的对话框中勾选 Expansion Pass，使 off 变成 on，单击“OK”按钮关闭对话框。

选择 Main Menu>Solution>Load step Opts >Expansion Pass>Single Expand>Expand Modes，在弹出对话框的 No. of modes to extract 栏中输入 1（即 1 阶），单击“OK”按钮完成设置。

选择 Main Menu>Solution>Solve>Current LS 命令，单击 Solve Current Load Step 对话框上的“OK”按钮，开始求解。求解结束后，ANSYS 显示窗口出现 Note 提示框，单击 Close 关闭对话框。

② 显示结果。选择 Main Menu>General Postproc>Read Results>First Set，再选择 Main Menu>General Postproc>Plot Results>Contour Plot>Nodal Solu，在出现的对话框中选择 Nodal Solution> DOF Solution>Displacement vector sum，单击“OK”按钮，即可显示出如图 10-40 所示的一阶屈曲模态。

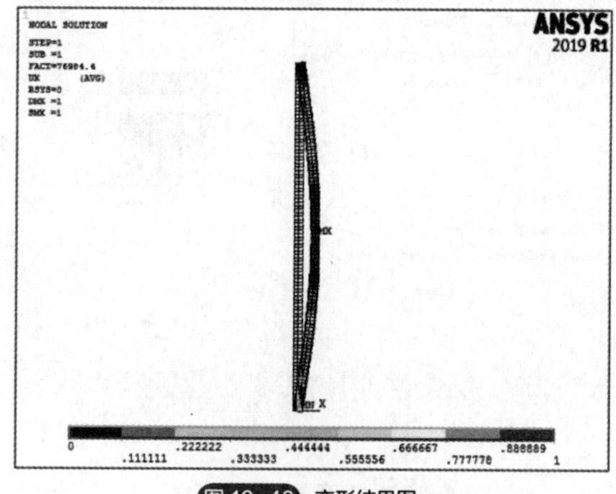

图 10-40 变形结果图

③ 讨论。从有限元变形结果图可知，压杆失稳的临界载荷为76984N，近似为77kN，而理论计算结果为77kN，两者结果近似相等。

拓展阅读

中国近代力学的奠基人——钱伟长

钱伟长，著名力学家、应用数学家、教育家和社会活动家，是我国近代力学的奠基人之一，兼长应用数学、物理学、中文信息学，著述甚丰，特别是在弹性力学、变分原理、摄动方法等领域有重要成就。钱伟长早年提出的薄板薄壳非线性内禀统一理论对欧美的固体力学和理论力学有过重大的影响；创办了我国第一个力学研究室，筹建了中国科学院力学研究所和自动化研究所；长期从事高等教育领导工作，为培养我国科学技术人才作出重要贡献；社会活动十分活跃，积极推动了祖国的统一大业。

钱伟长的成名之作是薄板薄壳非线性内禀统一理论。在第二次世界大战期间，航空事业取得突飞猛进的发展，喷气式飞机是争夺制空权的法宝，导弹被视为下一代的武器，航天计划处在摇篮中，从而力学（如飞行器动力学、飞行器结构力学、高速空气动力学）及喷气发动机工程热物理和工程控制论等都成为热门科学，取得蓬勃的发展。钱伟长先后师从应用数学家辛格教授和应用力学大师冯·卡门，在飞行器结构力学、高速空气动力学和飞行器动力学方面取得多项成就，其中最有名的是和辛格合作，用微分几何与张量分析方法，从一般弹性理论出发，给出的薄板薄壳非线性内禀方程。

钱伟长在1941年和他的导师辛格合作发表的《弹性板壳的内禀理论》一文中，成功地用张量符号建立了薄板薄壳内力素张量所应满足的6个静力宏观平衡方程，并把微元体的平衡及变形协调方程写成适当的形式，避免了对板壳变形的先验假设。从这一精确理论出发，可以根据不同的实际情况做不同的近似处理，发展出系统的理论方法。

除了在板壳理论方面的工作以外，钱伟长另一项享誉世界的成就，是对广义变分原理的研究。物质运动的规律，可以用时空坐标的函数以微分方程的形式描述，也可以用这些函数的积分泛函以其取极值或驻值的变分形式描述。最小位能原理和最小余能原理是最常见的变分原理，分别是以应变或应力为基本函数给出积分泛函。

1964年，钱伟长把拉格朗日乘子法应用到壳体理论方面，用变分原理导出壳体非线性方程。1978年，他进一步讨论了广义变分原理在有限元方法上的应用，多次开设变分法和有限元的讲座，听讲者总计达3000余人次，极大地推动了我国变分原理和有限元方法的研究。在1978年恢复研究生和建立学位制度之后，一时间，摄动法、变分原理和有限元的应用成了研究生论文中的一种时髦。1983年，钱伟长作了广义变分原理的系列讲座并出版专著。他通过学术性的争论，启发了中国学者在变分原理方面更深入的思考，促进了拉格朗日乘子法在变分原理中的应用，推动了有限元、杂交元和混合元等方面蓬勃的研究活动和广泛的工程应用。

参考文献

[1] 单辉祖. 材料力学[M]. 4 版. 北京：高等教育出版社，2016.

[2] 刘鸿文. 材料力学[M]. 6 版. 北京：高等教育出版社，2017.

[3] 哈尔滨工业大学理论力学教研室. 理论力学[M]. 8 版. 北京：高等教育出版社，2020.

[4] 范本隽. 简明工程力学教程[M]. 北京：科学出版社，2020.

[5] 张洪伟. 有限元方法与 ANSYS 应用[M]. 西安：西安交通大学出版社，2021.

[6] 李章郑，陈妍如，侯蕾. 材料力学[M]. 武汉：武汉理工大学出版社，2016.

[7] 王琳，鲁晓俊. 材料力学[M]. 武汉：武汉理工大学出版社，2018.

[8] 林贤根. 材料力学[M]. 2 版. 杭州：浙江大学出版社，2019.

[9] 柴文革. 材料力学[M]. 北京：中国建筑工业出版社，2023.

[10] 卢霞，陈爱平，陈辉. 材料力学[M]. 武汉：华中科技大学出版社，2016.

[11] 王社. 材料力学[M]. 2 版. 西安：西北工业大学出版社，2016.

[12] 章宝华，龚良贵. 材料力学[M]. 北京：北京大学出版社，2019.

[13] 汪菁. 材料力学[M]. 北京：化学工业出版社，2021.

[14] 田健. 材料力学[M]. 北京：中国石化出版社，2019.

[15] 胡庆泉，高曦光. 材料力学[M]. 2 版. 北京：中国水利水电出版社，2018.

[16] 刘然慧，郭新柱，黄玉国. 材料力学[M]. 北京：化学工业出版社，2017.

[17] 邱棣华，秦飞，王亲猛，等. 材料力学学习指导书[M]. 北京：高等教育出版社，2019.

[18] 闫芳，刘晓慧. 工程力学简明教程[M]. 北京：化学工业出版社，2023.

[19] 刘颖. 工程力学[M]. 3 版. 北京：化学工业出版社，2022.

[20] 侯作富，胡述龙，张新红，等. 工程力学[M]. 武汉：武汉理工大学出版社，2018.

[21] 郭山国，王玉. 工程力学[M]. 2 版. 北京：北京理工大学出版社，2019.

[22] 杨丽娜，高炳易. 工程力学[M]. 武汉：华中科技大学出版社，2010.

[23] 银建中. 工程力学[M]. 北京：化学工业出版社，2023.

附录

附录Ⅰ　平面图形的几何性质

一、静矩和形心的概念

如图Ⅰ-1所示，任意形状的截面面积为 A。将该图形置于一 Oyz 坐标系内，在坐标（y，z）处取一微面积记为 dA，则整个截面面积 A 的积分为

$$S_z=\int_A y\mathrm{d}A\text{，}\quad S_y=\int_A z\mathrm{d}A \qquad（Ⅰ\text{-}1）$$

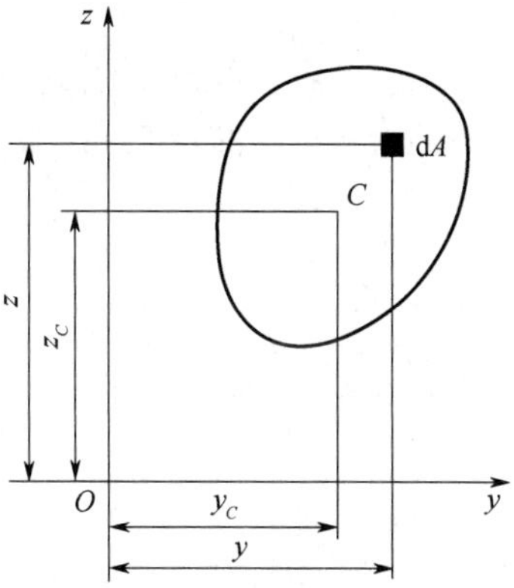

式中，S_z、S_y 分别定义为截面对 z 轴和 y 轴的静距。

由式（Ⅰ-1）可知，截面的静矩与图形位置和形状均有关，是对某一定轴而言的，因此同一截面对不同的坐标轴，其静矩是不同的，并且数值可能为正，可能为负，也可能等于零。静矩的常用单位为 mm^3 或 m^3。

一个形状与图Ⅰ-1相同的均质薄板，其重心与截面的形心是重合的，可由合力矩定理求取该均质薄板的重心坐标，即为该截面形心的坐标公式：

图Ⅰ-1　任意形状的截面图形静矩

$$y_C=\frac{\int_A y\mathrm{d}A}{A}\text{，}\quad z_C=\frac{\int_A z\mathrm{d}A}{A} \qquad（Ⅰ\text{-}2）$$

结合式（Ⅰ-1）、式（Ⅰ-2），形心的坐标公式又可表示为

$$y_C=\frac{S_z}{A}\text{，}\quad z_C=\frac{S_y}{A} \qquad（Ⅰ\text{-}3）$$

分别将截面对 z 轴和 y 轴的静矩除以截面面积 A，就可得到该截面的形心坐标，将式（Ⅰ-3）

改写为

$$S_z = Ay_C\text{，}\quad S_y = Az_C \tag{Ⅰ-4}$$

这样截面对 z 轴和 y 轴的静矩，可以表示为截面面积 A 与形心坐标 y_C、z_C 的乘积。

由式（Ⅰ-3）和式（Ⅰ-4）可得，若 $S_z = 0$（$S_y = 0$），即截面对于某轴的静矩为零，则该轴必通过截面的形心；反之，若某一轴通过形心，则截面对该轴的静矩也为零。

二、组合图形的静矩和形心

工程中有诸多构件的截面是由若干简单图形（例如矩形、圆形、三角形等）组成的，这类截面图形称为**组合图形**，如图Ⅰ-2，由静矩的定义可知，组合图形对某一轴的静矩等于组成部分对该轴静矩之代数和，即

$$S_z = \sum_{i=1}^{n} S_{z_i} = \sum_{i=1}^{n} A_i y_{C_i}\text{，}\quad S_y = \sum_{i=1}^{n} S_{y_i} = \sum_{i=1}^{n} A_i z_{C_i} \tag{Ⅰ-5}$$

式中，S_y（或 S_z）为组合图形对 y（或 z）的静矩；S_{y_i}（或 S_{z_i}）为简单图形对 y（或 z）的静矩；z_{C_i}（或 y_{C_i}）为简单图形的形心坐标；n 为组成此截面的简单图形的个数；A_i 为简单图形的面积。

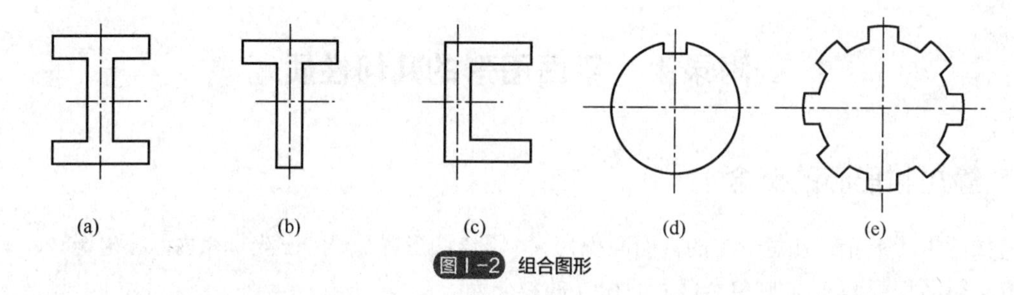

图Ⅰ-2 组合图形

确定了各简单图形的面积及形心坐标后，便可轻易求得组合图形的静矩，也可由式（Ⅰ-5）反求组合图形的形心坐标，即为

$$y_C = \frac{\sum_{i=1}^{n} A_i y_{C_i}}{\sum_{i=1}^{n} A_i}\text{，}\quad z_C = \frac{\sum_{i=1}^{n} A_i z_{C_i}}{\sum_{i=1}^{n} A_i} \tag{Ⅰ-6}$$

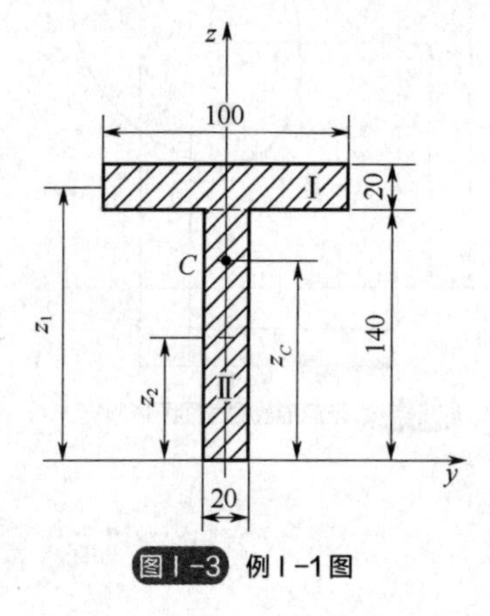

图Ⅰ-3 例Ⅰ-1图

【例Ⅰ-1】已知 T 形截面尺寸如图Ⅰ-3 所示，试确定此截面的形心坐标值。

解：① 选参考轴 y、z 轴，其中 z 轴为对称轴，形心位于对称轴 z 上。

② 将图形分成Ⅰ、Ⅱ两个矩形，则

$$A_1 = 20\times100(\text{mm}^2)\text{，}\quad z_1 = (10+140)(\text{mm})$$

$$A_2 = 20\times140(\text{mm}^2)\text{，}\quad z_2 = 70(\text{mm})$$

③ 利用组合图形公式可得

$$y_C = 0$$

$$z_C=\frac{\sum_{i=1}^{2}A_i z_{Ci}}{\sum_{i=1}^{2}A_i}=\frac{A_1 z_1+A_2 z_2}{A_1+A_2}=\frac{20\times100\times150+20\times140\times70}{20\times100+20\times140}=103.3(\text{mm})$$

三、惯性矩和极惯性矩、惯性积

对于图Ⅰ-1所示的任意平面图形截面，以及给定的 Oyz 坐标系，在坐标为（y，z）处取面积微元（微面积）$\mathrm{d}A$，定义下列积分：

$$I_y=\int_A z^2\mathrm{d}A\text{，}\quad I_z=\int_A y^2\mathrm{d}A \tag{Ⅰ-7}$$

式中，I_y 和 I_z 分别称为图形对于 y 轴和 z 轴的二次矩或惯性矩。

在力学计算中，有时把惯性矩写成图形面积 A 与某一长度平方的乘积，即

$$I_y=Ai_y^2\text{，}\quad I_z=Ai_z^2$$

或者改写成

$$i_y=\sqrt{\frac{I_y}{A}}\text{，}\quad i_z=\sqrt{\frac{I_z}{A}}$$

式中，i_y、i_z 分别称为截面对 y 轴、z 轴的惯性半径。其量纲为长度的一次方。

$$I_\mathrm{P}=\int_A \rho^2\mathrm{d}A$$

式中，$\rho^2=y^2+z^2$；I_P 为图形对于坐标原点 O 的二次极矩或极惯性矩。

根据上述定义可知：

① 惯性矩与极惯性矩恒为正，常用单位为 m^4 或 mm^4。

② 因为 $\rho^2=y^2+z^2$，所以由上述定义得到惯性矩与极惯性矩之间的关系为

$$I_\mathrm{P}=\int_A \rho^2\mathrm{d}A=\int_A (y^2+z^2)\mathrm{d}A=\int_A y^2\mathrm{d}A+\int_A z^2\mathrm{d}A$$

即

$$I_\mathrm{P}=I_y+I_z \tag{Ⅰ-8}$$

定义积分 I_{yz} 为图形对 y、z 轴的**惯性积**：

$$I_{yz}=\int_A yz\mathrm{d}A \tag{Ⅰ-9}$$

在坐标系的两个坐标轴中，只要有一个轴是平面图形的对称轴，则该图形对这一对坐标轴的惯性积等于零。以图Ⅰ-4为例，z 为对称轴，在 z 轴左右两侧的对称位置处，各取一微面积 $\mathrm{d}A$，两者的 z 坐标相同，y 坐标的数值相等而符号相反。因而，两个微面积与坐标 y、z 的乘积，数值相等而符号相反，它们在积分中相互抵消，因而导致遍及整个截面面积 A 的积分 $I_{yz}=0$。

四、平行移轴公式

如图Ⅰ-5所示，在坐标系 Ozy 中，设图形对 z、y 轴的惯性矩分别为 I_z、I_y。另有一坐标系 Cz_Cy_C，坐标原点在形心 C 处，其坐标轴 z_C、y_C 分别平行于 z 轴和 y 轴，且 y_C 与 y 轴之间的距离为 a，z_C 与 z 之间的距离为 b。

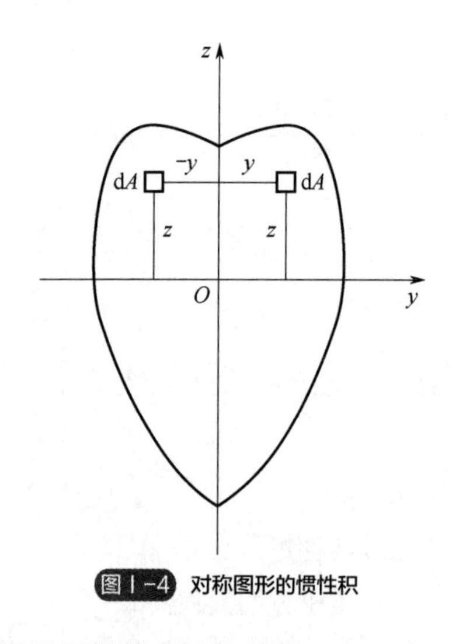

图Ⅰ-4 对称图形的惯性积

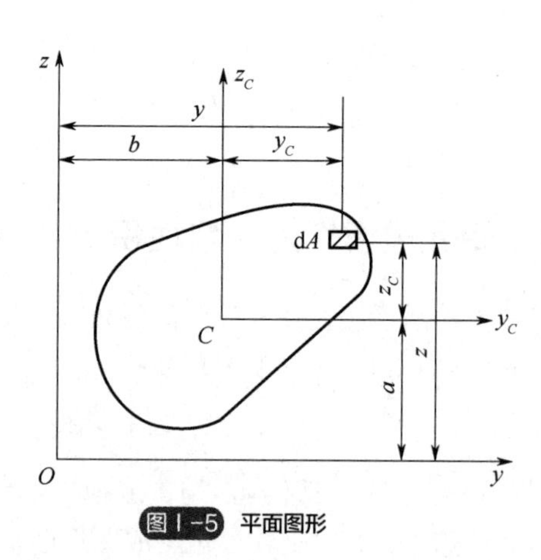

图Ⅰ-5 平面图形

根据平行轴的坐标关系有

$$z = z_C + a$$
$$y = y_C + b$$

将其代入惯性矩的定义表达式后，得到

$$I_z = \int_A y^2 \mathrm{d}A = \int_A (y_C + b)^2 \mathrm{d}A$$
$$I_y = \int_A z^2 \mathrm{d}A = \int_A (z_C + a)^2 \mathrm{dA}$$

展开后，得到

$$I_z = I_{z_C} + 2bS_{z_C} + b^2 A$$
$$I_y = I_{y_C} + 2aS_{y_C} + a^2 A$$

由于 z_C、y_C 轴通过图形的形心，则上述各式中有

$$S_{z_C} = S_{y_C} = 0$$

于是惯性矩变为

$$\begin{cases} I_z = I_{z_C} + b^2 A \\ I_y = I_{y_C} + a^2 A \end{cases} \tag{Ⅰ-10}$$

式（Ⅰ-10）称为惯性矩的**平行移轴公式**。即截面对某轴的惯性矩，等于它对与该轴平行的形心轴的惯性矩，加上两轴间距离的平方乘以截面面积。

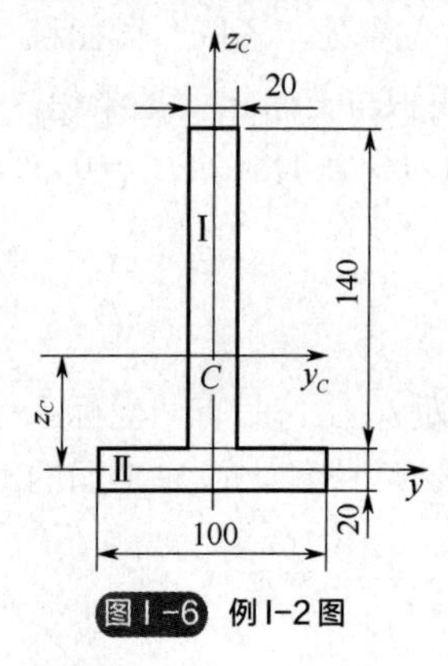

图Ⅰ-6 例Ⅰ-2图

组合截面的惯性矩可用下面公式来计算：

$$\begin{cases} I_z = \sum_{i=1}^{n} I_{z_i} = \sum_{i=1}^{n} I_{zci} + b_i^2 A_i \\ I_y = \sum_{i=1}^{n} I_{y_i} = \sum_{i=1}^{n} I_{yci} + a_i^2 A_i \end{cases} \tag{Ⅰ-11}$$

式中，I_{zci}、I_{yci} 分别表示每个简单图形对自身形心轴的惯性矩；a_i、b_i 分别表示每个简单图形的形心坐标轴到组合图形 y、z 轴的距离；A_i 表示各简单图形的面积。

【例Ⅰ-2】计算图Ⅰ-6 所示 T 形截面对其形心轴 y_C 的惯性矩。

解：首先将 T 形截面分解为Ⅰ和Ⅱ两个矩形，如图Ⅰ-6 所示。

（1）计算截面的形心坐标

截面的形心坐标在对称轴 z_C 上，取通过矩形Ⅱ的形心，且平行于底边的参考轴 y，则截面的形心坐标为

$$z_C=\frac{A_1z_1+A_2z_2}{A_1+A_2}=\frac{0.14\times0.02\times0.08+0.1\times0.02\times0}{0.14\times0.02+0.1\times0.02}=0.0467(\mathrm{m})$$

（2）计算截面对其形心轴 y_C 的惯性矩

利用平行移轴公式，分别计算出矩形Ⅰ和矩形Ⅱ对 y_C 轴的惯性矩：

$$I_{y_C}^{\mathrm{I}}=\frac{1}{12}\times0.02\times0.14^3+(0.08-0.0467)^2\times0.02\times0.14=7.67\times10^{-6}(\mathrm{m}^4)$$

$$I_{y_C}^{\mathrm{II}}=\frac{1}{12}\times0.1\times0.02^3+0.0467^2\times0.02\times0.1=4.43\times10^{-6}(\mathrm{m}^4)$$

则整个截面对 y_C 轴惯性矩为

$$I_{y_C}=I_{y_C}^{\mathrm{I}}+I_{y_C}^{\mathrm{II}}=7.67\times10^{-6}+4.43\times10^{-6}=12.1\times10^{-6}(\mathrm{m}^4)$$

附录Ⅱ　常用截面平面图形的几何性质

截面形状（原点在形心）	面积	$\bar{x}$	$\bar{y}$	惯性矩		惯性积
	A			I_x	I_y	I_{xy}
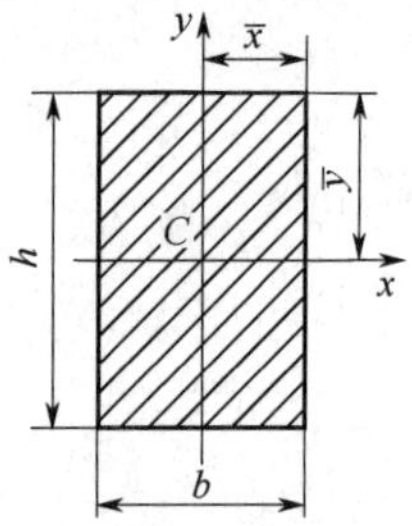	bh	$\frac{b}{2}$	$\frac{h}{2}$	$\frac{bh^3}{12}$	$\frac{hb^3}{12}$	0
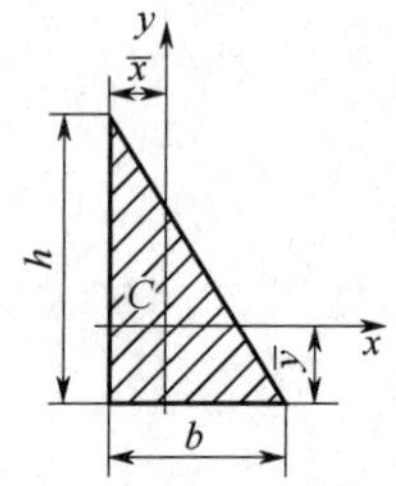	$\frac{bh}{2}$	$\frac{b}{3}$	$\frac{h}{3}$	$\frac{bh^3}{36}$	$\frac{hb^3}{36}$	$\frac{b^2h^2}{72}$
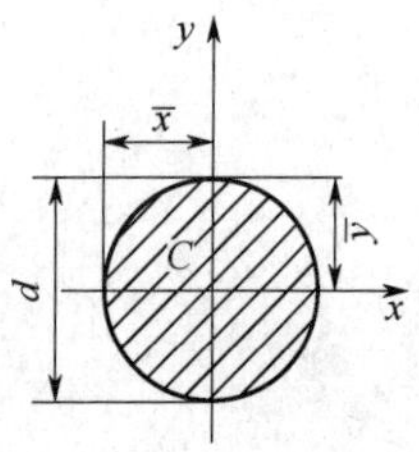	$\frac{\pi d^2}{4}$	$\frac{d}{2}$	$\frac{d}{2}$	$\frac{\pi d^4}{64}$	$\frac{\pi d^4}{64}$	0
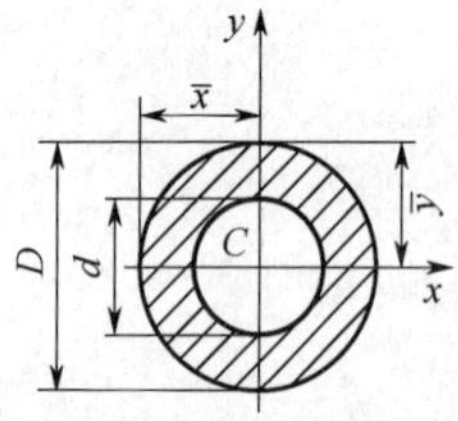	$\frac{\pi(D^2-d^2)}{4}$	$\frac{D}{2}$	$\frac{D}{2}$	$\frac{\pi(D^4-d^4)}{64}$	$\frac{\pi(D^4-d^4)}{64}$	0
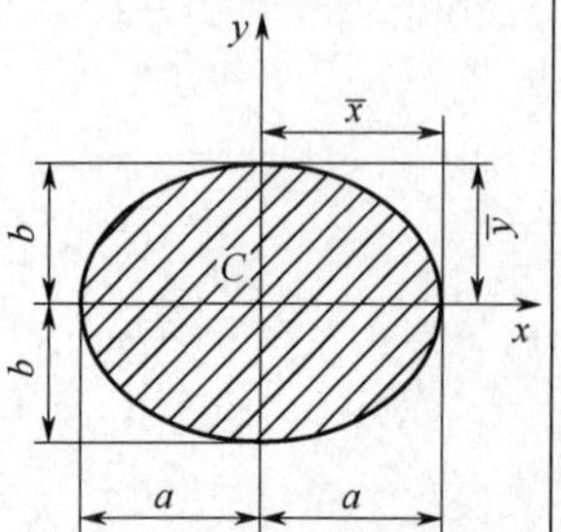	πab	a	b	$\frac{\pi ab^3}{4}$	$\frac{\pi ba^3}{4}$	0

续表

截面形状（原点在形心）	面积	$\bar{x}$	$\bar{y}$	惯性矩		惯性积
	A			I_x	I_y	I_{xy}
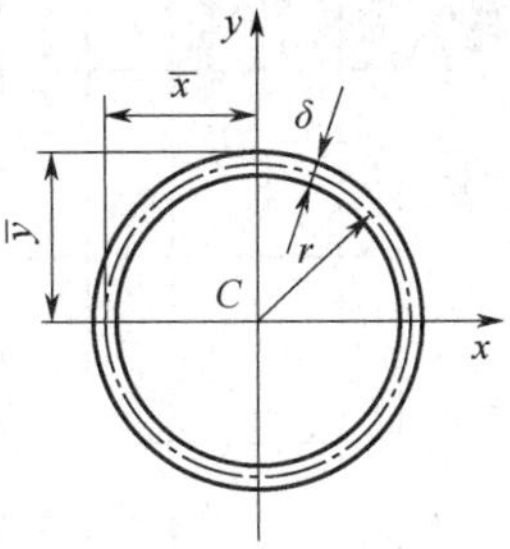 $\delta \ll r$	$2\pi r\delta$	r	r	$\pi r^3\delta$	$\pi r^3\delta$	0
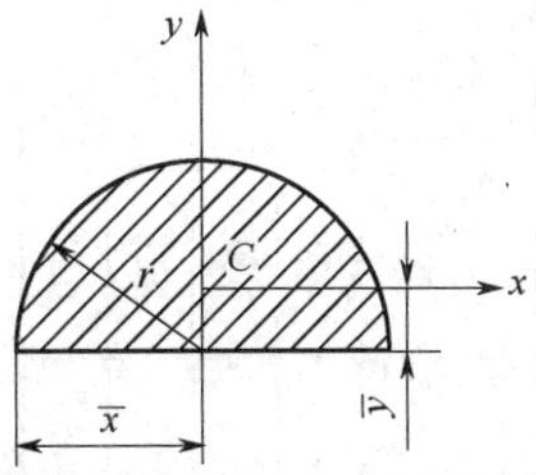	$\dfrac{\pi r^2}{2}$	r	$\dfrac{4r}{3\pi}$	$\dfrac{(9\pi^2-64)r^4}{72\pi} \approx 0.1098r^4$	$\dfrac{\pi}{8}r^4$	0
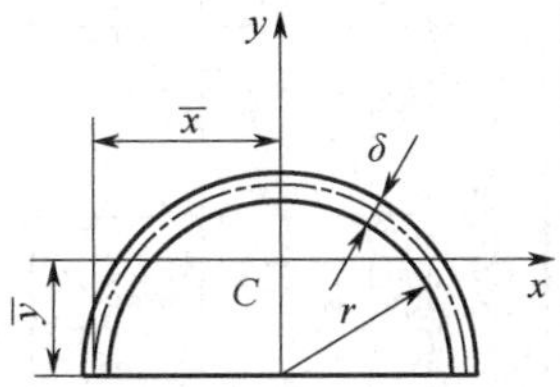 $\delta \ll r$	$\pi r\delta$	r	$\dfrac{2r}{\pi}$	$\left(\dfrac{\pi}{2}-\dfrac{4}{\pi}\right)r^3\delta$	$\dfrac{\pi}{2}r^3\delta$	0
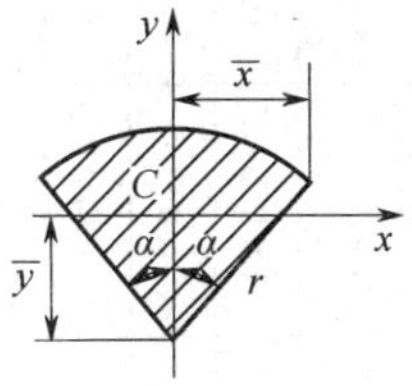 $\alpha \ll \pi/2$	αr^2	$r\sin\alpha$	$\dfrac{2r\sin\alpha}{3\alpha}$	$\dfrac{r^4}{4}\left(\alpha+\sin\alpha\cos\alpha-\dfrac{16\sin^2\alpha}{9\alpha}\right)$	$\dfrac{r^4}{4}(\alpha-\sin\alpha\cos\alpha)$	0
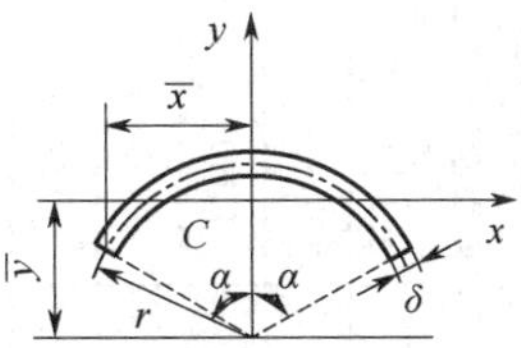 $\delta \ll r$	$2\alpha r\delta$	$r\sin\alpha$	$\dfrac{r\sin\alpha}{\alpha}$	$r^3\delta\left(\dfrac{2\alpha+\sin(2\alpha)}{2}-\dfrac{1-\cos(2\alpha)}{\alpha}\right)$	$r^3\delta(\alpha-\sin\alpha\cos\alpha)$	0

附录Ⅲ　型钢表

型钢截面尺寸、截面面积、理论重量及截面特性（GB/T 706—2016）

一、等边角钢截面尺寸、截面面积、理论重量及截面特性

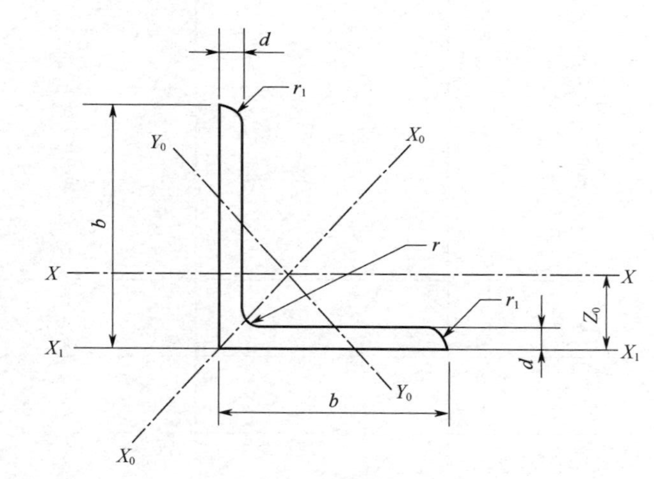

等边角钢截面图

型号	尺寸/mm			截面面积/cm²	理论质量/(kg/m)	外表面积/(m²/m)	惯性矩/cm⁴				惯性半径/cm			截面模数/cm³			重心距离/cm
	b	d	r				I_x	I_{x1}	I_{x0}	I_{y0}	i_x	i_{x0}	i_{y0}	W_x	W_{x0}	W_{y0}	Z_0
2	20	3	3.5	1.132	0.89	0.078	0.40	0.81	0.63	0.17	0.59	0.75	0.39	0.29	0.45	0.20	0.60
		4		1.459	1.15	0.077	0.50	1.09	0.78	0.22	0.58	0.73	0.38	0.36	0.55	0.24	0.64
2.5	25	3		1.432	1.12	0.098	0.82	1.57	1.29	0.34	0.76	0.95	0.49	0.46	0.73	0.33	0.73
		4		1.859	1.46	0.097	1.03	2.11	1.62	0.43	0.74	0.93	0.48	0.59	0.92	0.40	0.76

续表

型号	尺寸/mm			截面面积/cm^2	理论质量/(kg/m)	外表面积/(m^2/m)	惯性矩/cm^4				惯性半径/cm			截面模数/cm^3			重心距离/cm
	b	d	r				I_x	I_{x1}	I_{x0}	I_{y0}	i_x	i_{x0}	i_{y0}	W_x	W_{x0}	W_{y0}	Z_0
3.0	30	3	4.5	1.749	1.37	0.117	1.46	2.71	2.31	0.61	0.91	1.15	0.59	0.68	1.09	0.51	0.85
		4		2.276	1.79	0.117	1.84	3.63	2.92	0.77	0.90	1.13	0.58	0.87	1.37	0.62	0.89
3.6	36	3		2.109	1.66	0.141	2.58	4.68	4.09	1.07	1.11	1.39	0.71	0.99	1.61	0.76	1.00
		4		2.756	2.16	0.141	3.29	6.25	5.22	1.37	1.09	1.38	0.70	1.28	2.05	0.93	1.04
		5		3.382	2.65	0.141	3.95	7.84	6.24	1.65	1.08	1.36	0.70	1.56	2.45	1.00	1.07
4	40	3	5	2.359	1.85	0.157	3.59	6.41	5.69	1.49	1.23	1.55	0.79	1.23	2.01	0.96	1.09
		4		3.086	2.42	0.157	4.60	8.56	7.29	1.91	1.22	1.54	0.79	1.60	2.58	1.19	1.13
		5		3.792	2.98	0.156	5.53	10.7	8.76	2.30	1.21	1.52	0.78	1.96	3.10	1.39	1.17
4.5	45	3		2.659	2.09	0.177	5.17	9.12	8.20	2.14	1.40	1.76	0.89	1.58	2.58	1.24	1.22
		4		3.486	2.74	0.177	6.65	12.2	10.6	2.75	1.38	1.74	0.89	2.05	3.32	1.54	1.26
		5		4.292	3.37	0.176	8.04	15.2	12.7	3.33	1.37	1.72	0.88	2.51	4.00	1.81	1.30
		6		5.077	3.99	0.176	9.33	18.4	14.8	3.89	1.36	1.70	0.80	2.95	4.64	2.06	1.33
5	50	3	5.5	2.971	2.33	0.197	7.18	12.5	11.4	2.98	1.55	1.96	1.00	1.96	3.22	1.57	1.34
		4		3.897	3.06	0.197	9.26	16.7	14.7	3.82	1.54	1.94	0.99	2.56	4.16	1.96	1.38
		5		4.803	3.77	0.196	11.2	20.9	17.8	4.64	1.53	1.92	0.98	3.13	5.03	2.31	1.42
		6		5.688	4.46	0.196	13.1	25.1	20.7	5.42	1.52	1.91	0.98	3.68	5.85	2.63	1.46
5.6	56	3	6	3.343	2.62	0.221	10.2	17.6	16.1	4.24	1.75	2.20	1.13	2.48	4.08	2.02	1.48
		4		4.390	3.45	0.220	13.2	23.4	20.9	5.46	1.73	2.18	1.11	3.24	5.28	2.52	1.53
		5		5.415	4.25	0.220	16.0	29.3	25.4	6.61	1.72	2.17	1.10	3.97	6.42	2.98	1.57
		6		6.420	5.04	0.220	18.7	35.3	29.7	7.73	1.71	2.15	1.10	4.68	7.49	3.40	1.61
		7		7.404	5.81	0.219	21.2	41.2	33.6	8.82	1.69	2.13	1.09	5.36	8.49	3.80	1.64
		8		8.367	6.57	0.219	23.6	47.2	37.4	9.89	1.68	2.11	1.09	6.03	9.44	4.16	1.68

续表

型号	尺寸/mm			截面面积/cm^2	理论质量/(kg/m)	外表面积/(m^2/m)	惯性矩/cm^4				惯性半径/cm			截面模数/cm^3			重心距离/cm
	b	d	r				I_x	I_{x1}	I_{x0}	I_{y0}	i_x	i_{x0}	i_{y0}	W_x	W_{x0}	W_{y0}	Z_0
6	60	5	6.5	5.829	4.58	0.236	19.9	36.1	31.6	8.21	1.85	2.33	1.19	4.59	7.44	3.48	1.67
		6		6.914	5.43	0.235	23.4	43.3	36.9	9.60	1.83	2.31	1.18	5.41	8.70	3.98	1.70
		7		7.977	6.26	0.235	26.4	50.7	41.9	11.0	1.82	2.29	1.17	6.21	9.88	4.45	1.74
		8		9.020	7.08	0.235	29.5	58.0	46.7	12.3	1.81	2.27	1.17	6.98	11.0	4.88	1.78
6.3	63	4	7	4.978	3.91	0.248	19.0	33.4	30.2	7.89	1.96	2.46	1.26	4.13	6.78	3.29	1.70
		5		6.143	4.82	0.248	23.2	41.7	36.8	9.57	1.94	2.45	1.25	5.08	8.25	3.90	1.74
		6		7.288	5.72	0.247	27.1	50.1	43.0	11.2	1.93	2.43	1.24	6.00	9.66	4.46	1.78
		7		8.412	6.60	0.247	30.9	58.6	49.0	12.8	1.92	2.41	1.23	6.88	11.0	4.98	1.82
		8		9.515	7.47	0.247	34.5	67.1	54.6	14.3	1.90	2.40	1.23	7.75	12.3	5.47	1.85
		10		11.66	9.15	0.246	41.1	84.3	64.9	17.3	1.88	2.36	1.22	9.39	14.6	6.36	1.93
7	70	4	8	5.570	4.37	0.275	26.4	45.7	41.8	11.0	2.18	2.74	1.40	5.14	8.44	4.17	1.86
		5		6.876	5.40	0.275	32.2	57.2	51.1	13.3	2.16	2.73	1.39	6.32	10.3	4.95	1.91
		6		8.160	6.41	0.275	37.8	68.7	59.9	15.6	2.15	2.71	1.38	7.48	12.1	5.67	1.95
		7		9.424	7.40	0.275	43.1	80.3	68.4	17.8	2.14	2.69	1.38	8.59	13.8	6.34	1.99
		8		10.67	8.37	0.274	48.2	91.9	76.4	20.0	2.12	2.68	1.37	9.68	15.4	6.98	2.03
7.5	75	5	9	7.412	5.82	0.295	40.0	70.6	63.3	16.6	2.33	2.92	1.50	7.32	11.9	5.77	2.04
		6		8.797	6.91	0.294	47.0	84.6	74.4	19.5	2.31	2.90	1.49	8.64	14.0	6.67	2.07
		7		10.16	7.98	0.294	53.6	98.7	85.0	22.2	2.30	2.89	1.48	9.93	16.0	7.44	2.11
		8		11.50	9.03	0.294	60.0	113	95.1	24.9	2.28	2.88	1.47	11.2	17.9	8.19	2.15
		9		12.83	10.1	0.294	66.1	127	105	27.5	2.27	2.86	1.46	12.4	19.8	8.89	2.18
		10		14.13	11.1	0.293	72.0	142	114	30.1	2.26	2.84	1.46	13.6	21.5	9.56	2.22

续表

型号	尺寸/mm			截面面积/cm^2	理论质量/(kg/m)	外表面积/(m^2/m)	惯性矩/cm^4				惯性半径/cm			截面模数/cm^3			重心距离/cm
	b	d	r				I_x	I_{x1}	I_{x0}	I_{y0}	i_x	i_{x0}	i_{y0}	W_x	W_{x0}	W_{y0}	Z_0
8	80	5	9	7.912	6.21	0.315	48.8	85.4	77.3	20.3	2.48	3.13	1.60	8.34	13.7	6.66	2.15
		6		9.397	7.38	0.314	57.4	103	91.0	23.7	2.47	3.11	1.59	9.87	16.1	7.65	2.19
		7		10.86	8.53	0.314	65.6	120	104	27.1	2.46	3.10	1.58	11.4	18.4	8.58	2.23
		8		12.30	9.66	0.314	73.5	137	117	30.4	2.44	3.08	1.57	12.8	20.6	9.46	2.27
		9		13.73	10.8	0.314	81.1	154	129	33.6	2.43	3.06	1.56	14.3	22.7	10.3	2.31
		10		15.13	11.9	0.313	88.4	172	140	36.8	2.42	3.04	1.56	15.6	24.8	11.1	2.35
9	90	6	10	10.64	8.35	0.354	82.8	146	131	34.3	2.79	3.51	1.80	12.6	20.6	9.95	2.44
		7		12.30	9.66	0.354	94.8	170	150	39.2	2.78	3.50	1.78	14.5	23.6	11.2	2.48
		8		13.94	10.9	0.353	106	195	169	44.0	2.76	3.48	1.78	16.4	26.6	12.4	2.52
		9		15.57	12.2	0.353	118	219	187	48.7	2.75	3.46	1.77	18.3	29.4	13.5	2.56
		10		17.17	13.5	0.353	129	244	204	53.3	2.74	3.45	1.76	20.1	32.0	14.5	2.59
		12		20.31	15.9	0.352	149	294	236	62.2	2.71	3.41	1.75	23.6	37.1	16.5	2.67
10	100	6	12	11.93	9.37	0.393	115	200	182	47.9	3.10	3.90	2.00	15.7	25.7	12.7	2.67
		7		13.80	10.8	0.393	132	234	209	54.7	3.09	3.89	1.99	18.1	29.6	14.3	2.71
		8		15.64	12.3	0.393	148	267	235	61.4	3.08	3.88	1.98	20.5	33.2	15.8	2.76
		9		17.46	13.7	0.392	164	300	260	68.0	3.07	3.86	1.97	22.8	36.8	17.2	2.80
		10		19.26	15.1	0.392	180	334	285	74.4	3.05	3.84	1.96	25.1	40.3	18.5	2.84
		12		22.80	17.9	0.391	209	402	331	86.8	3.03	3.81	1.95	29.5	46.8	21.1	2.91
		14		26.26	20.6	0.391	237	471	374	99.0	3.00	3.77	1.94	33.7	52.9	23.4	2.99
		16		29.63	23.3	0.390	263	540	414	111	2.98	3.74	1.94	37.8	58.6	25.6	3.06
11	110	7		15.20	11.9	0.433	177	311	281	73.4	3.41	4.30	2.20	22.1	36.1	17.5	2.96
		8		17.24	13.5	0.433	199	355	316	82.4	3.40	4.28	2.19	25.0	40.7	19.4	3.01

续表

型号	尺寸/mm			截面面积/cm^2	理论质量/(kg/m)	外表面积/(m^2/m)	惯性矩/cm^4				惯性半径/cm			截面模数/cm^3			重心距离/cm
	b	d	r				I_x	I_{x1}	I_{x0}	I_{y0}	i_x	i_{x0}	i_{y0}	W_x	W_{x0}	W_{y0}	Z_0
11	110	10	12	21.26	16.7	0.432	242	445	384	100	3.38	4.25	2.17	30.6	49.4	22.9	3.09
		12		25.20	19.8	0.431	283	535	448	117	3.35	4.22	2.15	36.1	57.6	26.2	3.16
		14		29.06	22.8	0.431	321	625	508	133	3.32	4.18	2.14	41.3	65.3	29.1	3.24
12.5	125	8	14	19.75	15.5	0.492	297	521	471	123	3.88	4.88	2.50	32.5	53.3	25.9	3.37
		10		24.37	19.1	0.491	362	652	574	149	3.85	4.85	2.48	40.0	64.9	30.6	3.45
		12		28.91	22.7	0.491	423	783	671	175	3.83	4.82	2.46	41.2	76.0	35.0	3.53
		14		33.37	26.2	0.490	482	916	764	200	3.80	4.78	2.45	54.2	86.4	39.1	3.61
		16		37.74	29.6	0.489	537	1050	851	224	3.77	4.75	2.43	60.9	96.3	43.0	3.68
14	140	10		27.37	21.5	0.551	515	915	817	212	4.34	5.46	2.78	50.6	82.6	39.2	3.82
		12		32.51	25.5	0.551	604	1100	959	249	4.31	5.43	2.76	59.8	96.9	45.0	3.90
		14		37.57	29.5	0.550	689	1280	1090	284	4.28	5.40	2.75	68.8	110	50.5	3.98
		16		42.54	33.4	0.549	770	1470	1220	319	4.26	5.36	2.74	77.5	123	55.6	4.06
15	150	8		23.75	18.6	0.592	521	900	827	215	4.69	5.90	3.01	47.4	78.0	38.1	3.99
		10		29.37	23.1	0.591	638	1130	1010	262	4.66	5.87	2.99	58.4	95.5	45.5	4.08
		12		34.91	27.4	0.591	749	1350	1190	308	4.63	5.84	2.97	69.0	112	52.4	4.15
		14		40.37	31.7	0.590	856	1580	1360	352	4.60	5.80	2.95	79.5	128	58.8	4.23
		15		43.06	33.8	0.590	907	1690	1440	374	4.59	5.78	2.95	84.6	136	61.9	4.27
		16		45.74	35.9	0.589	958	1810	1520	395	4.58	5.77	2.94	89.6	143	64.9	4.31
16	160	10		31.50	24.7	0.630	780	1370	1240	322	4.98	6.27	3.20	66.7	109	52.8	4.31
		12		37.44	29.4	0.630	917	1640	1460	377	4.95	6.24	3.18	79.0	129	60.7	4.39
		14		43.30	34.0	0.629	1050	1910	1670	432	4.92	6.20	3.16	91.0	147	68.2	4.47
		16		49.07	38.5	0.629	1180	2190	1870	485	4.89	6.17	3.14	103	165	75.3	4.55
18	180	12		42.24	33.2	0.710	1320	2330	2100	543	5.59	7.05	3.58	101	165	78.4	4.89
		14		48.90	38.4	0.709	1510	2720	2410	622	5.56	7.02	3.56	116	189	88.4	4.97

续表

型号	尺寸/mm			截面面积/cm²	理论质量/(kg/m)	外表面积/(m²/m)	惯性矩/cm⁴				惯性半径/cm			截面模数/cm³			重心距离/cm
	b	d	r				I_x	I_{x1}	I_{x0}	I_{y0}	i_x	i_{x0}	i_{y0}	W_x	W_{x0}	W_{y0}	Z_0
18	180	16		55.47	43.5	0.709	1700	3120	2700	699	5.54	6.98	3.55	131	212	97.8	5.05
		18		61.96	48.6	0.708	1880	3500	2990	762	5.50	6.94	3.51	146	235	105	5.13
20	200	14	18	54.64	42.9	0.788	2100	3730	3340	864	6.20	7.82	3.98	145	236	112	5.46
		16		62.01	48.7	0.788	2370	4270	3760	971	6.18	7.79	3.96	164	266	124	5.54
		18		69.30	54.4	0.787	2620	4810	4160	1080	6.15	7.75	3.94	182	294	136	5.62
		20		76.51	60.1	0.787	2870	5350	4550	1180	6.12	7.72	3.93	200	322	147	5.69
		24		90.66	71.2	0.785	3340	6460	5290	1380	6.07	7.64	3.90	236	374	167	5.87
22	220	16	21	68.67	53.9	0.866	3190	5680	5060	1310	6.81	8.59	4.37	200	326	154	6.03
		18		76.75	60.3	0.866	3540	6400	5620	1450	6.79	8.55	4.35	223	361	168	6.11
		20		84.76	66.5	0.865	3870	7110	6150	1590	6.76	8.52	4.34	245	395	182	6.18
		22		92.68	72.8	0.865	4200	7830	6670	1730	6.73	8.48	4.32	267	429	195	6.26
		24		100.5	78.9	0.864	4520	8550	7170	1870	6.71	8.45	4.31	289	461	208	6.33
		26		108.3	85.0	0.864	4830	9280	7690	2000	6.68	8.41	4.30	310	492	221	6.41
25	250	18	24	87.84	69.0	0.985	5270	9380	8370	2170	7.75	9.76	4.97	290	473	224	6.84
		20		97.05	76.2	0.984	5780	10400	9180	2380	7.72	9.73	4.95	320	519	243	6.92
		22		106.2	83.3	0.983	6280	11500	9970	2580	7.69	9.69	4.93	349	564	261	7.00
		24		115.2	90.4	0.983	6770	12500	10700	2790	7.67	9.66	4.92	378	608	278	7.07
		26		124.2	97.5	0.982	7240	13600	11500	2980	7.64	9.62	4.90	406	650	295	7.15
		28		133.0	104	0.982	7700	14600	12200	3180	7.61	9.58	4.89	433	691	311	7.22
		30		141.8	111	0.981	8160	15700	12900	3380	7.58	9.55	4.88	461	731	327	7.30
		32		150.5	118	0.981	8600	16800	13600	3570	7.56	9.51	4.87	488	770	342	7.37
		35		163.4	128	0.980	9240	18400	14600	3850	7.52	9.46	4.86	527	827	364	7.48

注：1. 截面图中的 r_1=1/3d 及表中的 r 数据用于孔型设计，不作为交货条件。

2. 等边角钢的规格表示方法为“∠”与边宽度值×边宽度值×边厚度值，如：∠200×200×24（简记为∠200×24）。

二、不等边角钢截面尺寸、截面面积、理论重量及截面特性

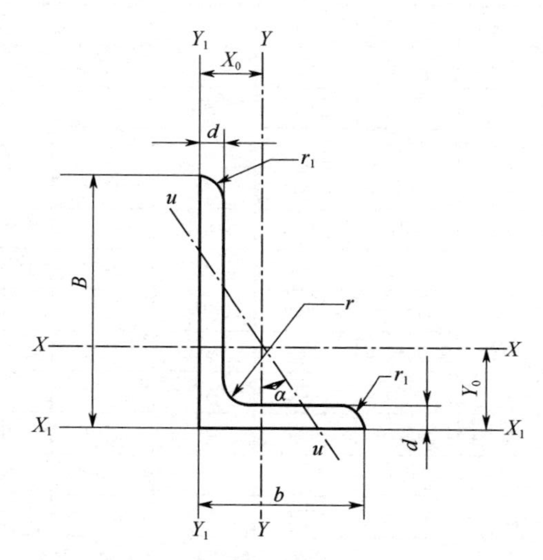

不等边角钢截面图

型号	截面尺寸/mm				截面面积/cm²	理论质量/(kg/m)	外表面积/(m²/m)	惯性矩/cm⁴					惯性半径/cm			截面模数/cm³			tan α	重心距离/cm	
	B	b	d	r				I_x	I_{x1}	I_y	I_{y1}	I_u	i_x	i_y	i_u	W_x	W_y	W_u		X_0	Y_0
2.5/1.6	25	16	3	3.5	1.162	0.91	0.080	0.70	1.56	0.22	0.43	0.14	0.78	0.44	0.34	0.43	0.19	0.16	0.392	0.42	0.85
			4		1.499	1.18	0.079	0.88	2.09	0.27	0.59	0.17	0.77	0.43	0.34	0.55	0.24	0.20	0.381	0.46	0.90
3.2/2	32	20	3		1.492	1.17	0.102	1.53	3.27	0.46	0.82	0.28	1.01	0.55	0.43	0.72	0.30	0.25	0.382	0.49	1.08
			4		1.939	1.52	0.101	1.93	4.37	0.57	1.12	0.35	1.00	0.54	0.42	0.93	0.39	0.32	0.374	0.53	1.12
4/2.5	40	25	3	4	1.890	1.48	0.127	3.08	5.39	0.93	1.59	0.56	1.28	0.70	0.54	1.15	0.49	0.40	0.385	0.59	1.32
			4		2.467	1.94	0.127	3.93	8.53	1.18	2.14	0.71	1.36	0.69	0.54	1.49	0.63	0.52	0.381	0.63	1.37
4.5/2.8	45	28	3	5	2.149	1.69	0.143	4.45	9.10	1.34	2.23	0.80	1.44	0.79	0.61	1.47	0.62	0.51	0.383	0.64	1.47

续表

型号	截面尺寸/mm				截面面积/cm^2	理论质量/(kg/m)	外表面积/(m^2/m)	惯性矩/cm^4					惯性半径/cm			截面模数/cm^3			tan α	重心距离/cm	
	B	b	d	r				I_x	I_{x1}	I_y	I_{y1}	I_u	i_x	i_y	i_u	W_x	W_y	W_u		X_0	Y_0
4.5/2.8	45	28	4	5	2.806	2.20	0.143	5.69	12.1	1.70	3.00	1.02	1.42	0.78	0.60	1.91	0.80	0.66	0.380	0.68	1.51
5/3.2	50	32	3	5.5	2.431	1.91	0.161	6.24	12.5	2.02	3.31	1.20	1.60	0.91	0.70	1.84	0.82	0.68	0.404	0.73	1.60
			4		3.177	2.49	0.160	8.02	16.7	2.58	4.45	1.53	1.59	0.90	0.69	2.39	1.06	0.87	0.402	0.77	1.65
5.6/3.6	56	36	3	6	2.743	2.15	0.181	8.88	17.5	2.92	4.70	1.73	1.80	1.03	0.79	2.32	1.05	0.87	0.408	0.80	1.78
			4		3.590	2.82	0.180	11.5	23.4	3.76	6.33	2.23	1.79	1.02	0.79	3.03	1.37	1.13	0.408	0.85	1.82
			5		4.415	3.47	0.180	13.9	29.3	4.49	7.94	2.67	1.77	1.01	0.78	3.71	1.65	1.36	0.404	0.88	1.87
6.3/4	63	40	4	7	4.058	3.19	0.202	16.5	33.3	5.23	8.63	3.12	2.02	1.14	0.88	3.87	1.70	1.40	0.398	0.92	2.04
			5		4.993	3.92	0.202	20.0	41.6	6.31	10.9	3.76	2.00	1.12	0.87	4.74	2.07	1.71	0.396	0.95	2.08
			6		5.908	4.64	0.201	23.4	50.0	7.29	13.1	4.34	1.96	1.11	0.86	5.59	2.43	1.99	0.393	0.99	2.12
			7		6.802	5.34	0.201	26.5	58.1	8.24	15.5	4.97	1.98	1.10	0.86	6.40	2.78	2.29	0.389	1.03	2.15
7/4.5	70	45	4	7.5	4.553	3.57	0.226	23.2	45.9	7.55	12.3	4.40	2.26	1.29	0.98	4.86	2.17	1.77	0.410	1.02	2.24
			5		5.609	4.40	0.225	28.0	57.1	9.13	15.4	5.40	2.23	1.28	0.98	5.92	2.65	2.19	0.407	1.06	2.28
			6		6.644	5.22	0.225	32.5	68.4	10.6	18.6	6.35	2.21	1.26	0.98	6.95	3.12	2.59	0.404	1.09	2.32
			7		7.658	6.01	0.225	37.2	80.0	12.0	21.8	7.16	2.20	1.25	0.97	8.03	3.57	2.94	0.402	1.13	2.36
7.5/5	75	50	5	8	6.126	4.81	0.245	34.9	70.0	12.6	21.0	7.41	2.39	1.44	1.10	6.83	3.30	2.74	0.435	1.17	2.40
			6		7.260	5.70	0.245	41.1	84.3	14.7	25.4	8.54	2.38	1.42	1.08	8.12	3.88	3.19	0.435	1.21	2.44
			8		9.467	7.43	0.244	52.4	113	18.5	34.2	10.9	2.35	1.40	1.07	10.5	4.99	4.10	0.429	1.29	2.52
			10		11.59	9.10	0.244	62.7	141	22.0	43.4	13.1	2.33	1.38	1.06	12.8	6.04	4.99	0.423	1.36	2.60
8/5	80	50	5		6.376	5.00	0.255	42.0	85.2	12.8	21.1	7.66	2.56	1.42	1.10	7.78	3.32	2.74	0.388	1.14	2.60
			6		7.560	5.93	0.255	49.5	103	15.0	25.4	8.85	2.56	1.41	1.08	9.25	3.91	3.20	0.387	1.18	2.65
			7		8.724	6.85	0.255	56.2	119	17.0	29.8	10.2	2.54	1.39	1.08	10.6	4.48	3.70	0.384	1.21	2.69
			8		9.867	7.75	0.254	62.8	136	18.9	34.3	11.4	2.52	1.38	1.07	11.9	5.03	4.16	0.381	1.25	2.73

续表

型号	截面尺寸/mm				截面面积/cm^2	理论质量/(kg/m)	外表面积/(m^2/m)	惯性矩/cm^4					惯性半径/cm			截面模数/cm^3			tan α	重心距离/cm	
	B	b	d	r				I_x	I_{x1}	I_y	I_{y1}	I_u	i_x	i_y	i_u	W_x	W_y	W_u		X_0	Y_0
9/5.6	90	56	5	9	7.212	5.66	0.287	60.5	121	18.3	29.5	11.0	2.90	1.59	1.23	9.92	4.21	3.49	0.385	1.25	2.91
			6		8.557	6.72	0.286	71.0	146	21.4	35.6	12.9	2.88	1.58	1.23	11.7	4.96	4.13	0.384	1.29	2.95
			7		9.881	7.76	0.286	81.0	170	24.4	41.7	14.7	2.86	1.57	1.22	13.5	5.70	4.72	0.382	1.33	3.00
			8		11.18	8.78	0.286	91.0	194	27.2	47.9	16.3	2.85	1.56	1.21	15.3	6.41	5.29	0.380	1.36	3.04
10/6.3	100	63	6	10	9.618	7.55	0.320	99.1	200	30.9	50.5	18.4	3.21	1.79	1.38	14.6	6.35	5.25	0.394	1.43	3.24
			7		11.11	8.72	0.320	113	233	35.3	59.1	21.00	3.20	1.78	1.38	16.9	7.29	6.02	0.394	1.47	3.28
			8		12.58	9.88	0.319	127	266	39.4	67.9	23.50	3.18	1.77	1.37	19.1	8.21	6.78	0.391	1.50	3.32
			10		15.47	12.1	0.319	154	333	47.1	85.7	28.3	3.15	1.74	1.35	23.3	9.98	8.24	0.387	1.58	3.40
10/8	100	80	6		10.64	8.35	0.354	107	200	61.2	103	31.7	3.17	2.40	1.72	15.2	10.2	8.37	0.627	1.97	2.95
			7		12.30	9.66	0.354	123	233	70.1	120	36.2	3.16	2.39	1.72	17.5	11.7	9.60	0.626	2.01	3.00
			8		13.94	10.9	0.353	138	267	78.6	137	40.6	3.14	2.37	1.71	19.8	13.2	10.8	0.625	2.05	3.04
			10		17.17	13.5	0.353	167	334	94.7	172	49.1	3.12	2.35	1.69	24.2	16.1	13.1	0.622	2.13	3.12
11/7	110	70	6		10.64	8.35	0.354	133	266	42.9	69.1	25.4	3.54	2.01	1.54	17.9	7.90	6.53	0.403	1.57	3.53
			7		12.30	9.66	0.354	153	310	49.0	80.8	29.0	3.53	2.00	1.53	20.6	9.09	7.50	0.402	1.61	3.57
			8		13.94	10.9	0.353	172	354	54.9	92.7	32.5	3.51	1.98	1.53	23.3	10.3	8.45	0.401	1.65	3.62
			10		17.17	13.5	0.353	208	443	65.9	117	39.2	3.48	1.96	1.51	28.5	12.5	10.3	0.397	1.72	3.70
12.5/8	125	80	7	11	14.10	11.1	0.403	228	455	74.4	120	43.8	4.02	2.30	1.76	26.9	12.0	9.92	0.408	1.80	4.01
			8		15.99	12.6	0.403	257	520	83.5	138	49.2	4.01	2.28	1.75	30.4	13.6	11.2	0.407	1.84	4.06
			10		19.71	15.5	0.402	312	650	101	173	59.5	3.98	2.26	1.74	37.3	16.6	13.6	0.404	1.92	4.14
			12		23.35	18.3	0.402	364	780	117	210	69.4	3.95	2.24	1.72	44.0	19.4	16.0	0.400	2.00	4.22
14/9	140	90	8	12	18.04	14.2	0.453	366	731	121	196	70.8	4.50	2.59	1.98	38.5	17.3	14.3	0.411	2.04	4.50
			10		22.26	17.5	0.452	446	913	140	246	85.8	4.47	2.56	1.96	47.3	21.2	17.5	0.409	2.12	4.58

续表

型号	截面尺寸/mm				截面面积/cm^2	理论质量/(kg/m)	外表面积/(m^2/m)	惯性矩/cm^4					惯性半径/cm			截面模数/cm^3			$\tan\alpha$	重心距离/cm	
	B	b	d	r				I_x	I_{x1}	I_y	I_{y1}	I_u	i_x	i_y	i_u	W_x	W_y	W_u		X_0	Y_0
14/9	140	90	12	12	26.40	20.7	0.451	522	1100	170	297	100	4.44	2.54	1.95	55.9	25.0	20.5	0.406	2.19	4.66
			14		30.46	23.9	0.451	594	1280	192	349	114	4.42	2.51	1.94	64.2	28.5	23.5	0.403	2.27	4.74
15/9	150	90	8	12	18.84	14.8	0.473	442	898	123	196	74.1	4.84	2.55	1.98	43.9	17.5	14.5	0.364	1.97	4.92
			10		23.26	18.3	0.472	539	1120	149	246	89.9	4.81	2.53	1.97	54.0	21.4	17.7	0.362	2.05	5.01
			12		27.60	21.7	0.471	632	1350	173	297	105	4.79	2.50	1.95	63.8	25.1	20.8	0.359	2.12	5.09
			14		31.86	25.0	0.471	721	1570	196	350	120	4.76	2.48	1.94	73.3	28.8	23.8	0.356	2.20	5.17
			15		33.95	26.7	0.471	764	1680	207	376	127	4.74	2.47	1.93	78.0	30.5	25.3	0.354	2.24	5.21
			16		36.03	28.3	0.470	806	1800	217	403	134	4.73	2.45	1.93	82.6	32.3	26.8	0.352	2.27	5.25
16/10	160	100	10	13	25.32	19.9	0.512	669	1360	205	337	122	5.14	2.85	2.19	62.1	26.6	21.9	0.390	2.28	5.24
			12		30.05	23.6	0.511	785	1640	239	406	142	5.11	2.82	2.17	73.5	31.3	25.8	0.388	2.36	5.32
			14		34.71	27.2	0.510	896	1910	271	476	162	5.08	2.80	2.16	84.6	35.8	29.6	0.385	2.43	5.40
			16		39.28	30.8	0.510	1000	2180	302	548	183	5.05	2.77	2.16	95.3	40.2	33.4	0.382	2.51	5.48
18/11	180	110	10	14	28.37	22. 3	0.571	956	1940	278	447	167	5.80	3.13	2.42	79.0	32.5	26.9	0.376	2.44	5.89
			12		33.71	26.5	0.571	1120	2330	325	539	195	5.78	3.10	2.40	93.5	38.3	31.7	0.374	2.52	5.98
			14		38.97	30.6	0.570	1290	2720	370	632	222	5.75	3.08	2.39	108	44.0	36.3	0.372	2.59	6.06
			16		44.14	34.6	0.569	1440	3110	412	726	249	5.72	3.06	2.38	122	49.4	40.9	0.369	2.67	6.14
20/12.5	200	125	12		37.91	29.8	0.641	1570	3190	483	788	286	6.44	3.57	2.74	117	50.0	41.2	0.392	2.83	6.54
			14		43.87	34.4	0.640	1800	3730	551	922	327	6.41	3.54	2.73	135	57.4	47.3	0.390	2.91	6.62
			16		49.74	39.0	0.639	2020	4260	615	1060	366	6.38	3.52	2.71	152	64.9	53.3	0.388	2.99	6.70
			18		55.53	43.6	0.639	2240	4790	677	1200	405	6.35	3.49	2.70	169	71.7	59.2	0.385	3.06	6.78

注：1. 截面图中的 $r_1=1/3d$ 及表中 r 的数据用于孔型设计，不作为交货条件。

2. 不等边角钢的规格表示方法为“∠”与长边宽度值×短边宽度值×边厚度值，如：∠160×100×16。

三、工字钢截面尺寸、截面面积、理论重量及截面特性

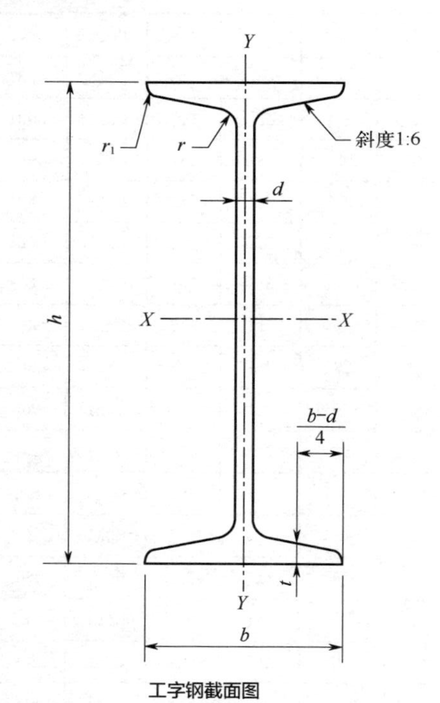

工字钢截面图

型号	截面尺寸/mm						截面面积/cm²	理论质量/(kg/m)	外表面积/(m²/m)	惯性矩/cm⁴		惯性半径/cm		截面模数/cm³	
	h	b	d	t	r	r_1				I_x	I_y	i_x	i_y	W_x	W_y
10	100	68	4.5	7.6	6.5	3.3	14.33	11.3	0.432	245	33.0	4.14	1.52	49.0	9.72
12	120	74	5.0	8.4	7.0	3.5	17.80	14.0	0.493	436	46.9	4.95	1.62	72.7	12.7
12.6	126	74	5.0	8.4	7.0	3.5	18.10	14.2	0.505	488	46.9	5.20	1.61	77.5	12.7

续表

型号	截面尺寸/mm						截面面积/cm²	理论质量/(kg/m)	外表面积/(m²/m)	惯性矩/cm⁴		惯性半径/cm		截面模数/cm³	
	h	b	d	t	r	r_1				I_x	I_y	i_x	i_y	W_x	W_y
14	140	80	5.5	9.1	7.5	3.8	21.50	16.9	0.553	712	64.4	5.76	1.73	102	16.1
16	160	88	6.0	9.9	8.0	4.0	26.11	20.5	0.621	1130	93.1	6.58	1.89	141	21.2
18	180	94	6.5	10.7	8.5	4.3	30.74	24.1	0.681	1660	122	7.36	2.00	185	26.0
20a	200	100	7.0	11.4	9.0	4.5	35.55	27.9	0.742	2370	158	8.15	2.12	237	31.5
20b		102	9.0				39.55	31.1	0.746	2500	169	7.96	2.06	250	33.1
22a	220	110	7.5	12.3	9.5	4.8	42.10	33.1	0.817	3400	225	8.99	2.31	309	40.9
22b		112	9.5				46.50	36.5	0.821	3570	239	8.78	2.27	325	42.7
24a	240	116	8.0	13.0	10.0	5.0	47.71	37.5	0.878	4570	280	9.77	2.42	381	48.4
24b		118	10.0				52.51	41.2	0.882	4800	297	9.57	2.38	400	50.4
25a	250	116	8.0				48.51	38.1	0.898	5020	280	10.2	2.40	402	48.3
25b		118	10.0				53.51	42.0	0.902	5280	309	9.94	2.40	423	52.4
27a	270	122	8.5	13.7	10.5	5.3	54.52	42.8	0.958	6550	345	10.9	2.51	485	56.6
27b		124	10.5				59.92	47.0	0.962	6870	366	10.7	2.47	509	58.9
28a	280	122	8.5				55.37	43.5	0.978	7110	345	11.3	2.50	508	56.6
28b		124	10.5				60.97	47.9	0.982	7480	379	11.1	2.49	534	61.2
30a	300	126	9.0	14.4	11.0	5.5	61.22	48.1	1.031	8950	400	12.1	2.55	597	63.5
30b		128	11.0				67.22	52.8	1.035	9400	422	11.8	2.50	627	65.9
30c		130	13.0				73.22	57.5	1.039	9850	445	11.6	2.46	657	68.5
32a	320	130	9.5	15.0	11.5	5.8	67.12	52.7	1.084	11100	460	12.8	2.62	692	70.8
32b		132	11.5				73.52	57.7	1.088	11600	502	12.6	2.61	726	76.0
32c		134	13.5				79.92	62.7	1.092	12200	544	12.3	2.61	760	81.2

续表

型号	截面尺寸/mm						截面面积/cm²	理论质量/(kg/m)	外表面积/(m²/m)	惯性矩/cm⁴		惯性半径/cm		截面模数/cm³	
	h	b	d	t	r	r_1				I_x	I_y	i_x	i_y	W_x	W_y
36a		136	10.0				76.44	60.0	1.185	15800	552	14.4	2.69	875	81.2
36b	360	138	12.0	15.8	12.0	6.0	83.64	65.7	1.189	16500	582	14.1	2.64	919	84.3
36c		140	14.0				90.84	71.3	1.193	17300	612	13.8	2.60	962	87.4
40a		142	10.5				86.07	67.6	1.285	21700	660	15.9	2.77	1090	93.2
40b	400	144	12.5	16.5	12.5	6.3	94.07	73.8	1.289	22800	692	15.6	2.71	1140	96.2
40c		146	14.5				102.1	80.1	1.293	23900	727	15.2	2.65	1190	99.6
45a		150	11.5				102.4	80.4	1.411	32200	855	17.7	2.89	1430	114
45b	450	152	13.5	18.0	13.5	6.8	111.4	87.4	1.415	33800	894	17.4	2.84	1500	118
45c		154	15.5				120.4	94.5	1.419	35300	938	17.1	2.79	1570	122
50a		158	12.0				119.2	93.6	1.539	46500	1120	19.7	3.07	1860	142
50b	500	160	14.0	20.0	14.0	7.0	129.2	101	1.543	48600	1170	19.4	3.01	1940	146
50c		162	16.0				139.2	109	1.547	50600	1220	19.0	2.96	2080	151
55a		166	12.5				134.1	105	1.667	62900	1370	21.6	3.19	2290	164
55b	550	168	14.5				145.1	114	1.671	65600	1420	21.2	3.14	2390	170
55c		170	16.5	21.0	14.5	7.3	156.1	123	1.675	68400	1480	20.9	3.08	2490	175
56a		166	12.5				135.4	106	1.687	65600	1370	22.0	3.18	2340	165
56b	560	168	14.5				146.6	115	1.691	68500	1490	21.6	3.16	2450	174
56c		170	16.5				157.8	124	1.695	71400	1560	21.3	3.16	2550	183
63a		176	13.0				154.6	121	1.862	93900	1700	24.5	3.31	2980	193
63b	630	178	15.0	22.0	15.0	7.5	167.2	131	1.866	98100	1810	24.2	3.29	3160	204
63c		180	17.0				179.8	141	1.870	102000	1920	23.8	3.27	3300	214

注：1. 表中 r、r_1 的数据用于孔型设计，不作为交货条件。

2. 工字钢的规格表示方法为“I”与高度值×腿宽度值×腰厚度值，如：I450×150×11.5（简记为I45a）。

四、槽钢截面尺寸、截面面积、理论重量及截面特性

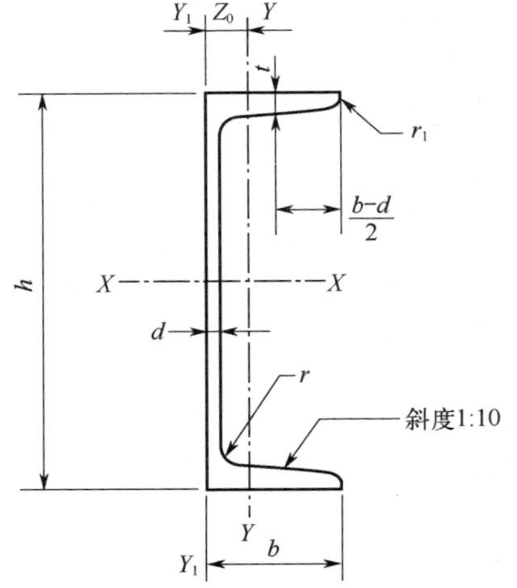

槽钢截面图

型号	截面尺寸/mm						截面面积/cm²	理论质量/(kg/m)	外表面积/(m²/m)	惯性矩/cm⁴			惯性半径/cm		截面模数/cm³		重心距离/cm
	h	b	d	t	r	r_1				I_x	I_y	I_{y1}	i_x	i_y	W_x	W_y	Z_0
5	50	37	4.5	7.0	7.0	3.5	6.925	5.44	0.226	26.0	8.30	20.9	1.94	1.10	10.4	3.55	1.35
6.3	63	40	4.8	7.5	7.5	3.8	8.446	6.63	0.262	50.8	11.9	28.4	2.45	1.19	16.1	4.50	1.36
6.5	65	40	4.3	7.5	7.5	3.8	8.292	6.51	0.267	55.2	12.0	28.3	2.54	1.19	17.0	4.59	1.38
8	80	43	5.0	8.0	8.0	4.0	10.24	8.04	0.307	101	16.6	37.4	3.15	1.27	25.3	5.79	1.43
10	100	48	5.3	8.5	8.5	4.2	12.74	10.0	0.365	198	25.6	54.9	3.95	1.41	39.7	7.80	1.52
12	120	53	5.5	9.0	9.0	4.5	15.36	12.1	0.423	346	37.4	77.7	4.75	1.56	57.7	10.2	1.62
12.6	126	53	5.5	9.0	9.0	4.5	15.69	12.3	0.435	391	38.0	77.1	4.95	1.57	62.1	10.2	1.59

续表

型号	截面尺寸/mm						截面面积/cm^2	理论质量/(kg/m)	外表面积/(m^2/m)	惯性矩/cm^4			惯性半径/cm		截面模数/cm^3		重心距离/cm
	h	b	d	t	r	r_1				I_x	I_y	I_{y1}	i_x	i_y	W_x	W_y	Z_0
14a	140	58	6.0	9.5	9.5	4.8	18.51	14.5	0.480	564	53.2	107	5.52	1.70	80.5	13.0	1.71
14b		60	8.0				21.31	16.7	0.484	609	61.1	121	5.35	1.69	87.1	14.1	1.67
16a	160	63	6.5	10.0	10.0	5.0	21.95	17.2	0.538	866	73.3	144	6.28	1.83	108	16.3	1.80
16b		65	8.5				25.15	19.8	0.542	935	83.4	161	6.10	1.82	117	17.6	1.75
18a	180	68	7.0	10.5	10.5	5.2	25.69	20.2	0.596	1270	98.6	190	7.04	1.96	141	20.0	1.88
18b		70	9.0				29.29	23.0	0.600	1370	111	210	6.84	1.95	152	21.5	1.84
20a	200	73	7.0	11.0	11.0	5.5	28.83	22.6	0.654	1780	128	244	7.86	2.11	178	24.2	2.01
20b		75	9.0				32.83	25.8	0.658	1910	144	268	7.64	2.09	191	25.9	1.95
22a	220	77	7.0	11.5	11.5	5.8	31.83	25.0	0.709	2390	158	298	8.67	2.23	218	28.2	2.10
22b		79	9.0				36.23	28.5	0.713	2570	176	326	8.42	2.21	234	30.1	2.03
24a	240	78	7.0	12.0	12.0	6.0	34.21	26.9	0.752	3050	174	325	9.45	2.25	254	30.5	2.10
24b		80	9.0				39.01	30.6	0.756	3280	194	355	9.17	2.23	274	32.5	2.03
24c		82	11.0				43.81	34.4	0.760	3510	213	388	8.96	2.21	293	34.4	2.00
25a	250	78	7.0				34.91	27.4	0.722	3370	176	322	9.82	2.24	270	30.6	2.07
25b		80	9.0				39.91	31.3	0.776	3530	196	353	9.41	2.22	282	32.7	1.98
25c		82	11.0				44.91	35.3	0.780	3690	218	384	9.07	2.21	295	35.9	1.92
27a	270	82	7.5	12.5	12.5	6.2	39.27	30.8	0.826	4360	216	393	10.5	2.34	323	35.5	2.13
27b		84	9.5				44.67	35.1	0.830	4690	239	428	10.3	2.31	347	37.7	2.06
27c		86	11.5				50.07	39.3	0.834	5020	261	467	10.1	2.28	372	39.8	2.03
28a	280	82	7.5				40.02	31.4	0.846	4760	218	388	10.9	2.33	340	35.7	2.10
28b		84	9.5				45.62	35.8	0.850	5130	242	428	10.6	2.30	366	37.9	2.02
28c		86	11.5				51.22	40.2	0.854	5500	268	463	10.4	2.29	393	40.3	1.95

续表

型号	截面尺寸/mm						截面面积/cm^2	理论质量/(kg/m)	外表面积/(m^2/m)	惯性矩/cm^4			惯性半径/cm		截面模数/cm^3		重心距离/cm
	h	b	d	t	r	r_1				I_x	I_y	I_{y1}	i_x	i_y	W_x	W_y	Z_0
30a	300	85	7.5	13.5	13.5	6.8	43.89	34.5	0.897	6050	260	467	11.7	2.43	403	41.1	2.17
30b		87	9.5				49.89	39.2	0.901	6500	289	515	11.4	2.41	433	40.0	2.13
30c		89	11.5				55.89	43.9	0.905	6950	316	560	11.2	2.38	463	46.4	2.09
32a	320	88	8.0	14.0	14.0	7.0	48.50	38.1	0.947	7600	305	552	12.5	2.50	475	46.5	2.24
32b		90	10.0				54.90	43.1	0.951	8140	336	593	12.2	2.47	509	49.2	2.16
32c		92	12.0				61.30	48.1	0.955	8690	374	643	11.9	2.47	543	52.6	2.09
36a	360	96	9.0	16.0	16.0	8.0	60.89	47.8	1.053	11900	455	818	14.0	2.73	660	63.5	2.44
36b		98	11.0				68.09	53.5	1.057	12700	497	880	13.6	2.70	703	66.9	2.37
36c		100	13.0				75.29	59.1	1.061	13400	536	948	13.4	2.67	746	70.0	2.34
40a	400	100	10.5	18.0	18.0	9.0	75.04	58.9	1.144	17600	592	1070	15.3	2.81	879	78.8	2.49
40b		102	12.5				83.04	65.2	1.148	18600	640	1140	15.0	2.78	932	82.5	2.44
40c		104	14.5				91.04	71.5	1.152	19700	688	1220	14.7	2.75	986	86.2	2.42

注：1. 表中 r、r_1 的数据用于孔型设计，不作为交货条件。

2. 槽钢的规格表示方法为“[”与高度值×腿宽度值×腰厚度值，如：[200×75×9（简记为 [20b）。